省级精品资源共享课程和省级精品在线开放课程配套教材
高等职业教育系列教材

AutoCAD图样绘制与输出
（2020版）

何世松　贾颖莲　徐林林　成海涛　赖大春　徐　洁　编著
胡新华　主审

本书是基于工作过程系统化理念编写的教材，采用 AutoCAD Mechanical 2020 作为绘图平台编写而成。在编写过程中，本书打破了传统学科体系下以介绍 AutoCAD 命令为主的编排方式，将 AutoCAD 的绘图命令与技巧融入各个项目的任务之中。全书包含平面图形绘制与输出、组合体图样绘制与输出、回转体零件图样绘制与输出、箱体类零件图样绘制与输出、标准件及常用件图样绘制与输出、装配图绘制与输出 6 个项目，其中的任务大都来自企业生产实际，每个任务均以图样绘制与输出工作过程为主线进行讲解，可让读者从零开始完成各类实际工作任务，从而有效缩短读者的职场适应期。

本书是国家“双高计划”重点建设教材、省级教学成果一等奖“基于工作过程系统化的‘2332’课程开发理论与实践”核心成果、省级精品在线开放课程“AutoCAD 图样绘制与输出”的配套教材。书中以 Windows 10/11 操作系统和 AutoCAD Mechanical 2020（64 位）简体中文版为载体说明软件的安装与使用过程，其他系统、2018~2024 版本及 32 位软件的使用界面、流程、命令基本与其一致。本书配有在线开放课程。

本书可作为职业本科院校和高等职业院校机械类和近机械类计算机辅助设计（绘图）课程的教材，也可供企业内部培训或工程技术人员自学使用。

本书配有微课视频，扫描二维码即可观看。另外，本书配有电子课件、素材源文件、样板文件和试卷等资源，需要的教师可登录机械工业出版社教育服务网（www.cmpedu.com）免费注册，审核通过后下载，或联系编辑索取（微信：13261377872，电话：010-88379739）。

图书在版编目（CIP）数据

AutoCAD 图样绘制与输出：2020 版/何世松等编著. —北京：机械工业出版社，2023.3（2024.7 重印）
高等职业教育系列教材
ISBN 978-7-111-72490-2

Ⅰ.①A… Ⅱ.①何… Ⅲ.①机械制图-AutoCAD 软件-高等职业教育-教材 Ⅳ.①TH126

中国国家版本馆 CIP 数据核字（2023）第 010766 号

机械工业出版社（北京市百万庄大街 22 号 邮政编码 100037）
策划编辑：曹帅鹏 责任编辑：曹帅鹏 赵小花
责任校对：张亚楠 王明欣 责任印制：李 昂
河北鑫兆源印刷有限公司印刷
2024 年 7 月第 1 版第 3 次印刷
184mm×260mm · 15.25 印张 · 387 千字
标准书号：ISBN 978-7-111-72490-2
定价：59.80 元

电话服务	网络服务
客服电话：010-88361066	机 工 官 网：www.cmpbook.com
010-88379833	机 工 官 博：weibo.com/cmp1952
010-68326294	金 书 网：www.golden-book.com
封底无防伪标均为盗版	机工教育服务网：www.cmpedu.com

Preface

前　言

党的二十大报告提出要“推进新型工业化，加快建设制造强国”。制造强国需要教育、科技和人才为支撑，而教材建设是教育、科技发展和人才培养的重要载体。

AutoCAD Mechanical 是面向制造业的计算机辅助设计与绘图软件，不但包含 AutoCAD 的所有功能，还包含符合国家标准（简称国标）的标准件库和强大的辅助工具，可加快机械设计过程，使工程技术人员节省大量的设计时间，并且更专注于创新而非绘图本身。

近年来，越来越多的企业和技术人员意识到了 AutoCAD Mechanical 的重要性和便利性，部分企事业单位开始尝试用 AutoCAD Mechanical 代替 AutoCAD 来进行产品开发，但由于培训和教材跟不上，导致推广较慢。鉴于此，笔者编写了这本专门针对 AutoCAD Mechanical 的教材。

本书是基于工作过程系统化理念编写的教材，以满足企业等用人单位的绘图或设计岗位要求为前提，以学生职业能力培养和职业素质养成为主线，以典型零件图和装配图为载体进行编写。在编写过程中，本书打破了传统学科体系下以介绍 AutoCAD 软件命令为主的编排方式，将 AutoCAD 的绘图技巧融入各个项目的任务之中。全书采用“项目导向、任务驱动”的编写方式，每个项目下包含若干典型工作任务，每个任务均以“任务下达→任务分析→任务实施→任务评价”四大步骤详细阐述绘图思路与技巧，其中，“任务实施”采用表格样式详细阐述每个步骤的操作说明和图例。全书包含平面图形绘制与输出、组合体图样绘制与输出、回转体零件图样绘制与输出、箱体类零件图样绘制与输出、标准件及常用件图样绘制与输出、装配图绘制与输出 6 个项目。项目 3~6 中的任务大都来自企业生产实际，每个任务均以工作过程为主线进行讲解，可让读者从零开始模拟运用 AutoCAD Mechanical 进行图样绘制与输出的“工作经验”，有效缩短读者的职场适应期。为便于教学，每个项目后均附有若干强化训练任务，供巩固学习、复习检查所用。全书最后附有实用的 AutoCAD Mechanical 常用快捷键、AutoCAD 考证要求等内容。

本书是国家“双高计划”高水平专业群重点建设教材、省级精品在线开放课程“AutoCAD 图样绘制与输出”的配套教材。书中以 AutoCAD Mechanical 2020（64 位）简体中文版为载体说明软件安装与使用过程，2018~2024 版本及 32 位软件的使用界面、流程、命令基本与其一致。

本书由国家“双高计划”立项建设单位江西交通职业技术学院何世松（绪论及学习导航、项目 1）、贾颖莲（项目 2、附录）、徐林林（项目 3）、赖大春（项目 4）、徐洁（项目 5）和成海涛（项目 6）编著。浙江钱江摩托股份有限公司研究院仲丛伟工程师、慈溪市明业通讯电子有限公司研发部贾学斌工程师、江西佳时特数控技术有限公司刘华高级工程师、南昌职业大学张大林副教授、中国石油集团东方地球物理勘探有限责任公司装备事业部焦立强等提供了部分案例。全书由何世松、贾颖莲共同统稿，由金华职业技术学院胡新华教授主审。

本书是以下项目的研究成果之一，在此对支持项目立项的单位表示真诚的谢意。

序号	项目类型	项目名称	项目编号或批文
1	国家“双高计划”重点建设项目	江西交通职业技术学院高水平专业群机电设备技术专业“AutoCAD 图样绘制与输出”课程	教职成函〔2019〕14 号
2	江西省“双高计划”重点建设项目	江西交通职业技术学院高水平专业群汽车制造与试验技术专业“AutoCAD 图样绘制与输出”课程	赣教职成字〔2022〕46 号
3	江西省高等职业学校精品在线开放课程	AutoCAD 图样绘制与输出	赣教职成字〔2021〕54 号
4	江西省教育科学“十四五”规划课题	数字经济背景下老区高等职业教育专业改造路径研究	赣教科规字〔2023〕5 号
5	江西省首批教师教学创新团队	机电设备技术专业教学团队“AutoCAD 图样绘制与输出”课程建设项目	赣教职成字〔2021〕38 号
6	江西省高等学校教学改革研究课题	高职智能制造类专业课程思政改革与实践——以《工业机器人技术基础》为例	JXJG-22-53-6
7	江西省职业教育教学改革研究课题	“双高”建设背景下机电设备专业人才培养体系研究与实践	JXJG-23-53-3
8	江西省教育厅科学技术研究项目	盐雾环境下胶铆混合连接接头力学性能和失效机理研究	GJJ2205206
9	江西省教育厅科学技术研究项目	工业机器人本体关键零部件的优化设计与虚拟仿真	GJJ214612
10	教育部创新实践基地	教育部-瑞士乔治费歇尔智能制造创新实践基地（江西交通职业技术学院）	项目办〔2022〕1 号
11	教育部 SGAVE 项目	教育部中德先进职业教育合作项目首批试点院校重点专业（机电设备技术专业）	教外司欧〔2022〕67 号
12	江西省交通运输厅科技项目	轻型卡车减排路径之高强度纵梁钢的冷冲压工艺与产业化应用研究	2022H0048

囿于编者水平和新版软件应用经验，书中定有不少缺陷，敬请读者批评指正。

作　者

目 录 Contents

绪论及学习导航

“AutoCAD 图样绘制与输出”课程介绍

近年来，我国产业结构调整步伐不断加快，新模式、新业态层出不穷，新产品的研发周期越来越短、技术要求越来越高。2D 绘图技术随着 3D 建模技术大规模运用而逐渐边缘化，但工艺规程编制、产品质量检验、产品图样存档、技术技能传承等环节一般不能缺少 2D 工程图；同时，对于初学者来说，学习 2D CAD 软件进行产品图样的绘制与输出仍然是不可或缺的一步。因此，在今后很长一段时间里，2D 工程图绘制与输出仍然有其存在的价值与意义。

1. 本书的主要内容

本书重点培养学生使用 AutoCAD Mechanical 2020 进行图样绘制与输出的能力，主要包含平面图形绘制与输出、组合体图样绘制与输出、回转体零件图样绘制与输出、箱体类零件图样绘制与输出、标准件及常用件图样绘制与输出、装配图绘制与输出等 6 个项目，见表 0-1。考虑到 AutoCAD 本身的三维建模功能较弱，也很少有企业用 AutoCAD 进行三维建模，本书未安排相应的三维建模学习任务，具体内容可在“Creo 三维建模与装配”等课程中学习。

表 0-1　本书的学习项目与任务

学习项目	学习任务	建议学时	备注
项目 1　平面图形绘制与输出	1.1　AutoCAD Mechanical 2020 的安装与配置	2	先学技能
	1.2　平面图形绘制	2	首个案例
	1.3　基本体三视图绘制	2	
	1.4　强化训练任务	1	自学为主
项目 2　组合体图样绘制与输出	2.1　叠加型组合体的绘制与输出	4	
	2.2　切割型组合体的绘制与输出	2	
	2.3　综合型组合体的绘制与输出	2	
	2.4　强化训练任务	1	自学为主
项目 3　回转体零件图样绘制与输出	3.1　阶梯轴绘制与输出	4	
	3.2　带轮绘制与输出	2	
	3.3　套筒绘制与输出	4	
	3.4　强化训练任务	1	自学为主
项目 4　箱体类零件图样绘制与输出	4.1　阀体绘制与输出	6	
	4.2　泵体绘制与输出	6	
	4.3　缸体绘制与输出	4	
	4.4　强化训练任务	1	自学为主

（续）

学习项目	学习任务	建议学时	备注
项目5 标准件及常用件图样绘制与输出	5.1 螺纹紧固件绘制与输出	4	
	5.2 齿轮绘制与输出	4	
	5.3 弹簧绘制与输出	2	
	5.4 强化训练任务	1	自学为主
项目6 装配图绘制与输出	6.1 千斤顶装配图的绘制与输出	4	
	6.2 机用虎钳装配图的绘制与输出	4	
	6.3 强化训练任务	1	自学为主
合计学时		64	—

需要强调的是，绘图有国家标准的约束，学习者要养成良好的绘图规则意识、标准意识。尺寸公差、几何公差、表面粗糙度的标注是精益求精的表现，学习者要养成良好的工匠精神，才能在绘图、加工、装配等环节不出差错。设计绘图时要有良好的成本意识，精度越高，成本越大，因此，合理标注精度更为重要。图纸是指导生产的技术语言，一旦出错，后果不堪设想。

图纸是技术的重要载体，是最重要的商业机密之一，学习者要具有良好的法律意识和保密意识。在二维 CAD 领域，国产软件如 CAXA CAD 电子图板已可替代国外同类软件。学习者要学习贯彻《著作权法》《计算机软件保护条例》，自觉抵制盗版软件，强化版权意识。

2. 对学习者的要求

要想熟练掌握 AutoCAD Mechanical 2020 的操作与创新运用，学习者应有一定的机械制图基础知识，否则仅凭照猫画虎般地学习，是无法真正熟练运用该软件进行绘图工作的，所绘的图样也不可能满足国标的要求，无法用于交流，更无法指导生产。

坚持不懈地对照本书进行上机操作是对学习者的基本要求，边学边练是从初学者到绘图高手的重要途径。因此，本书每个项目后的强化训练任务都要一一完成，不但如此，还应在学完后面的项目时，及时复习再将案例及强化训练任务做一遍，以强化理解、熟练技能，做到熟能生巧。

3. 学习建议

（1）应用软件的学习方法

对于任何一种应用软件的学习，一般都有两种常见的学习方法，一是依次学习该软件的命令用法（比较枯燥乏味），熟悉命令用法之后开始综合运用这些命令完成相应的工作任务，此时往往与学习命令用法的时间间隔较长，很多命令已经忘记；二是安装好该软件之后，直接进行相应工作任务的学习，任务由简单到复杂，在完成一系列任务的过程中学习该软件的命令用法。本书采用第二种方法进行编写，这样做的目的，一是当完成一个简单任务获得成就感后可以树立信心；二是可以很快知晓该软件的大体功能和流程，随着任务的逐步完成，还可积累一定的“工作经验”。

（2）本课程的学习方法

任何工程软件的学习都是一个熟能生巧的过程，所以在学习过程中务必要多练、多反思。建议多分配一些时间学透项目 1 中的各个任务，同时要逐个完成项目 1 后的强化训练任务。一旦项目 1 过关了，学好 AutoCAD Mechanical 2020 就成功了一半。对于在课堂上或自学时无法理解的内容，可利用本教材的配套在线课程反复学习。在“学银在线”网站（www. xueyinonline. com）首页搜索“AutoCAD 图样绘制与输出”即可，本课程配有教学视频、素材文件、案例讲解、教学课件等资源。

学习使用 AutoCAD 系列软件，有三个建议：一是初学者在使用不熟悉的命令时，应时刻关注命令行 中的提示；二是对于找不到的命令，可利用【应用程序菜单】下的搜索框 来查找；三是对于新增功能或不常见的功能，可按键盘上的<F1>快捷键系统学习官方提供的帮助文档。

在 AutoCAD Mechanical 2020 中绘制图元，大多数命令可以通过以下四种工具中的任何一种进行激活：①菜单栏；②工具栏；③命令行；④面板。为了提高绘图效率，减少鼠标的移动次数与距离，建议不断记忆、积累常见的绘图命令，在命令行输入相应的字母或字母组合即可激活相应的命令，如要绘制直线，则输入字母 L 后按<Enter>键；想实现镜像操作，则输入字母 MI 后按<Enter>键。当然，也有些快捷键（或称快捷命令）是键盘上的某个/组功能键，比如要打开正交开关可按<F8>键；要结束当前命令，则按<Esc>键（大多数情况下，按回车键或空格键亦可）。AutoCAD Mechanical 2020 的常用快捷键见本书附录 A。

4. 本书编写时说法和用法的约定

1）大多数情况下，书中将 AutoCAD Mechanical 2020 简称为 AutoCAD 2020、机械版 AutoCAD 或 AutoCAD。

2）书中将 AutoCAD 或其他软件界面截图中的文字用【】标出。

3）本书在编写过程中全面体现基于工作过程的系统化课程建设与教材编写思路，将每个任务浓缩为任务下达、任务分析、任务实施、任务评价四个步骤。建议授课教师在实施教学时采用六步教学法，即资讯、计划、决策、实施、检查、评价，以提高教学效果和教学质量。

5. 本书有关术语的解释

为了更好地理解书中的表达，读者需要首先明白一些关于计算机基础运用、机械制图、AutoCAD 等方面的术语，见表 0-2。

表 0-2　本书的有关术语

序号	术语	含义	备注
1	软件	一系列按照特定顺序组织的计算机数据和指令的集合。一般来讲划分为系统软件（如 Windows、macOS）、应用软件（如 PowerPoint、AutoCAD）	软件开发工具有 C、Python 等
2	工业软件	在工业领域里使用的应用软件，如 AutoCAD、Creo、Inspire 等，一般分为两个类型：嵌入式软件和非嵌入式软件。前者是嵌入在控制器、通信、传感装置之中的采集、控制、通信等软件，后者是装在通用计算机或者工业控制计算机之中的设计、编程、工艺、监控、管理等软件	
3	安装路径	指软件安装的文件夹，如 AutoCAD 2020 的默认安装路径为 C:\Program Files\Autodesk\AutoCAD 2020\acad. exe	
4	文件夹	用来组织和管理磁盘文件的一种数据结构	
5	图样	工业生产中用于表达物体投影原理和空间形状的文件，用来表达机件的形状和尺寸，以及制造和检验机件的图形	口头上一般称图纸
6	输出	指将绘制好的图样打印成纸质图纸，或另存为其他格式（如 dxf、dwg、pdf 等）的文档供其他软件打开、查看、编辑	
7	三视图	能够正确反映物体长、宽、高尺寸的正投影工程图（主视图、俯视图、左视图三个基本视图）为三视图，常作为图样的统称。根据零件的复杂程度，一个图样可能需要的视图少于三个，也可能多于三个	

（续）

序号	术语	含义	备注
8	零件图	表达单个零件结构、大小和技术要求的图样，是指导零件生产、检验的重要技术文件，由一组视图、完整的尺寸、标题栏和技术要求组成	
9	装配图	表示产品及其组成部分的连接、装配关系、装配技术要求的图样。是指导装配、检验的重要技术文件，由一组视图、必要的尺寸、技术要求以及零部件序号、标题栏和明细栏组成	
10	技术要求	机械制图中对零部件制造提出的技术性内容与要求。不能在视图中表达清楚的其他制造要求应在技术要求中用文字描述，包括未注尺寸公差等级、未注几何公差、热处理与化学处理要求、硬度要求、切削后的纹理要求、运输储存要求等	
11	符合国标要求的图样	指视图、线型、线宽、文字、标注、图框、标题栏、明细栏等符合国标有关要求的图样	各国有各自的标准
12	CAD	Computer Aided Design，即计算机辅助设计。利用计算机专用软件及其图形设备帮助设计人员进行设计工作	AutoCAD 是一种 CAD 软件
13	单击	在绘图区、功能区、对话框等区域单击一次鼠标左键	选取图素或命令
14	右击	在绘图区、功能区单击一次鼠标右键（功能区需要按住右键约 1 秒钟）	弹出快捷菜单
15	图层	含有文字或图形等元素的透明“图板”，用于组织管理不同类型的图元、标注等。按一定顺序将所有图层叠放在一起，即可得到图样的最终效果	二维绘图软件一般均有图层功能
16	空间	AutoCAD 提供了两种空间：“模型（Model）”和“布局（Layout）”，前者主要用于图样的绘制，后者主要用于图样的打印输出	模型空间也可打印图纸
17	样板文件	即模板文件，扩展名为 dwt，包含预定义的图层、文字样式、标注样式、测量单位、图框、标题栏等	
18	标准件	指结构、尺寸、画法、标记等各个方面已经完全标准化，并由专业厂生产的常用零（部）件，如螺纹紧固件、键、销、滚动轴承等	
19	非标准件	指国家没有明确严格的标准规格、没有相关的参数规定、由企业自主控制的其他零部件，如汽车覆盖件、日用品、鼠标等	
20	三维建模	利用某一工业软件（如 AutoCAD、Creo、SolidWorks、Rhino 等）建立虚拟三维模型的过程。AutoCAD 主要用于二维绘图，仅具有简单的三维建模功能	
21	回车键	即<Enter>键，按回车键在本书中部分简称“回车”	
22	空格键	即<Space>键	

项目1 平面图形绘制与输出

图样由图形、符号、文字和数字等组成，是表达设计意图和制造要求以及交流经验的技术文件，是生产过程中的重要技术资料和主要依据，常被称为“工程界的语言”。要完整、清晰、准确地绘制出机械图样，除了需要掌握专业知识和制图标准以外，还需要耐心细致和认真负责的工作态度，更需要掌握科学有效的绘图手段。在当前计算机技术广泛应用的大环境下，采用计算机辅助绘图手段是个不二的选择，而 AutoCAD Mechanical 无疑是经过实践检验的重要工具之一。

为了适应初学者的认知规律，本书先从最为简单的平面图形绘制开始，使读者在成功体验中逐步增强自信心，慢慢地从新手变成熟练者。

古人云：“工欲善其事，必先利其器。”想要学好 AutoCAD Mechanical 2020 绘图，先得安装与配置好软件。

1.1 AutoCAD Mechanical 2020 的安装与配置

AutoCAD Mechanical
安装与配置 1

AutoCAD 是由美国欧特克（Autodesk）公司出品的一款计算机辅助设计软件，可以用于二维制图和基本的三维设计，在全球广泛使用，可用于土木建筑、装饰装潢、汽车、机械、地质、电子工业、服装设计等很多领域。为了提高设计绘图效率，Autodesk 公司针对不同的行业开发了专用的 AutoCAD 版本，如在机械设计与制造行业中发布了 AutoCAD Mechanical，在电子电路设计行业中发布了 AutoCAD Electrical，在勘测、土方工程与道路桥梁行业中发布了 AutoCAD Civil 3D。

AutoCAD Mechanical
安装与配置 2

1.1.1 AutoCAD Mechanical 2020 简介

AutoCAD Mechanical 是面向制造业的计算机辅助设计软件，不但包含了 AutoCAD 的所有功能，还包含符合国家标准的标准件库和强大的辅助工具。AutoCAD Mechanical 可使工程技术人员节省大量的设计时间，使其可以更专注于创新而非绘图本身。

1. AutoCAD 历史沿革

Autodesk 公司于 1982 年成立，总部位于美国的加利福尼亚州圣拉菲尔。当年 11 月推出 AutoCAD 1.0，通过容量为 360KB 的软盘发行。AutoCAD 1.0 无菜单，不支持鼠标，命令需要识记，其执行方式类似 DOS 命令。

1997 年 4 月，Autodesk 公司推出了适应 Pentium 机型及 Windows 95/NT 操作系统的 Auto-

CAD R14.0，实现了Internet网络连接，操作更方便，运行更快捷，大量命令以工具条的形式呈现（不再需要背诵命令），且实现了中文操作，很多中国企业开始实施“甩图板工程”，即用计算机制图代替传统尺规制图，AutoCAD也因此开始大规模进入中国的培训市场和高校课堂。

Autodesk公司在1998年收购德国Genius CAD软件公司的Genius软件（Genius软件曾被称为最好的机械设计绘图软件），并购后，Autodesk公司从AutoCAD 2000版开始正式将该软件的功能全部纳入，并命名为AutoCAD Mechanical，简称为ACM。

2019年3月，Autodesk公司正式发布了AutoCAD 2020系列软件（包括AutoCAD Mechanical 2020等）。

2. AutoCAD Mechanical软件功能

（1）面向行业

与AutoCAD面向所有行业不同，AutoCAD Mechanical是专为制造业优化开发的AutoCAD，且包含了AutoCAD的所有功能。

（2）具体功能

AutoCAD Mechanical提供了一个面向制造业的简化制图环境，可以帮助用户自动完成很多绘图工作，大大提高其工作效率。对于重复性的设计变更等工作，AutoCAD Mechanical提供了诸多高效的辅助工具，可减少与这类任务相关的返工量。

AutoCAD Mechanical拥有包含逾70万种标准件的零件库，支持各种通用绘图标准，能够满足全球市场中的设计要求。2020年后发布的版本，软件界面、绘图命令、使用方法与2020版基本一致。

3. AutoCAD Mechanical与AutoCAD的异同

（1）相同点

两者的主要功能基本一致，都是以二维绘图为主的设计绘图软件，均有较简单的三维建模功能。

两者的文件格式相同，如：①dwg为标准格式；②dxf为交换格式；③dwt为样板文件格式。

（2）不同点

AutoCAD是面向所有行业的通用型制图软件，而AutoCAD Mechanical是面向机械行业优化过的AutoCAD，自带满足17个国家和地区（如中国标准GB、德国标准DIN、美国标准ANSI）及国际标准（ISO）的有关要求的标题栏、标注、标准件库等。

1.1.2 AutoCAD Mechanical 2020的获取、安装与卸载

1. 获取AutoCAD Mechanical 2020

授权的正式版AutoCAD Mechanical 2020可从Autodesk公司或其授权经销商处购买，免费试用版可从Autodesk官方网站注册后下载（网址为https://www.autodesk.com.cn/products/autocad-mechanical/free-trial）。因64位版本软件较大，分为两个文件，所以两个下载网址对应的文件都须下载。

2. 安装AutoCAD Mechanical 2020

本书以Windows 10/11操作系统（64位）和AutoCAD Mechanical 2020（64位）简体中文版为例说明其安装与使用过程，其他系统及32位软件的使用界面、流程、命令基本一致。

将下载的文件解压后得到图1-1所示的文件。

AutoCAD_Mechanical_2020_Simplified_Chinese_Win_64bit_dlm

图 1-1 下载得到的 AutoCAD Mechanical 2020（64 位）简体中文版

右击图 1-2 所示的 Setup. exe 程序，选择【以管理员身份运行】命令。

电脑 › 备份 (E:) › 【备份】大软件 › AutoCAD Mechanical 2020 CHS › AutoCAD_Mechanical_2020_Simplified_Chinese_Win_64bit_dlm

名称	修改日期	类型	大小
3rdParty	2020-07-19 13:54	文件夹	
CER	2020-07-19 13:54	文件夹	
Content	2020-07-19 13:54	文件夹	
en-US	2020-07-19 13:54	文件夹	
EULA	2020-07-19 13:54	文件夹	
NLSDL	2020-07-19 13:54	文件夹	
Setup	2020-07-19 13:54	文件夹	
SetupRes	2020-07-19 13:54	文件夹	
Tools	2020-07-19 13:54	文件夹	
x64	2020-07-19 13:56	文件夹	
x86	2020-07-19 13:57	文件夹	
zh-CN	2020-07-19 13:57	文件夹	
autorun.inf	2011-10-25 9:14	安装信息	1 KB
dlm.ini	2019-03-05 11:24	配置设置	1 KB
Setup.exe	2019-01-11 8:53	应用程序	978 KB
setup.ini	2019-02-25 10:47	配置设置	57 KB
UPI2_BOM.xml	2019-02-25 10:47	XML 文档	15 KB

图 1-2 解压后的 AutoCAD Mechanical 2020（64 位）简体中文版

此时弹出图 1-3 所示的窗口，单击【安装】命令。

在【许可及服务协议】下方勾选【我接受】单选按钮，如图 1-4 所示。

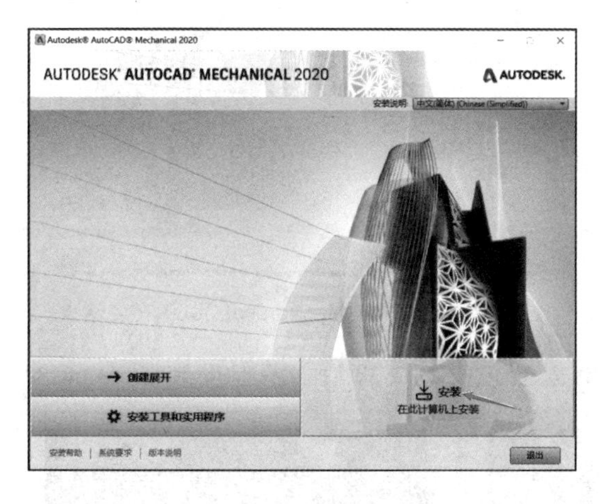

图 1-3 AutoCAD Mechanical 2020 安装界面

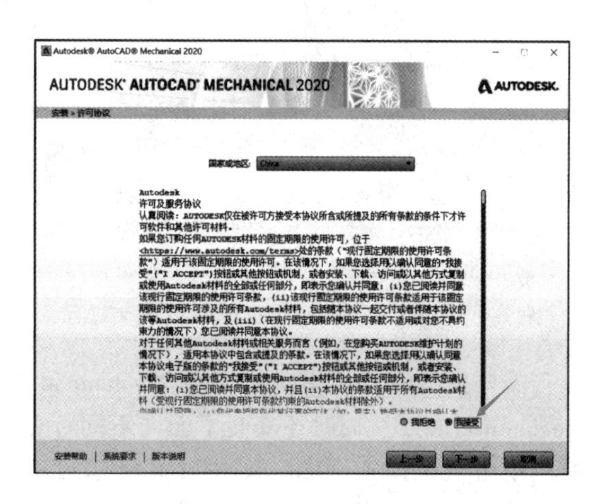

图 1-4 AutoCAD Mechanical 2020 接受许可协议

接受许可协议之后单击【下一步】按钮，按图 1-5 所示步骤完成安装前的配置。

单击【安装】按钮后，即开始 AutoCAD Mechanical 2020 及有关补丁的安装（根据计算机此前的操作系统安装环境，需要安装有关补丁，编者所用计算机共 16 个产品待安装），如图 1-6 所示，10 分钟左右即可安装完毕。

安装结束后的界面如图 1-7 所示，单击【完成】按钮，按系统提示重启计算机即可使用 AutoCAD Mechanical 2020 进行绘图和设计工作了。

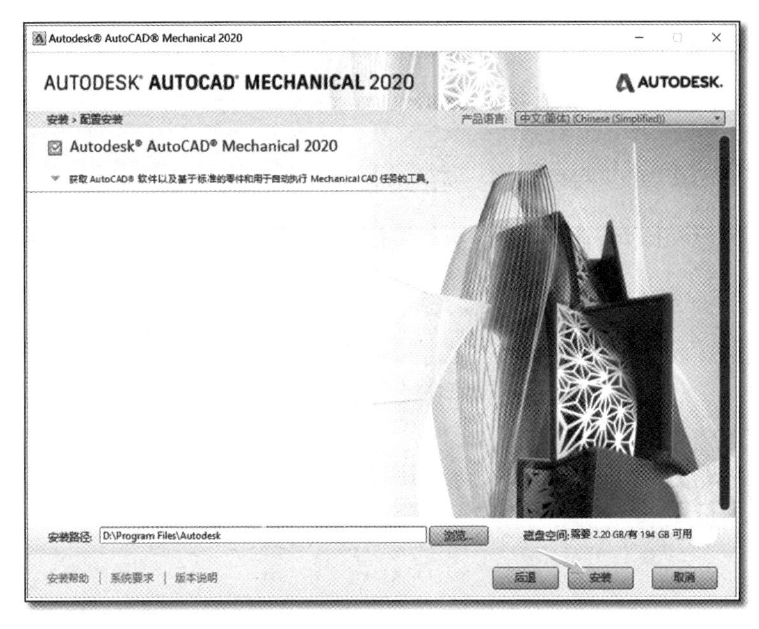

图 1-5 AutoCAD Mechanical 2020 安装配置

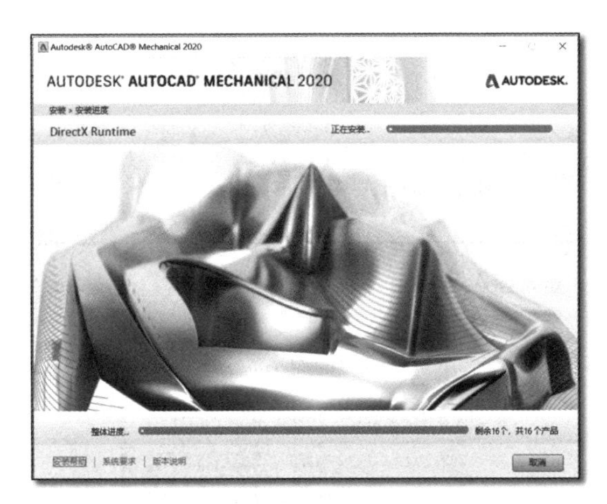

图 1-6 AutoCAD Mechanical 2020 安装过程

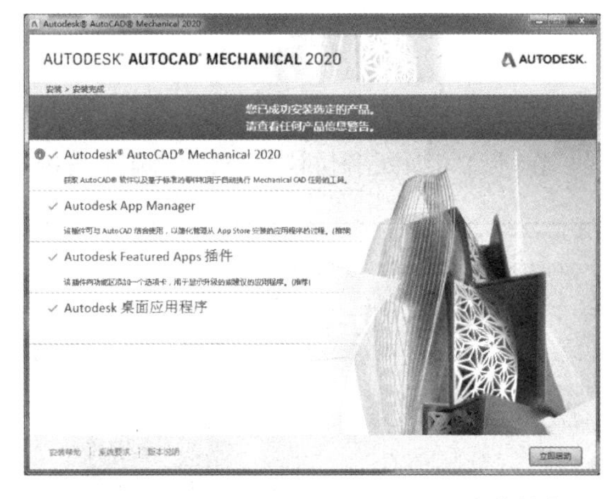

图 1-7 AutoCAD Mechanical 2020 安装结束

需要指出的是，用 AutoCAD Mechanical 2020 安装包安装结束后，不但安装了 AutoCAD Mechanical 2020，同时还安装了面向不同行业的通用版 AutoCAD 2020，如图 1-8 所示【开始】菜单中的【AutoCAD 2020-简体中文(Simplified Chinese)】。

图 1-8 AutoCAD Mechanical 2020 快捷方式

AutoCAD Mechanical 2020 的启动方法与其他 Windows 系统中安装的软件类似，即双击桌面上的 AutoCAD Mechanical 2020 快捷方式，或单击【开始】菜单的 AutoCAD Mechanical 2020 快捷方式，如图 1-8 所示。当然，也可以双击 .dwg 文件打开启动 AutoCAD Mechanical 2020（前提是本机未安装其他能打开 .dwg 文件的软件，或关联 .dwg 文件的软件为 AutoCAD Mechanical 2020）。

打开 AutoCAD Mechanical 2020 之后，首先弹出图 1-9 所示的开始界面，单击【开始试用】即可免费试用 AutoCAD Mechanical 2020。

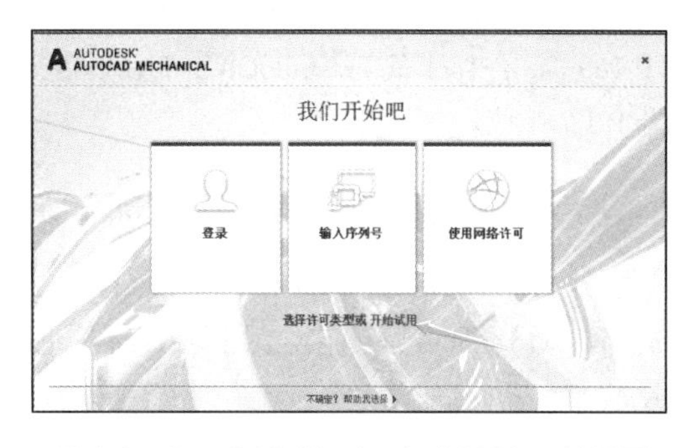

图 1-9 AutoCAD Mechanical 2020 开始界面

打开 AutoCAD Mechanical 2020 主界面，如图 1-10 所示。

此时即可使用全功能版 AutoCAD Mechanical 2020 进行绘图和设计工作了。

3. 卸载 AutoCAD Mechanical 2020

如果确定不再使用 AutoCAD Mechanical 2020，可以卸载。用户可通过右击 Windows 10 的【开始】菜单，选择【应用和功能】→【程序和功能】进行卸载，如图 1-11 所示，根据提示即可轻松完成（方法与其他 Windows 下的软件卸载类似）。

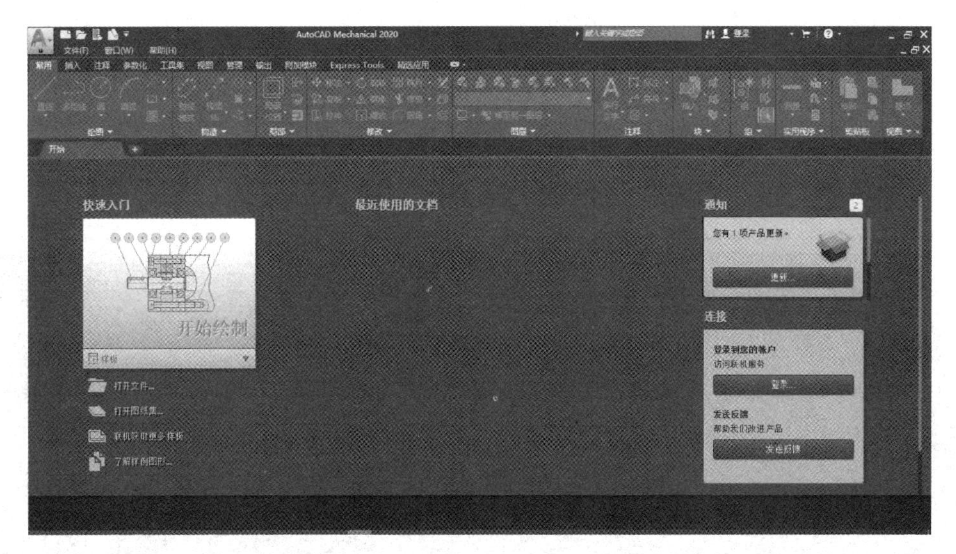

图 1-10 AutoCAD Mechanical 2020 主界面

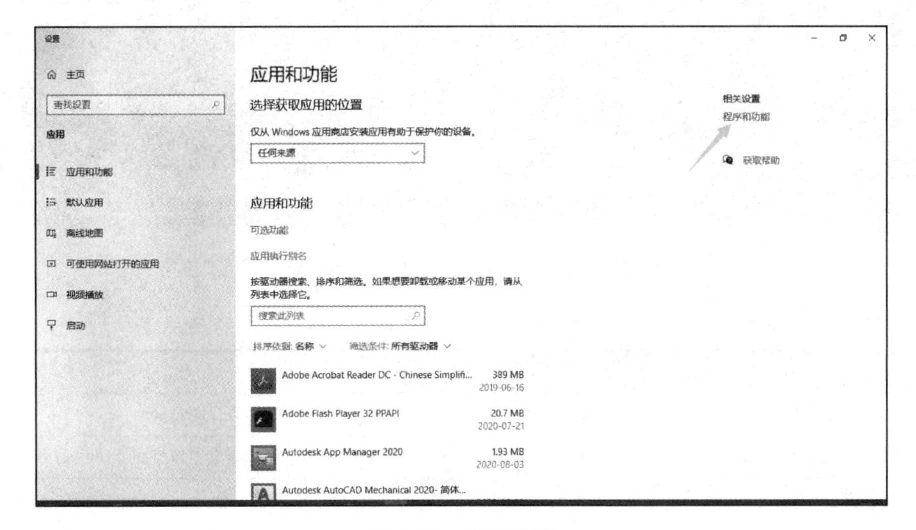

图 1-11 卸载程序

也可通过 Windows【开始】菜单中 Autodesk 自带的卸载工具 Uninstall Tool 完成 AutoCAD Mechanical 2020 的卸载，如图 1-12 所示。

图 1-12　Autodesk 卸载工具

1.1.3　AutoCAD Mechanical 2020 界面介绍

在图 1-10 所示的 AutoCAD Mechanical 2020 主界面中单击【快速入门】→【样板】，选择【am_gb. dwt】即可进入符合国标的绘图环境，如图 1-13 所示。

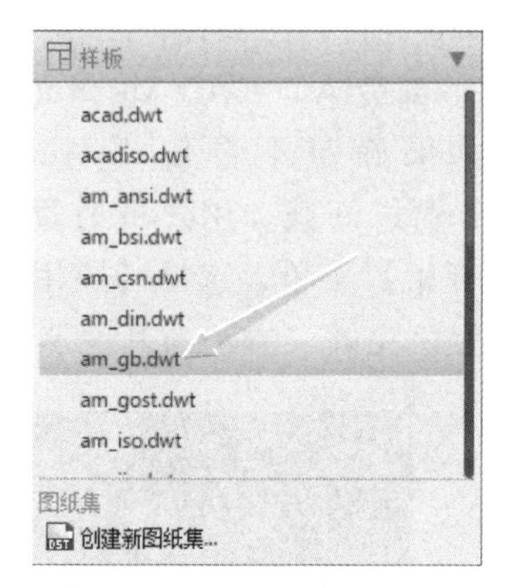

图 1-13　选择【am_gb. dwt】样板

此时 AutoCAD Mechanical 2020 默认进入【Mechanical】工作空间，如图 1-14 所示。

为了高效完成绘图工作，首先要熟悉 AutoCAD Mechanical 2020 软件界面，图 1-14 中各序号对应的名称及用途见表 1-1。默认情况下，本书主要以【Mechanical】工作空间进行讲解。

AutoCAD Mechanical 2020 的界面总体来说和 Microsoft Office 2010 及之后的版本类似，而且大多数通用命令（如打开文件、保存文件等）的使用方法是相同的。

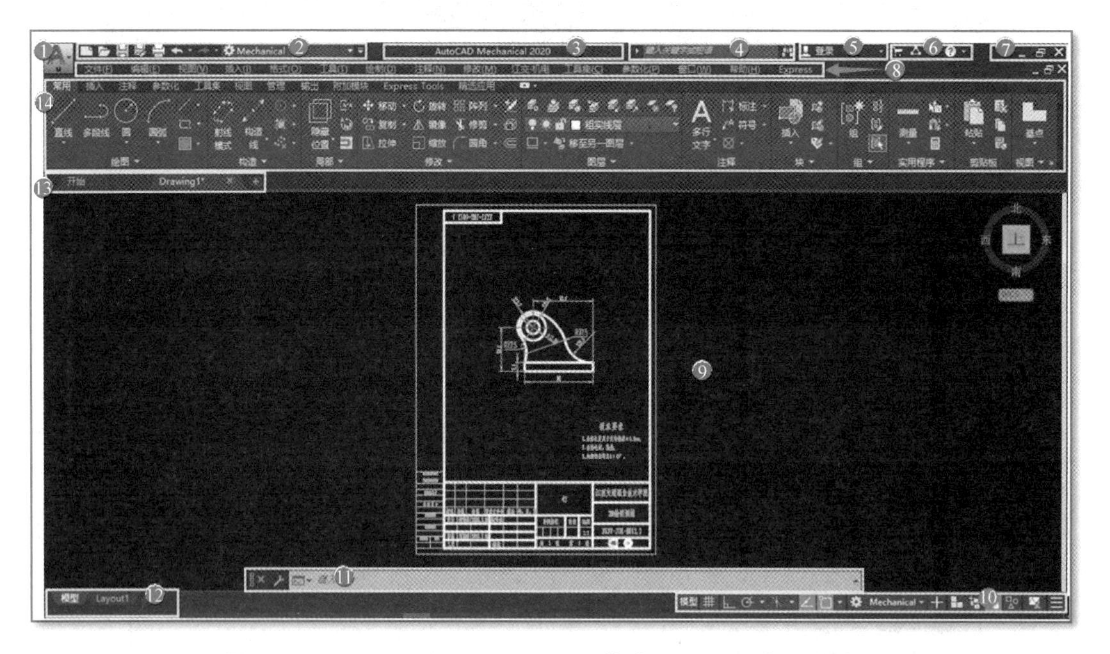

图 1-14　AutoCAD Mechanical 2020 的【Mechanical】工作空间

表 1-1　AutoCAD Mechanical 2020 软件界面各部分名称及用途

序号	名称	用途
1	应用程序菜单	访问搜索、新建、打开、发布和关闭文件等工具命令
2	快速访问工具栏	快速访问新建、打开、保存等常见命令以及【工作空间】切换命令
3	标题栏	显示 AutoCAD 软件名称及版本、图样文件名
4	搜索	在“帮助”中搜索 AutoCAD 命令的概念及用法

（续）

序号	名称	用途
5	登录	登录到 Autodesk 360 以联机访问与桌面软件集成的服务
6	功能区	通过选项卡切换可以实现创建或修改图形所需的所有工具，并按逻辑分组来组织命令
7	窗口最小（大）化、关闭	用于控制 AutoCAD 窗口的最小化、最大化、关闭，其中，最大化窗口后，【最大化】按钮变为【恢复窗口大小】按钮
8	菜单栏	可以通过菜单栏中的命令实现创建、修改、保存图形等所需的所有功能
9	绘图区	用以显示图形或绘制图形的区域
10	状态栏	显示光标位置、绘图工具开关状态，可实现对某些常用的绘图工具如正交开关、动态输入开关的快速访问
11	命令窗口	通常固定在应用程序窗口的底部，可显示提示、选项和消息。如果记住了命令，可直接在命令窗口输入命令，而不使用功能区、工具栏和菜单栏，以提高绘图效率
12	【模型】/【布局】选项卡	用于切换模型空间和布局空间
13	【开始】和文件选项卡	用于切换【开始】选项卡和已打开的图样文件选项卡
14	功能区选项卡	通过【常用】、【插入】、【注释】等选项卡切换不同大类的 AutoCAD 命令

1.2 平面图形绘制

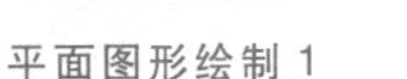
平面图形绘制 1

平面图形绘制 2

相比机械零部件图样来说，平面图形一般更容易绘制，是大多数行业常用的图形，如包装、数学、物理、广告、服装等。平面图形的绘制训练可为后续其他复杂图样的绘制积累经验。

1.2.1 任务下达

作为第一个绘图任务，本任务通过绘制等边三角形的方式下达（未给出图框及标题栏），要求在 AutoCAD Mechanical 2020 中按图 1-15 所示尺寸完成平面图形的绘制，并求封闭区域的面积及图形的周长。

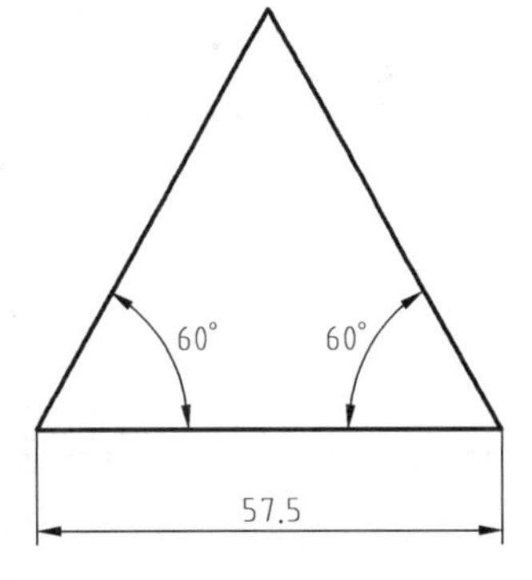

图 1-15 等边三角形

1.2.2 任务分析

图 1-15 所示的平面图形是一个边长为 57.5mm 的等边三角形，图形简单，即使手工绘图也可快速完成。利用 AutoCAD Mechanical 2020 绘图，大多数情况下可看作一种“甩图板”的方式，即用鼠标、键盘代替铅笔、橡皮等，所以可以用手工绘图的思路在 AutoCAD 中完成图形绘制。

具体来说，有两种常见的绘图思路，一是完成水平线段后，分别以线段左右端点为圆心、57.5 为半径画圆，两圆上方的交点即为等边三角形的另一个顶点；二是完成水平线段后，分别从线段左右端点出发绘制夹角为 60°的斜线。绘制本图主要用到 AutoCAD Mechanical 2020 的【圆】、【直线】命令；为了验证图形是否准确，要用到【标注】命令或【测量】命令；最后查询图形面积和周长，还需用到【测量】命令。

按第一种思路绘制等边三角形的主要流程如图 1-16 所示。

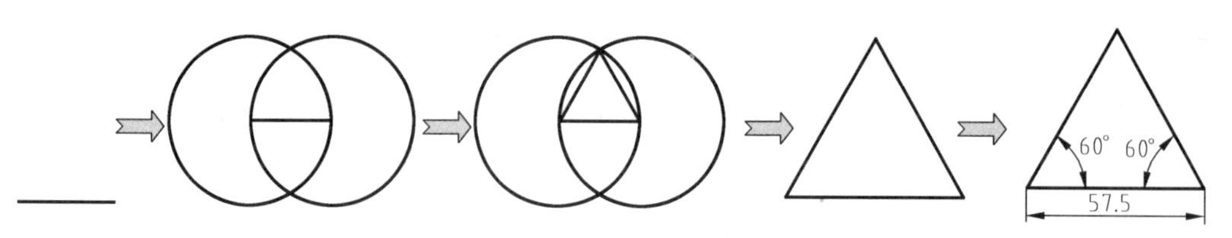

图 1-16 等边三角形绘制流程

1.2.3 任务实施

下面详细说明绘制图 1-15 所示等边三角形的步骤及注意事项，分两部分阐述。

1. 三角形绘制

首先阐述三角形的绘制步骤及注意事项，详见表 1-2。

表 1-2 等边三角形绘制步骤及注意事项

步骤	操作描述	图例	说明
1	安装与配置 AutoCAD Mechanical 2020 简体中文版	（图略）	按前述讲解完成 AutoCAD 的安装与配置
2	在【开始】菜单中启动 AutoCAD Mechanical 2020 后，单击【快速访问工具栏】的【新建】按钮		
3	系统弹出“选择样板”对话框，按右图所示步骤选择样板文件后新建一个绘图文档		样板文件内含图层、文字样式、标注样式、图框、标题栏等，可以自行制作，将在后续任务中讲解

（续）

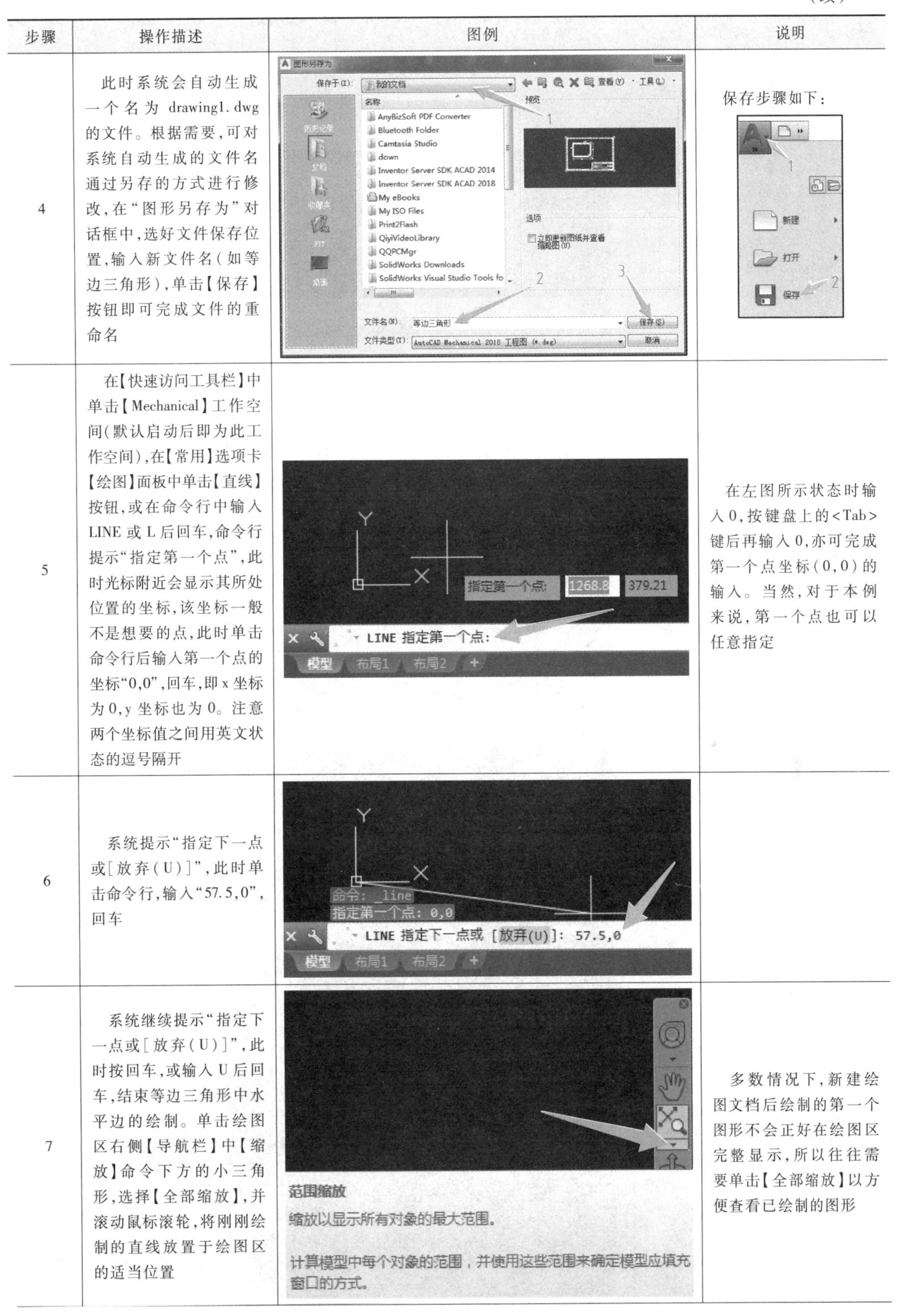

步骤	操作描述	图例	说明
4	此时系统会自动生成一个名为 drawing1. dwg 的文件。根据需要，可对系统自动生成的文件名通过另存的方式进行修改，在“图形另存为”对话框中，选好文件保存位置，输入新文件名（如等边三角形），单击【保存】按钮即可完成文件的重命名		保存步骤如下：
5	在【快速访问工具栏】中单击【Mechanical】工作空间（默认启动后即为此工作空间），在【常用】选项卡【绘图】面板中单击【直线】按钮，或在命令行中输入 LINE 或 L 后回车，命令行提示“指定第一个点”，此时光标附近会显示其所处位置的坐标，该坐标一般不是想要的点，此时单击命令行后输入第一个点的坐标“0,0”，回车，即 x 坐标为 0，y 坐标也为 0。注意两个坐标值之间用英文状态的逗号隔开		在左图所示状态时输入 0，按键盘上的<Tab>键后再输入 0，亦可完成第一个点坐标（0,0）的输入。当然，对于本例来说，第一个点也可以任意指定
6	系统提示“指定下一点或［放弃（U）］”，此时单击命令行，输入“57.5,0”，回车		
7	系统继续提示“指定下一点或［放弃（U）］”，此时按回车，或输入 U 后回车，结束等边三角形中水平边的绘制。单击绘图区右侧【导航栏】中【缩放】命令下方的小三角形，选择【全部缩放】，并滚动鼠标滚轮，将刚刚绘制的直线放置于绘图区的适当位置		多数情况下，新建绘图文档后绘制的第一个图形不会正好在绘图区完整显示，所以往往需要单击【全部缩放】以方便查看已绘制的图形

（续）

步骤	操作描述	图例	说明
8	接下来根据此前的“任务分析”，按照第一种思路继续绘图，即完成水平线段后，分别以线段左右端点为圆心、57.5为半径画圆，两圆上方的交点即为等边三角形的另一个顶点。单击【常用】选项卡【绘图】面板中的【圆】按钮，此时系统提示“指定圆的圆心或[三点(3P) 两点(2P) 切点、切点、半径(T)]”，用鼠标单击线段左端点（即坐标原点），或者输入圆心坐标“0,0”	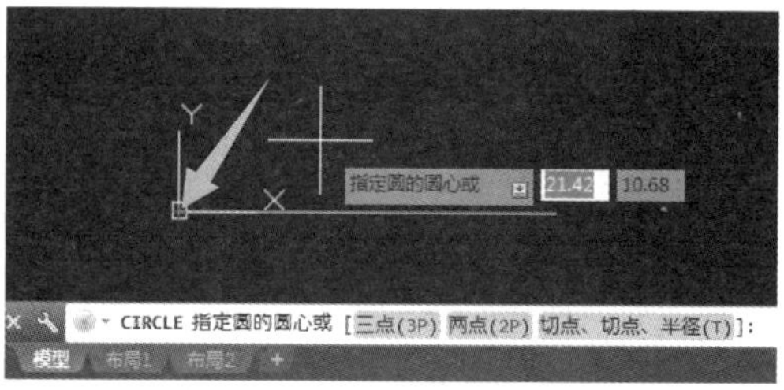	默认情况下，系统的端点对象捕捉功能是打开的，所以单击水平直线左端点附近时，光标会被精准吸附到左端点上。若未打开，则按<F3>键打开，然后单击【状态栏】中  的白色三角形，在弹出的菜单中勾选【端点】
9	此时系统提示“指定圆的半径或[直径(D)]”，在右图箭头1或2处输入半径57.5即可完成以左端点为圆心、57.5为半径的圆	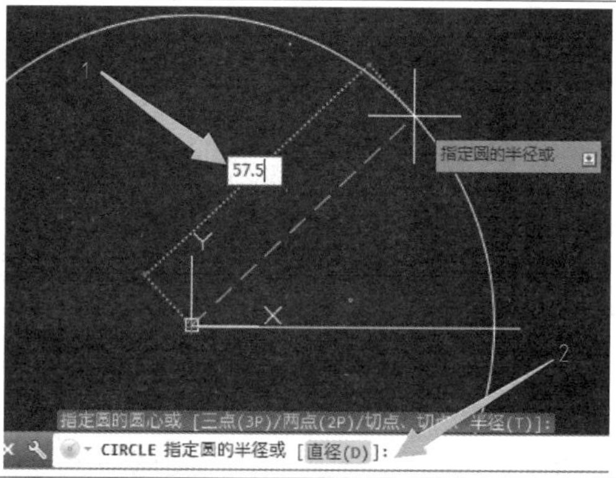	
10	按照同样的方法，绘制以右端点为圆心、57.5为半径的圆，结果如右图所示	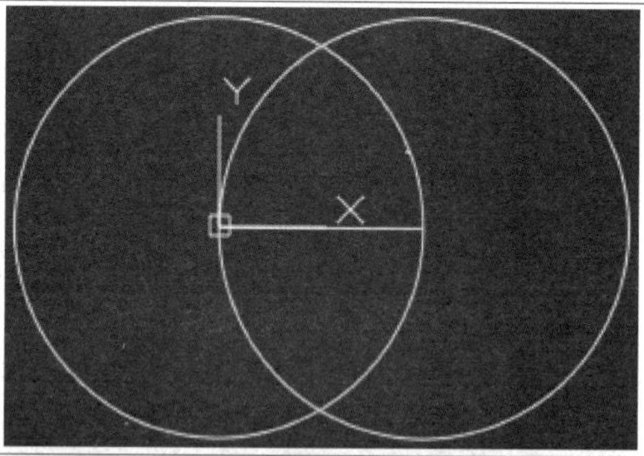	继续使用上一个命令可按空格或回车
11	接下来用【直线】命令绘制两条直线，分别连接水平线段的左右端点与两圆上方的交点，如右图所示	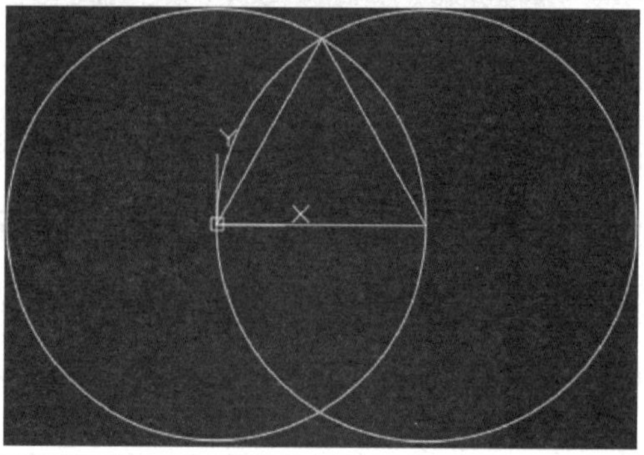	

（续）

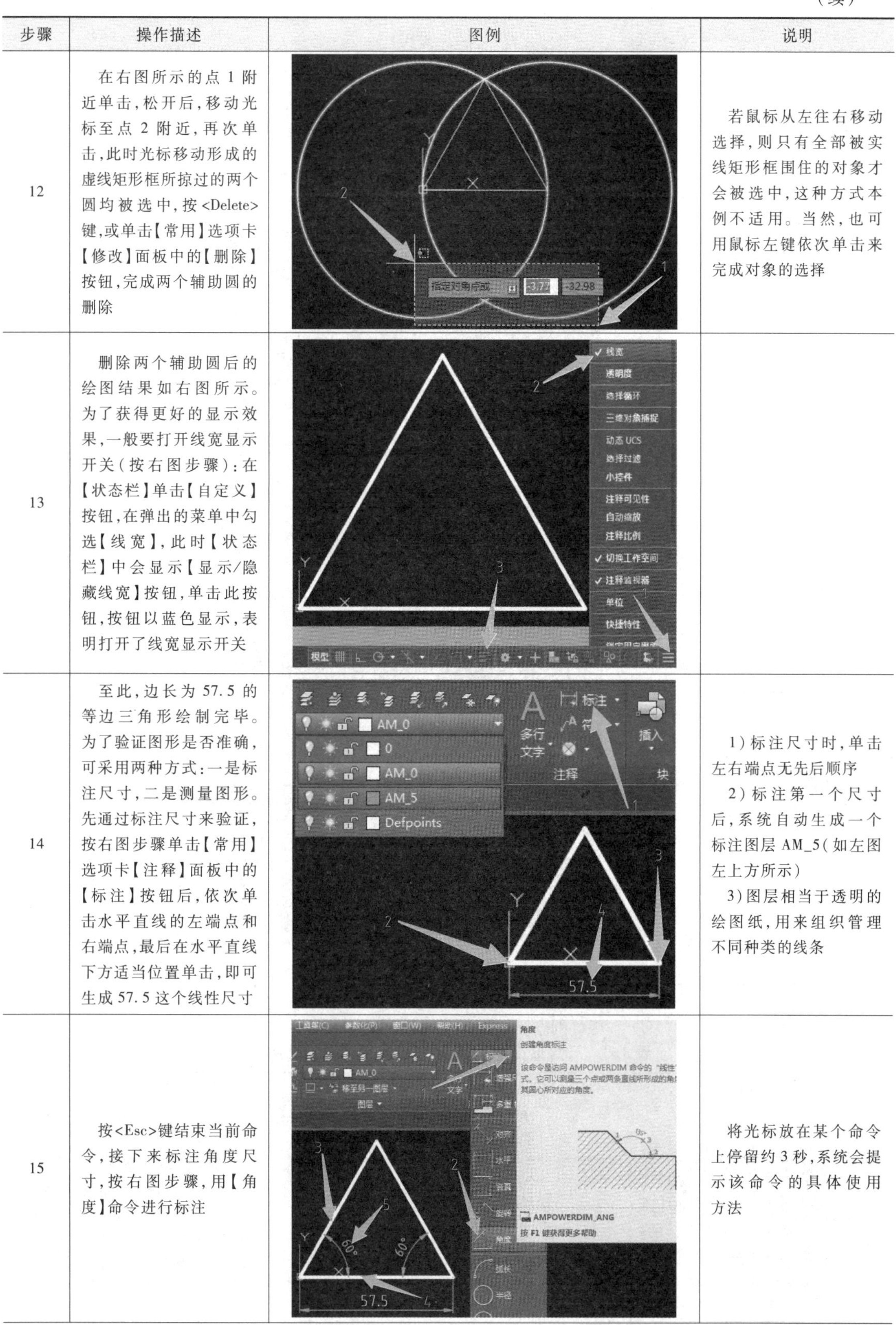

步骤	操作描述	图例	说明
12	在右图所示的点 1 附近单击，松开后，移动光标至点 2 附近，再次单击，此时光标移动形成的虚线矩形框所掠过的两个圆均被选中，按 <Delete> 键，或单击【常用】选项卡【修改】面板中的【删除】按钮，完成两个辅助圆的删除		若鼠标从左往右移动选择，则只有全部被实线矩形框围住的对象才会被选中，这种方式本例不适用。当然，也可用鼠标左键依次单击来完成对象的选择
13	删除两个辅助圆后的绘图结果如右图所示。为了获得更好的显示效果，一般要打开线宽显示开关（按右图步骤）：在【状态栏】单击【自定义】按钮，在弹出的菜单中勾选【线宽】，此时【状态栏】中会显示【显示/隐藏线宽】按钮，单击此按钮，按钮以蓝色显示，表明打开了线宽显示开关		
14	至此，边长为 57.5 的等边三角形绘制完毕。为了验证图形是否准确，可采用两种方式：一是标注尺寸，二是测量图形。先通过标注尺寸来验证，按右图步骤单击【常用】选项卡【注释】面板中的【标注】按钮后，依次单击水平直线的左端点和右端点，最后在水平直线下方适当位置单击，即可生成 57.5 这个线性尺寸		1）标注尺寸时，单击左右端点无先后顺序 2）标注第一个尺寸后，系统自动生成一个标注图层 AM_5（如左图左上方所示） 3）图层相当于透明的绘图纸，用来组织管理不同种类的线条
15	按<Esc>键结束当前命令，接下来标注角度尺寸，按右图步骤，用【角度】命令进行标注		将光标放在某个命令上停留约 3 秒，系统会提示该命令的具体使用方法

（续）

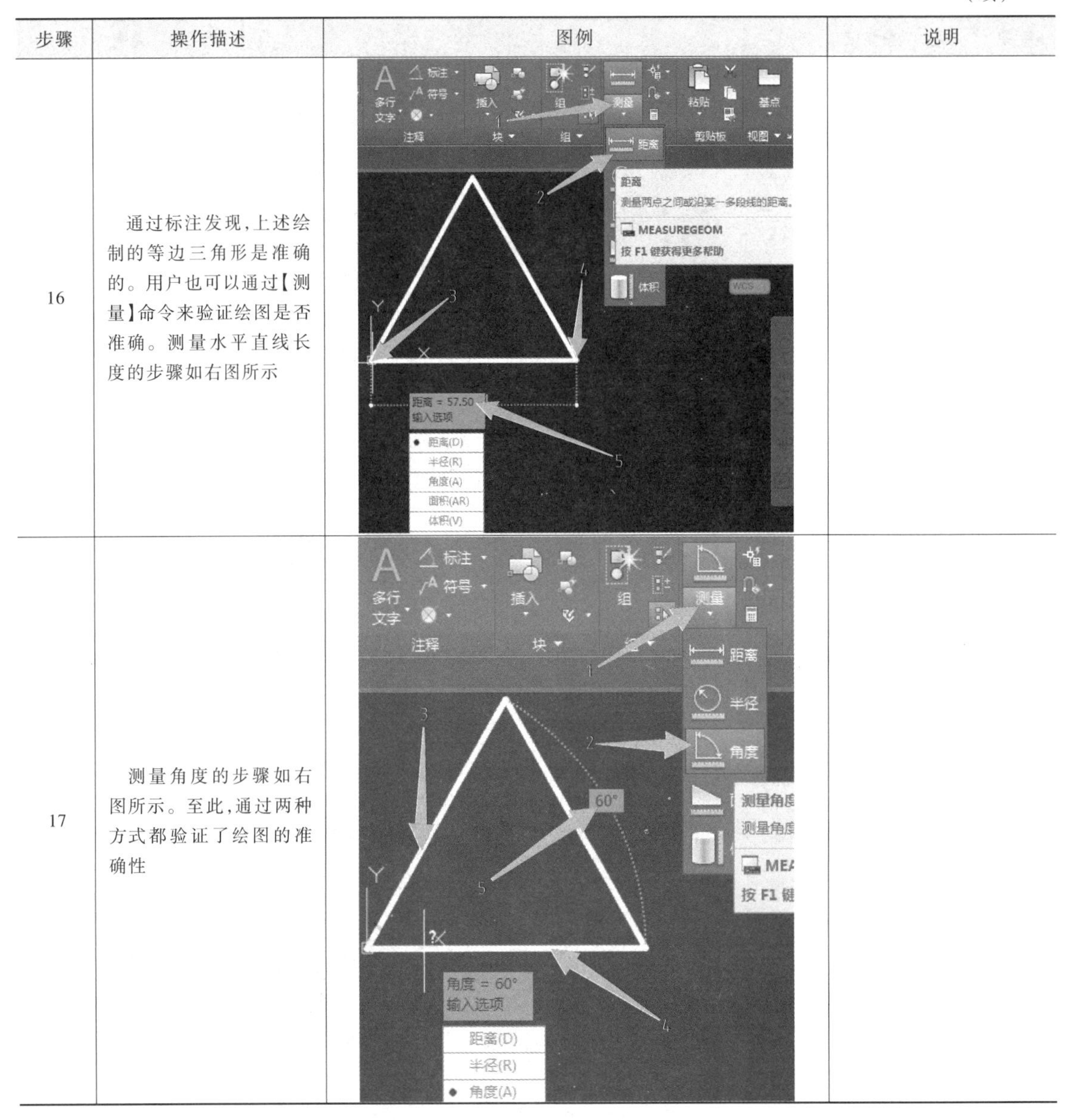

步骤	操作描述	图例	说明
16	通过标注发现，上述绘制的等边三角形是准确的。用户也可以通过【测量】命令来验证绘图是否准确。测量水平直线长度的步骤如右图所示		
17	测量角度的步骤如右图所示。至此，通过两种方式都验证了绘图的准确性		

2. 面积和周长查询

下面阐述三角形面积和周长的查询步骤及注意事项，详见表 1-3。

表 1-3　三角形面积和周长的查询步骤及注意事项

步骤	操作描述	图例	说明
1	为了测量面积，首先要将三条边变成单一的对象，方法为：单击【常用】选项卡【绘图】面板中的【面域】按钮，根据【状态栏】的提示，依次选择（或框选）三角形的三条边后右击，完成面域对象的生成		或在命令行输入 join，根据提示，依次选择（或框选）三角形的三条边后右击，即可将单个对象组合在一起

（续）

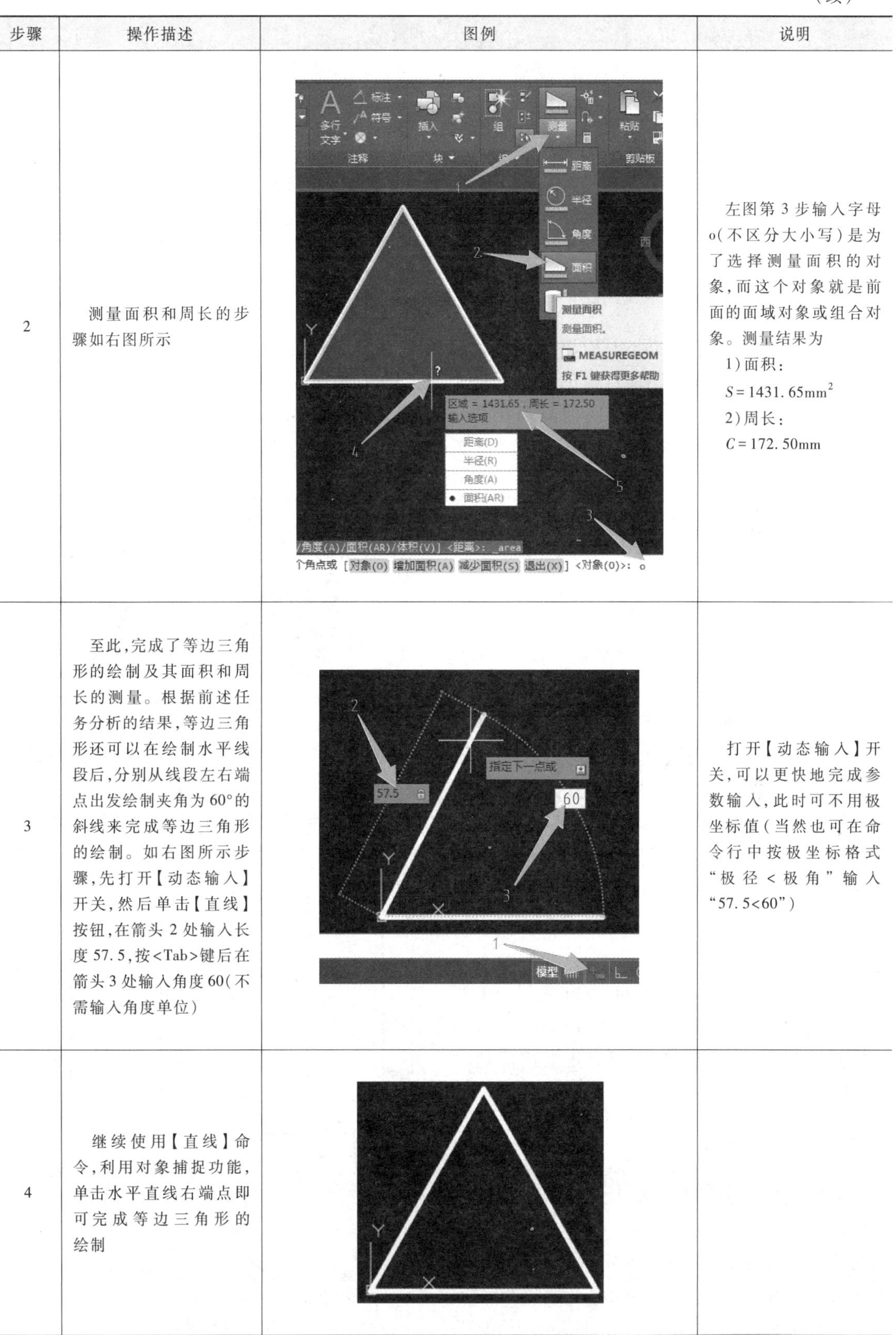

步骤	操作描述	图例	说明
2	测量面积和周长的步骤如右图所示		左图第3步输入字母o（不区分大小写）是为了选择测量面积的对象，而这个对象就是前面的面域对象或组合对象。测量结果为 1）面积： $S=1431.65\text{mm}^2$ 2）周长： $C=172.50\text{mm}$
3	至此，完成了等边三角形的绘制及其面积和周长的测量。根据前述任务分析的结果，等边三角形还可以在绘制水平线段后，分别从线段左右端点出发绘制夹角为60°的斜线来完成等边三角形的绘制。如右图所示步骤，先打开【动态输入】开关，然后单击【直线】按钮，在箭头2处输入长度57.5，按<Tab>键后在箭头3处输入角度60（不需输入角度单位）		打开【动态输入】开关，可以更快地完成参数输入，此时可不用极坐标值（当然也可在命令行中按极坐标格式“极径<极角”输入“57.5<60”）
4	继续使用【直线】命令，利用对象捕捉功能，单击水平直线右端点即可完成等边三角形的绘制		

（续）

步骤	操作描述	图例	说明
5	单击【快速访问工具栏】中的【保存】按钮，将绘制好的图形保存为AutoCAD默认的dwg格式文件	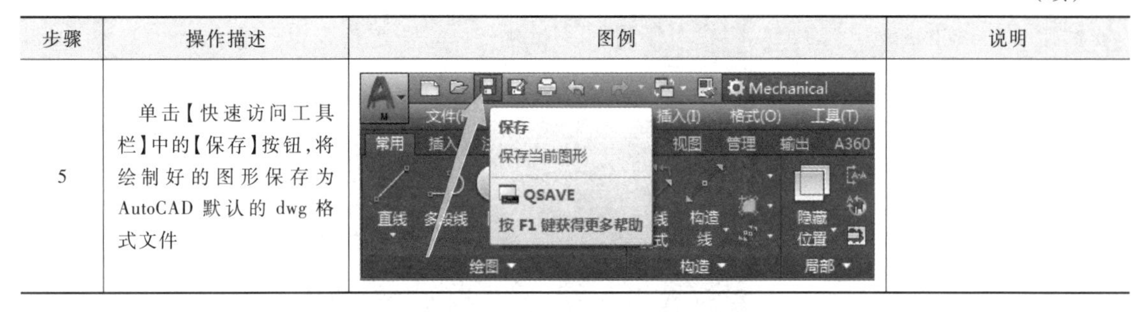	

1.2.4 任务评价

利用 AutoCAD Mechanical 2020 绘制等边三角形时，可借鉴手工绘图的思路来完成，同时也要注意充分利用 AutoCAD 自身的绘图优势，如借助“动态输入”功能，可更快、更准确地完成绘图。本任务较简单，绘图时只需用到 AutoCAD Mechanical 2020 的【圆】、【直线】命令。当然，为了验证图形是否准确，还用到了【标注】命令或【测量】命令；为了查询图形面积和周长，还用到了【测量】命令。

AutoCAD 这类计算机辅助绘图软件不但绘图效率高、更易传播复制，而且可以轻松查询计算图形的面积与周长，因此在生产实际中，绝大多数绘图工作量都是由计算机绘图软件完成的。

1.3 基本体三视图绘制

基本体三视图绘制 1　　基本体三视图绘制 2

形状简单且规则的立体称为基本几何体，简称为基本体。大多数机件都可以看成是由若干个基本体经过叠加、切割或相交等形式组合而成的。

基本体按表面性质的不同可分为平面立体和曲面立体。表面都由平面围成的立体称为平面立体（简称平面体），如棱柱、棱锥和棱台等。表面都由曲面围成或由曲面与平面共同围成的立体称为曲面立体（简称曲面体），其中围成立体的曲面为回转面的曲面立体，又叫回转体，如圆柱、圆锥、球体和圆环体等。

1.3.1 任务下达

使用 AutoCAD Mechanical 2020 绘制图 1-17 所示的五棱柱三视图（含符合国标要求的 A4 图框及标题栏），五棱柱高 85，正五边形边长为 38。

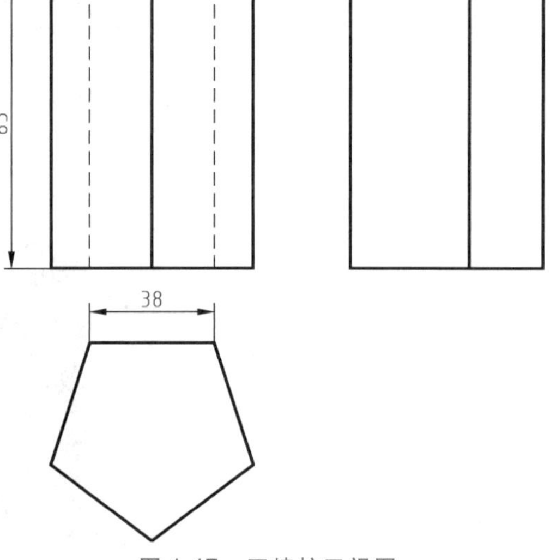

图 1-17　五棱柱三视图

1.3.2 任务分析

五棱柱是一个典型的基本体，其三视图全部由直线组成，可用【直线】命令完成全部图形的绘制。考虑到 AutoCAD Mechanical 提供了正多边形绘制工具【正多边形】，所以可用此命令直接生成正五边形（相比手工绘图而言，这种方式又快又准确）。

与平面图形绘制不同的是，三视图需要满足长对正、高平齐、宽相等的“三等关系”，因此在绘图时要时刻注意此关系是否得到满足。

绘制图 1-17 所示的五棱柱三视图时，可先绘制俯视图，然后利用 AutoCAD Mechanical 的【投影】命令辅助完成主视图及左视图的绘制，最后利用【创建关联消隐位置】命令完成主视图中虚线的设置。

绘制五棱柱三视图的主要流程如图 1-18 所示。

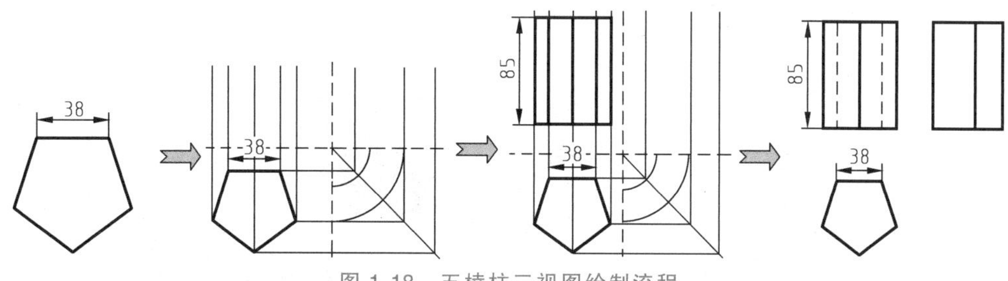

图 1-18 五棱柱三视图绘制流程

1.3.3 任务实施

为了方便本书印刷，接下来的案例主要以白色背景进行讲解。设置绘图区为白色背景的方法如下：单击【应用程序菜单】→【选项】（图 1-19a），或在不选择任何对象时在绘图区空白处右击，选择【选项】（图 1-19b），调出“选项”对话框（图 1-20）。

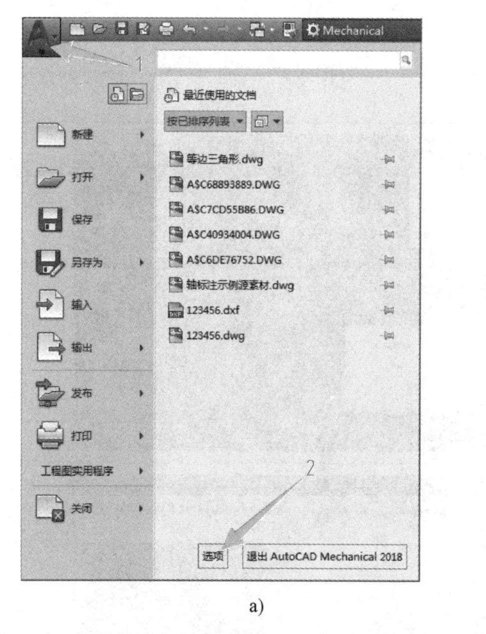

a)

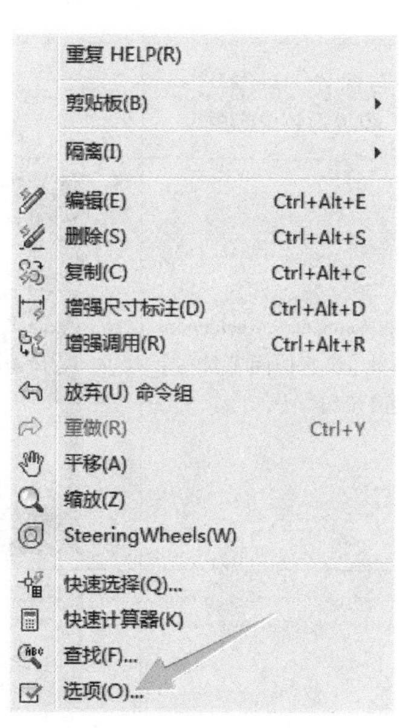

b)

图 1-19 调出“选项”对话框的两种方法

在命令行中输入 OPTIONS（也可输入其简写 OP）后回车，同样可以调出“选项”对话框。按图 1-20 所示步骤可完成绘图区背景颜色的更改。

下面详细说明绘制图 1-17 所示五棱柱三视图的步骤及注意事项。为了帮助读者更好、更快地掌握绘制过程，下面分成两部分进行讲解。

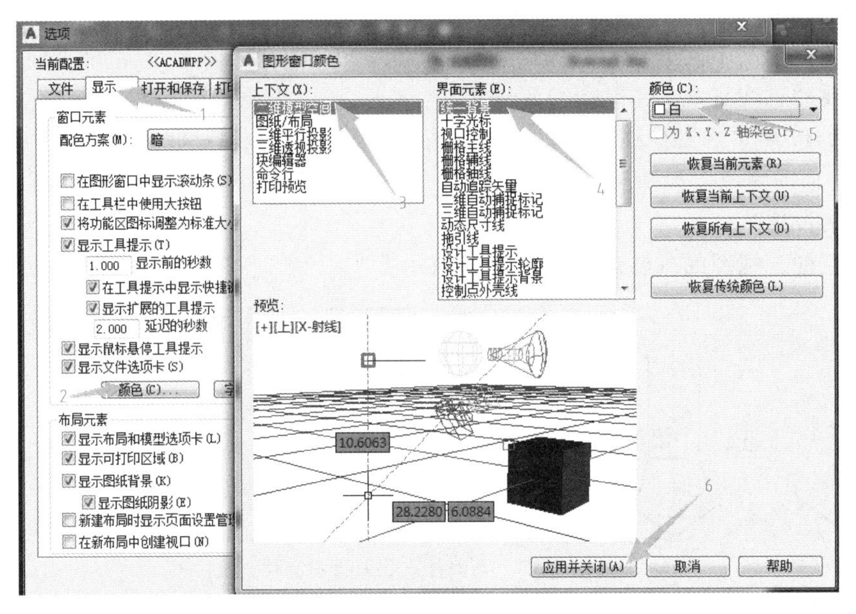

图 1-20 “选项”对话框中设置绘图区背景颜色

1. 五棱柱三视图的绘制

首先阐述五棱柱三视图的绘制步骤及注意事项，详见表 1-4。

表 1-4 五棱柱三视图绘制步骤及注意事项

步骤	操作描述	图例	说明
1	安装与配置 AutoCAD Mechanical 2020 简体中文版	（图略）	按前述讲解完成 AutoCAD 的安装与配置
2	启动 AutoCAD Mechanical 2020，单击【快速访问工具栏】的【新建】按钮		
3	系统弹出“选择样板”对话框，按右图所示步骤选择样板文件后新建一个绘图文档	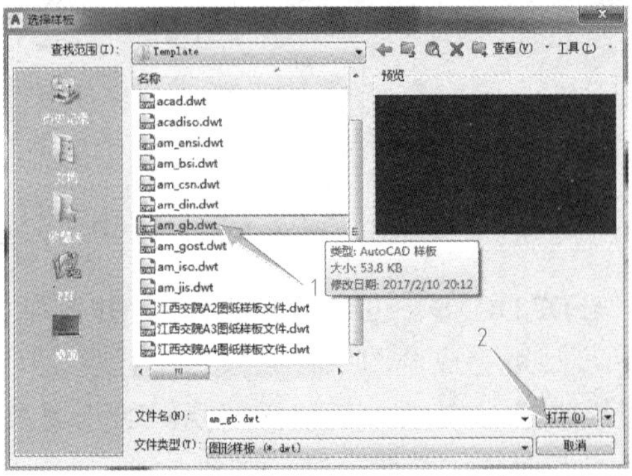	样板文件内含图层、文字样式、标注样式、图框、标题栏等，可以自行制作

（续）

步骤	操作描述	图例	说明
4	此时系统会自动生成一个名为 drawing1.dwg 的文件。根据需要，可通过另存的方式对系统自动生成的文件名进行修改，在“图形另存为”对话框中，选好文件保存位置，输入新文件名（如五棱柱），单击【保存】按钮即可完成文件的重命名	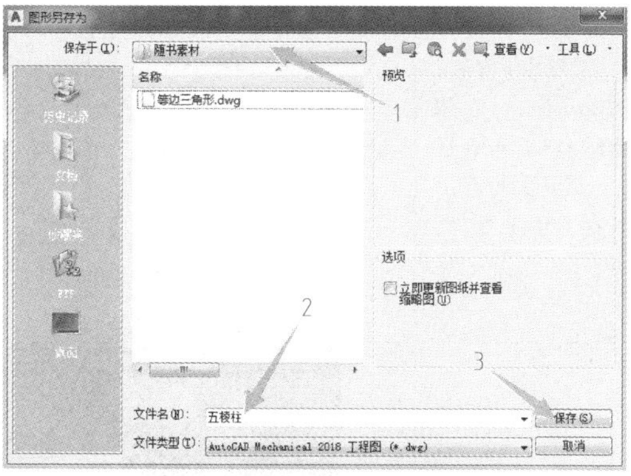	保存步骤如下： 
5	在【常用】选项卡的【绘图】面板中单击【正多边形】按钮，如右图所示	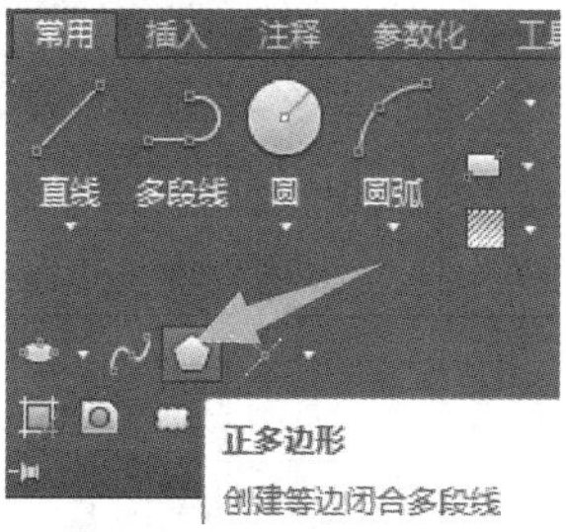	
6	系统提示“输入多边形的边数”时，输入 5 并回车。系统接着提示“指定正多边形的中心点或[边(E)]”，输入 E 并回车。系统接着提示“指定边的第一个端点”，此时在坐标系原点右上角附近单击，按 <F8>键打开正交开关，然后移动鼠标，使正五边形的水平线段处于上侧。系统此时提示“指定边的第二个端点”，输入长度 38 后回车	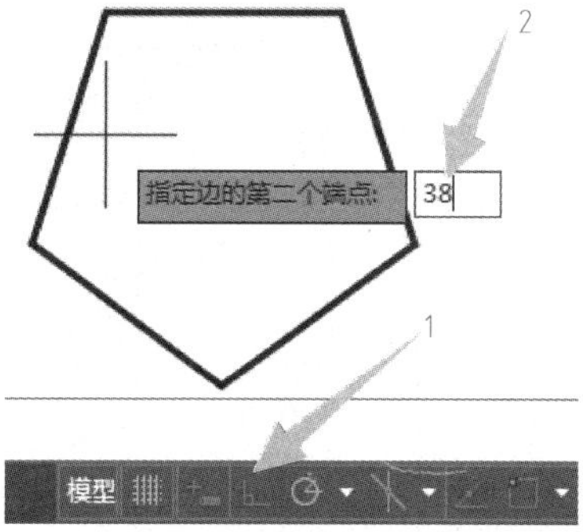	因任务所给的是正五边形的边长，外接圆或内切圆的直径均需要计算，故采用边长的方式绘制该正五边形（可避免计算直径）
7	单击【常用】选项卡【注释】面板中的【标注】按钮，完成右图所示的尺寸标注	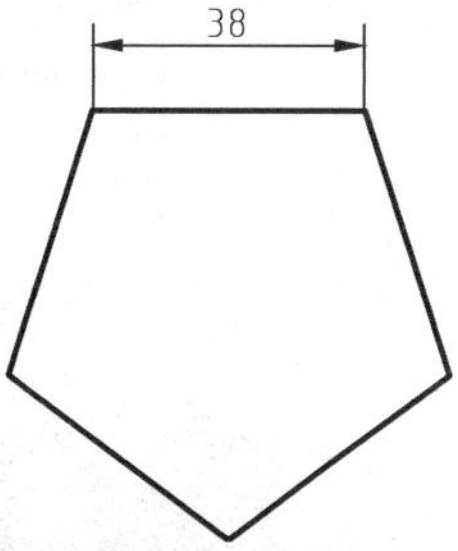	有时候为了随时验证绘图的准确性，可边绘图边标注
8	单击【常用】选项卡【构造】面板中的【投影】按钮，在俯视图（正五边形）右上角合适位置单击，在正交开关打开的情况下，单击右下角某处，结果如右图所示	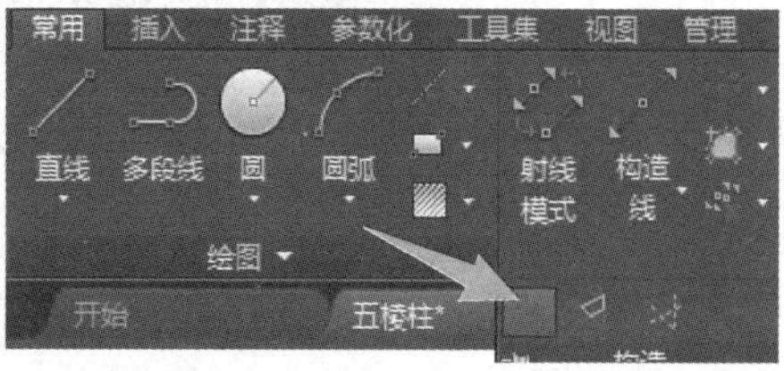	

（续）

步骤	操作描述	图例	说明
8	单击【常用】选项卡【构造】面板中的【投影】按钮，在俯视图（正五边形）右上角合适位置单击，在正交开关打开的情况下，单击右下角某处，结果如右图所示	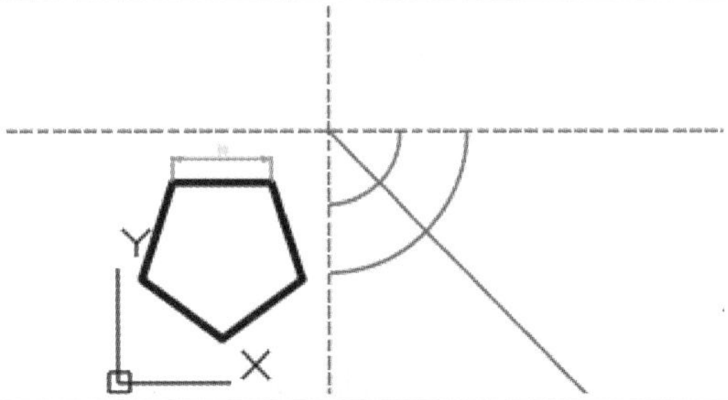	
9	单击【常用】选项卡【构造】面板中的【自动创建构造线】按钮，在弹出的“自动创建构造线”对话框中单击第一行第二个构造线类型	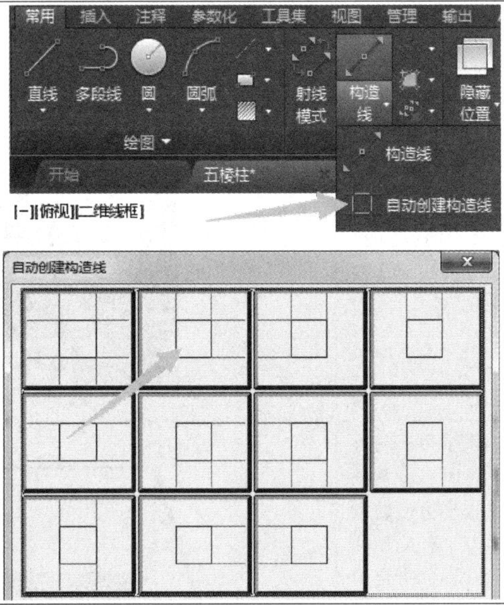	自动创建构造线的类型可从图例中的红线方位来判断
10	根据提示，选择正五边形后右击，此时系统自动创建能满足长对正和宽相等的构造线，如右图所示	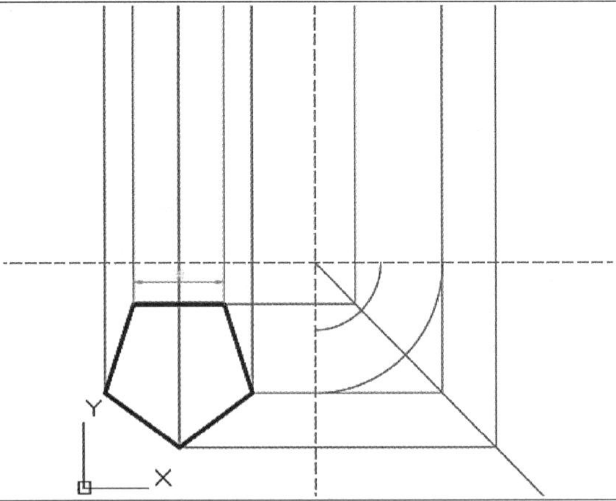	构造线是用于辅助绘图的线条
11	此时系统自动创建了一个构造线专用图层 AM_CL，如右图所示	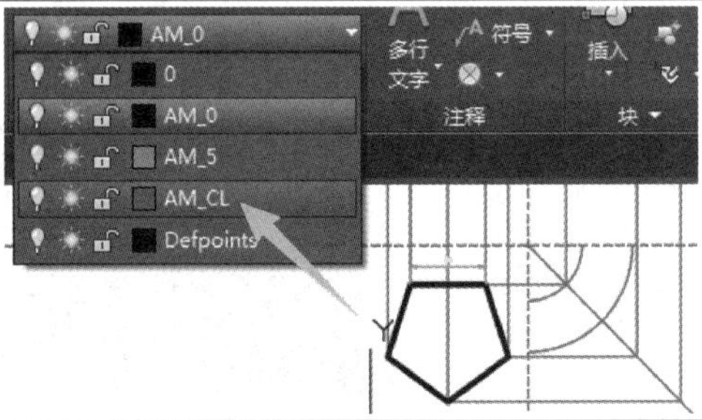	

（续）

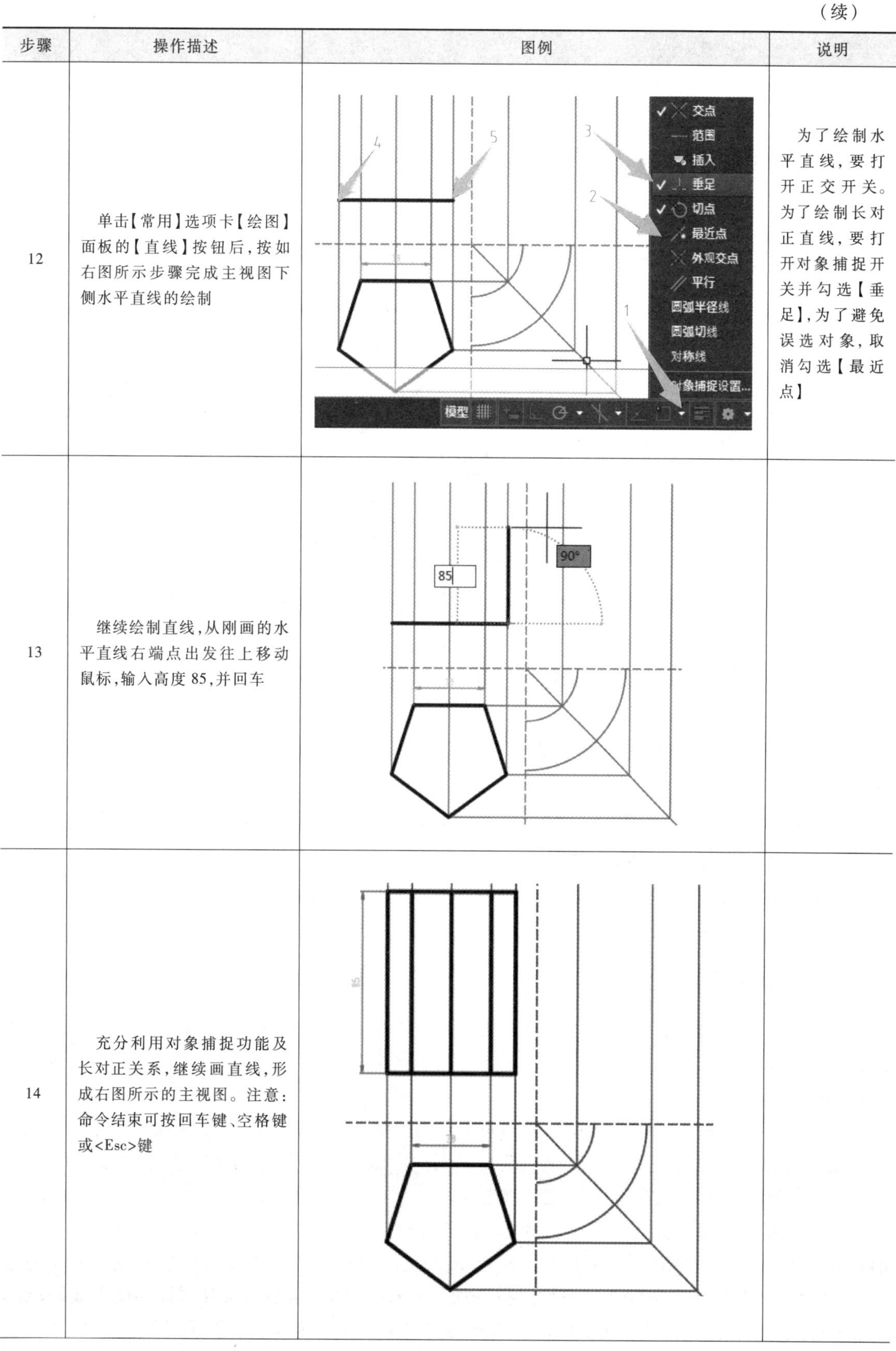

步骤	操作描述	图例	说明
12	单击【常用】选项卡【绘图】面板的【直线】按钮后，按如右图所示步骤完成主视图下侧水平直线的绘制		为了绘制水平直线，要打开正交开关。为了绘制长对正直线，要打开对象捕捉开关并勾选【垂足】，为了避免误选对象，取消勾选【最近点】
13	继续绘制直线，从刚画的水平直线右端点出发往上移动鼠标，输入高度85，并回车		
14	充分利用对象捕捉功能及长对正关系，继续画直线，形成右图所示的主视图。注意：命令结束可按回车键、空格键或<Esc>键		

（续）

步骤	操作描述	图例	说明
15	此时发现，主视图中应有两条竖线为虚线。解决办法有二：一是新建一个虚线图层，将该线置于虚线图层；二是利用【隐藏位置】按钮实现。下面以第二种方式进行设置：单击【常用】选项卡【局部】面板的【创建隐藏位置】按钮后，根据提示选择除要设为虚线之外的其他轮廓线为前景对象，右击后结束选择，弹出"隐藏位置"对话框，单击【确定】按钮，结果如右图所示。此时系统自动生成紫色的虚线图层 AM_3		快速选择前景对象的方法：用鼠标从左往右选择主视图和俯视图的全部轮廓线，然后按住<Shift>键的同时，单击要设为虚线的两条竖线，即可实现反选（即原本被选择的对象此时被取消选择）
16	同理，利用高平齐和宽相等的关系，配合对象捕捉功能，完成左视图的绘制。完成绘图后，可将构造线图层关闭（不显示），如右图所示		

2. 套用符合国标要求的图框和标题栏

下面阐述如何给刚刚绘制完成的五棱柱三视图套用符合国标要求的图框和标题栏的步骤及注意事项，详见表 1-5。

1.3.4 任务评价

相比平面图形的绘制来说，基本体的三视图绘制要稍显复杂一些。与单一的平面图形不同，三视图需要绘制多个图形，且要满足长对正、高平齐、宽相等的“三等关系”，否则就不符合国标的要求。

为了提高绘图效率，AutoCAD Mechanical 提供了独有的【隐藏位置】【投影】【自动创建构造线】等命令，且系统会自动创建构造线图层（含线型、颜色、线宽等信息）。因此，掌握这些绘图技巧，有助于提高绘图速度和准度。

本例还要求套用符合国标的图框和标题栏等信息，这些信息可手工绘制，也可将绘制好的标题栏等置于特定的图幅文件中，存为 .dwt 格式的样板文件，供今后反复调用。除了直接在 AutoCAD 中制作样板文件外，也可以借助国产 CAD 软件快速制作符合国标的样板文件（国产 CAD 是专为中国市场开发的软件，对国标的支持更到位、更彻底、更及时）。

表 1-5 套用符合国标要求的图框和标题栏

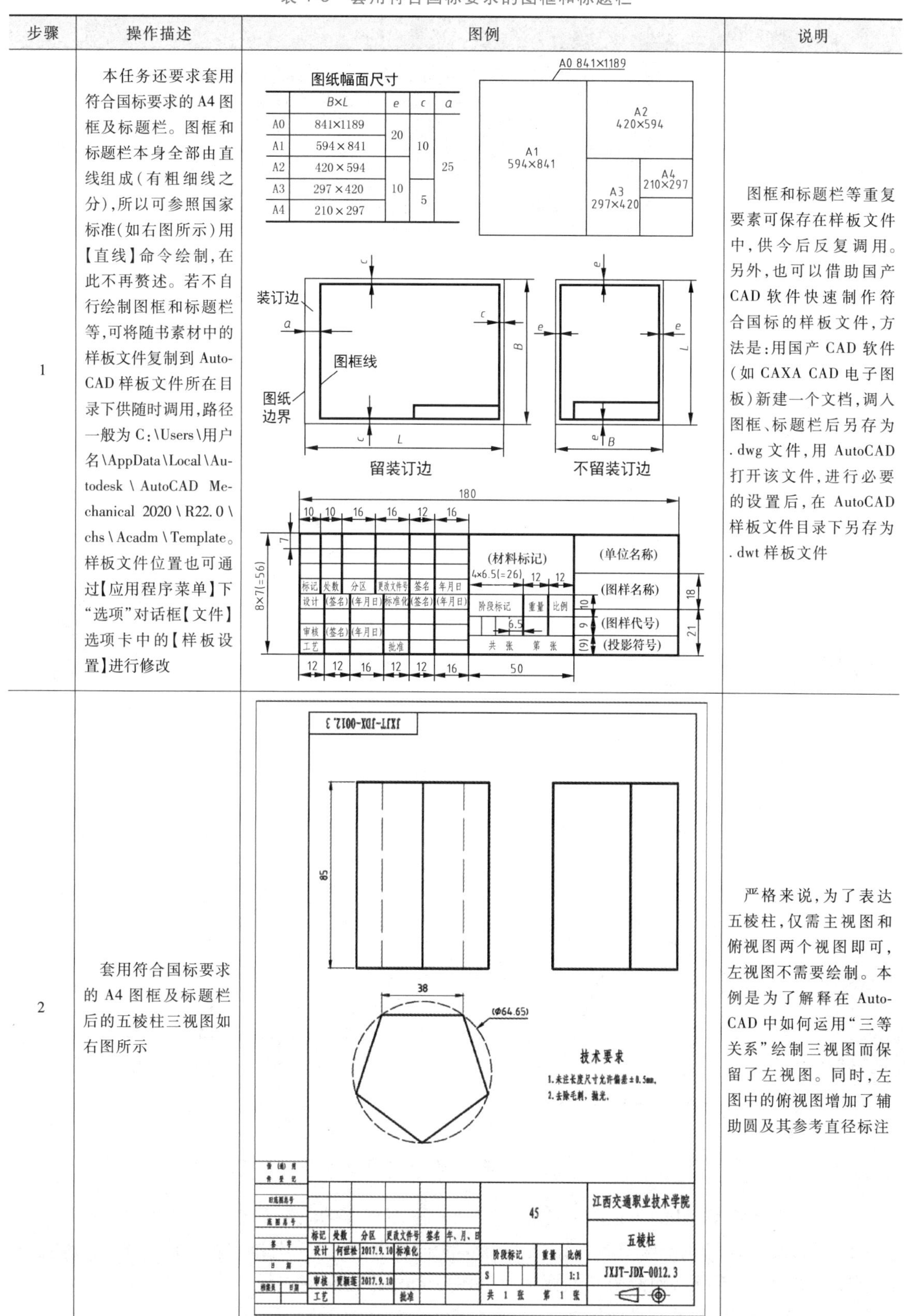

步骤	操作描述	图例	说明
1	本任务还要求套用符合国标要求的A4图框及标题栏。图框和标题栏本身全部由直线组成（有粗细线之分），所以可参照国家标准（如右图所示）用【直线】命令绘制，在此不再赘述。若不自行绘制图框和标题栏等，可将随书素材中的样板文件复制到AutoCAD样板文件所在目录下供随时调用，路径一般为C:\Users\用户名\AppData\Local\Autodesk\AutoCAD Mechanical 2020\R22.0\chs\Acadm\Template。样板文件位置也可通过【应用程序菜单】下“选项”对话框【文件】选项卡中的【样板设置】进行修改		图框和标题栏等重复要素可保存在样板文件中，供今后反复调用。另外，也可以借助国产CAD软件快速制作符合国标的样板文件，方法是：用国产CAD软件（如CAXA CAD电子图板）新建一个文档，调入图框、标题栏后另存为.dwg文件，用AutoCAD打开该文件，进行必要的设置后，在AutoCAD样板文件目录下另存为.dwt样板文件
2	套用符合国标要求的A4图框及标题栏后的五棱柱三视图如右图所示		严格来说，为了表达五棱柱，仅需主视图和俯视图两个视图即可，左视图不需要绘制。本例是为了解释在AutoCAD中如何运用“三等关系”绘制三视图而保留了左视图。同时，左图中的俯视图增加了辅助圆及其参考直径标注

（续）

步骤	操作描述	图例	说明
3	单击【快速访问工具栏】中的【保存】按钮，保存绘制好的图样文件		

1.4 强化训练任务

1. 按前述内容，独立完成 AutoCAD Mechanical 2020 简体中文版的安装与配置。

2. 使用 AutoCAD Mechanical 2020 的【直线】或【正多边形】命令完成图 1-21 所示的两个等边三角形的绘制，标注尺寸，并测量各自的面积和周长。

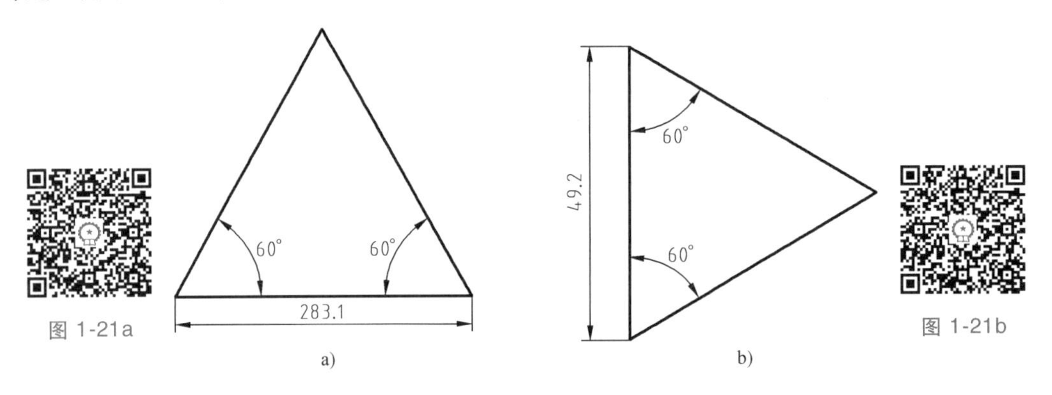

图 1-21　等边三角形

3. 使用 AutoCAD Mechanical 完成图 1-22 所示平面图形的绘制，并查询其面积和周长。

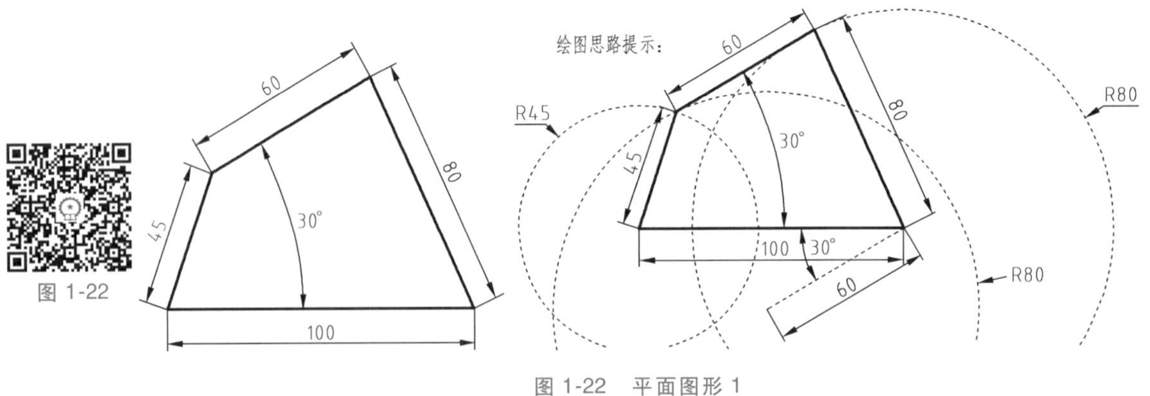

图 1-22　平面图形 1

4. 使用 AutoCAD Mechanical 完成图 1-23 所示平面图形的绘制，并查询其面积和周长。

5. 绘制图 1-24 所示的两个平面图形，并测量封闭轮廓的面积和外围周长（均不含内部圆）。

6. 绘制图 1-25 所示的两个平面图形，并测量最外围轮廓的周长。

7. 绘制图 1-26 所示的平面图形，并测量最外围轮廓的周长。

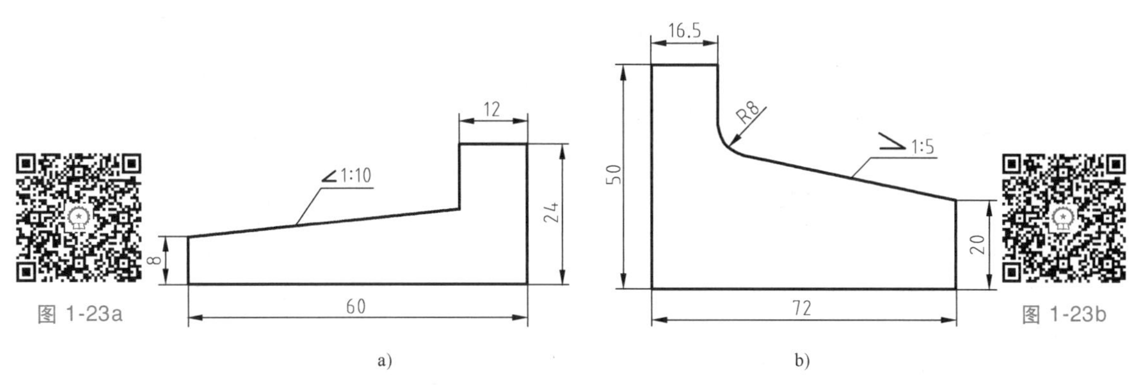

图 1-23 平面图形 2

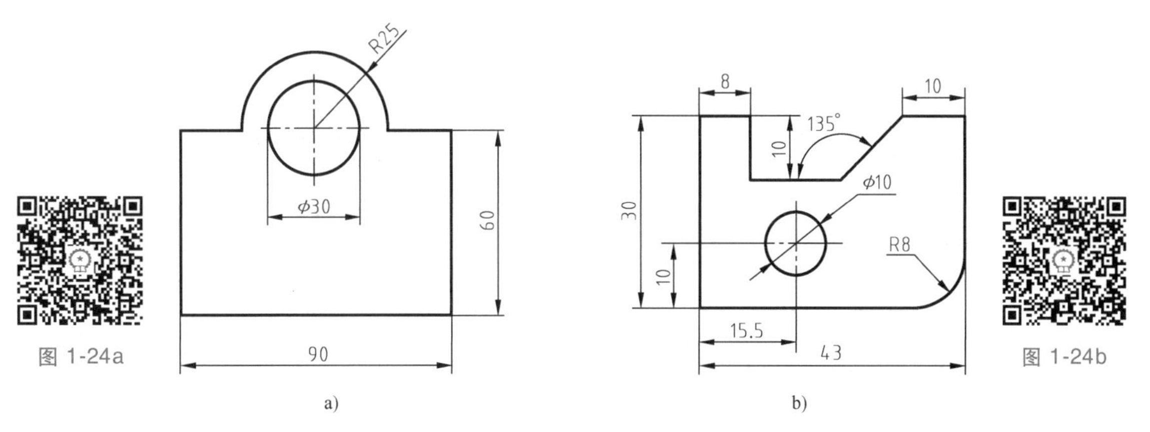

图 1-24 平面图形 3

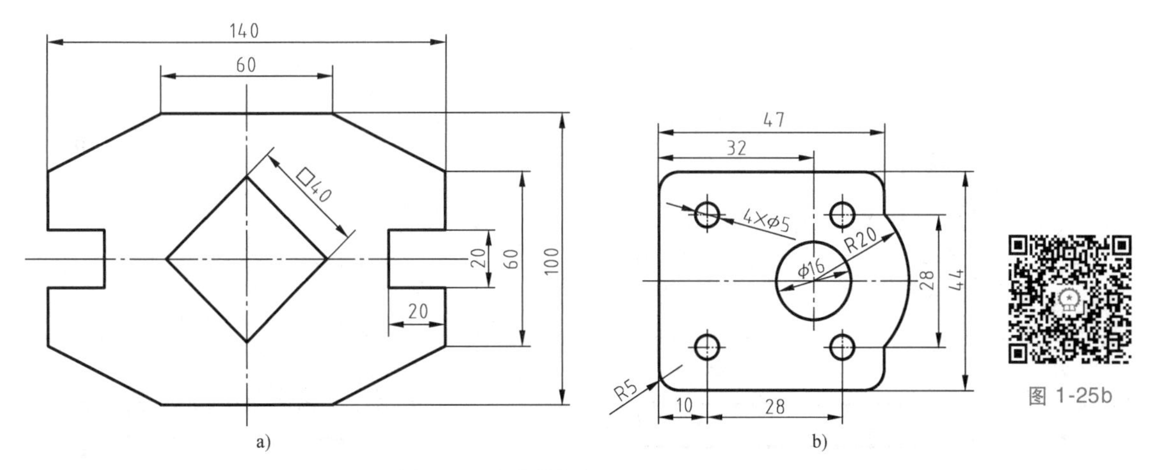

图 1-25 平面图形 4

8. 根据图 1-27 所示繁花曲线的形状特征和尺寸关系绘制该图，查询图中 x、y、Rz、∠ABC 的大小及剖面线区域的面积。修改图中等边三角形的边长 15 为 21.7，继续查询上述尺寸。图中等边三角形与小圆内切、两个小圆半径相等、小圆与大圆弧相切、大圆弧半径均相等。

9. 完成图 1-28 所示的两个平面图形的绘制，并测量其面积和周长。

10. 绘制图 1-29 所示的两个曲线图样（材料为 HT200），均套用符合国标要求的 A4 图框和标题栏（可使用随书素材中的样板文件，下同），比例自定，签名后上交打印的纸质图纸。

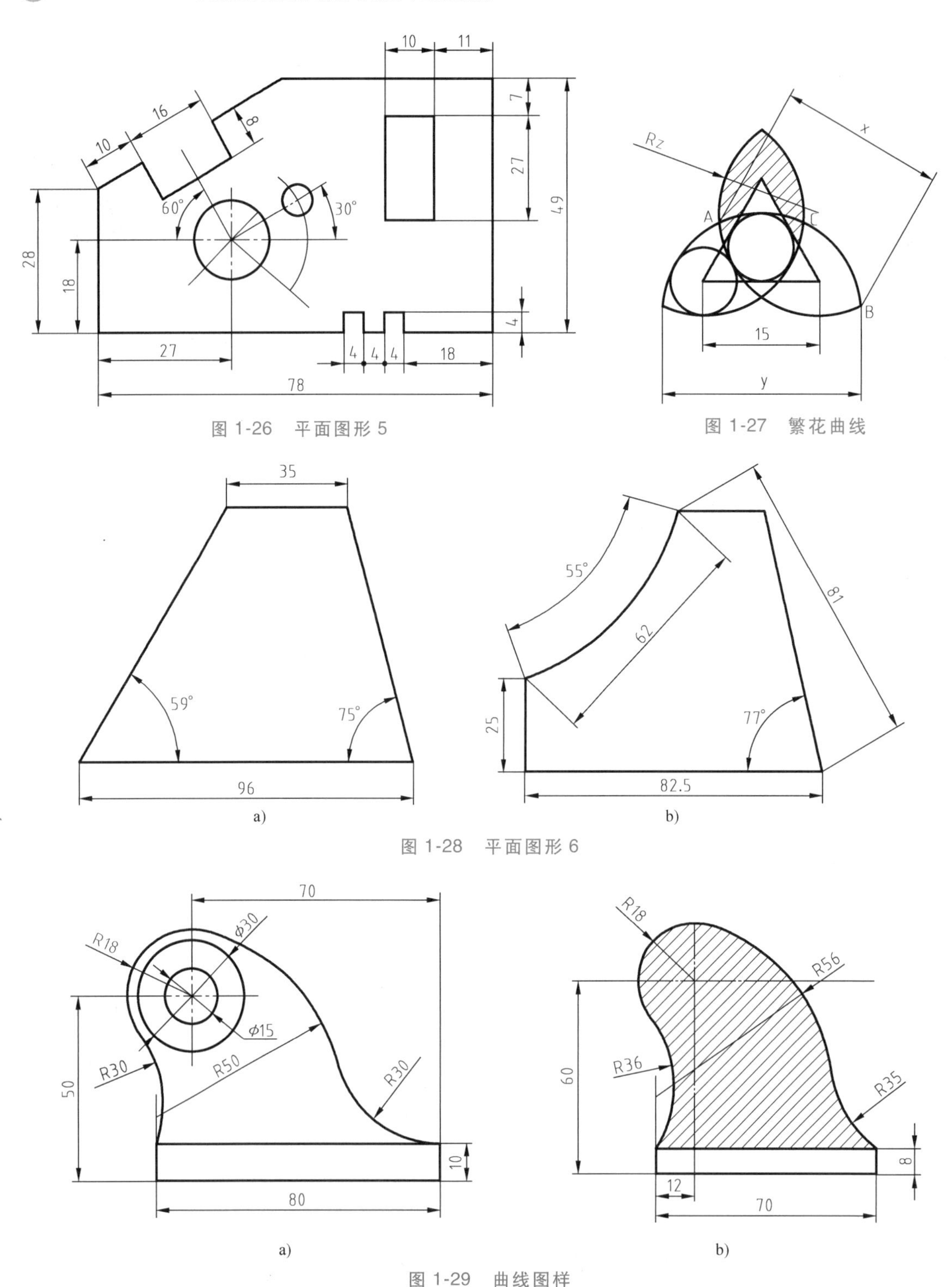

图 1-26 平面图形 5

图 1-27 繁花曲线

a)

b)

图 1-28 平面图形 6

a)

b)

图 1-29 曲线图样

11. 绘制图 1-30 所示的吊钩和扳手图样（材料均为铸钢），均套用符合国标要求的 A4 图框和标题栏，比例自定，转成 pdf 格式打印图纸并上交（标题栏手写签名并注明学号）。

12. 完成图 1-31 所示的两个平面图形的绘制，并测量外围轮廓的面积和周长。

提示：利用【修改】面板中的【缩放】→【参照】命令。

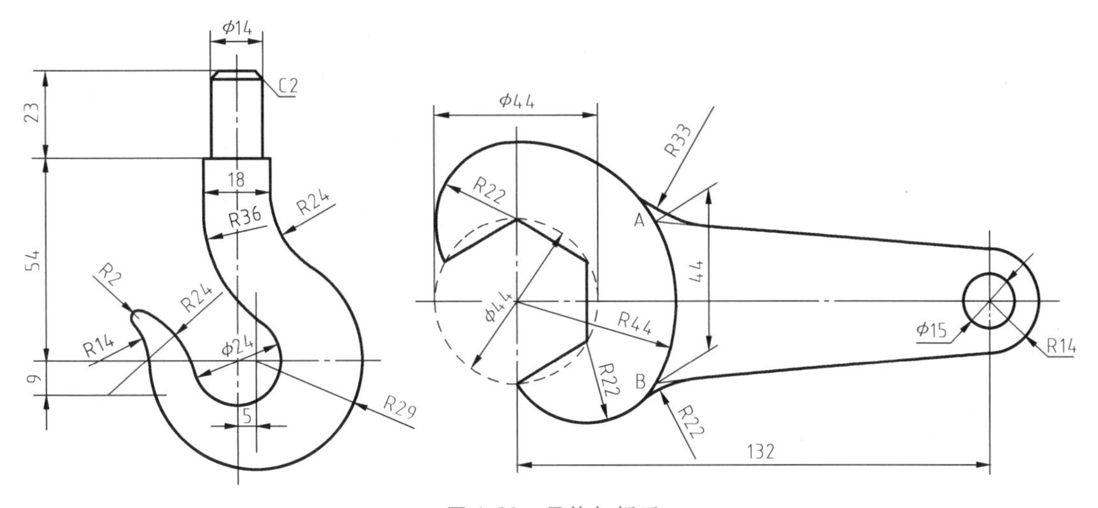

图 1-30　吊钩与扳手

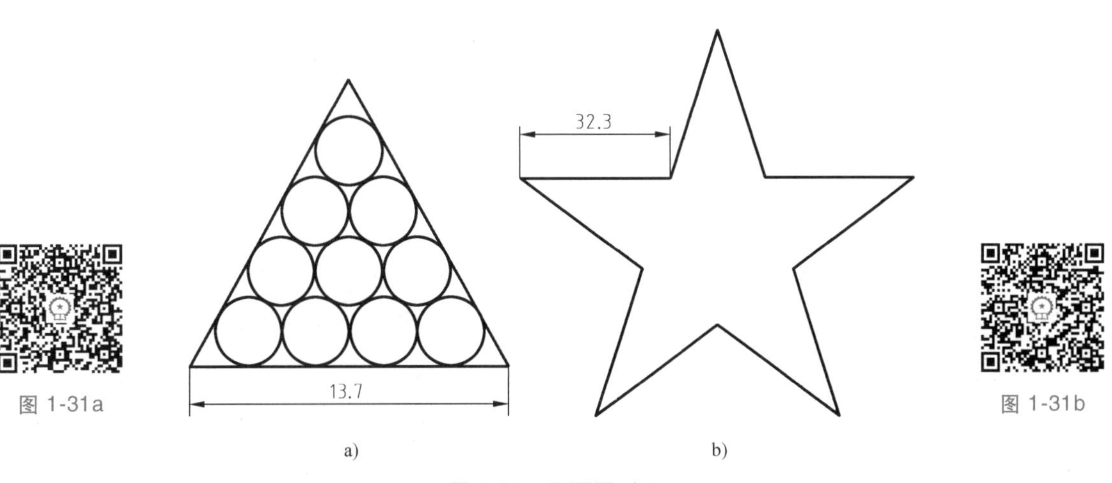

图 1-31　平面图形 7

13. 完成图 1-32 所示的两个平面图形的绘制，并测量外围轮廓的面积和周长。

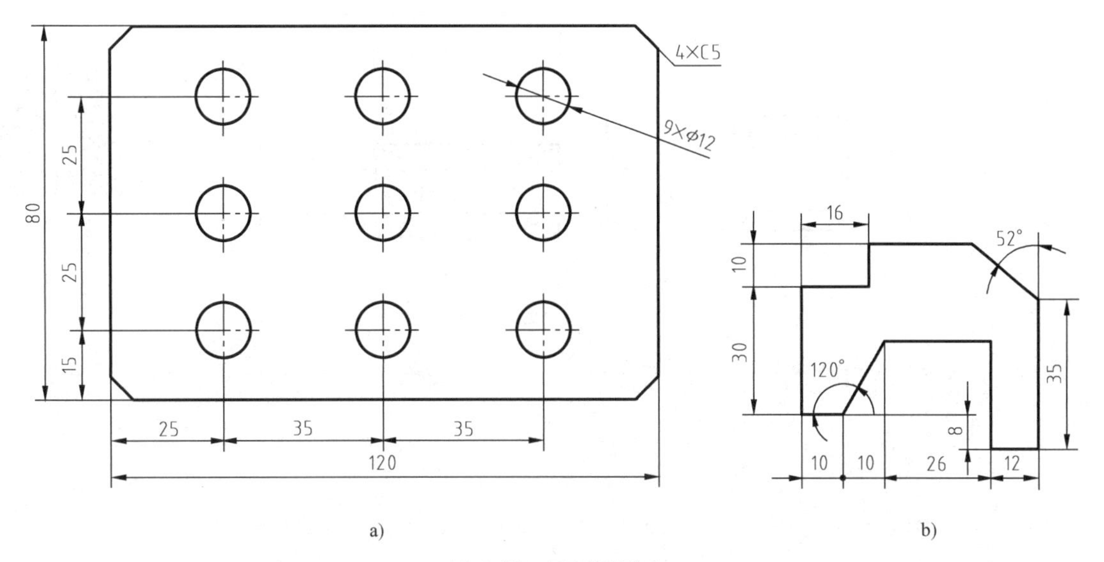

图 1-32　平面图形 8

14. 绘制图 1-33 所示的曲线图形，并测量最外围轮廓的周长。

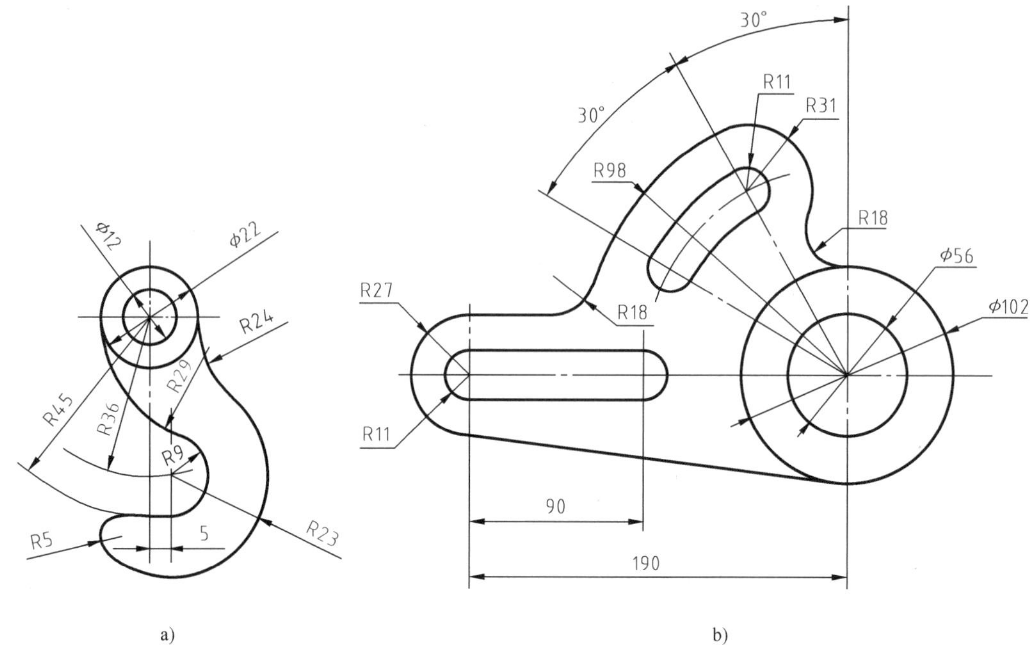

图 1-33 曲线图形

15. 绘制图 1-34 所示的两个棱台三视图（主视图和俯视图即可），并套用符合国标要求的 A4 图框和标题栏，绘图比例自定，上交打印的纸质图纸（标题栏手写签名并注明学号）。

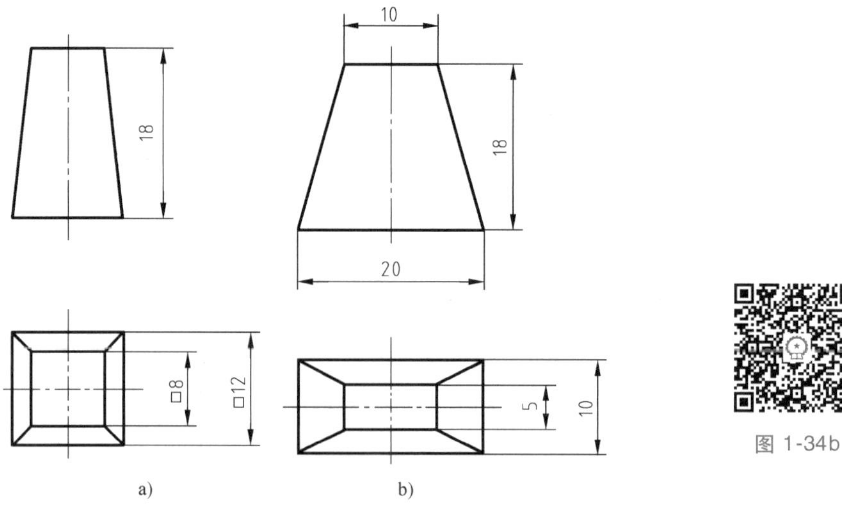

图 1-34 棱台三视图

项目 2　组合体图样绘制与输出

由两个或两个以上的基本体按一定的方式组成的物体称为组合体。任何复杂的物体，若要拆分，大部分都可看成是由若干个基本体组合而成的。正因如此，画组合体的三视图时，就可采用“先分后合”的方法，把组合体想象分解成若干个基本体，然后按其相对位置逐个画出各基本体的投影，综合起来，即得到整个组合体的视图，这样就可以把一个复杂的问题分解成几个简单的问题加以解决。

组合体的组合形式主要有叠加、切割、组合三种，分别称为叠加型组合体、切割型组合体和综合型组合体。

2.1　叠加型组合体的绘制与输出

叠加型组合体的绘制与输出 1　　叠加型组合体的绘制与输出 2

叠加型组合体是由几个简单基本体叠加而成的。两基本体表面平齐时，构成一个完整的平面，即共面，画图时不可用线隔开；两基本体表面不平齐时，两表面投影的分界处须用粗实线隔开。

两个基本体表面若通过相切光滑连接，相切处无分界线，视图上不应该画线；两基本体表面若通过相交连接，相交处有分界线，则视图上应画出表面交线的投影，包括截交线和相贯线。

2.1.1　任务下达

本任务通过轴测图的方式下达，要求完成图 2-1 所示叠加型组合体轴测图对应的三视图，并标注尺寸。最终图样以 dwg 和 pdf 两种格式保存，以方便没有安装 AutoCAD 的终端（如手机、平板计算机等）查看图样。

2.1.2　任务分析

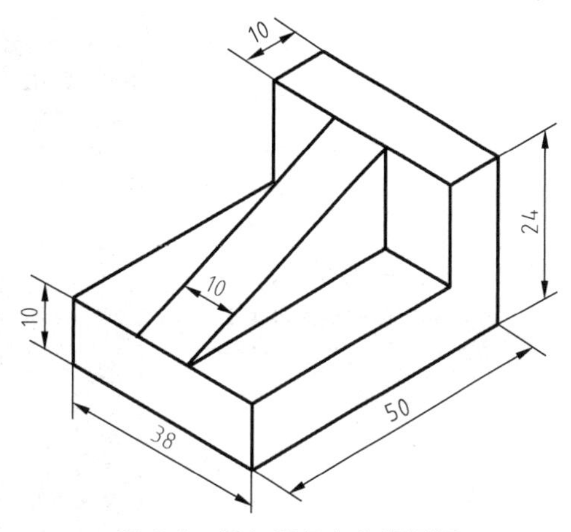

图 2-1　叠加型组合体轴测图

图 2-1 所示的组合体可以看作由 3 个厚度为 10 的基本体组成（2 个四棱柱、1 个三棱柱）。绘制其三视图时，首先需要确定主视图的方位。对于组合体这种在生产实际中甚少使用的模型来说，一般不考虑加工方位或工作方位，而是以最能反映组合体结构形状的方位作为主视图。该例先绘制主视图，然后利用“三等关系”绘制左视图和俯视图（顺序

不做要求），最后标注全部尺寸。

绘制上述叠加型组合体三视图的主要流程如图 2-2 所示。

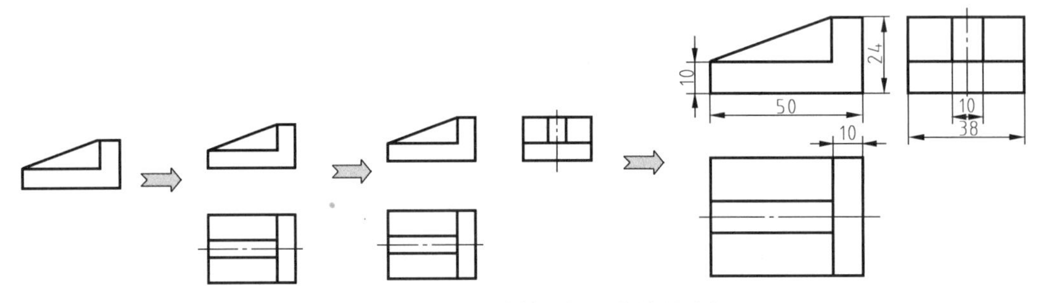

图 2-2　叠加型组合体三视图的绘制流程

2.1.3　任务实施

下面详细说明绘制图 2-1 所示叠加型组合体三视图的步骤及注意事项。为了帮助读者更好、更快地掌握叠加型组合体三视图的绘制与输出，下面分成两部分进行讲解。

1. 叠加型组合体三视图的绘制

首先阐述叠加型组合体三视图的绘制步骤及注意事项，详见表 2-1。

表 2-1　叠加型组合体三视图绘制步骤及注意事项

步骤	操作描述	图例	说明
1	安装与配置 AutoCAD Mechanical 2020 简体中文版	（图略）	按项目 1 的讲解完成 AutoCAD 的安装与配置
2	启动 AutoCAD Mechanical 2020，单击【快速访问工具栏】的【新建】按钮		
3	系统弹出“选择样板”对话框，按右图所示步骤选择样板文件后新建一个绘图文档		样板文件内含图层、文字样式、标注样式、图框、标题栏等，可以自行制作

（续）

步骤	操作描述	图例	说明
4	此时系统会自动生成一个名为 drawing1. dwg 的文件。单击【快速访问工具栏】中的【保存】按钮，在“图形另存为”对话框中，选好文件保存位置，输入新文件名（如“叠加型组合体”），单击【保存】按钮即可完成文件的重命名	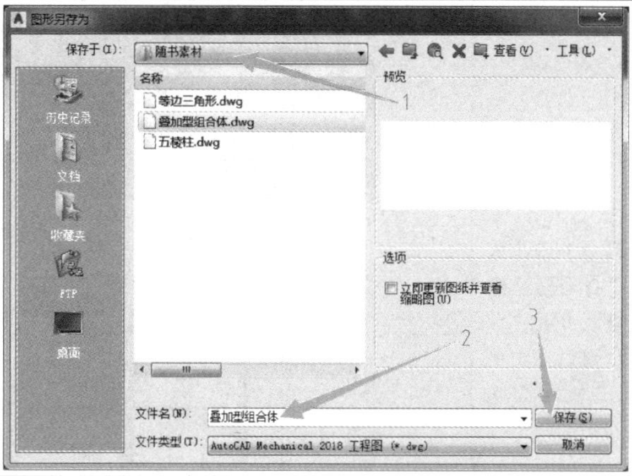	
5	首先绘制主视图。单击【常用】选项卡【绘图】面板中的【直线】按钮（或在命令行中输入 L），根据提示，在坐标系原点上方适当位置单击，若未打开正交开关，则按<F8>键打开，在动态输入模式下输入长度 50，回车，滚动鼠标滚轮，缩放图形至合适大小，向上移动鼠标，输入高度 24，回车，向左移动鼠标，输入长度 10，回车，向下移动鼠标，输入高度 14，回车，向左移动鼠标，输入长度 40，回车，向下移动鼠标，输入高度 10，回车，按空格结束【直线】命令，结果如右图所示	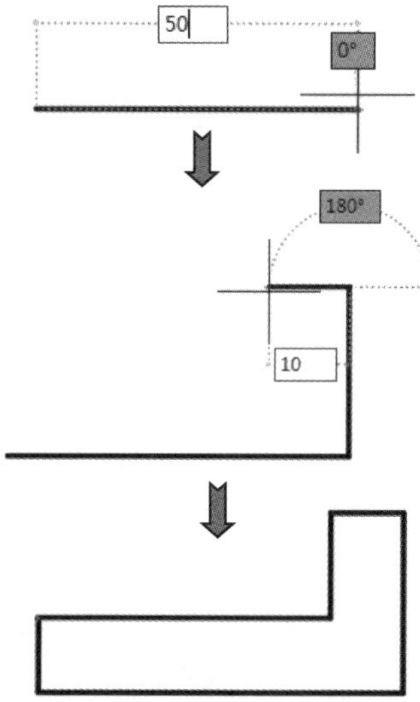	
6	按<F8>键关闭正交开关，继续使用【直线】命令绘制斜线，按空格结束【直线】命令，结果如右图所示	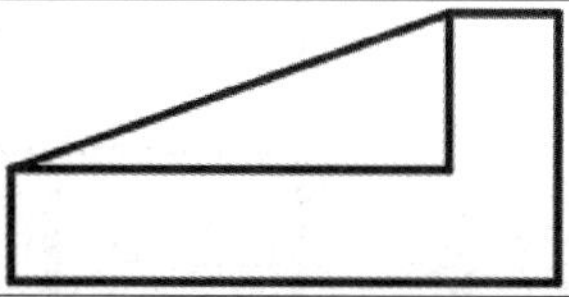	打开端点对象捕捉开关绘制斜线
7	接下来利用长对正、宽相等关系绘制俯视图和左视图。单击【常用】选项卡【构造】面板中的【投影】按钮，投影打开后，在主视图右下角合适位置单击，在正交开关打开的情况下，单击右下角某处，结果如右图所示	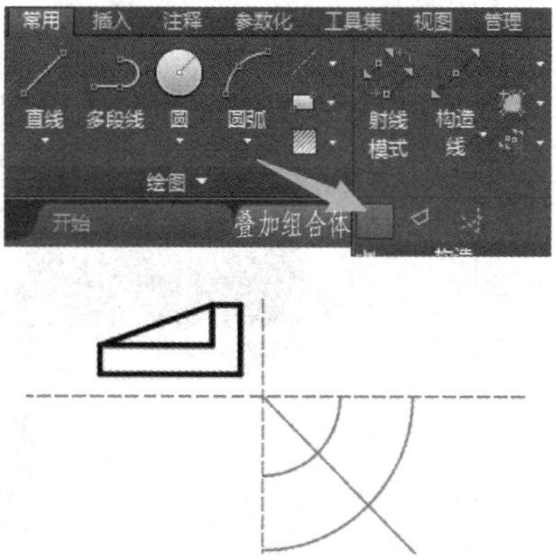	

（续）

步骤	操作描述	图例	说明
8	单击【常用】选项卡【构造】面板中的【自动创建构造线】按钮，在弹出的“自动创建构造线”对话框中单击第二行第二个构造线类型	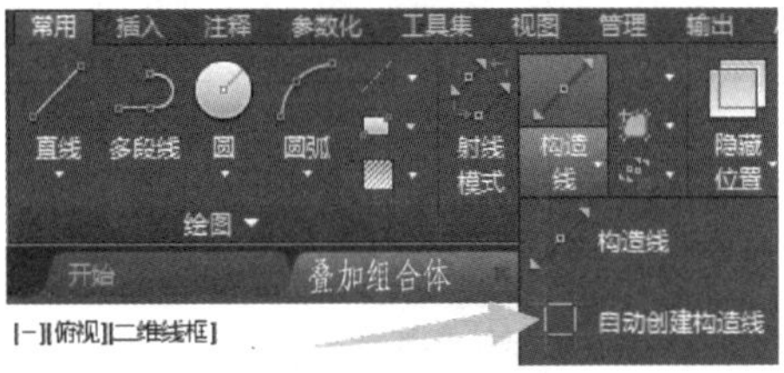 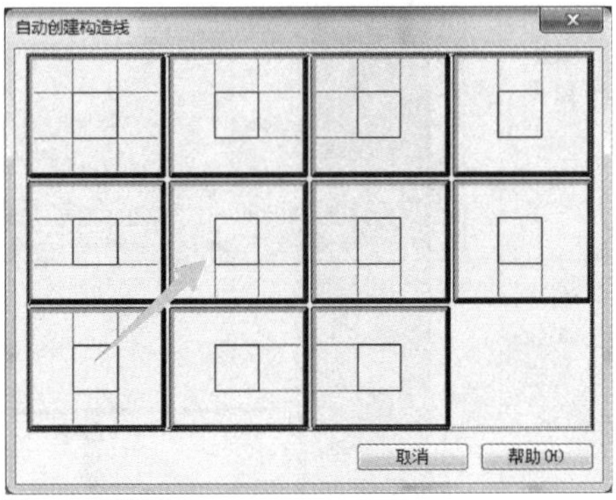	
9	框选主视图后，右击，结果如右图所示	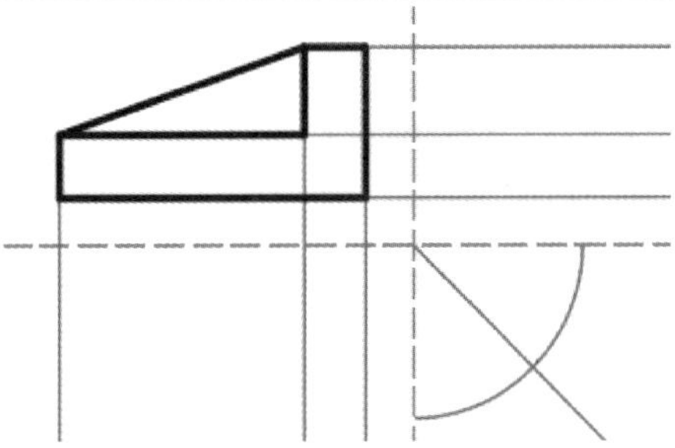	
10	单击【直线】按钮，利用对象捕捉功能，先从上往下绘制俯视图的左侧竖线，宽度为38，继续用【直线】命令绘制，结果如右图所示	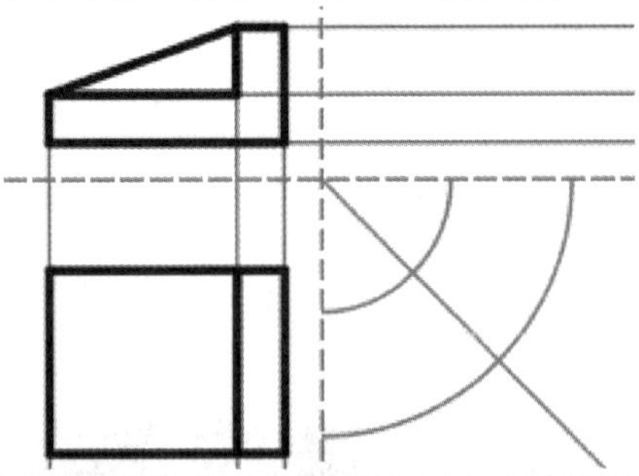	
11	俯视图是前后对称的结构，需要绘制一条中心线。AutoCAD Mechanical提供了专门绘制中心线的命令【对称直线之间的中心线】，如右图所示	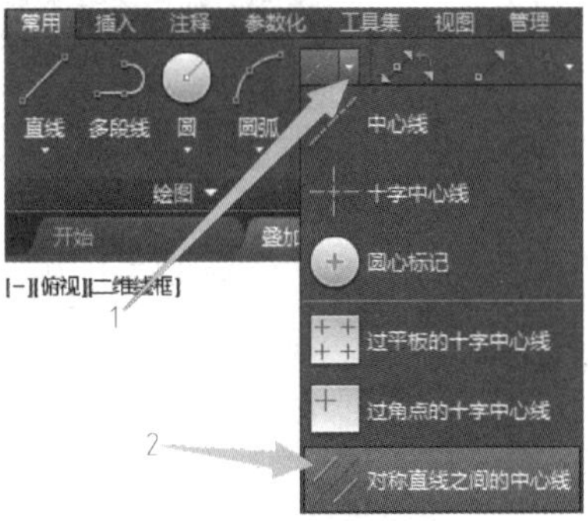	

（续）

步骤	操作描述	图例	说明
12	根据提示，分别单击选择俯视图中的前后两条水平线，结果如右图所示	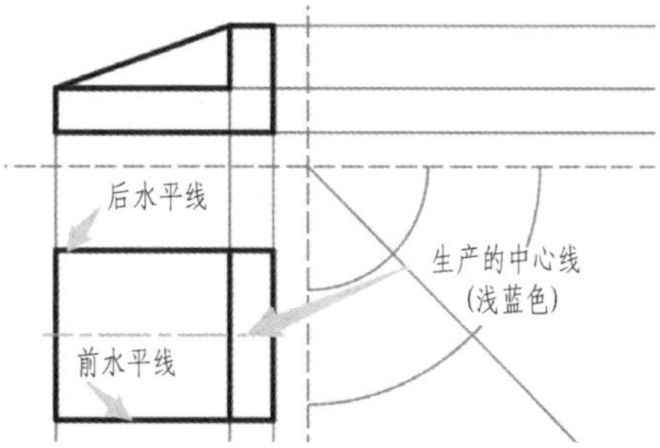	
13	单击【常用】选项卡【修改】面板中的【偏移】按钮，输入偏移距离5，回车；选择中心线，在其后侧单击，再次选择中心线，在其前侧单击，偏移结果如右图所示	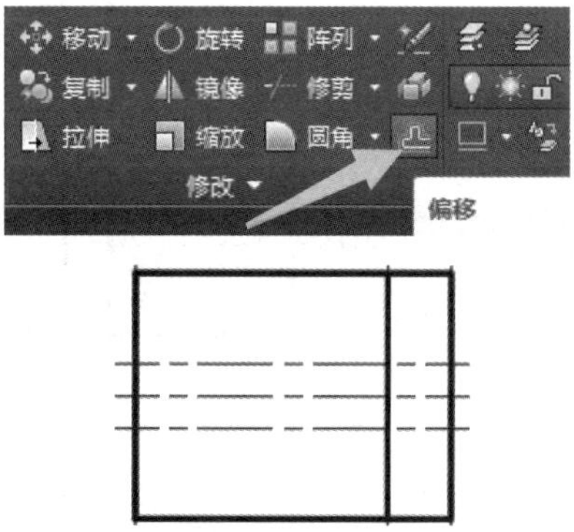	
14	接下来将偏移得到的两条中心线改为粗实线。用鼠标依次单击选择偏移得到的两条中心线，然后单击【常用】选项卡【图层】面板中的【图层】按钮，在下拉的图层列表中选择AM_0图层，即粗实线层，这样即可将中心线变更为粗实线	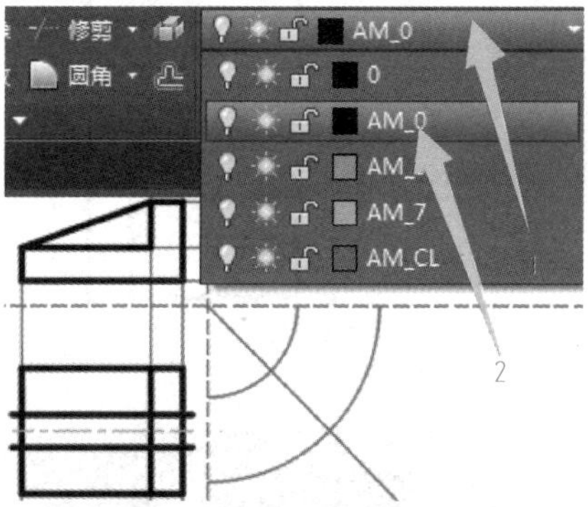	或选择偏移得到的两条中心线后单击【移至另一图层】后选择AM_0图层
15	接下来修剪变更为粗实线的两条线两端多余的线段。单击【常用】选项卡【修改】面板中的【修剪】按钮，在提示选择对象时直接回车，即全部选择，下一步单击需要修剪掉的对象，按<Esc>键结束，结果如右图所示	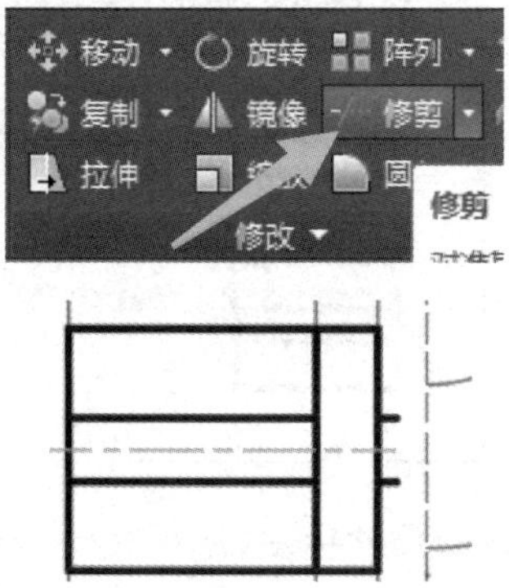	

（续）

步骤	操作描述	图例	说明
16	依次单击右端多余的两条线段，按<Delete>键或单击【修改】面板上的【删除】按钮，结果如右图所示。至此，完成了主视图和俯视图的绘制	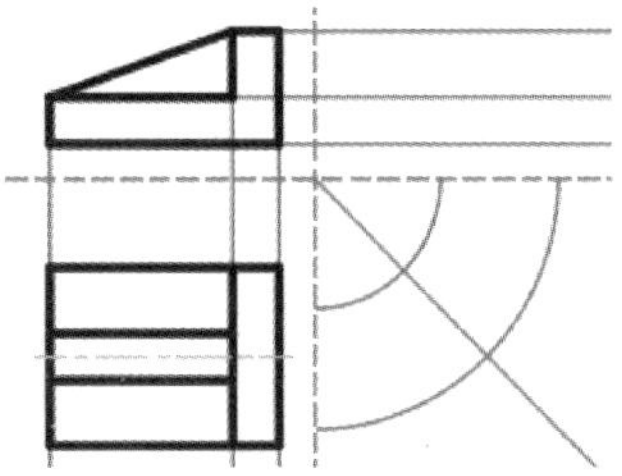	
17	单击【常用】选项卡【构造】面板【自动创建构造线】中的 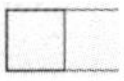 类型，根据提示选择全部俯视图后自动生成右图所示的构造线	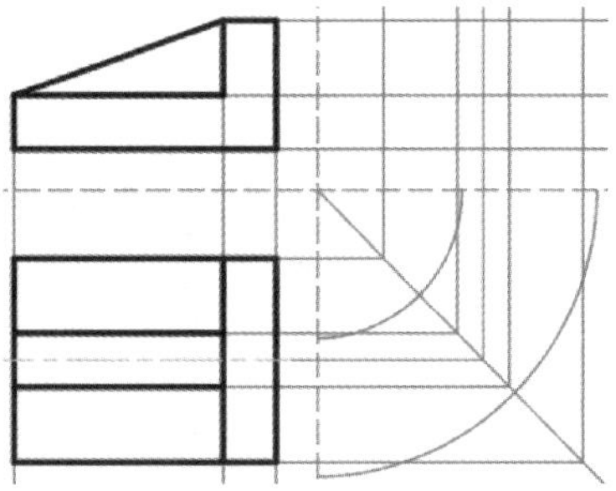	俯视图生成自动构造线的过程中，首先向右生成水平构造线，碰到45°斜投影线后向上生成竖直构造线
18	接下来用绘制俯视图类似的方法绘制左视图。结果如右图所示	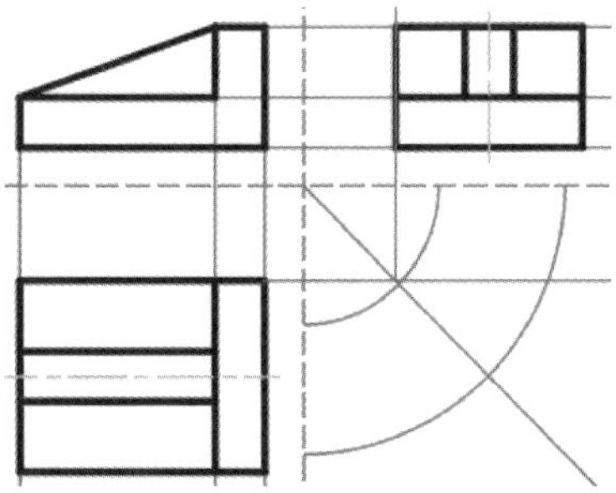	
19	将构造线所在图层关闭，以隐藏所有的构造线。至此，完成了叠加型组合体三视图的绘制	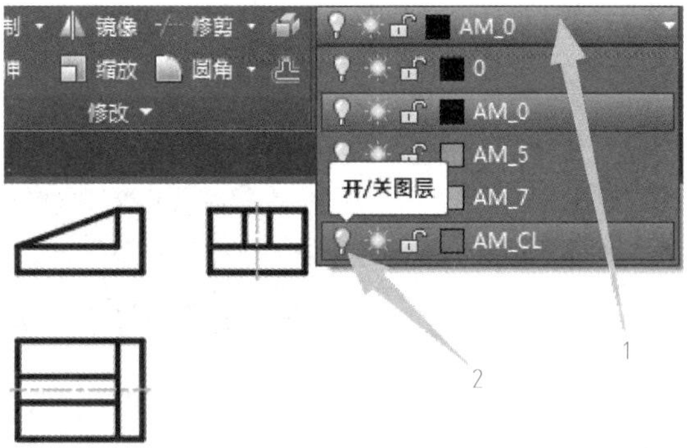 制 镜像 修剪 缩放 圆角 修改 AM_0 0 AM_0 AM_5 AM_7 开/关图层 AM_CL 1 2	

2. 叠加型组合体三视图的尺寸标注

下面阐述叠加型组合体三视图尺寸标注的步骤及注意事项，详见表2-2。

表 2-2　叠加型组合体三视图尺寸标注的步骤及注意事项

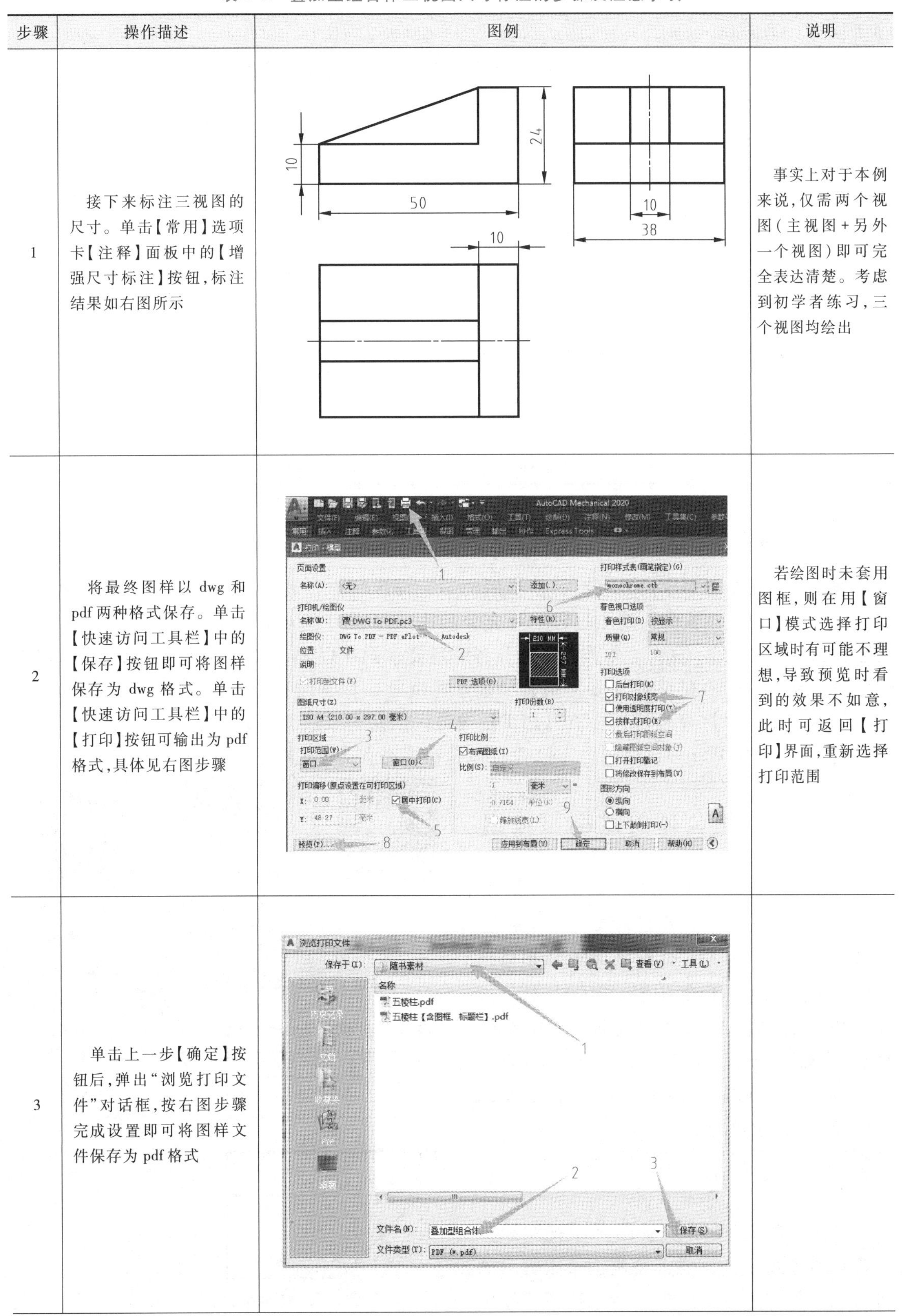

步骤	操作描述	图例	说明
1	接下来标注三视图的尺寸。单击【常用】选项卡【注释】面板中的【增强尺寸标注】按钮，标注结果如右图所示		事实上对于本例来说，仅需两个视图（主视图+另外一个视图）即可完全表达清楚。考虑到初学者练习，三个视图均绘出
2	将最终图样以 dwg 和 pdf 两种格式保存。单击【快速访问工具栏】中的【保存】按钮即可将图样保存为 dwg 格式。单击【快速访问工具栏】中的【打印】按钮可输出为 pdf 格式，具体见右图步骤		若绘图时未套用图框，则在用【窗口】模式选择打印区域时有可能不理想，导致预览时看到的效果不如意，此时可返回【打印】界面，重新选择打印范围
3	单击上一步【确定】按钮后，弹出"浏览打印文件"对话框，按右图步骤完成设置即可将图样文件保存为 pdf 格式		

（续）

步骤	操作描述	图例	说明
4	用 Adobe Reader 软件打开的 pdf 格式图样如右图所示	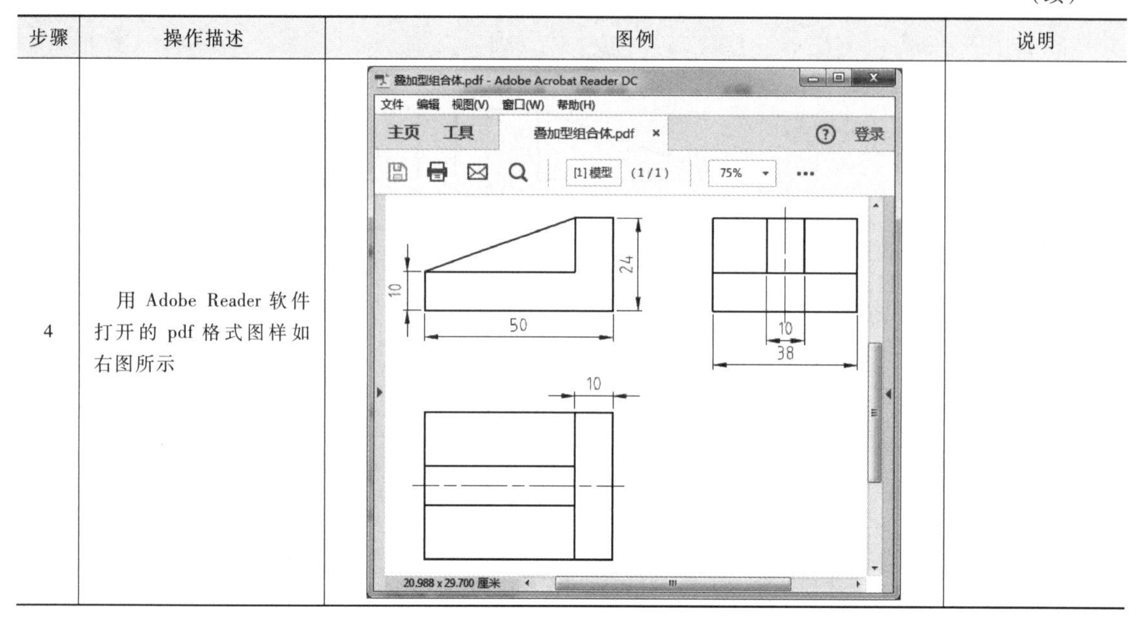	

2.1.4 任务评价

根据轴测图绘制对应的三视图，是本例的一个突出特点，其中最关键的一步是需要根据实际情况自行确定主视图。绘图过程中要充分利用 AutoCAD 的对象捕捉、构造线等功能，使所绘视图满足“三等关系”。本例在下达任务时还要求图样以 dwg 和 pdf 两种格式保存，以方便没有安装 AutoCAD 的终端（如手机、平板计算机等）查看图样。虽然 AutoCAD Mechanical 的【应用程序菜单】→【输出】中有【PDF】选项，但是为了获得更好的显示效果，仍然建议通过【DWG To PDF. pc3】虚拟打印机【打印】命令另存为 pdf 格式。

2.2 切割型组合体的绘制与输出

切割型组合体的绘制与输出 1

切割型组合体的绘制与输出 2

切割型组合体的绘制与输出 3

绘制切割型组合体二维工程图的关键在于找到切割面与物体表面的截交线，以及切割面之间的交线。事实上，有些截交线与相贯线一样，无法通过手工绘图或二维 CAD 软件准确绘制，只能插点拟合实现或通过三维 CAD 软件（如 Creo、SolidWorks、NX、CATIA、Inventor、Solid Edge、Geomagic Wrap、CAXA 实体设计等）建模实现。

2.2.1 任务下达

本任务通过不完整三视图（主视图缺少线条）的方式下达，要求绘制图 2-3 所示的切割型组合体三视图，并补全主视图。按国

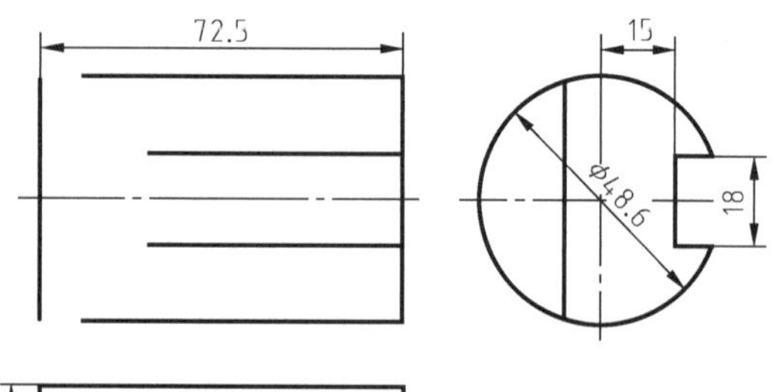

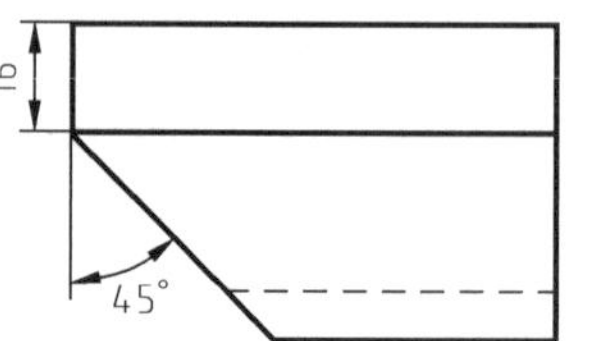

图 2-3 切割型组合体三视图

标有关要求标注全部的尺寸后以 dwg、pdf 和 jpg/png 三种格式保存图样文件。

2.2.2 任务分析

补全视图是“机械制图与识图”课程所讲授的基本技能，可通过手工绘图或计算机绘图来实现。本例的切割型组合体是使用一个与中心线成 45°（从俯视图中 45°的切口可看出）的平面切割圆柱体而成（未完全切割整个圆柱体），所以其截交线在主视图中的投影恰好是一个圆（其他情况均为椭圆）。当然，即使截交线是椭圆，因为 AutoCAD 提供了椭圆绘图命令，也比手工绘图（需要插点拟合）容易实现。

绘制上述切割型组合体三视图时，需要充分利用“三等关系”，先绘制形状、尺寸完整的左视图，其次为俯视图，最后绘制主视图，其主要绘制流程如图 2-4 所示。

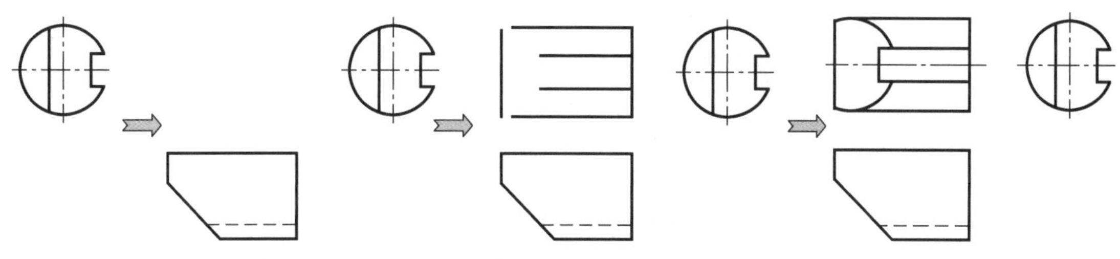

图 2-4 切割型组合体三视图的绘制流程

2.2.3 任务实施

为了帮助读者更好、更快地掌握切割型组合体三视图的绘制与输出，下面分成两部分详细说明绘制图 2-3 所示三视图的步骤及注意事项。

1. 切割型组合体三视图的绘制

首先阐述切割型组合体三视图的绘制步骤及注意事项，详见表 2-3。

表 2-3 切割型组合体三视图绘制步骤及注意事项

步骤	操作描述	图例	说明
1	安装与配置 AutoCAD Mechanical 2020 简体中文版	（图略）	按项目 1 的讲解完成 AutoCAD 的安装与配置
2	在 Windows【开始】菜单中启动 AutoCAD Mechanical 2020 后，单击【快速访问工具栏】的【新建】按钮		

（续）

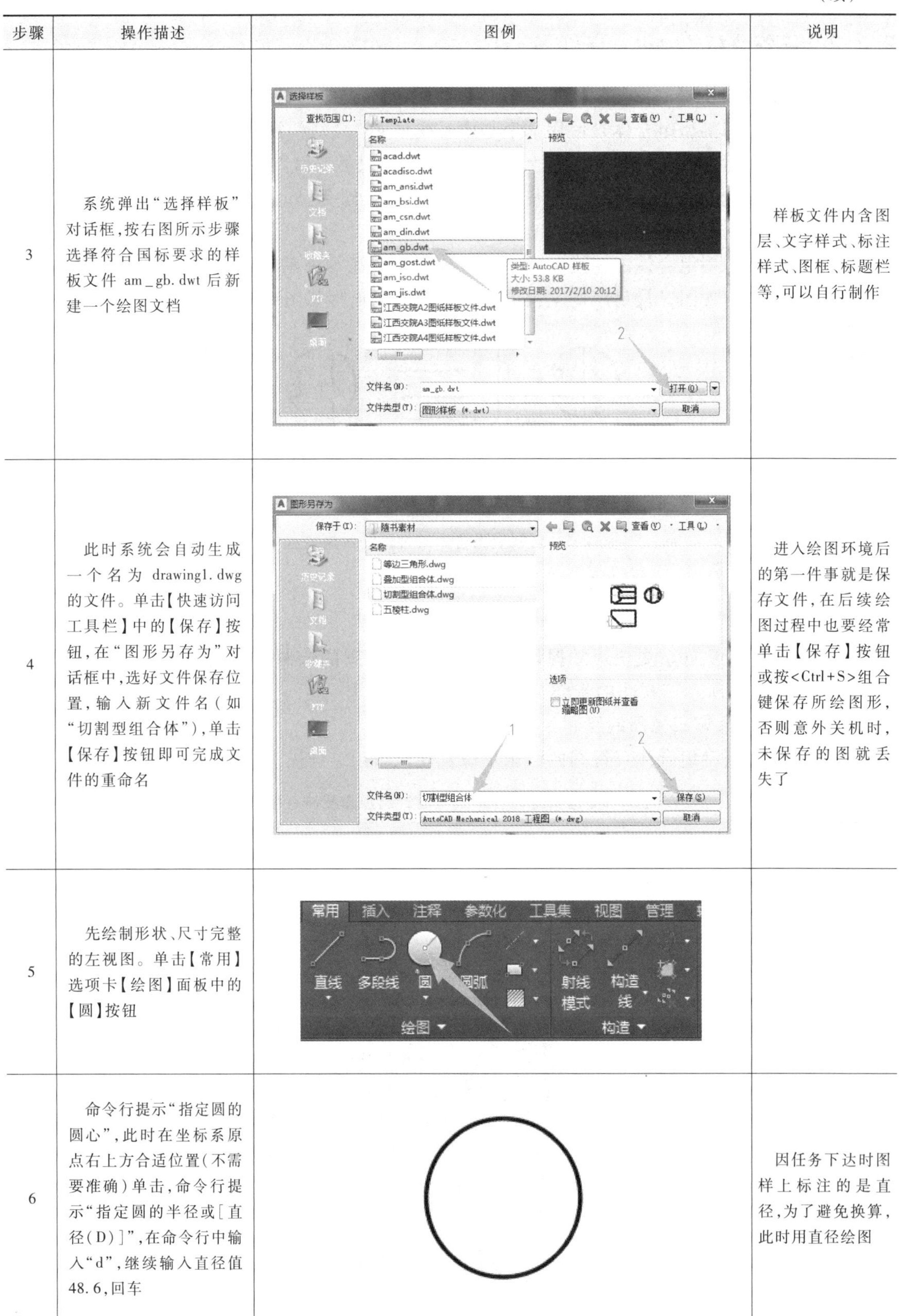

步骤	操作描述	图例	说明
3	系统弹出“选择样板”对话框，按右图所示步骤选择符合国标要求的样板文件 am_gb.dwt 后新建一个绘图文档		样板文件内含图层、文字样式、标注样式、图框、标题栏等，可以自行制作
4	此时系统会自动生成一个名为 drawing1.dwg 的文件。单击【快速访问工具栏】中的【保存】按钮，在“图形另存为”对话框中，选好文件保存位置，输入新文件名（如“切割型组合体”），单击【保存】按钮即可完成文件的重命名		进入绘图环境后的第一件事就是保存文件，在后续绘图过程中也要经常单击【保存】按钮或按<Ctrl+S>组合键保存所绘图形，否则意外关机时，未保存的图就丢失了
5	先绘制形状、尺寸完整的左视图。单击【常用】选项卡【绘图】面板中的【圆】按钮		
6	命令行提示“指定圆的圆心”，此时在坐标系原点右上方合适位置（不需要准确）单击，命令行提示“指定圆的半径或[直径(D)]”，在命令行中输入“d”，继续输入直径值48.6，回车		因任务下达时图样上标注的是直径，为了避免换算，此时用直径绘图

（续）

步骤	操作描述	图例	说明
7	按右图步骤选择【过孔的十字中心线】	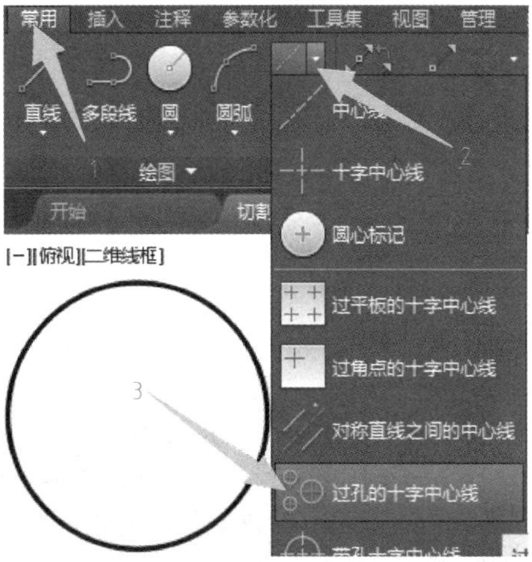	机械版 AutoCAD 提供了自动创建中心线的命令
8	根据提示，选择圆后右击，此时自动创建十字交叉的中心线，且系统自动创建了一个名为 AM_7 的中心线图层	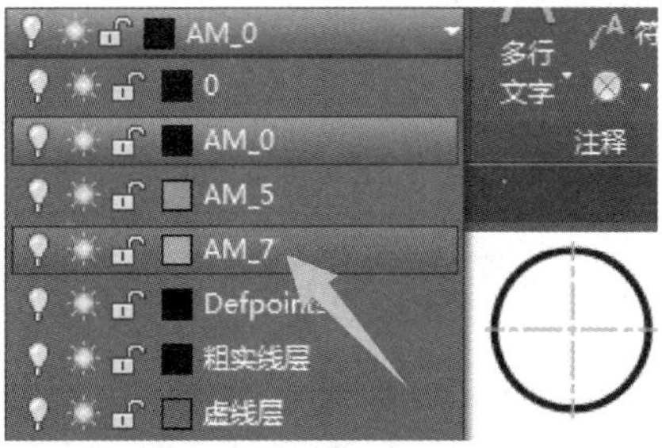	自动创建图层是机械版 AutoCAD 相比通用版 AutoCAD 的一个优势
9	接下来通过【偏移】命令画完左视图上的其他直线。单击【常用】选项卡【修改】面板中的【偏移】按钮	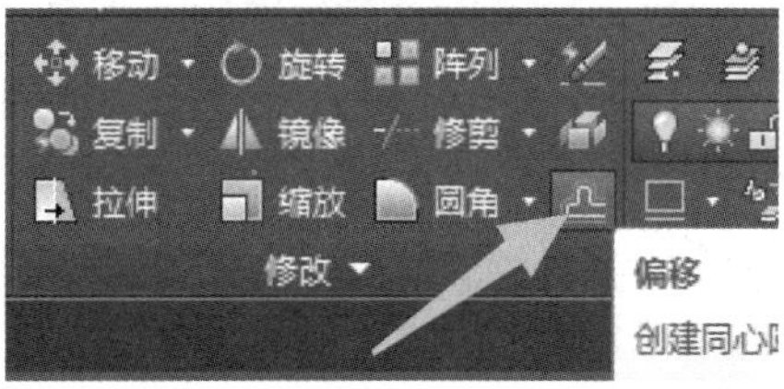	
10	在命令行输入偏移距离 8.3，选择竖直中心线为偏移对象，在中心线左侧单击，然后右击，生成一条偏移中心线	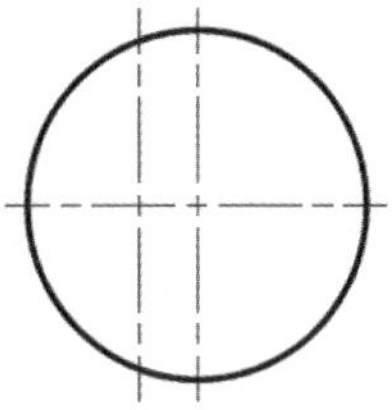	偏移距离为 48.6/2-16=8.3
11	继续单击【偏移】按钮，输入偏移距离 15，选择原竖直中心线为偏移对象后，在右侧单击，然后右击。结果如右图所示	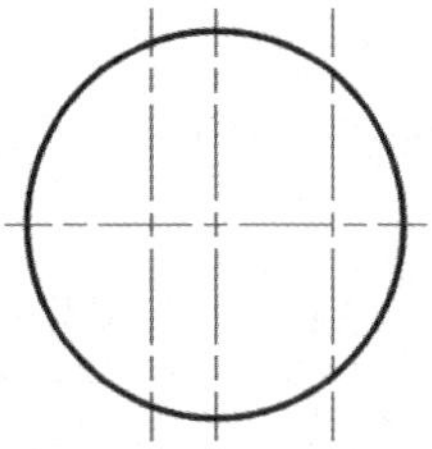	

（续）

步骤	操作描述	图例	说明
12	继续单击【偏移】按钮,输入偏移距离9,选择水平中心线为偏移对象后,在上侧单击,再次选择水平中心线后,在下侧单击,右击结束【偏移】命令。结果如右图所示	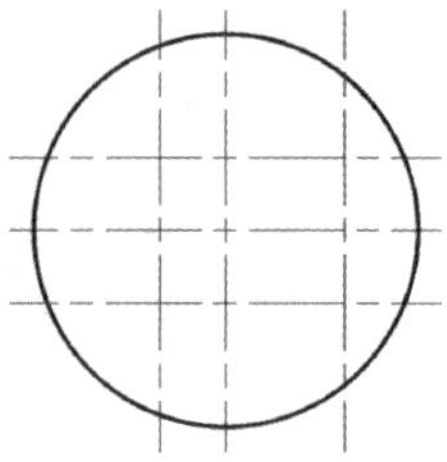	
13	依次单击选中以上偏移得到的四条中心线,单击【图层】面板上的【移至另一图层】,根据提示,单击已有的圆,此时被选中的四条中心线均被移至圆所在的 AM_0 图层,结果如右图所示	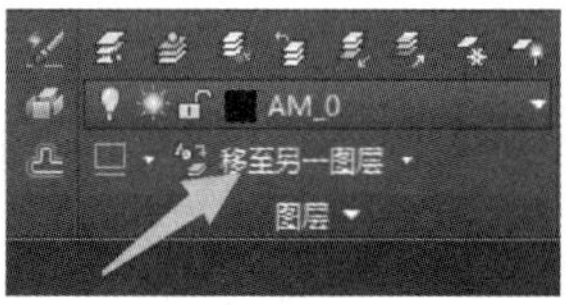 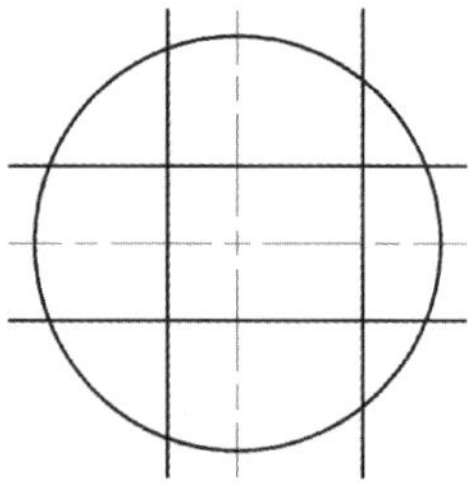	在选中四条中心线后,单击图层列表中的 AM_0 图层,也可将这四条中心线移至 AM_0 这个粗实线图层
14	接下来修剪四条粗实线。单击【修改】面板上的【修剪】按钮,根据提示直接按回车,对照任务下达时的右视图,依次单击要删掉的多余线段,结果如右图所示		
15	接下来绘制俯视图。为了实现“三等关系”,先做以下准备工作。单击【构造】面板上的【投影】按钮,在命令行中输入“ON”使投影打开,在刚刚绘制的左视图左下方适当位置单击,提示指定旋转角时按<F8>键打开正交开关(若已打开则忽略此步),在左视图的正下方单击,结果如右图所示	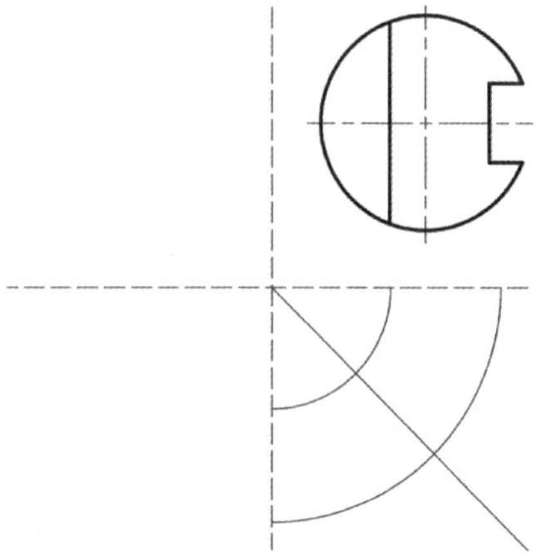	

（续）

步骤	操作描述	图例	说明
16	单击【构造】面板【构造线】下的【自动创建构造线】，单击右图所指的第二行第三个类型，根据提示，框选左视图的全部线条（含中心线）后右击，系统自动生成右图所示的构造线	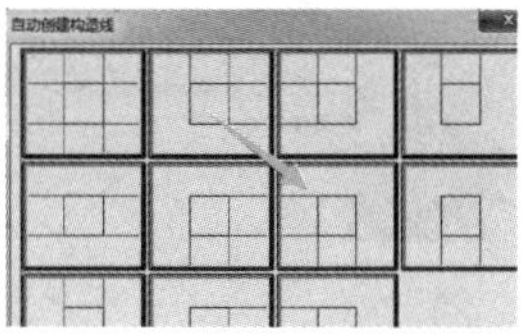 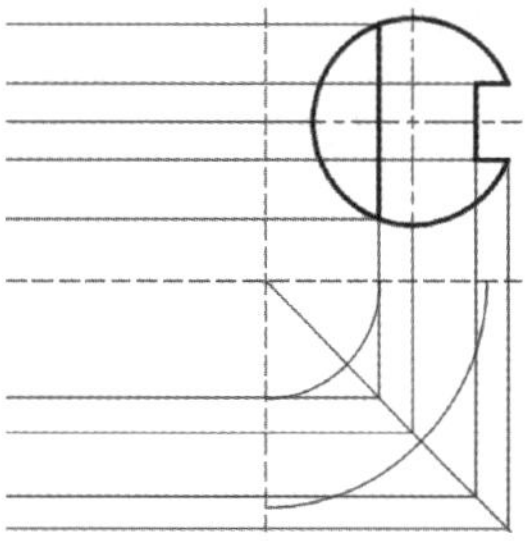 自动创建构造线	
17	此时发现左视图左侧半圆与水平中心线的交点并未投影生成构造线。“点”这种几何对象在AutoCAD中默认是不显示的，因此先要设置点的显示样式。按右图步骤1、2显示菜单栏，选择【格式】菜单下的【点样式】命令	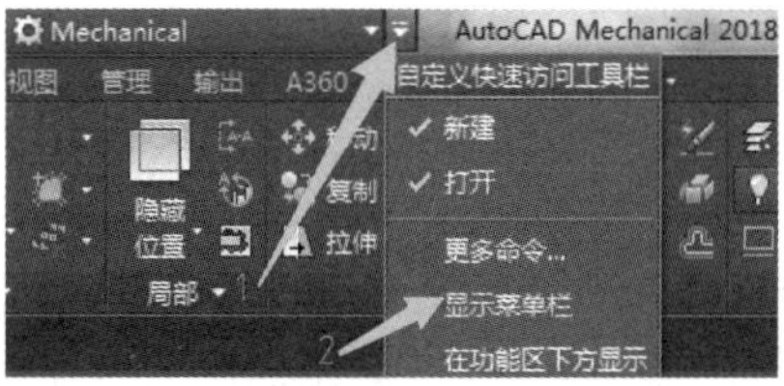 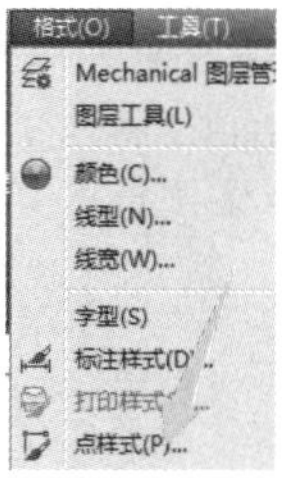 Mechanical AutoCAD Mechanical 2018 视图 管理 输出 A360 自定义快速访问工具栏 新建 打开 更多命令... 显示菜单栏 在功能区下方显示 隐藏 位置 移动 复制 拉伸 局部 1 2 格式(O) 工具(T) Mechanical 图层管 图层工具(L) 颜色(C)... 线型(N)... 线宽(W)... 字型(S) 标注样式(D)... 打印样式... 点样式(P)...	
18	在弹出的“点样式”对话框中选择一个点的显示样式，如第一行第四个样式，单击【确定】按钮关闭该对话框	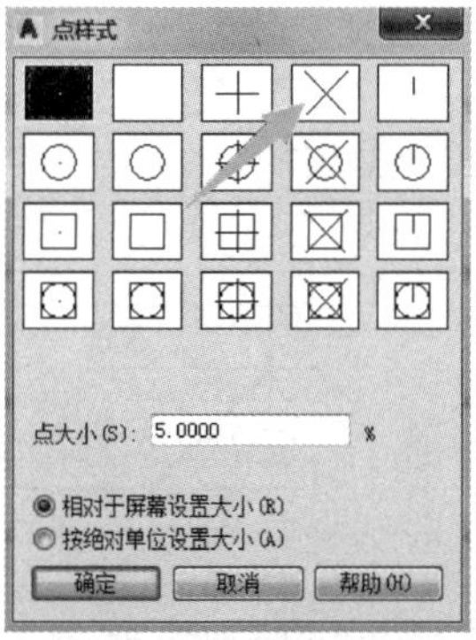 点样式 点大小(S)：5.0000 % 相对于屏幕设置大小(R) 按绝对单位设置大小(A) 确定 取消 帮助(H)	
19	按右图步骤在左半圆与水平中心线的交点处绘制一个点	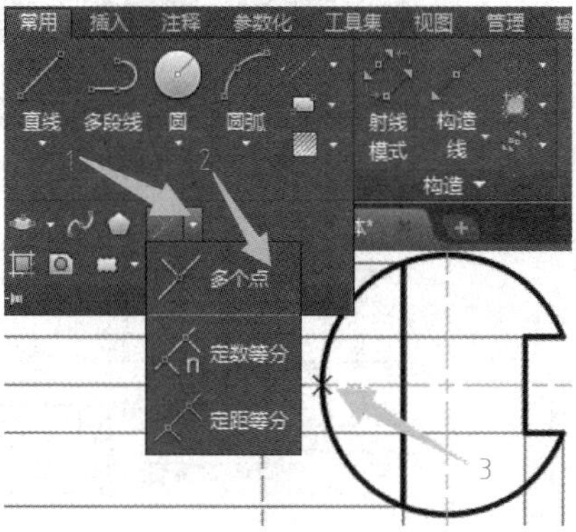 常用 插入 注释 参数化 工具集 视图 管理 直线 多段线 圆 圆弧 射线 模式 构造线 构造 1 2 多个点 定数等分 定距等分 3	

（续）

步骤	操作描述	图例	说明
20	单击【构造线】按钮后，在弹出的“构造线”对话框中单击【始于一点的构造线】	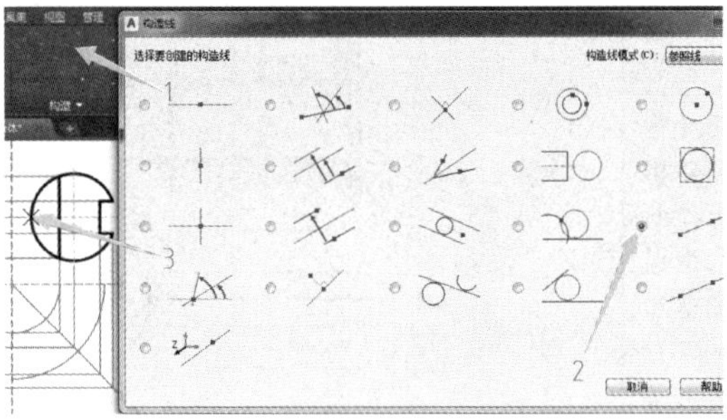	
21	根据提示，单击此前创造的点，按<F8>键打开正交开关，在下方单击，此时自动生成右图箭头所指的两条构造线，右击结束	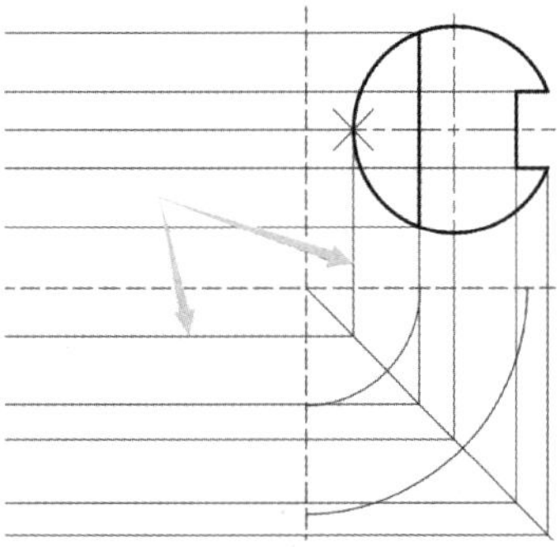	提示选择基点时，可选此前绘制的点，也可利用对象捕捉功能获取交点
22	使用【直线】命令绘制右图所示的俯视图（含俯视图从下往上数第二条线——虚线）。俯视图中最上方直线长度 72.5 在主视图中可看出	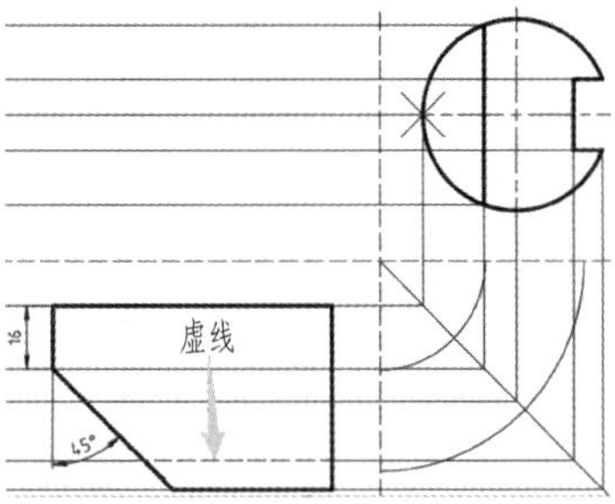 虚线	绘制 45°斜线时可打开动态输入模式快速完成
23	接下来绘制主视图。单击【常用】选项卡【构造】面板上的【自动创建构造线】按钮，选择右图箭头 2 所指的类型，根据提示，选择俯视图，右击后生成箭头 3 所指的三条构造线	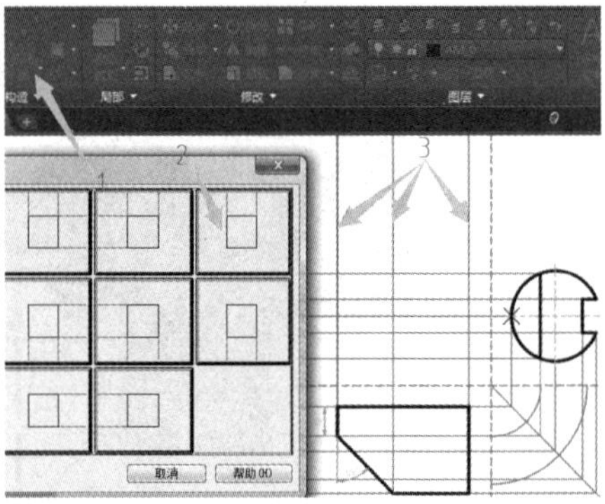	

（续）

步骤	操作描述	图例	说明
24	同时发现，为了实现高平齐，还缺两条构造线（左视图中圆弧与竖直中心线的交点）。单击【构造线】按钮，在弹出的“构造线”对话框中选择【始于一点的构造线】类型，根据提示，分别单击圆弧与竖直中心线的两个交点，在正交模式下向左移动鼠标，打开【垂足】对象捕捉开关，右击结束，创建的两条构造线如右图箭头所指 	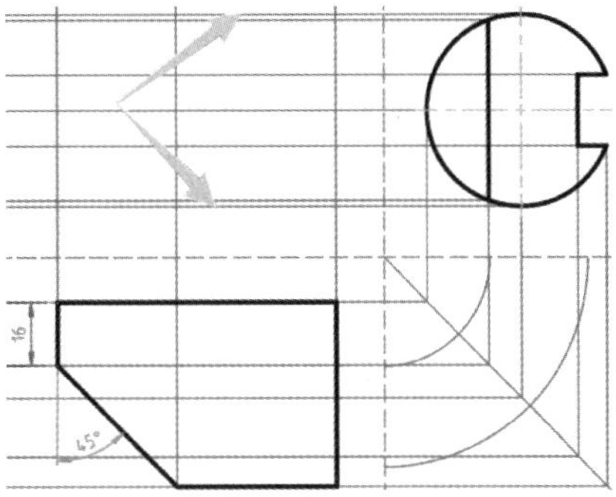	
25	利用同样的方法，创建右图箭头所指的构造线	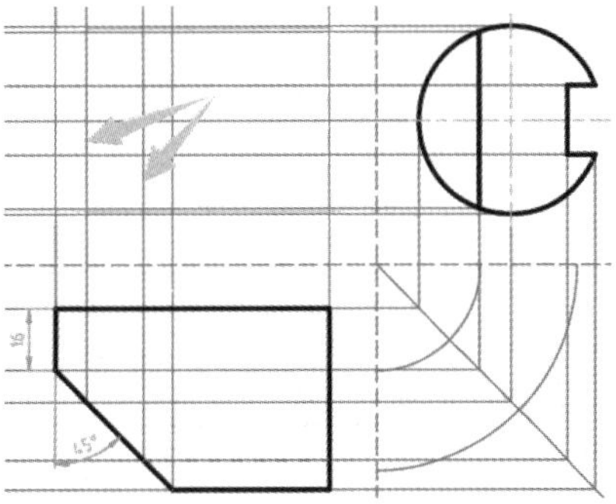	
26	取消勾选【对象捕捉】中的【最近点】捕捉选项，勾选【垂足】捕捉选项，单击【直线】按钮，利用交点和垂足捕捉，绘制右图所示的主视图部分图形	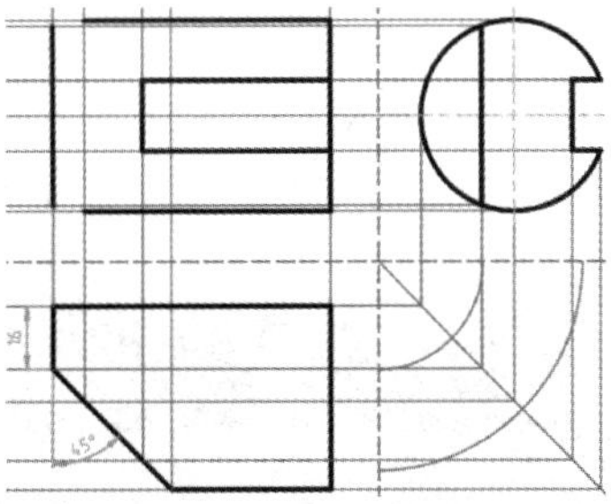	
27	单击【绘图】面板的【圆】按钮，以右图箭头所指的交点为圆心，48.6为半径绘制一个圆	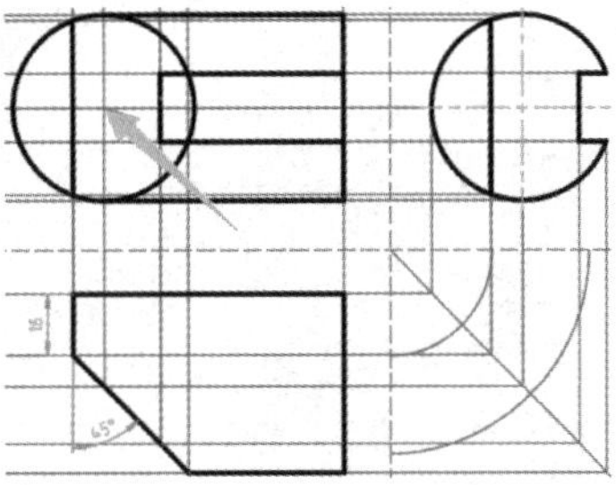	该圆为截交线所在的圆

（续）

步骤	操作描述	图例	说明
28	接下来修剪截交线圆。单击【修改】面板上的【修剪】按钮，根据提示直接按回车，依次单击要删掉的多余圆弧段，并单击【对称直线之间的中心线】为主视图生成中心线，单击中心线后，单击中心线左端控点，移动鼠标，延长中心线至越过主视图左侧竖线，结果如右图所示	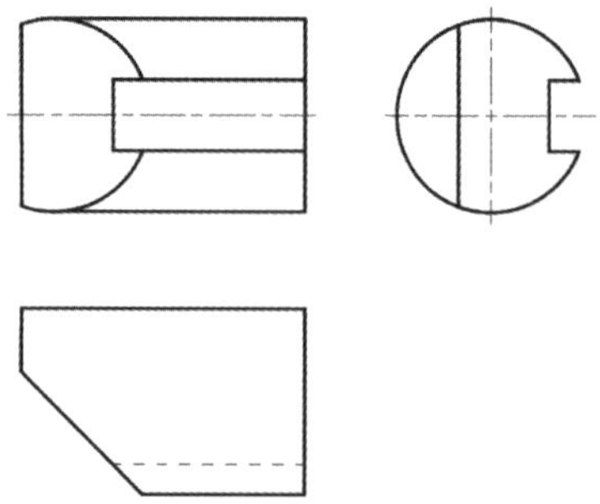	

2. 切割型组合体三视图的尺寸标注

下面阐述切割型组合体三视图尺寸标注的步骤及注意事项，详见表2-4。

表2-4 切割型组合体三视图尺寸标注步骤及注意事项

步骤	操作描述	图例	说明
1	补全尺寸标注。单击【注释】面板的【增强尺寸标注】按钮，按命令行提示完成线性尺寸、直径尺寸的标注，结果如右图所示	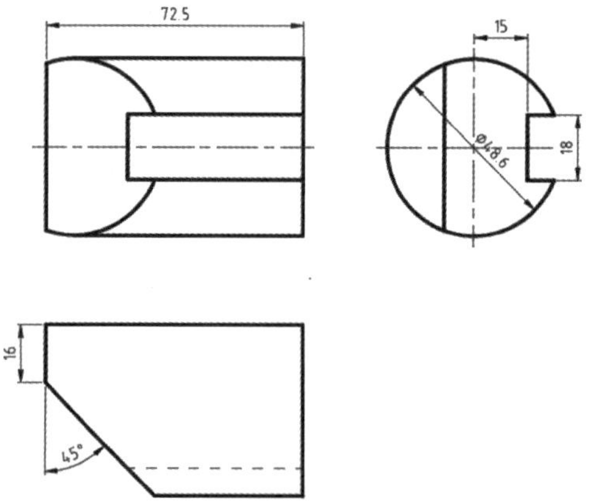	
2	用dwg、pdf和jpg/png三种格式保存图样文件。单击【快速访问工具栏】的【保存】按钮即可将图样保存为dwg格式。单击【快速访问工具栏】的【打印】按钮可输出为pdf格式，具体见右图步骤	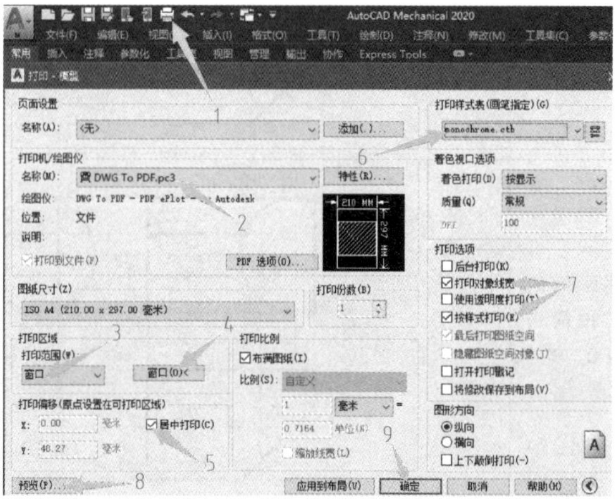	

（续）

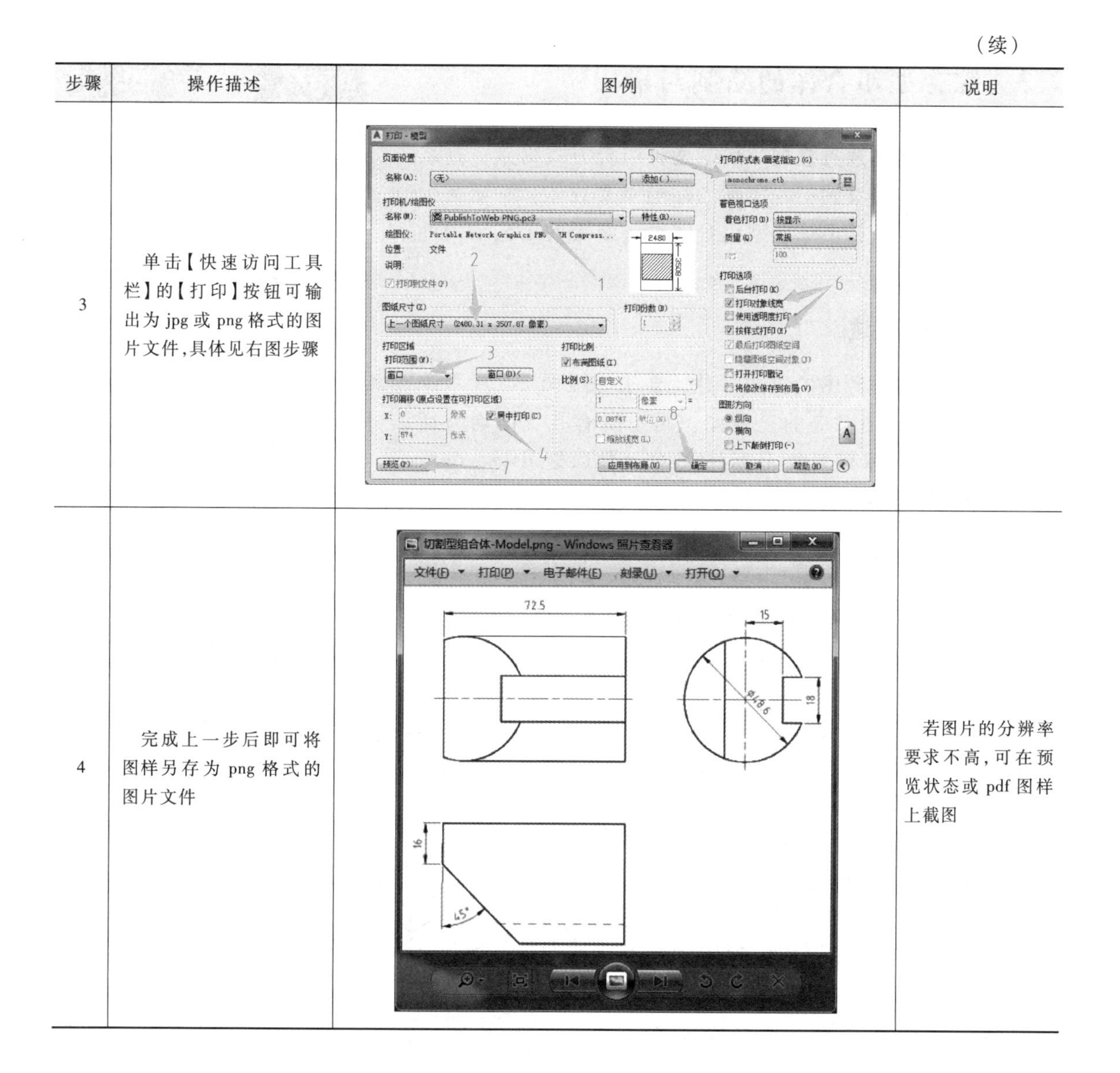

步骤	操作描述	图例	说明
3	单击【快速访问工具栏】的【打印】按钮可输出为 jpg 或 png 格式的图片文件，具体见右图步骤		
4	完成上一步后即可将图样另存为 png 格式的图片文件		若图片的分辨率要求不高，可在预览状态或 pdf 图样上截图

2.2.4 任务评价

对于投影是一般曲线（如双曲线、抛物线等）的截交线而言，只能在求得特殊位置点和一般位置点的投影后，用 AutoCAD 提供的样条曲线命令拟合得到。当然，如果是使用三维参数化 CAD 软件建模，就可以轻易地转换任何复杂的二维图样。

在 AutoCAD 中绘制一般截交线或相贯线，大致有以下步骤：①绘制包含 45°斜线在内的投影辅助线；②在 AutoCAD 中修改点的显示样式；③求特殊位置点在三个视图中的投影点；④求一般位置点在三个视图中的投影点，为了绘图尽量准确，应多插补几个点；⑤判断投影点的可见性，并用点的名称标明；⑥通过样条曲线、直线光滑连接投影点，拟合形成截交线或相贯线；⑦对于非贯穿切割的组合体，绘制假定贯穿后的辅助线，用以绘制完整的投影椭圆或圆；⑧打断投影椭圆或圆，删去多余的椭圆弧或圆弧；⑨标注完整、齐全的尺寸。

AutoCAD 不仅可以存为 dwg 或 dxf 文件，也可存为 pdf 和 png 等格式文件，以便于不同的终端查看图样，方便技术人员与管理人员交流。

2.3 综合型组合体的绘制与输出

综合型组合体的绘制与输出 1

综合型组合体的绘制与输出 2

综合型组合体的绘制与输出 3

综合型组合体的绘制与输出 4

综合型组合体通过叠加和切割两种组合方式得到，是从基本体、组合体过渡到工程实际产品的重要载体，甚至有少量的实际零件是直接由综合型组合体经过必要的工艺结构处理而得到的。

2.3.1 任务下达

本任务通过轴测图的方式下达，要求完成图 2-5 所示综合型组合体轴测图对应的三视图，图中所有孔、槽均为通孔、通槽。按国标有关要求标注尺寸，最后以 dwg、dxf、pdf 三种格式保存输出。

2.3.2 任务分析

图 2-5 所示的综合型组合体主要由三部分组成：立板、底板及底板中央的半圆柱孔。考虑到投影最能反映组合体的结构形状，选择从右下方向左上方投影作为主视图。绘图时要用到直线、圆、倒圆角、倒角、修剪等命令，标注线性尺寸、半径、直径、倒角等尺寸，设置粗实线、细虚线、中心线、尺寸标注四个图层。

绘制上述综合型组合体三视图时，可先绘制完整的主视图，然后利用“三等关系”及 AutoCAD 的构造线、投影等命令辅助绘制其他视图，其主要流程如图 2-6 所示。

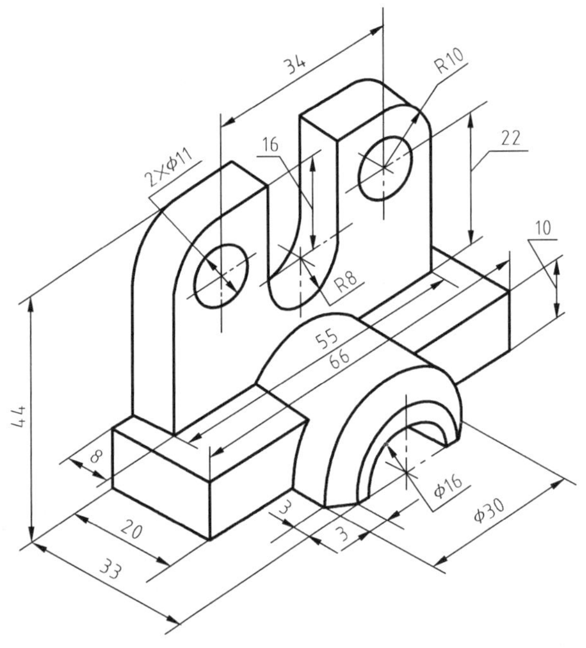

图 2-5 综合型组合体轴测图

2.3.3 任务实施

为了帮助读者更好、更快地掌握综合型组合体三视图的绘制与输出，下面分成两部分详细说明绘制图 2-5 所示综合型组合体轴测图对应三视图的步骤及注意事项。

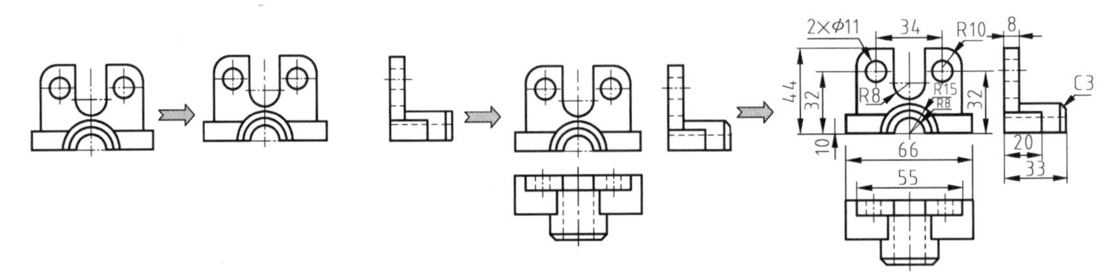

图 2-6 综合型组合体三视图的绘制流程

1. 综合型组合体三视图的绘制

首先阐述综合型组合体三视图的绘制步骤及注意事项，详见表 2-5。

表 2-5 综合型组合体三视图绘制步骤及注意事项

步骤	操作描述	图例	说明
1	安装与配置 AutoCAD Mechanical 2020 简体中文版	(图略)	按项目 1 的讲解完成 AutoCAD 的安装与配置
2	在 Windows【开始】菜单中启动 AutoCAD Mechanical 2020 后，单击【快速访问工具栏】的【新建】按钮	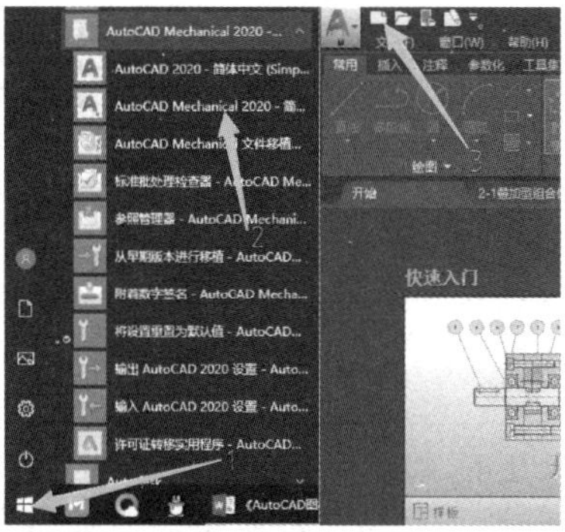	
3	系统弹出“选择样板”对话框，按右图所示步骤选择符合国标要求的样板文件 am_gb. dwt 后新建一个绘图文档	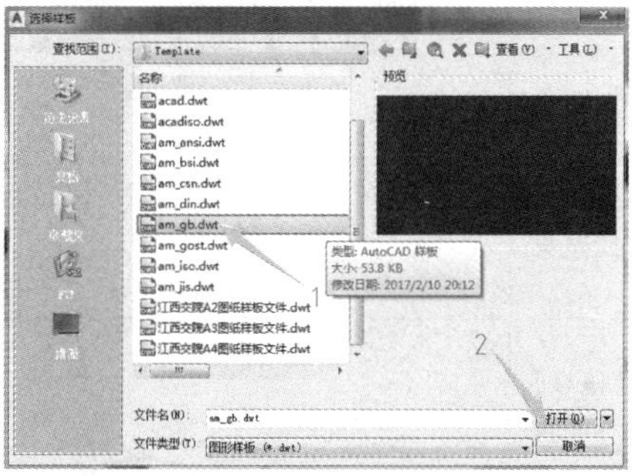	样板文件内含图层、文字样式、标注样式、图框、标题栏等，可以自行制作
4	此时系统会自动生成一个名为 drawing1. dwg 的文件。单击【快速访问工具栏】的【保存】按钮，在“图形另存为”对话框中，选好文件保存位置，输入新文件名（如综合型组合体），单击【保存】按钮即可完成文件的重命名	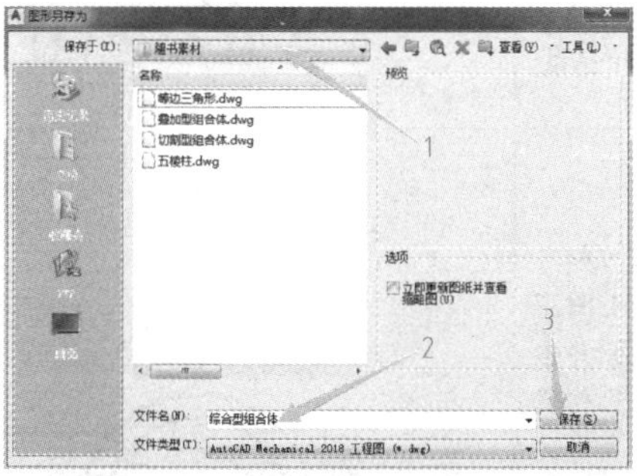	进入绘图环境后的第一件事就是保存文件，在后续绘图过程中也要经常单击【保存】按钮或按<Ctrl+S>组合键保存所绘图形，否则意外关机时，未保存的图就丢失了
5	首先绘制主视图。单击【常用】选项卡【绘图】面板中的【圆】按钮	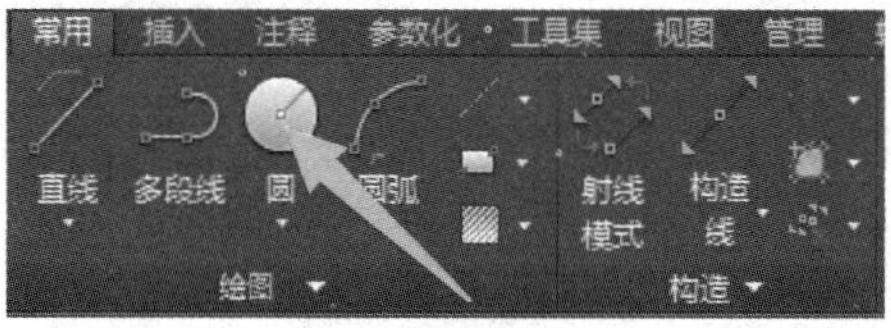	
6	绘制三个同心圆，半径分别为 8、12、15。绘制第二、三个圆时，要注意打开圆心对象捕捉功能		中间圆的半径为 15-3=12

（续）

步骤	操作描述	图例	说明
7	单击【绘图】面板【中心线】下的【过孔的十字中心线】按钮，根据提示，单击R15的圆，右击后系统自动生成十字中心线及其图层		
8	单击【修改】面板的【修剪】按钮，根据提示，直接回车，将三个圆的下半部分删除，结果如右图所示	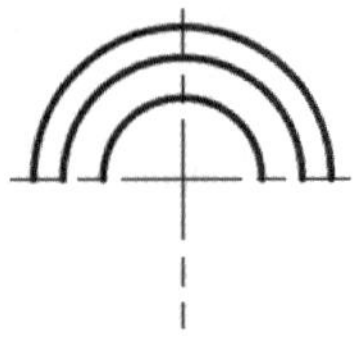	
9	按<F8>键打开正交开关，在命令行输入L回车，根据提示，在右图箭头所指的交点处单击，鼠标向右水平移动，输入长度25，回车；鼠标竖直向上移动，输入高度10，回车；鼠标向左水平移动，捕捉到与竖直中心线的交点后单击，右击结束直线绘制。在命令行输入【修剪】命令trim后回车，修剪多余的线段后回车，结果如右图所示	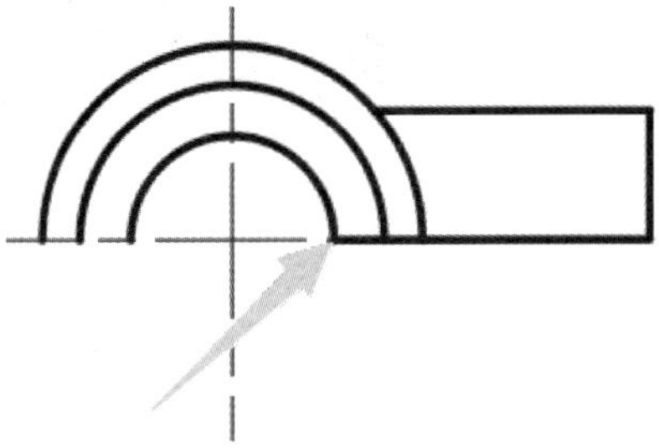	箭头所指起点绘制的水平直线长度66/2-8=25
10	单击【修改】面板的【偏移】按钮，根据提示输入偏移距离26回车，然后选择水平中心线，鼠标在上方单击，此时偏移出了一条中心线，右击结束	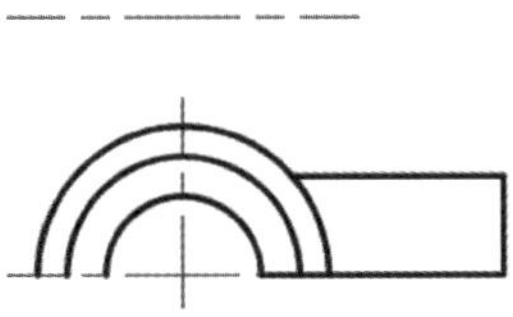	
11	确保正交开关打开后，单击选中竖直中心线，单击右图箭头所指的控点，松开鼠标并移动鼠标，调整其长度至右图所示	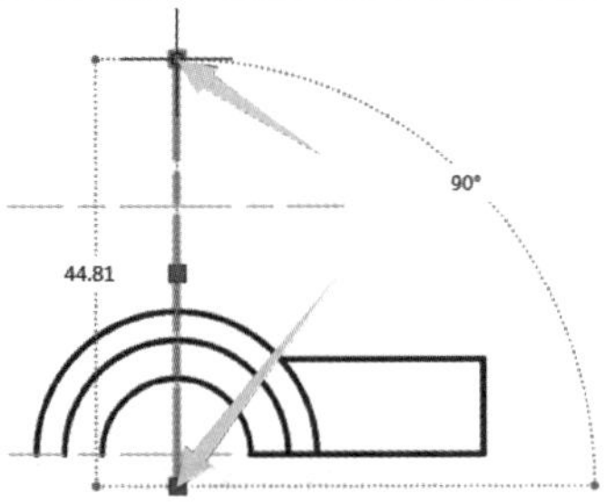 44.81 90°	
12	在命令行输入circle或c激活【圆】命令，根据提示选择竖直中心线与偏移得到的水平中心线的交点为圆心，输入半径8，绘制一个圆。在命令行输入【修剪】命令trim后回车，删掉上半个圆后回车，结果如右图所示	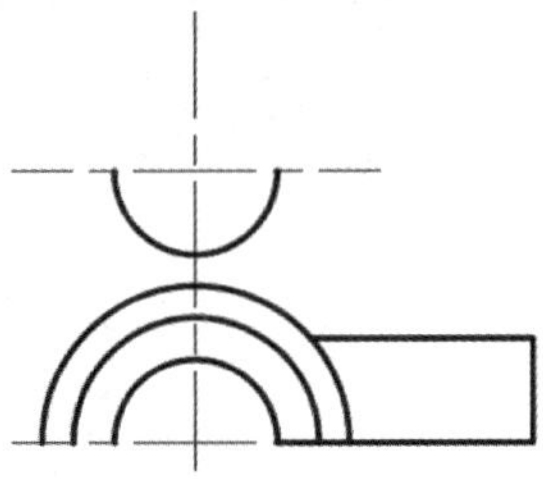	

（续）

步骤	操作描述	图例	说明
13	确保正交开关打开后，在命令行输入 L 回车，根据提示，在右图箭头所指的交点处单击，鼠标向上移动，输入长度18，回车；鼠标水平向右移动，输入长度 19.5，回车；鼠标向下移动，捕捉到与第一条水平粗实线的垂足后单击，右击结束直线绘制	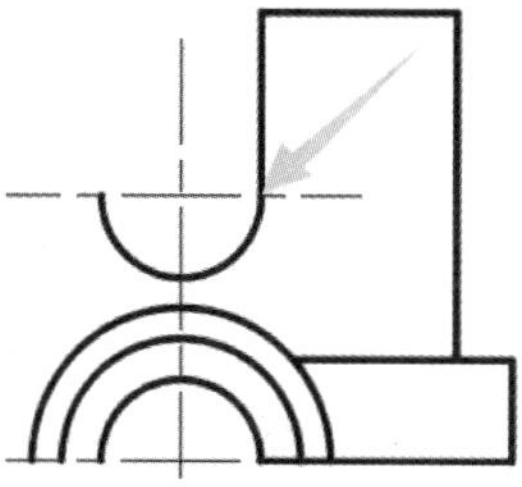	在绘图过程中要根据情况单击【状态栏】中对象捕捉开关右边的小白色三角形，勾选或取消必要的对象捕捉模式
14	单击【常用】选项卡【修改】面板的【圆角】按钮，在弹出的圆角选项中输入半径 10 回车		
15	根据提示，分别单击右上角的水平直线和竖直直线，绘制一个右图所示的圆角，按<Esc>键结束【圆角】命令，结果如右图所示	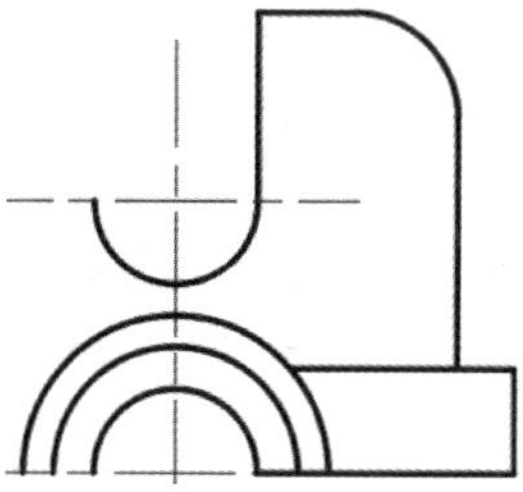	若想修改所倒圆角大小，则双击圆弧，在弹出的“圆角”对话框修改圆角尺寸并回车即可
16	单击【修改】面板的【偏移】按钮，根据提示输入偏移距离17 回车，然后选择竖直中心线，在右侧单击，此时偏移出一条中心线，右击结束。按空格键继续偏移，根据提示输入偏移距离 32 回车，然后选择最下面的水平粗实线，在上方单击，此时偏移出一条粗实线，右击结束【偏移】命令。选中第二条偏移得到的粗实线，将其置于中心线图层 AM_7 中，并用控点适当调整两条偏移线的长度	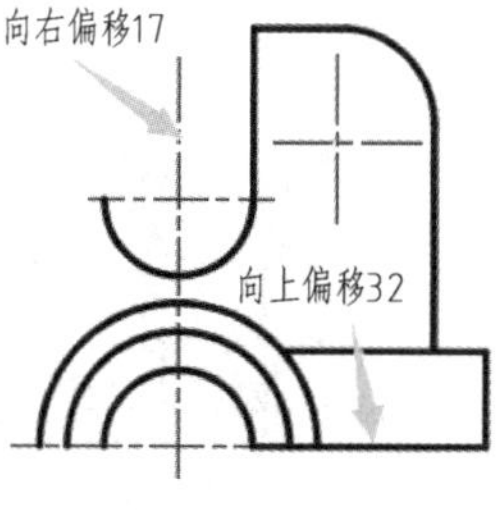 向右偏移17 向上偏移32	
17	输入 circle 或 c 激活【圆】命令，根据提示选择上一步偏移得到的两条线的交点为圆心，输入半径 5.5，绘制一个 $\phi 11$ 的圆	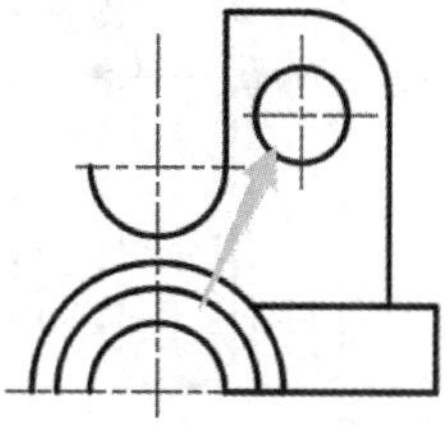	

（续）

步骤	操作描述	图例	说明
18	按右图步骤单击箭头 1 所指位置，松开鼠标左键，移动光标至箭头 2 所指位置，再次单击，选中除 4 个半圆外的其他图形对象	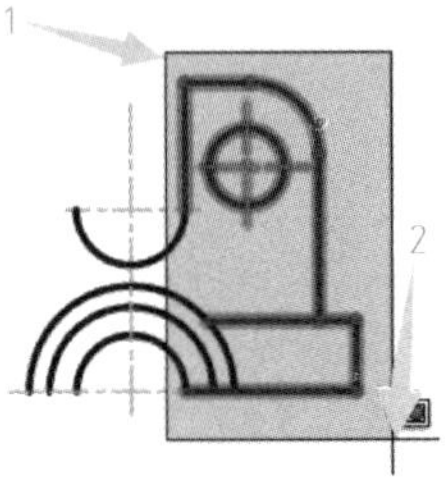 1 2	此时从左到右框选的方式才是最快的选择方法
19	单击【修改】面板的【镜像】按钮，根据提示分别选择右图所指 1、2 位置，单击【否】，即不删除镜像源对象，完成镜像	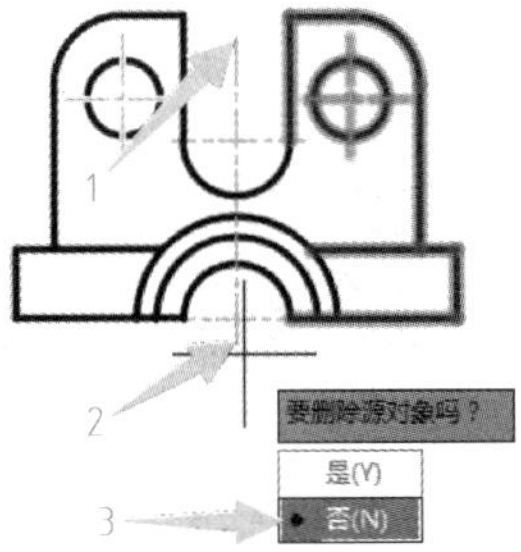 1 2 要删除源对象吗？ 是(Y) 3 否(N)	对于有对称结构的视图，可绘制其中的一半，然后利用镜像命令得到另一半
20	至此，完成了主视图的绘制。下面绘制俯视图和左视图（无先后顺序要求）。单击【构造】面板的【投影】按钮，单击【开】，在主视图的右下方适当位置单击，确保打开了正交模式后，在右下角继续单击一次，结果如右图所示	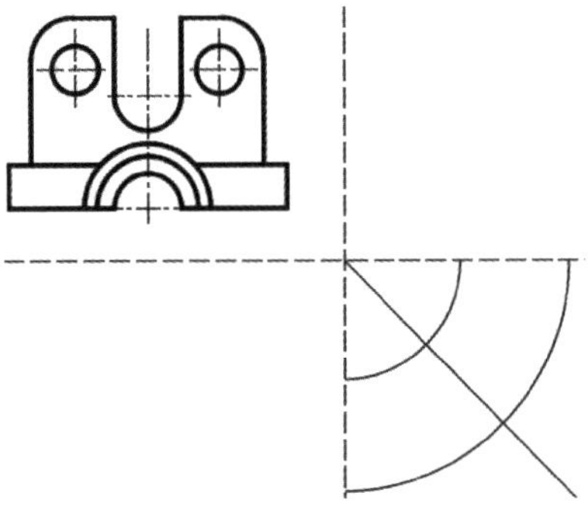	
21	单击【构造】面板【构造线】下的【自动创建构造线】按钮，单击右图所指的第二行第二个类型，根据提示，框选主视图的全部线条（含中心线）后右击，系统自动生成右图所示的构造线	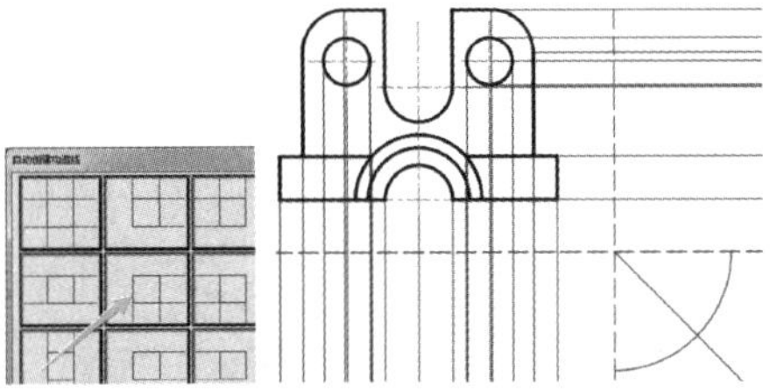	
22	切点、小圆中心线等部分投影辅助线可删除。竖直中心线与圆弧的交点向右投影的高平齐构造线、半圆柱左右两端点向下投影的长对正构造线并没有自动创建。接下来手工创建。单击【构造】面板的【构造线】按钮，在弹出的“构造线”对话框中单击【始于一点的构造线】，在正交模式下分别单击相关交点，结果如右图所示  	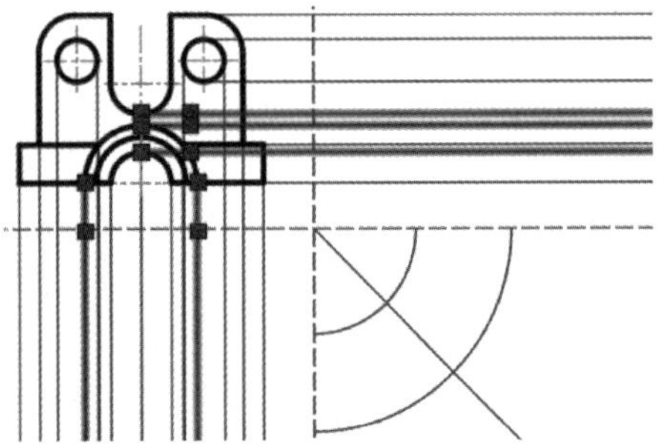	

（续）

步骤	操作描述	图例	说明
23	单击【直线】按钮，根据轴测图，结合高平齐构造线，绘制右图所示图形	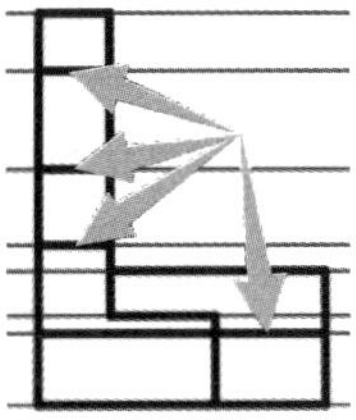	
24	将上一步图形中箭头所指的四条粗实线移至虚线图层。本图样文档中还没有虚线图层，故先按右图步骤调出【隐藏（窄形）】图层。选中上述四条粗实线后，单击【图层】面板上的【移至另一图层】，回车，选择虚线层 AM_3，结果如右图所示	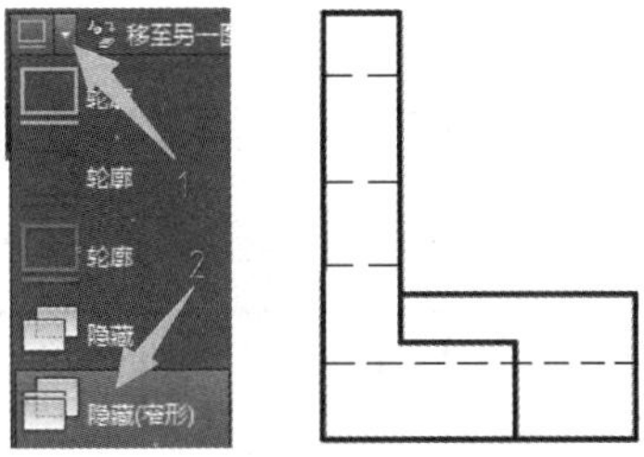	
25	单击【修改】面板的【延伸】按钮，根据提示，单击左视图最左侧竖线（延伸结束的地方），右击，单击要延伸的对象，结果如右图所示	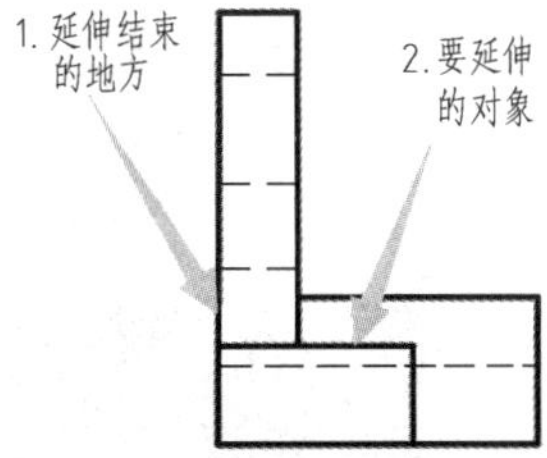	注意提示选择对象的先后顺序
26	单击【修改】面板的【倒角】按钮，在【倒角】选项卡上输入【第一个倒角】为 3，回车，【第二个倒角】为 3，回车；根据提示，选择右图箭头所指的两条边为倒角对象，按<Esc>键结束【倒角】命令	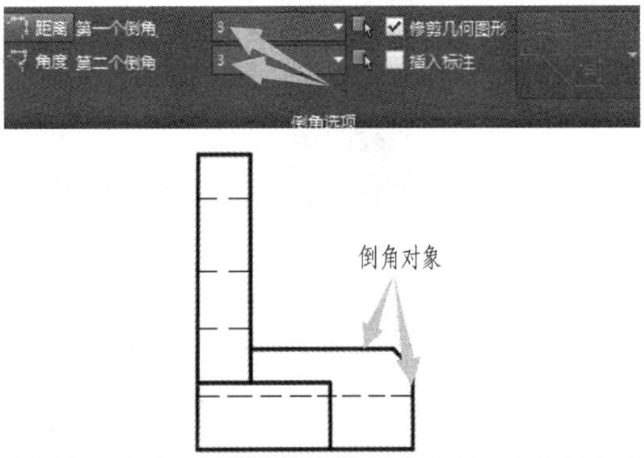	
27	单击【绘图】面板的【直线】按钮，绘制一条右图箭头所指的直线	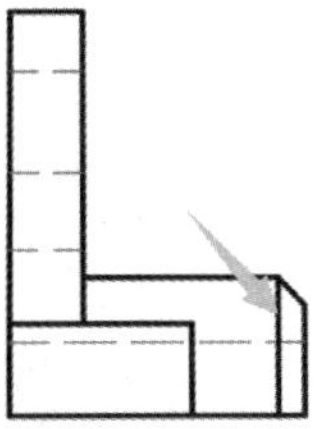	
28	单击【绘图】面板【中心线】按钮右侧的小三角形，选择【对称直线之间的中心线】，根据提示，选择右图箭头所指的两条虚线，生成其中心线 	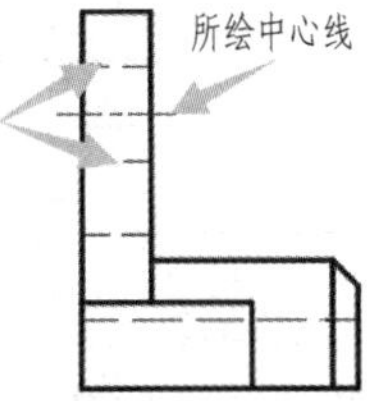	

（续）

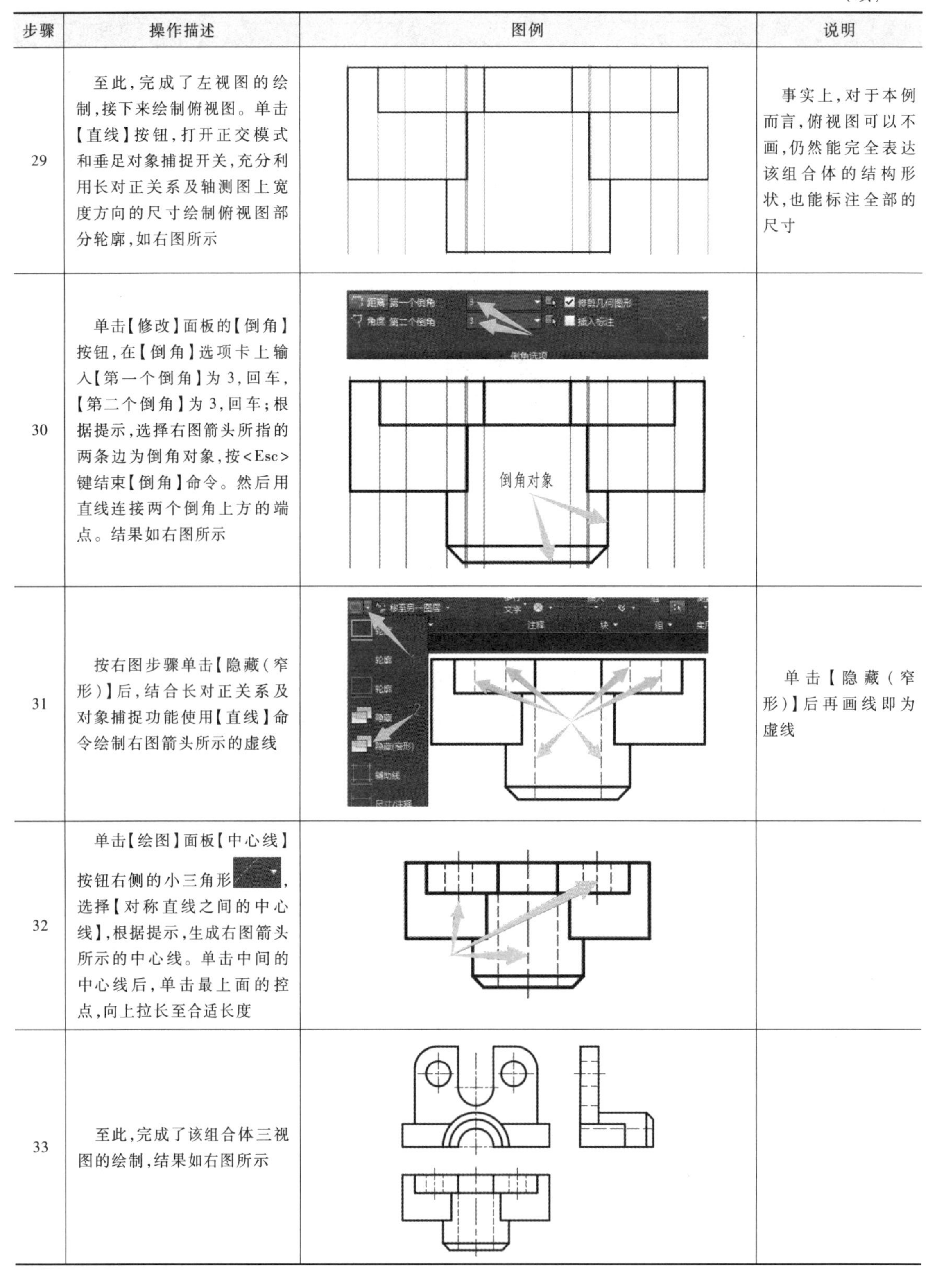

步骤	操作描述	图例	说明
29	至此，完成了左视图的绘制，接下来绘制俯视图。单击【直线】按钮，打开正交模式和垂足对象捕捉开关，充分利用长对正关系及轴测图上宽度方向的尺寸绘制俯视图部分轮廓，如右图所示		事实上，对于本例而言，俯视图可以不画，仍然能完全表达该组合体的结构形状，也能标注全部的尺寸
30	单击【修改】面板的【倒角】按钮，在【倒角】选项卡上输入【第一个倒角】为3，回车，【第二个倒角】为3，回车；根据提示，选择右图箭头所指的两条边为倒角对象，按<Esc>键结束【倒角】命令。然后用直线连接两个倒角上方的端点。结果如右图所示		
31	按右图步骤单击【隐藏（窄形）】后，结合长对正关系及对象捕捉功能使用【直线】命令绘制右图箭头所示的虚线		单击【隐藏（窄形）】后再画线即为虚线
32	单击【绘图】面板【中心线】按钮右侧的小三角形，选择【对称直线之间的中心线】，根据提示，生成右图箭头所示的中心线。单击中间的中心线后，单击最上面的控点，向上拉长至合适长度		
33	至此，完成了该组合体三视图的绘制，结果如右图所示		

2. 综合型组合体三视图的尺寸标注

下面阐述综合型组合体三视图的尺寸标注步骤及注意事项，详见表2-6。

表 2-6　综合型组合体三视图尺寸标注步骤及注意事项

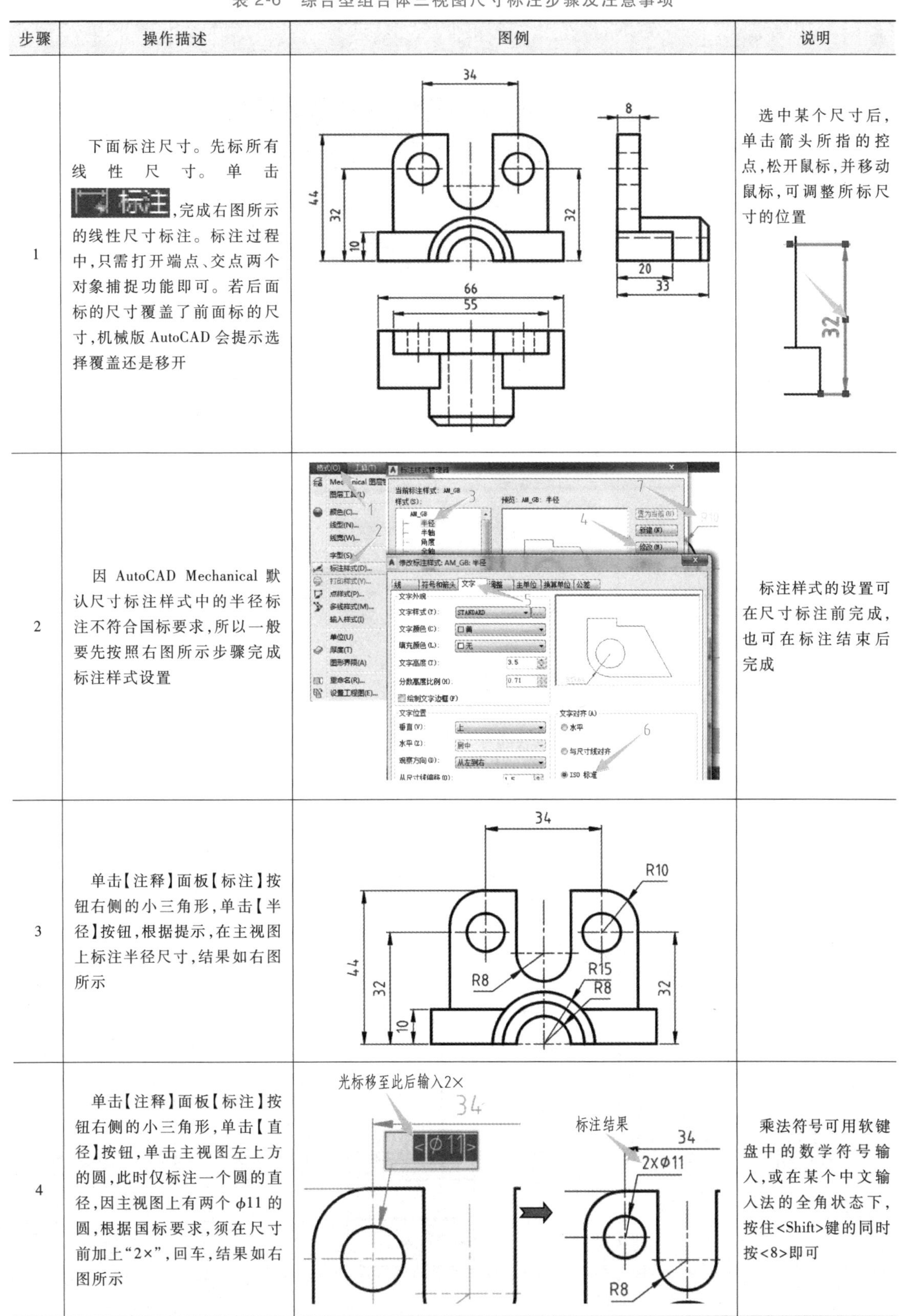

步骤	操作描述	图例	说明
1	下面标注尺寸。先标所有线性尺寸。单击【标注】，完成右图所示的线性尺寸标注。标注过程中，只需打开端点、交点两个对象捕捉功能即可。若后面标的尺寸覆盖了前面标的尺寸，机械版 AutoCAD 会提示选择覆盖还是移开		选中某个尺寸后，单击箭头所指的控点，松开鼠标，并移动鼠标，可调整所标尺寸的位置
2	因 AutoCAD Mechanical 默认尺寸标注样式中的半径标注不符合国标要求，所以一般要先按照右图所示步骤完成标注样式设置		标注样式的设置可在尺寸标注前完成，也可在标注结束后完成
3	单击【注释】面板【标注】按钮右侧的小三角形，单击【半径】按钮，根据提示，在主视图上标注半径尺寸，结果如右图所示		
4	单击【注释】面板【标注】按钮右侧的小三角形，单击【直径】按钮，单击主视图左上方的圆，此时仅标注一个圆的直径，因主视图上有两个 $\phi 11$ 的圆，根据国标要求，须在尺寸前加上“2×”，回车，结果如右图所示		乘法符号可用软键盘中的数学符号输入，或在某个中文输入法的全角状态下，按住<Shift>键的同时按<8>即可

（续）

步骤	操作描述	图例	说明
5	接下来标注左视图中的倒角尺寸C3。单击【注释】选项卡【标注】面板中的【倒角】按钮，根据提示即可完成倒角的标注	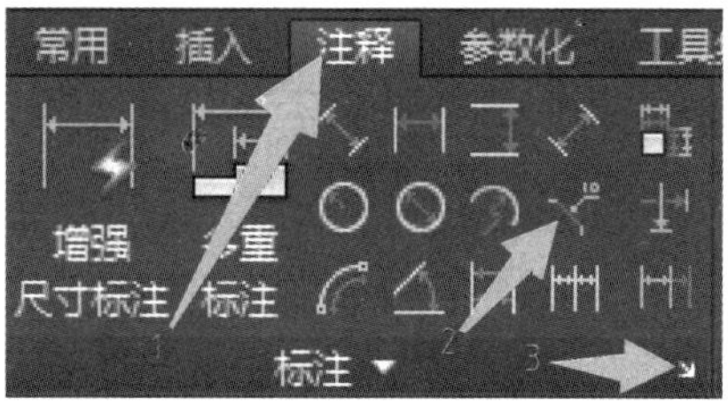	
6	但是默认情况下所标倒角不符合国标要求，因此单击上一步右图箭头3所指按钮，在弹出的“标注设置”对话框中按右图所示步骤完成倒角样式的设置	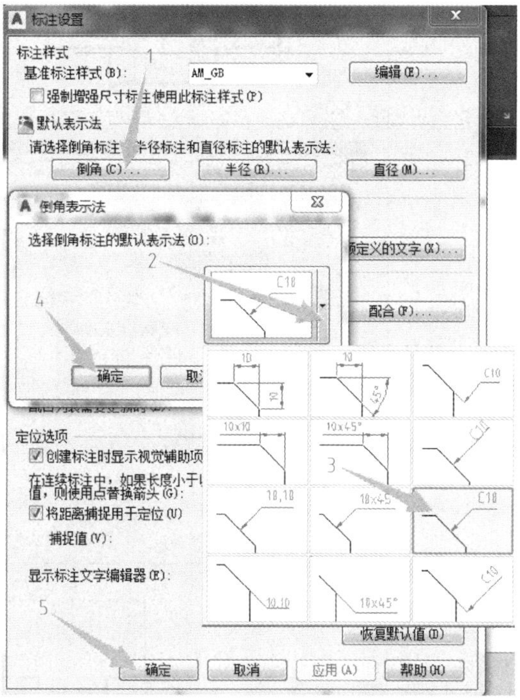	
7	设好倒角样式后，单击【倒角】按钮，按右图步骤完成倒角的标注	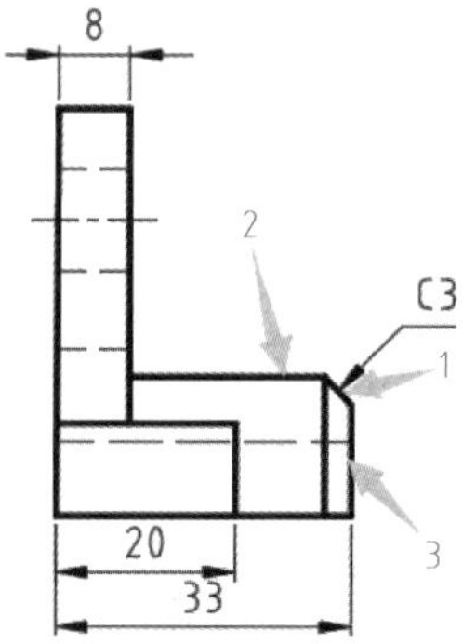	

（续）

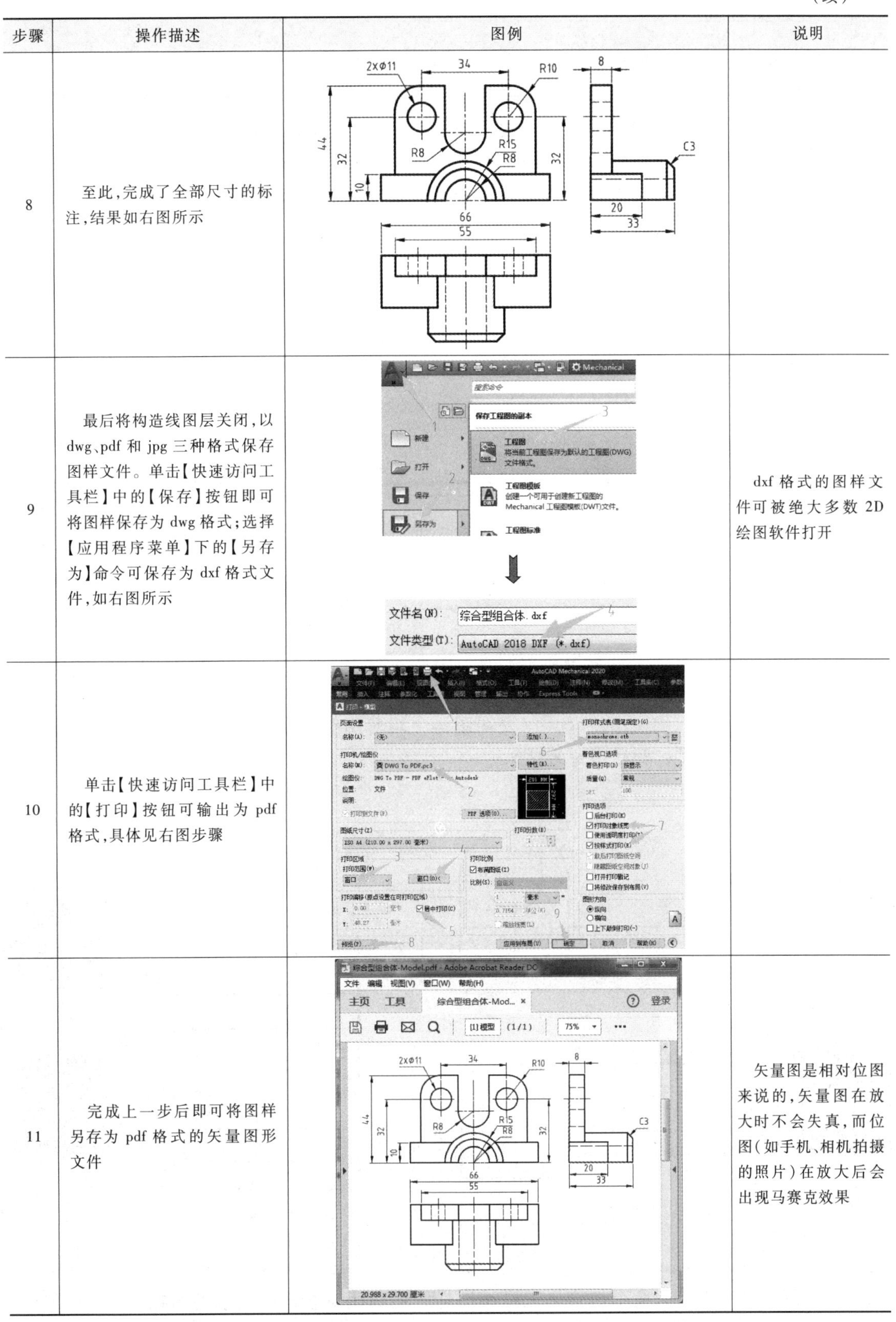

步骤	操作描述	图例	说明
8	至此，完成了全部尺寸的标注，结果如右图所示		
9	最后将构造线图层关闭，以dwg、pdf和jpg三种格式保存图样文件。单击【快速访问工具栏】中的【保存】按钮即可将图样保存为dwg格式；选择【应用程序菜单】下的【另存为】命令可保存为dxf格式文件，如右图所示		dxf格式的图样文件可被绝大多数2D绘图软件打开
10	单击【快速访问工具栏】中的【打印】按钮可输出为pdf格式，具体见右图步骤		
11	完成上一步后即可将图样另存为pdf格式的矢量图形文件		矢量图是相对位图来说的，矢量图在放大时不会失真，而位图（如手机、相机拍摄的照片）在放大后会出现马赛克效果

2.3.4 任务评价

本例所绘制的综合型组合体三视图有一定难度，且任务下达时是轴测图，与给定实物模型进行测绘类似。本例要求绘图人员具有良好的视图表达能力、尺寸标注能力和 AutoCAD Mechanical 应用能力，有助于学习者进一步熟练掌握 AutoCAD Mechanical 的操作。

本例中用到的绘图命令主要有直线、圆、倒角、中心线、构造线等，编辑修改命令主要有修剪、镜像等，标注命令主要有线性尺寸、半径、直径、倒角等，另外还用到了投影辅助线、图层设置、标注样式的设置等。

2.4 强化训练任务

1. 绘制图 2-7 所示的两个组合体三视图图样，其中：a 图抄画、b 图转换成三视图。

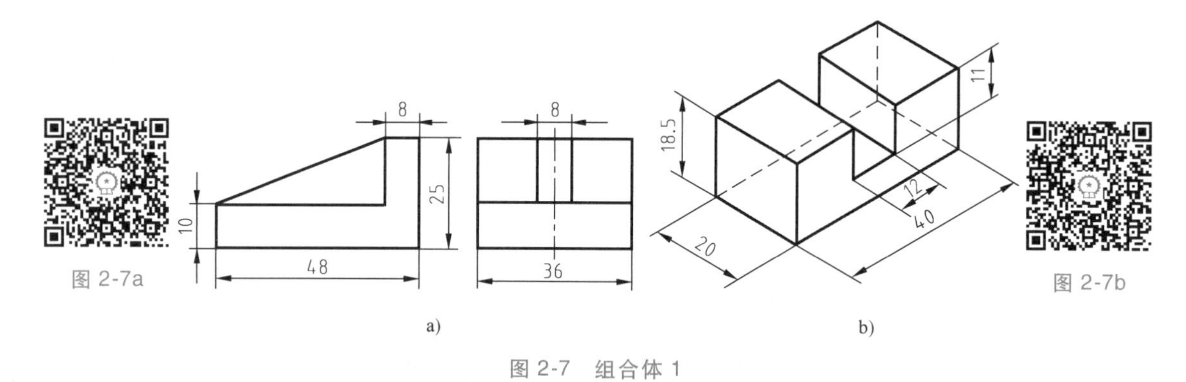

图 2-7 组合体 1

2. 绘制图 2-8 所示的两个组合体三视图图样，均套用符合国标要求的 A4 图框和标题栏，上交打印的纸质图样（标题栏手写签名）。

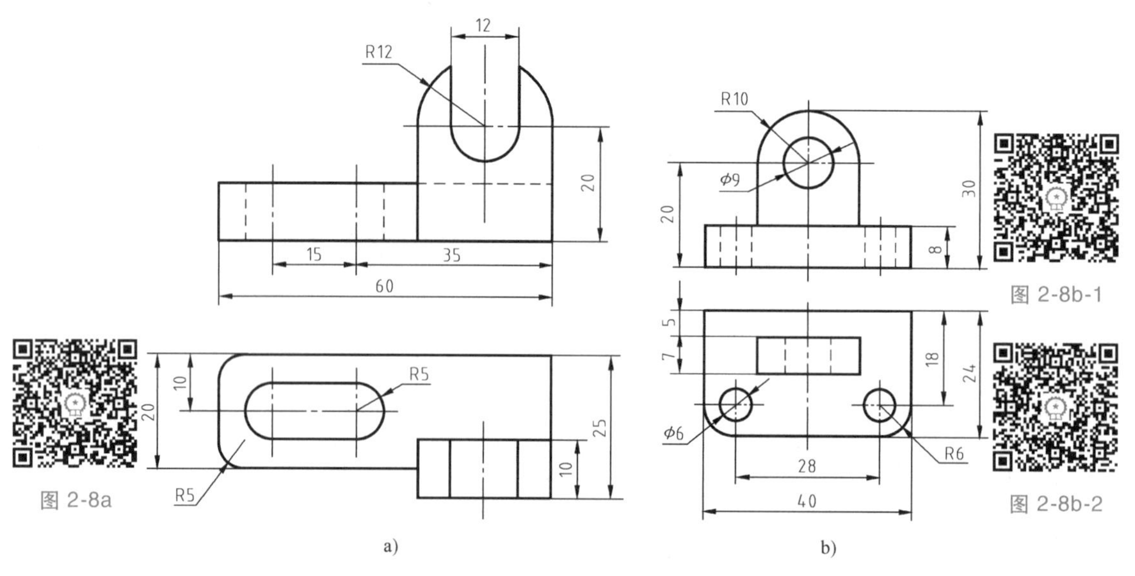

图 2-8 组合体三视图 1

3. 绘制图 2-9 所示的两个组合体三视图图样，均套用符合国标要求的 A4 图框和标题栏，上交打印的纸质图样（标题栏手写签名）。

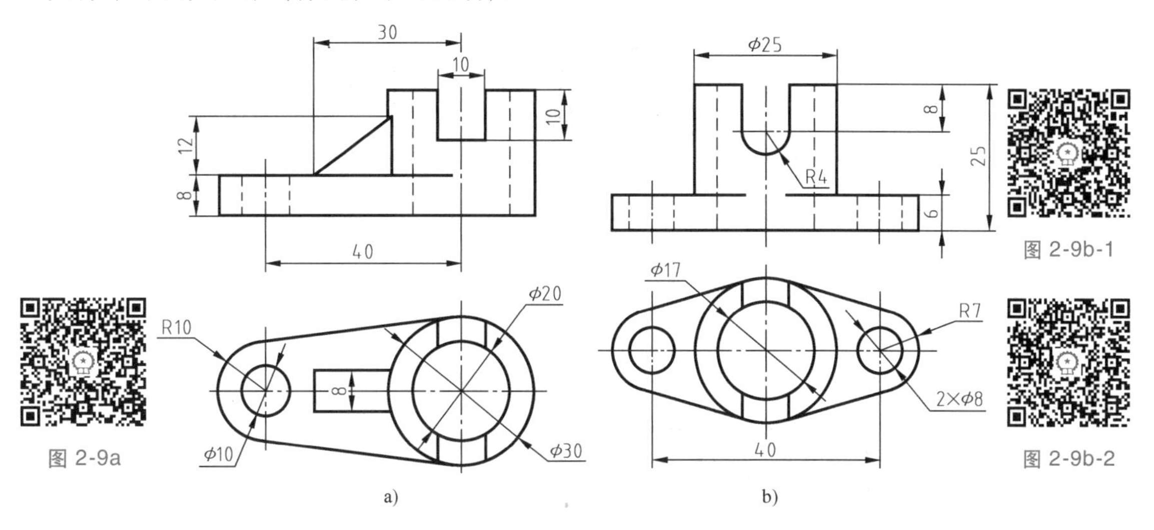

图 2-9　组合体三视图 2

4. 绘制图 2-10 所示的组合体三视图图样，并套用符合国标要求的 A4 图框和标题栏，上交打印的纸质图样（标题栏手写签名）。

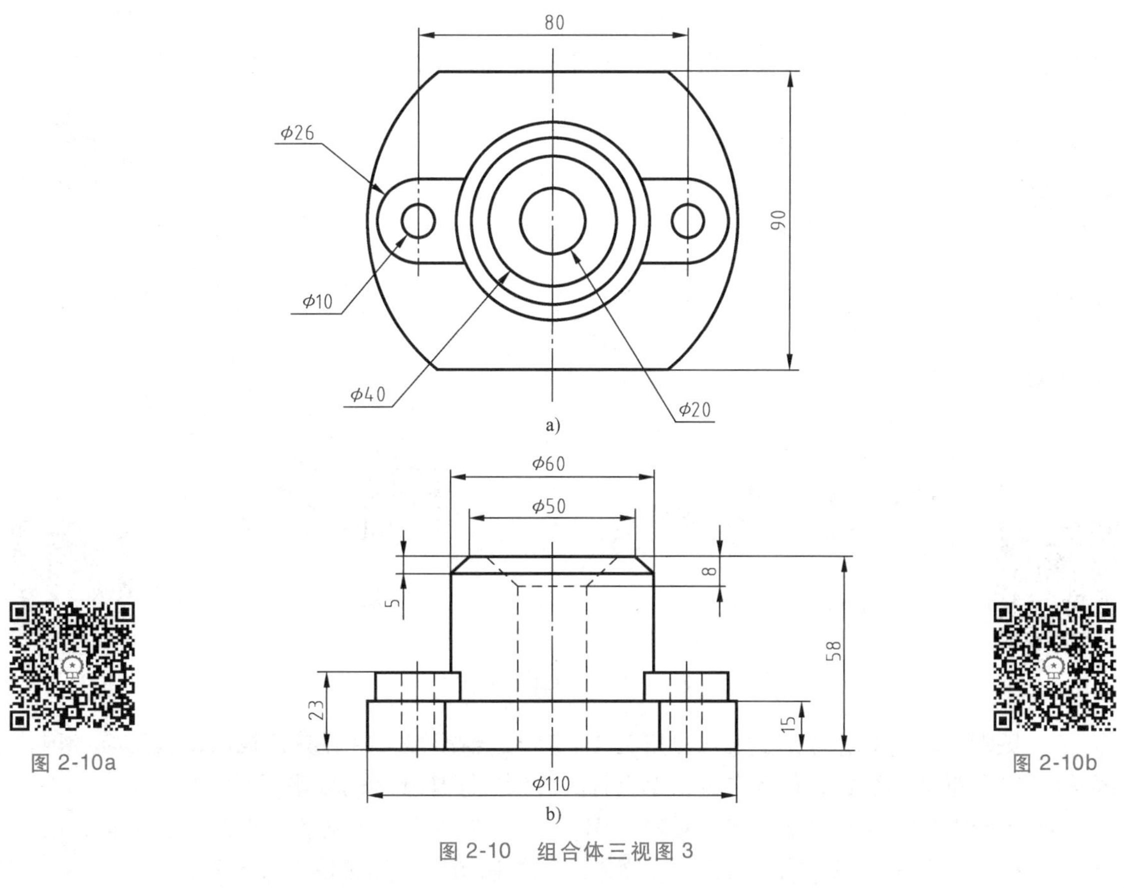

图 2-10　组合体三视图 3

5. 绘制图 2-11 所示的组合体三视图图样，并套用符合国标要求的 A4 图框和标题栏，上交打印的纸质图样（标题栏手写签名）。

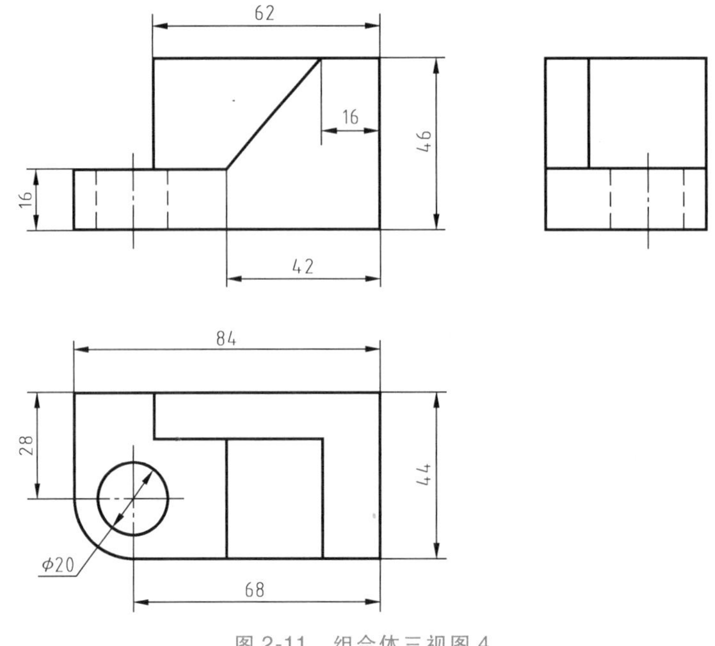

图 2-11 组合体三视图 4

6. 根据图 2-12 所示的两个组合体轴测图（孔槽均为通孔槽），分别绘制其三视图，均套用符合国标要求的 A4 图框和标题栏，比例自定，上交打印的纸质图样（标题栏手写签名）。

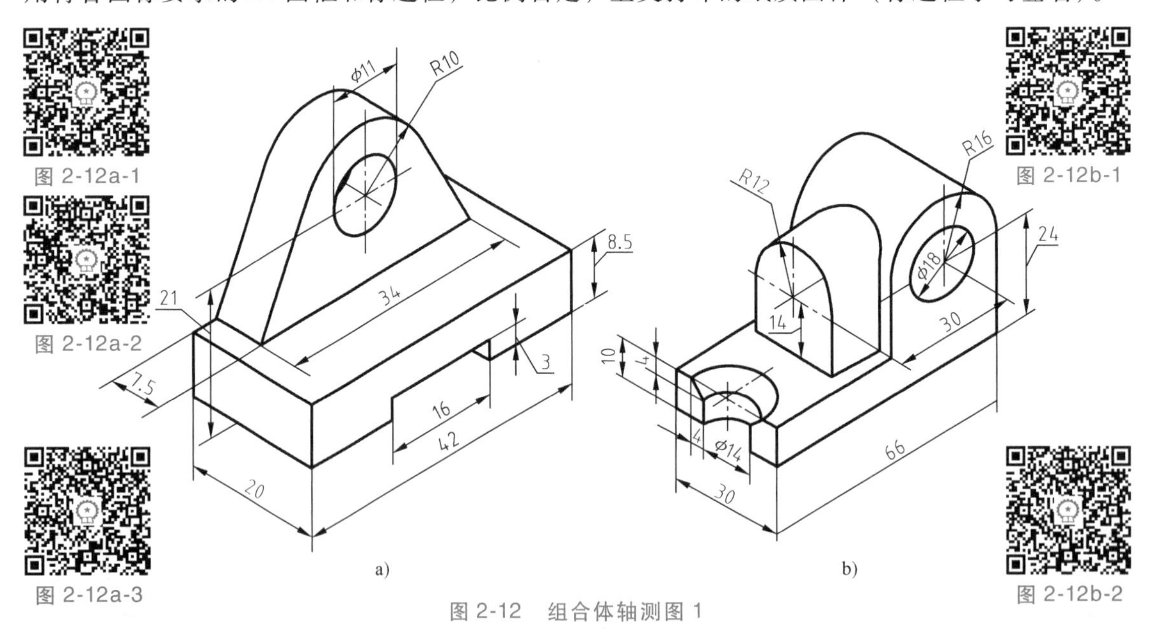

图 2-12 组合体轴测图 1

7. 根据图 2-13 所示的支撑座（材料为 HT 150）轴测图，绘制其三视图，套用符合国标要求的 A4 图框和标题栏，比例自定，上交打印的纸质图样（标题栏手写签名）。

8. 根据图 2-14 所示的连接座（材料为 HT 150）轴测图，绘制其三视图，套用符合国标要求的 A4 图框和标题栏，比例自定，上交打印的纸质图样（标题栏手写签名）。

9. 根据图 2-15 所示轴测图中的尺寸绘制其三视图，图中 A = 83、B = 61、C = 59、D = 26，绘图结束后，测量左视图中的 E 和俯视图中的 F（参考答案：E = 77.62、F = 29.21）。

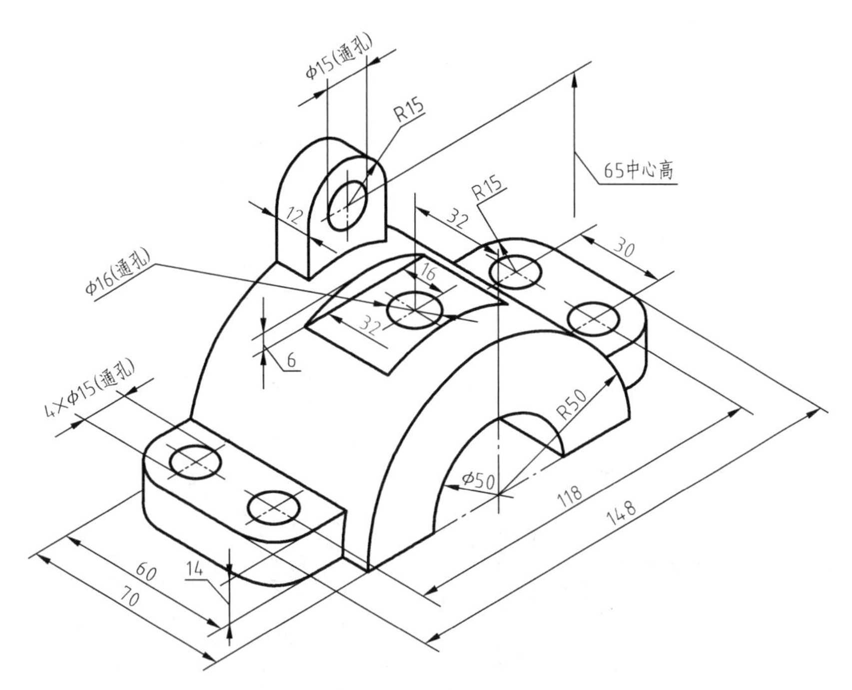

图 2-13 支撑座轴测图

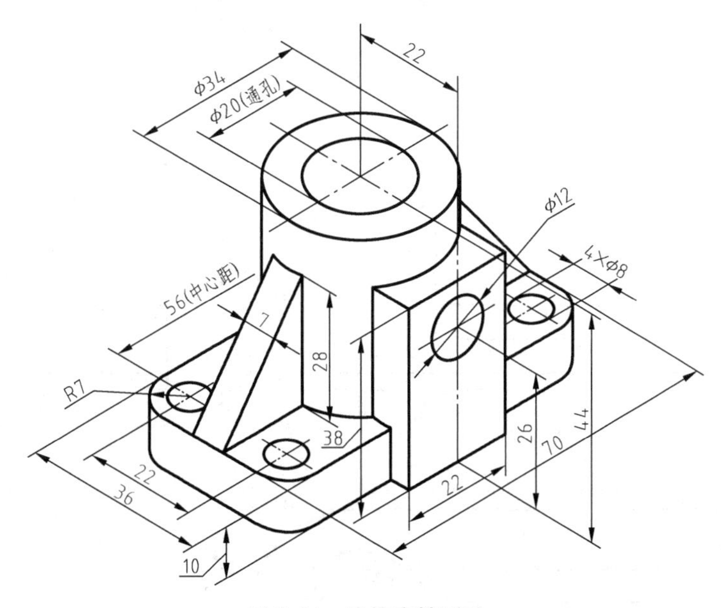

图 2-14 连接座轴测图

10. 绘制图 2-16 所示的组合体三视图图样，并套用符合国标要求的 A3 图框和标题栏，比例自定，上交打印的纸质图样（标题栏手写签名）。

11. 根据图 2-17 所示的两个组合体轴测图，分别绘制其三视图，均套用符合国标要求的 A4 图框和标题栏，比例自定，上交打印的纸质图样（标题栏手写签名）。

提示：轴测图中箭头为主视图投影方向。

12. 绘制图 2-18 所示的组合体三视图图样，并套用符合国标要求的 A3 图框和标题栏，比例自定，上交打印的纸质图样（标题栏手写签名）。

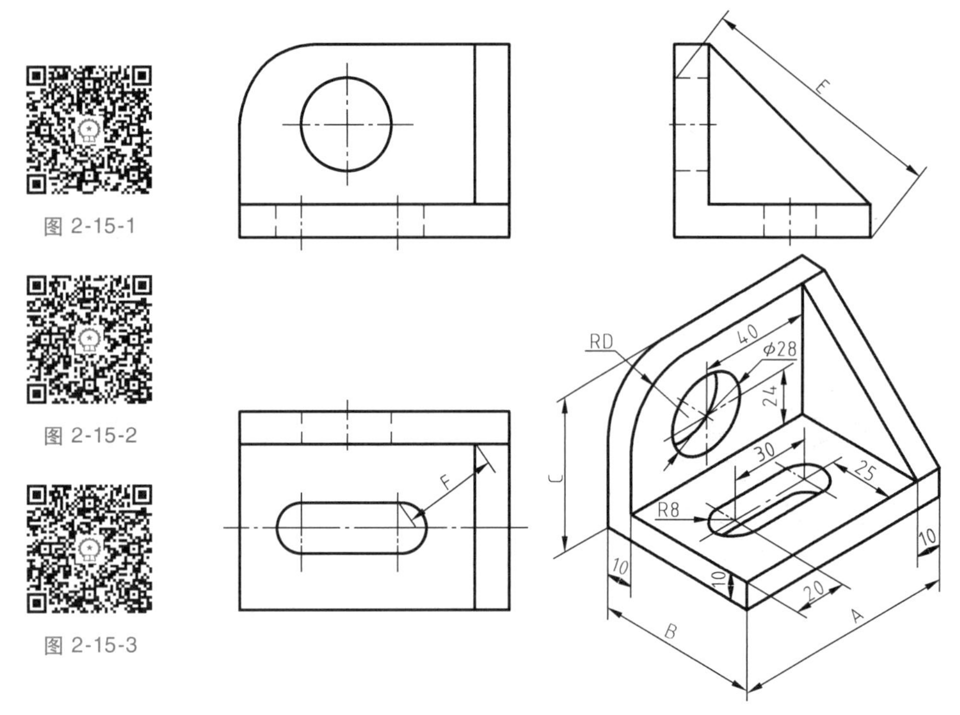

图 2-15　组合体 2

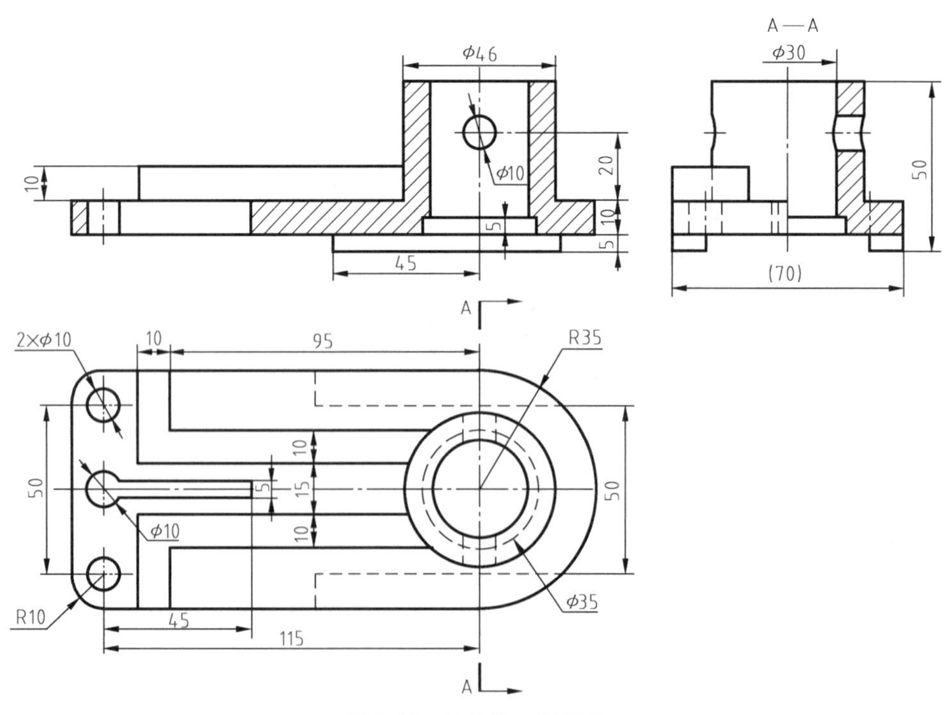

图 2-16　组合体三视图 5

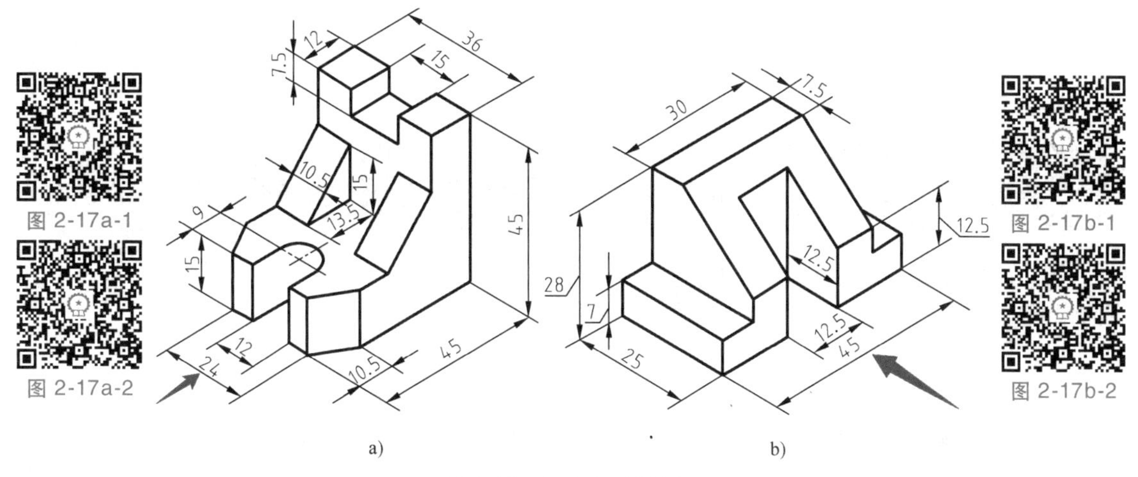

图 2-17　组合体轴测图 2

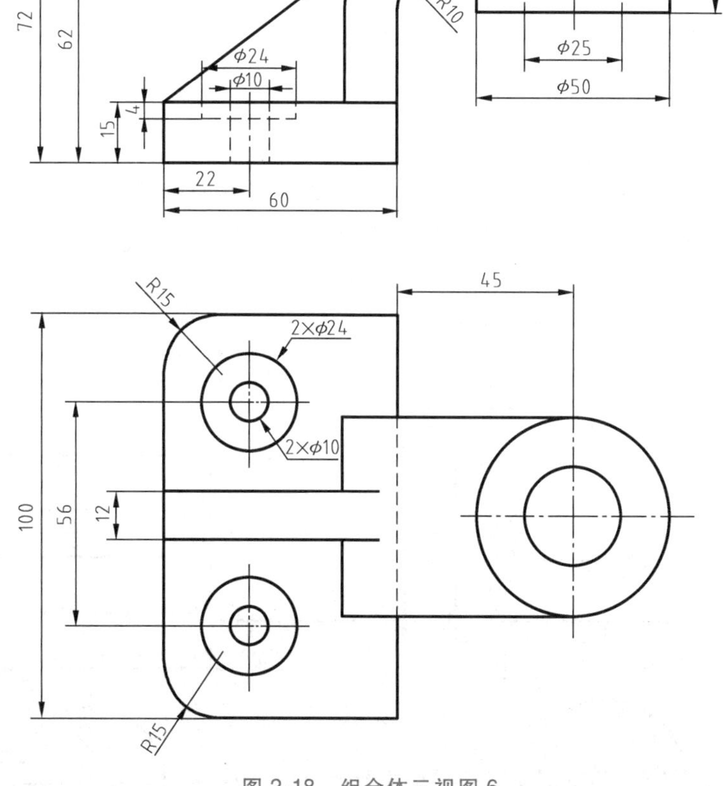

图 2-18-1

图 2-18-2

图 2-18-3

图 2-18　组合体三视图 6

项目 3 回转体零件图样绘制与输出

由回转面构成或者回转面与平面构成的立体叫作回转体，被绕着旋转的那条线叫作轴线，绕轴旋转的线叫作母线，回转面上任意位置上的一条母线叫素线。常见的回转体零件有轴类零件、盘套类零件、套筒类零件等。回转体零件一般通过车床、磨床进行加工。

阶梯轴的绘制与输出 1

3.1 阶梯轴绘制与输出

阶梯轴是一种典型的回转体零件，一般用于减速器等设备，可安装轴上零件（如齿轮），以传递运动和动力。

阶梯轴的绘制与输出 2

3.1.1 任务下达

本任务通过直接给出阶梯轴二维图样的方式下达，要求抄画图 3-1 所示的工程图，材料为 45 号钢，套用符合国标要求的 A4 图框后，以 dwg、dxf、pdf 三种格式输出。

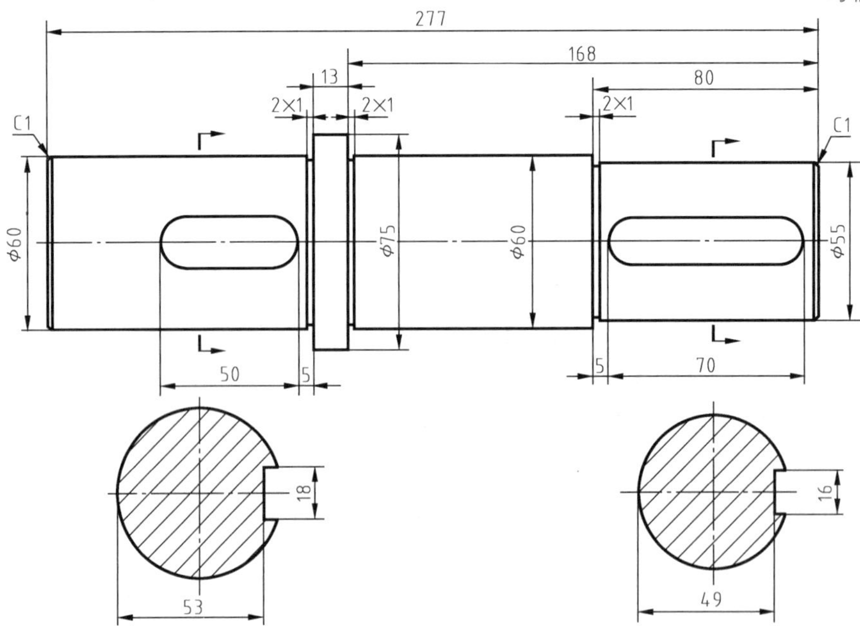

图 3-1 阶梯轴图样

3.1.2　任务分析

本例给出的阶梯轴长 277mm，要求置于 A4 图幅的图纸中，因 A4 图幅一般竖直放置，短边仅 210mm（有效绘图长度仅 180mm），所以输出时要用缩小比例（如 1 : 2）。但计算机绘图一般为 1 : 1，所以可将图框放大两倍后再整体缩小的方式输出打印。

本例是给出二维图样进行抄画，所以可以在 AutoCAD 中插入该图样（位图格式即可），然后在同一个绘图区对照位图绘制矢量图，这样可极大地提高绘图效率。当然，也可对照书本或手机拍照进行抄画绘图。

图 3-1 所示的阶梯轴图样关于水平中心线上下对称，故可仅绘制其中一半，然后镜像得到另一半。也可运用机械版 AutoCAD 提供的【轴生成器】命令绘制该阶梯轴（效率更高）。与前面的项目相比，本例新增了断面符号（剖切线）标注及剖面线的绘制等任务。其主要绘图流程如图 3-2 所示。

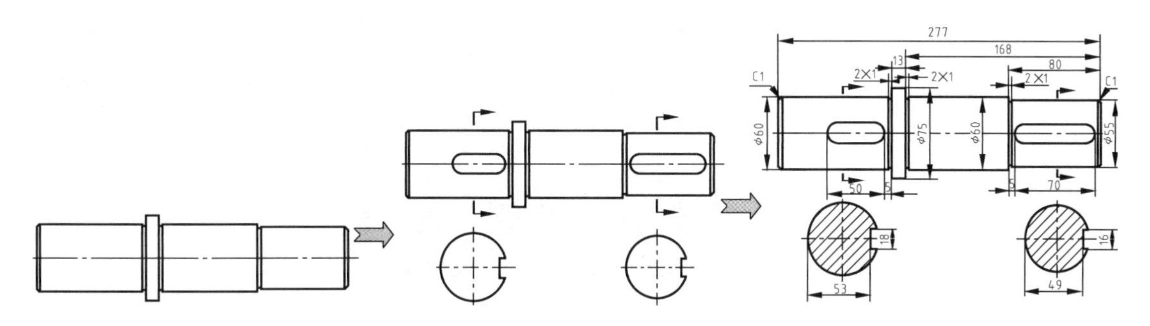

图 3-2　阶梯轴图样的绘制流程

3.1.3　任务实施

下面详细说明使用 AutoCAD Mechanical 2020 绘制阶梯轴图样的步骤及注意事项。为了帮助读者更好、更快地掌握阶梯轴图样的绘制与输出，下面分成两部分进行讲解。

1. 阶梯轴的视图绘制

根据任务下达时的图样要求，绘制阶梯轴的视图，详见表 3-1。

表 3-1　阶梯轴视图绘制步骤及注意事项

步骤	操作描述	图例	说明
1	安装与配置 AutoCAD Mechanical 2020 简体中文版	（图略）	按项目 1 的讲解完成 AutoCAD 的安装与配置
2	在 Windows【开始】菜单中启动 AutoCAD Mechanical 2020 后，单击【快速访问工具栏】的【新建】按钮		

（续）

步骤	操作描述	图例	说明
3	系统弹出“选择样板”对话框，按右图所示步骤选择自行制作的符合国标的样板文件后新建一个绘图文档		样板文件内含图层、文字样式、标注样式、图框、标题栏等，可以自行制作
4	此时系统会自动生成一个名为 drawing1. dwg 的文件。单击【快速访问工具栏】中的【保存】按钮，在“图形另存为”对话框中，选好文件保存位置，输入新文件名（如“阶梯轴”），单击【保存】按钮即可完成文件的重命名	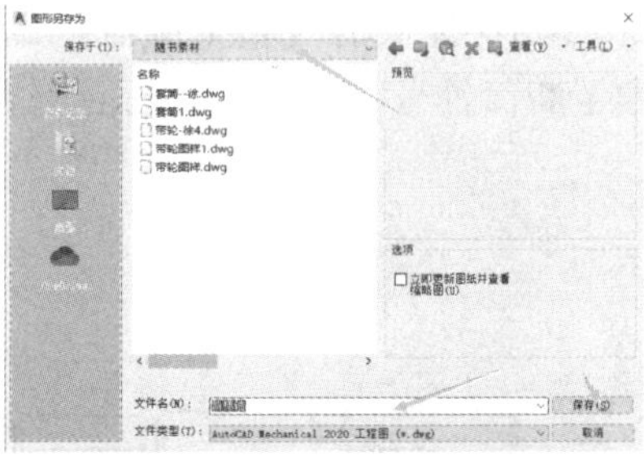	进入绘图环境后的第一件事就是保存文件，在后续绘图过程中也要经常单击【保存】按钮或按<Ctrl+S>组合键保存所绘图形，否则意外关机时，未保存的图就丢失了
5	首先把图 3-1 拍照存为位图文件（如 jpg、png 等）。在 AutoCAD 的【插入】菜单中单击【光栅图像参照】按钮，将图样插入 AutoCAD 绘图区，单击位图边缘，单击四个角落的控点，移动鼠标后单击，适当调整其大小，结果如右图所示	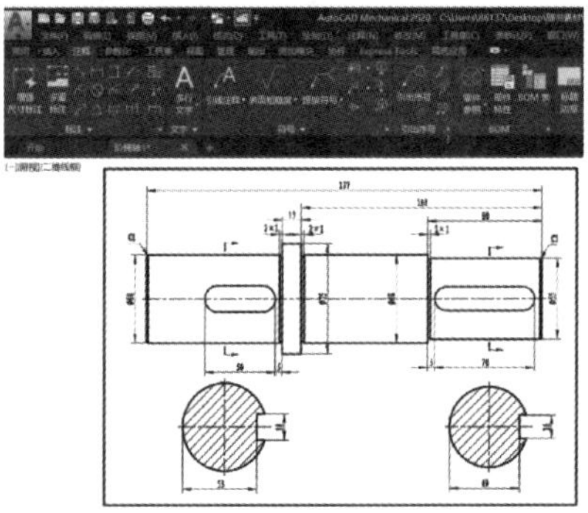	抄画图样时，可将原图以位图文件插入当前的绘图区，以提高绘图效率。插入位图文件的另一个方法是采用【插入】选项卡【参照】面板的【附着】按钮。亦可直接复制粘贴图片到绘图区
6	接下来可按照绘制一般图形的方式绘制阶梯轴的视图，也可使用 AutoCAD Mechanical 提供的【轴生成器】来绘制轴。在【状态栏】中打开线宽开关，单击【工具集】选项卡【轴】面板中的【轴生成器】按钮，根据提示，在参照图样右侧附近单击选择轴的起点（按自左向右绘轴的思路），按<F8>键打开正交模式，向右移动鼠标，单击，取任意长度作为轴中心线的终点。在弹出的“轴生成器”对话框中单击【圆锥体】按钮，输入起点处直径 58，提示“指定另外的角点”时输入“1，30”，回车，再次弹出“轴生成器”对话框时单击【圆柱体】按钮  ，输入坐标“94，30”，回车，关闭“轴生成器”对话框，结果如右图所示	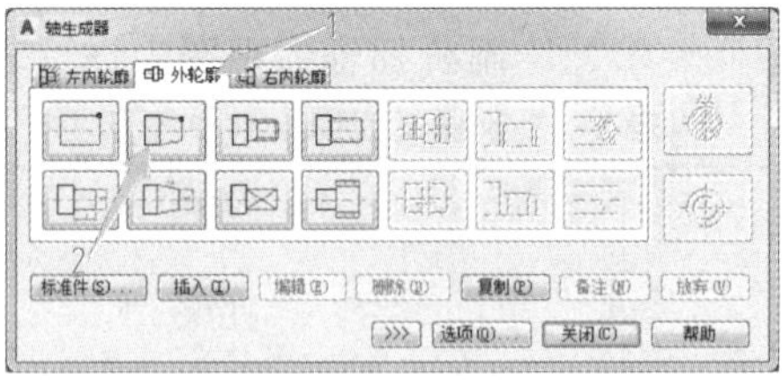 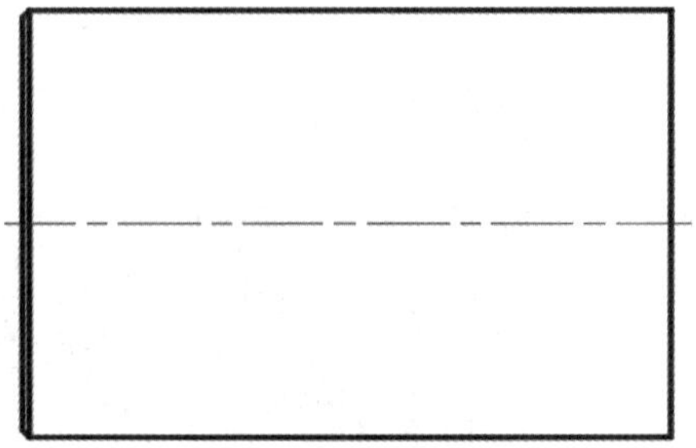	机械版 AutoCAD 提供了专门用来绘制轴的轴生成器，可在一定程度上提高轴的绘图效率。对于初学者来说，可分段绘制轴，以免出错

(续)

步骤	操作描述	图例	说明
7	再次单击【轴生成器】按钮,在命令行输入 n,提示指定起点时单击已绘轴端中心线与右端面直线的交点,在弹出“轴生成器”对话框时单击【圆柱体】按钮,输入另外的角点坐标“2,29” 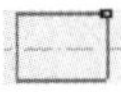	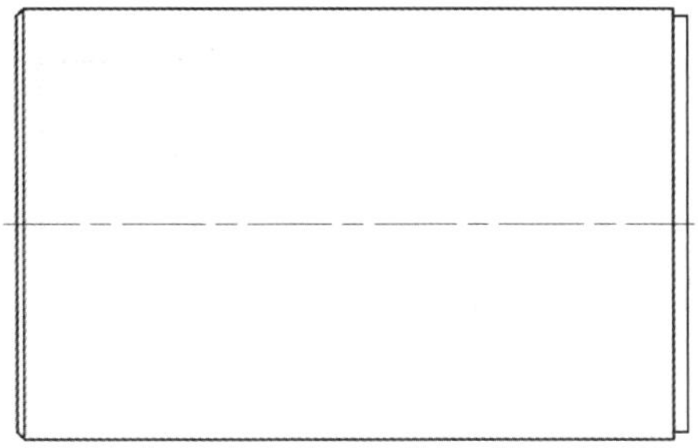	
8	再次单击【轴生成器】按钮,在命令行输入 n,提示指定起点时单击已绘轴端中心线与右端面直线的交点,在弹出“轴生成器”对话框时单击【圆柱体】按钮,输入另外的角点坐标值“13,37.5”,关闭“轴生成器”对话框,结果如右图所示 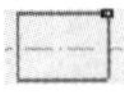	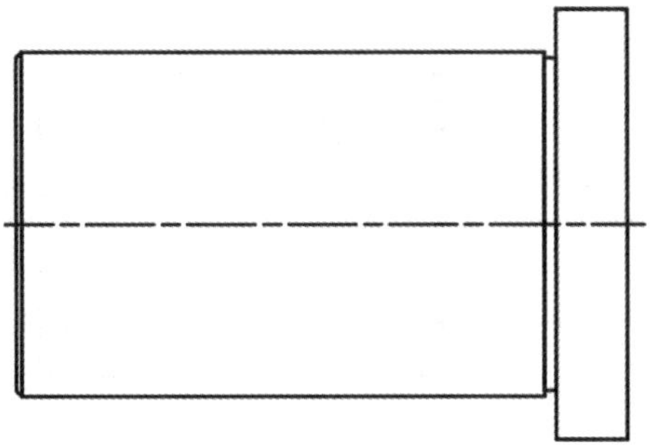	在生成轴的过程中,会不断提问角点的坐标,这些坐标均是从当前轴命令的坐标原点开始计算的。一般在轴的图样中不会标注这些坐标,所以需要手工换算
9	继续单击【轴生成器】按钮,在命令行输入 n,提示指定起点时单击已绘轴的中心线与轴右端面直线的交点,在弹出“轴生成器”对话框时单击【圆柱体】按钮,提示指定长度时输入 2,提示指定直径时输入 58。单击【圆柱体】按钮,提示指定长度时输入 86,提示指定直径时输入 60。单击【圆柱体】按钮,提示指定长度时输入 2,提示指定直径时输入 53。单击【圆柱体】按钮,提示指定长度时输入 77,提示指定直径时输入 55。单击【圆锥体(斜度 1 : x)】按钮,提示指定长度时输入 1,起点处直径输入 55,终点处直径输入 53。关闭“轴生成器”对话框,结果如右图所示 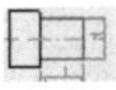 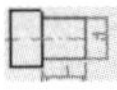 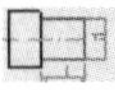 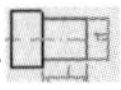 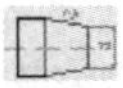	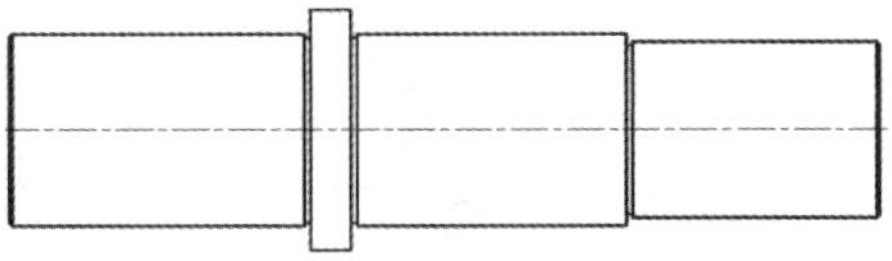	本次换成以下命令绘制圆柱体: 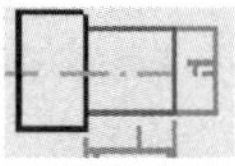 以下命令绘制圆锥体: 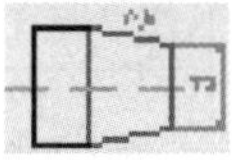

（续）

步骤	操作描述	图例	说明
10	单击【常用】选项卡【修改】面板的【偏移】按钮，输入偏移距离14，将右图所示偏移对象向左偏移14，右击结束。再次单击【偏移】按钮，将上述偏移对象向左偏移46。结果如右图所示	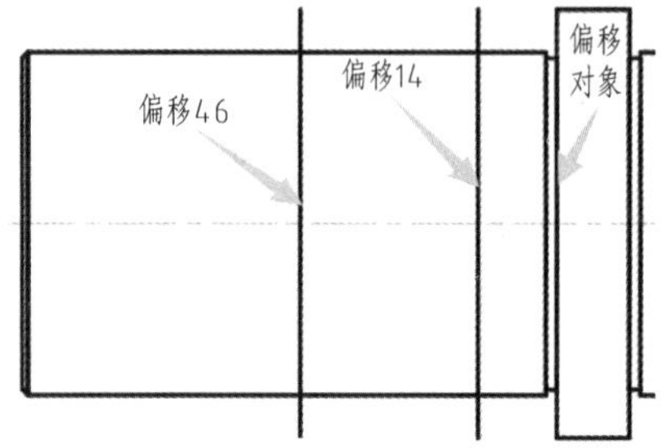	
11	绘制右图所示半径为9的两个圆，然后绘制两个圆的外切线	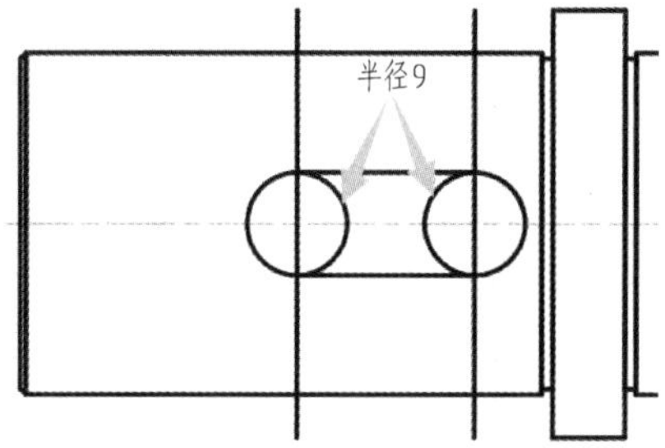	
12	选中两条偏移得到的竖线，按<Delete>键。单击【修剪】按钮，将上图修剪完成后如右图所示	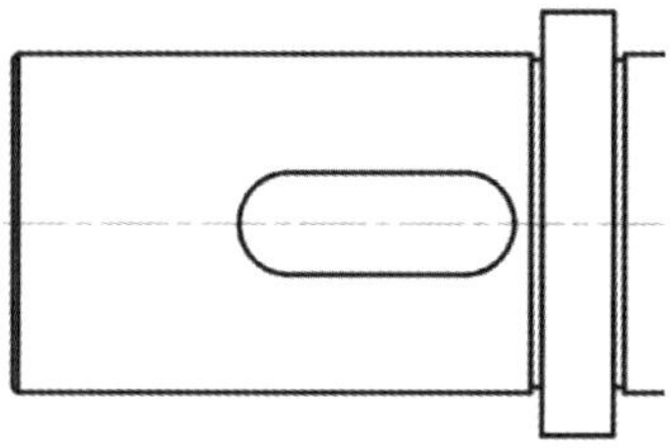	
13	按上述同样的方法，绘图轴右侧的图形，结果如右图所示	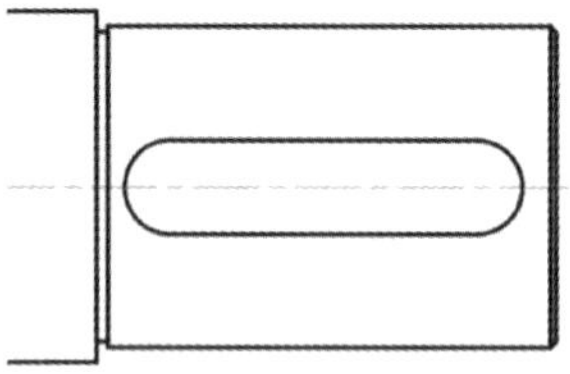	
14	单击【常用】选项卡【局部】面板的【剖切线】按钮，根据提示，单击轴左端上方，并向下移动鼠标，单击后三次右击，完成剖切线标注，此时的剖切线含有字母A，选中字母A，单击【修改】面板的【分解】按钮，依次单击选中字母A，将其删除	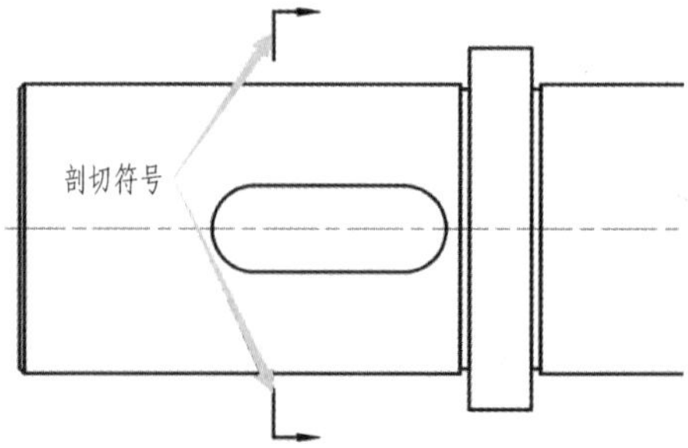	剖切位置不要求准确，只要在A型键槽两端圆心之间即可

（续）

步骤	操作描述	图例	说明
15	用同样的方法，完成右图所示的剖切符号绘制	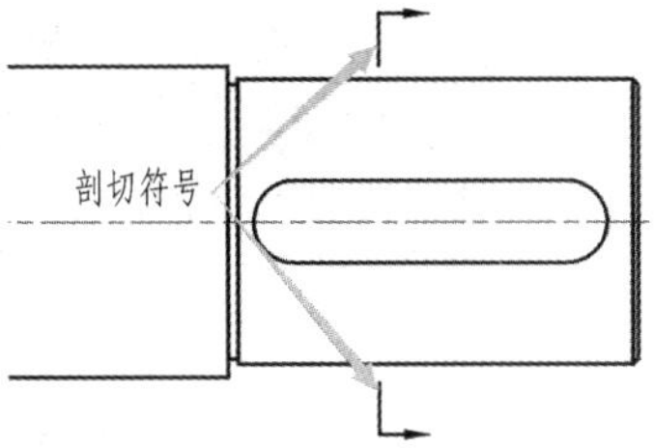	
16	按<F11>键打开对象捕捉模式（默认为打开），单击【圆】按钮，将光标移至剖切线竖线端点处，此时系统提示捕捉到了端点，不要单击，竖直向下移动，此时会出现一条虚线，在适当位置单击，输入半径30，绘制右图所示圆。单击【绘图】面板中的【过孔的十字中心线】，绘制中心线	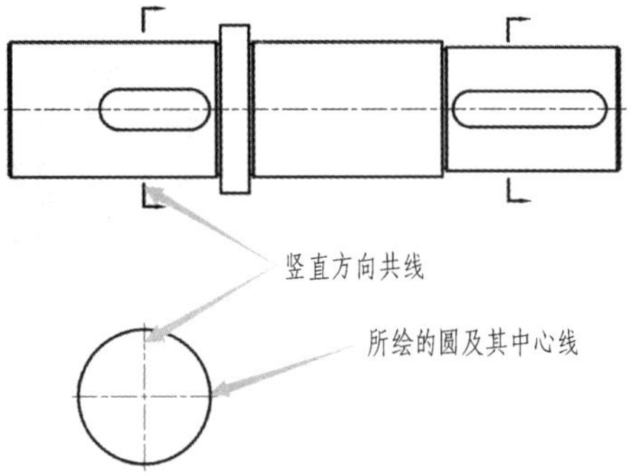	
17	单击【修改】面板的【偏移】按钮，输入偏移距离23，将十字中心线的竖线向右偏移23。再次单击【偏移】按钮，输入偏移距离9，将十字中心线的横线向上、下各偏移9	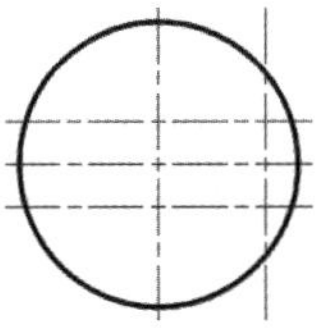	
18	选中刚刚偏移得到的三条中心线，单击图层列表中的AM_0，将其移至粗实线图层。结果如右图所示	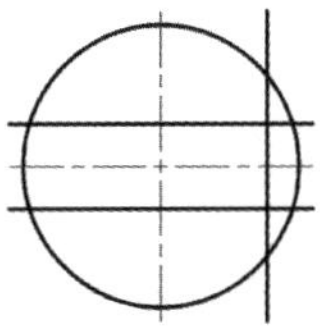	
19	单击【修改】面板的【修剪】按钮，直接回车，修剪结果如右图所示	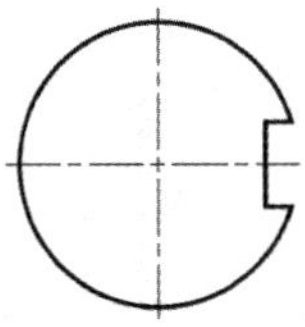	
20	用同样的方法，绘制轴右端的断面图，结果如右图所示	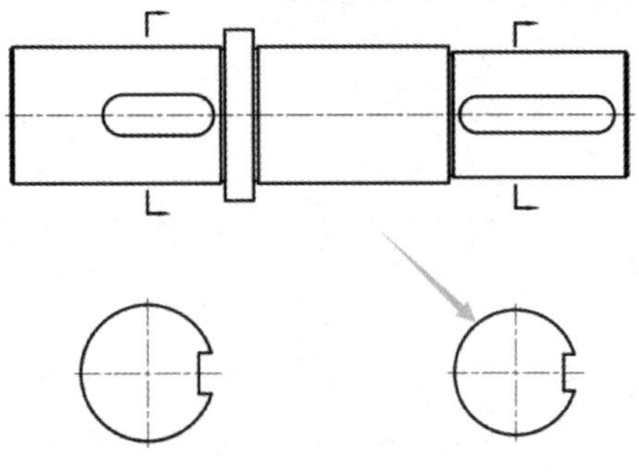	

（续）

步骤	操作描述	图例	说明
21	单击【绘图】面板的【填充】按钮，绘制右下图所示的剖面线	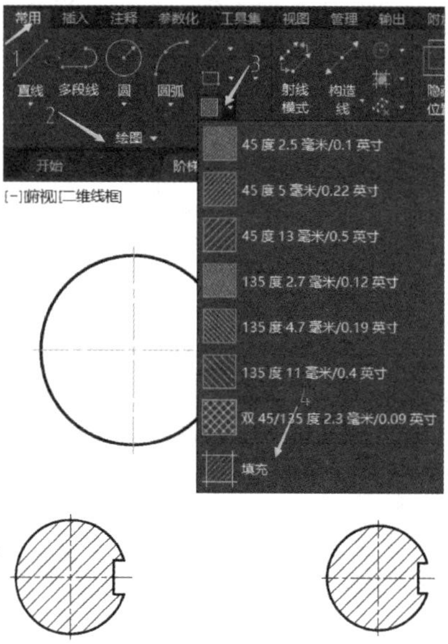 常用 插入 注释 参数化 工具集 视图 管理 输出 直线 多段线 圆 圆弧 射线 构造线 绘图 45度2.5毫米/0.1英寸 45度5毫米/0.22英寸 45度13毫米/0.5英寸 135度2.7毫米/0.12英寸 135度4.7毫米/0.19英寸 135度11毫米/0.4英寸 双45/135度2.3毫米/0.09英寸 填充 [-][俯视][二维线框]	若要修改填充的剖面线，单击剖面线，然后在打开的【填充编辑器】中修改

2. 阶梯轴的尺寸标注

根据任务下达时的图样要求，对阶梯轴进行尺寸标注等，详见表3-2。

表3-2 阶梯轴尺寸标注步骤及注意事项

步骤	操作描述	图例	说明
1	按前述关于尺寸标注的讲解，完成阶梯轴的尺寸标注，结果如右图所示。当尺寸太多，需要对齐已标好的尺寸时，可单击【注释】选项卡【标注】面板中的【对齐】按钮，按提示操作即可。标注退刀槽尺寸时，先标其宽度2，然后在其后手动输入×1即可	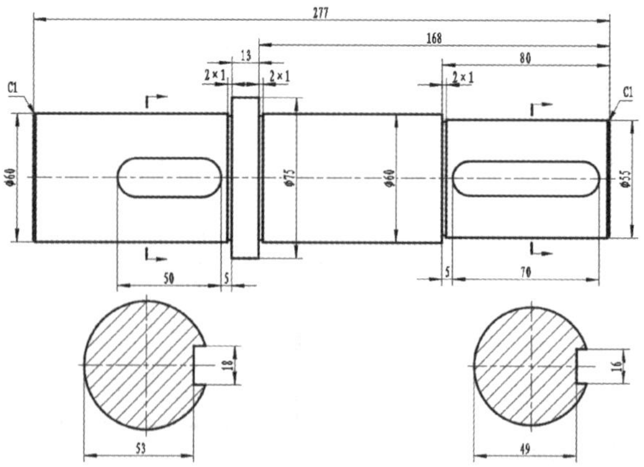 277 168 80 13 2×1 2×1 2×1 C1 C1 ϕ60 ϕ75 ϕ60 ϕ55 50 5 5 70 18 53 16 49	注意：标注倒角时，要在标注前修改成下图所示的倒角样式。C1 标总长277等大尺寸时，要充分利用鼠标滚轮的缩放功能，缩放时以当前光标为中心 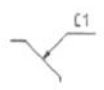

（续）

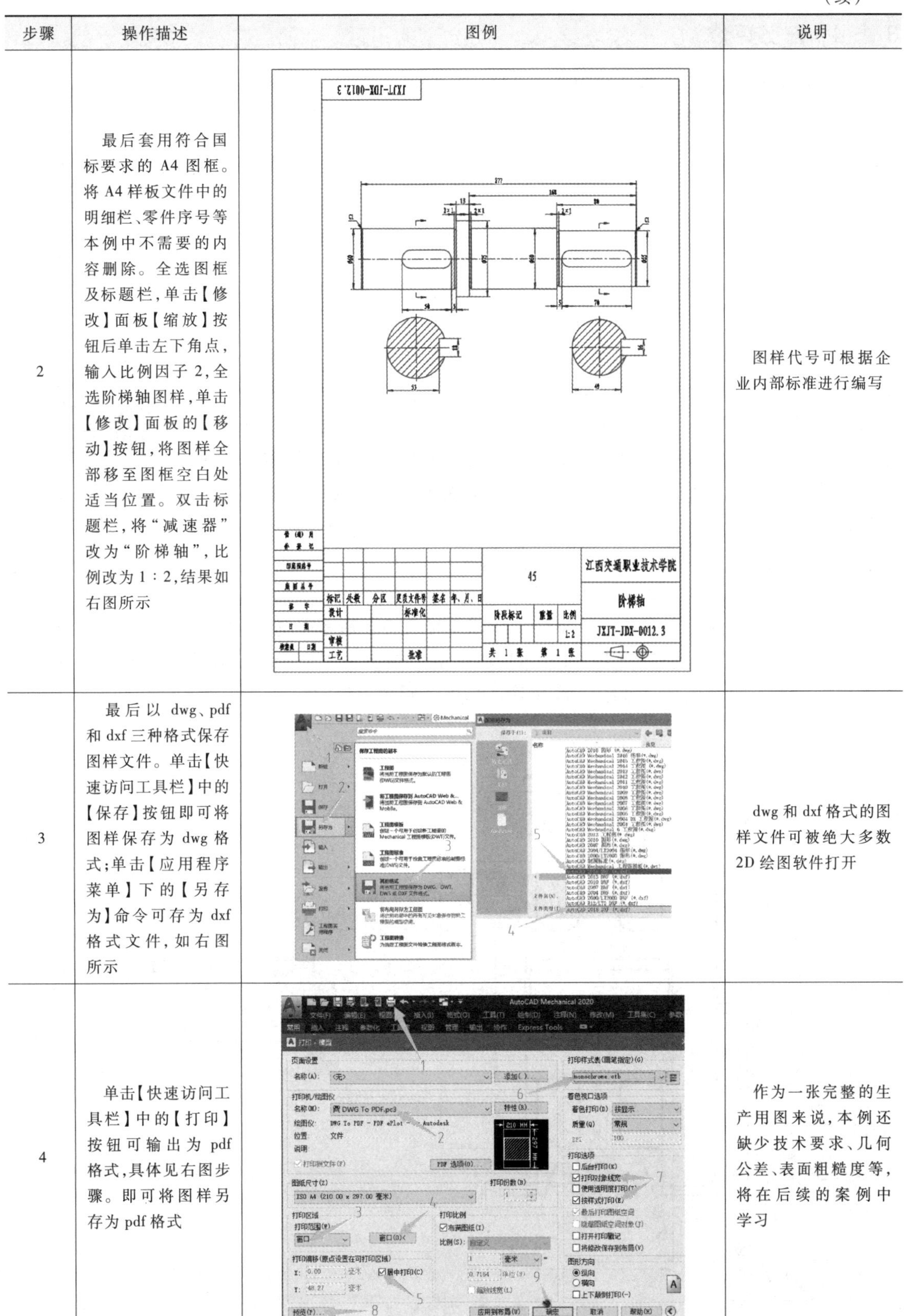

步骤	操作描述	图例	说明
2	最后套用符合国标要求的A4图框。将A4样板文件中的明细栏、零件序号等本例中不需要的内容删除。全选图框及标题栏，单击【修改】面板【缩放】按钮后单击左下角点，输入比例因子2，全选阶梯轴图样，单击【修改】面板的【移动】按钮，将图样全部移至图框空白处适当位置。双击标题栏，将“减速器”改为“阶梯轴”，比例改为1∶2，结果如右图所示		图样代号可根据企业内部标准进行编写
3	最后以dwg、pdf和dxf三种格式保存图样文件。单击【快速访问工具栏】中的【保存】按钮即可将图样保存为dwg格式；单击【应用程序菜单】下的【另存为】命令可存为dxf格式文件，如右图所示		dwg和dxf格式的图样文件可被绝大多数2D绘图软件打开
4	单击【快速访问工具栏】中的【打印】按钮可输出为pdf格式，具体见右图步骤。即可将图样另存为pdf格式		作为一张完整的生产用图来说，本例还缺少技术要求、几何公差、表面粗糙度等，将在后续的案例中学习

3.1.4 任务评价

本例的阶梯轴图样绘制可利用 AutoCAD Mechanical 专为绘制各类轴而开发的【轴生成器】命令来完成，可提高绘图效率。除此之外，本例还用【填充】命令完成了剖面线的绘制，最后进行了退刀槽的标注、剖切符号的绘制等。

3.2 带轮绘制与输出

带轮的绘制与输出 1

带轮的绘制与输出 2

带轮属于盘毂类零件，是带传动中最重要的零件，主要作用是传递转矩、改变转速，一般通过铸造、锻造等工艺加工而成。带轮主要用于远距离传送动力的场合，例如小型柴油机动力的输出（农用车、拖拉机、汽车、矿山机械、机械加工设备、纺织机械、包装机械等），小马力摩托车动力的传输，以及空压机、减速器、发电机等设备的动力传输。根据不同轮辐结构，带轮分为实心式带轮、辐板式带轮和轮辐式带轮；根据传动带的不同截面形状分为平带传动、V 带传动、多楔带传动、圆形带传动和同步带传动。

3.2.1 任务下达

本任务通过零件工程图的方式下达，要求完成图 3-3 所示带轮工程图的绘制，套用符合国标要求的 A3 图框及标题栏，用 dwg 和 pdf 两种格式输出。V 带轮的材料为 HT150，图样的技术要求为：①不得有气孔、沙眼、缩孔等；②未注圆角 R3～R5。

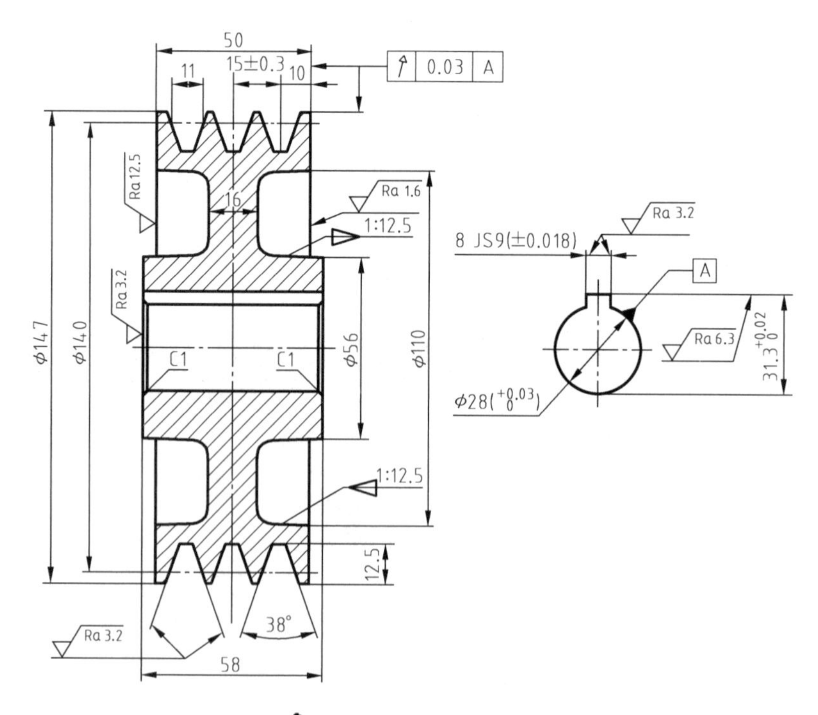

图 3-3 带轮图样

3.2.2 任务分析

本例置于A3图幅的图纸中，采用实际尺寸画图和输出。本例仍然是给出二维图样进行抄画，所以可以在AutoCAD中插入该图样（位图格式即可），然后在同一个绘图区对照位图绘制矢量图，这样可极大地提高绘图效率。当然，也可对照书本或手机拍照进行抄画绘图。

图3-3所示的带轮图样关于水平中心线上下对称，故可仅绘制其中一半，然后镜像得到另一半。相比此前的案例来说，本例增加了技术要求的注写，几何公差、表面粗糙度等特殊符号的标注等。其主要绘图流程如图3-4所示。

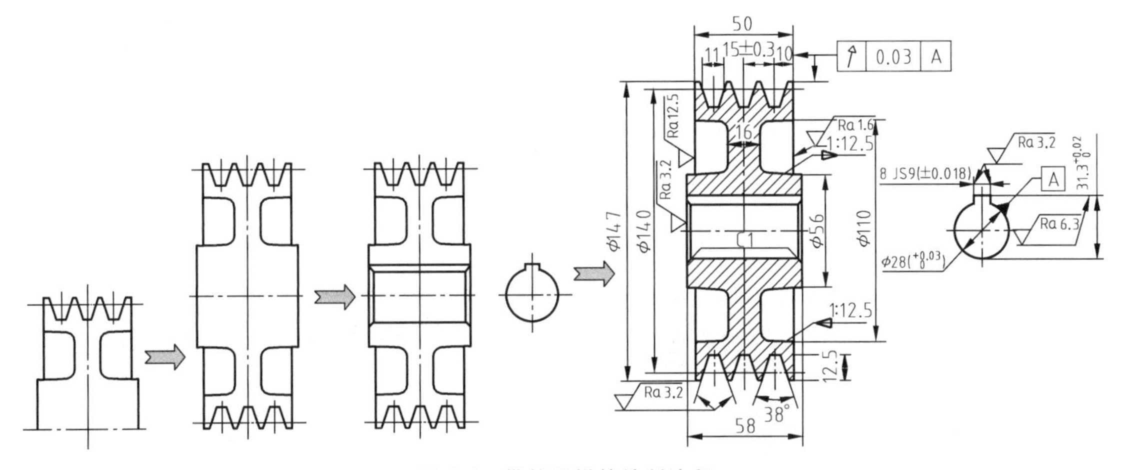

图3-4 带轮图样的绘制流程

3.2.3 任务实施

下面详细说明使用AutoCAD Mechanical 2020绘制带轮图样的步骤及注意事项。为了帮助读者更好更快地掌握带轮图样的绘制与输出，下面分成两部分进行讲解。

1. 带轮的视图绘制

根据任务下达时的图样要求，绘制带轮的视图，详见表3-3。

表3-3 带轮视图绘制步骤及注意事项

步骤	操作描述	图例	说明
1	安装与配置AutoCAD Mechanical 2020简体中文版	（图略）	按项目1的讲解完成AutoCAD的安装与配置
2	在Windows【开始】菜单中启动AutoCAD Mechanical 2020后，单击【快速访问工具栏】的【新建】按钮		

（续）

步骤	操作描述	图例	说明
3	系统弹出“选择样板”对话框，按右图所示步骤选择自行制作的符合国标的样板文件后新建一个绘图文档	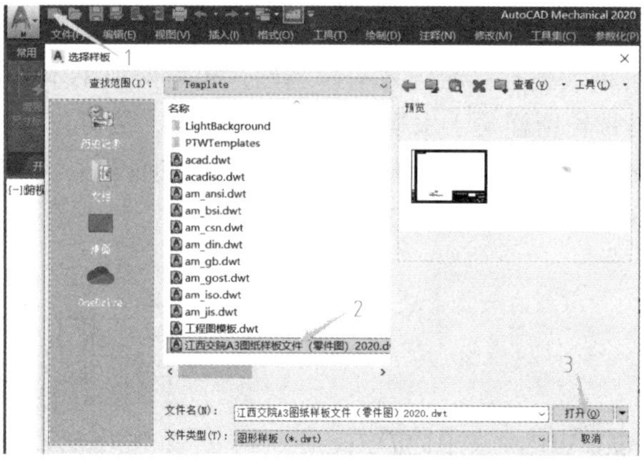	此处是选择自行制作的样板文件，也可以按照项目1的操作逐步设置
4	此时系统会自动生成一个名为 drawing1.dwg 的文件。单击【快速访问工具栏】的【保存】按钮，在“图形另存为”对话框中，选好文件保存位置，输入新文件名（如“带轮图样”），单击【保存】按钮即可完成文件的重命名	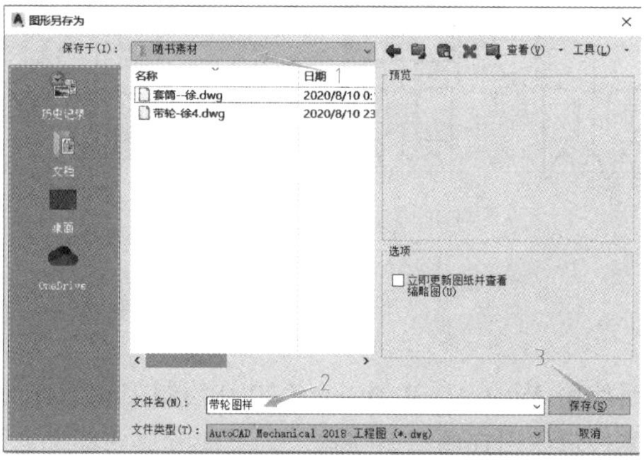	进入绘图环境后的第一件事就是保存文件，在后续绘图过程中也要经常单击【保存】按钮或按<Ctrl+S>组合键保存所绘图形，否则意外关机时，未保存的图就丢失了
5	首先把图3-3拍照存为位图文件（如 jpg、png 等）。在 AutoCAD 的【插入】菜单中选择【光栅图像参照】命令，将图样插入 AutoCAD 绘图区，单击位图边缘，单击四个角落的控点，移动鼠标后单击，适当调整其大小，结果如右图所示	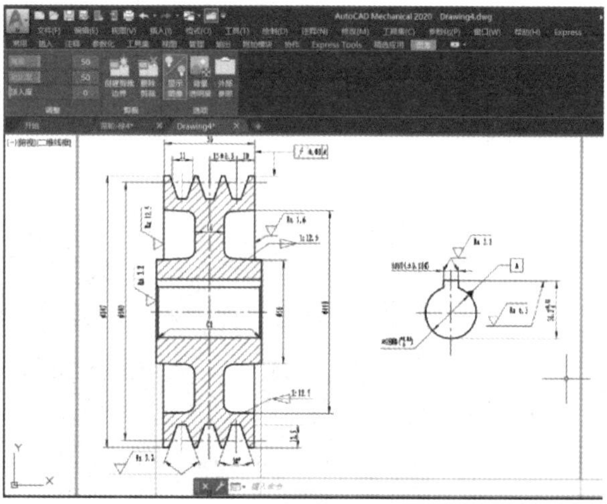	抄画图样时，可将原图以位图文件插入当前的绘图区，以提高绘图效率。插入位图文件的另一个方法是采用【插入】选项卡【参照】面板的【附着】按钮

（续）

步骤	操作描述	图例	说明
6	根据带轮的对称性，主视图上下和左右外轮廓均对称，可以绘制一半然后镜像，键槽最后绘制。先绘制主视图左上半部分的主要中心线	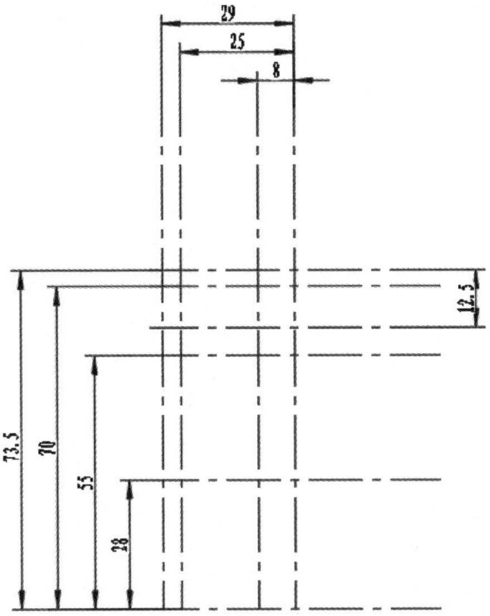 29 25 8 12.5 73.5 70 55 28	
7	在粗实线图层画出图示1、2、3三条直线，其中2和3均根据图3-3中的锥度1∶12.5画出。线条2的画法：以1和2的交点为起点画直线，然后输入增量坐标@（25,1）画出终点得到图示结果，后期再修剪。线条3的画法：以图示偏移25竖直中心线和偏移55水平中心线的交点画起点，然后输入增量坐标@（25,-1）画出终点，后期再修剪	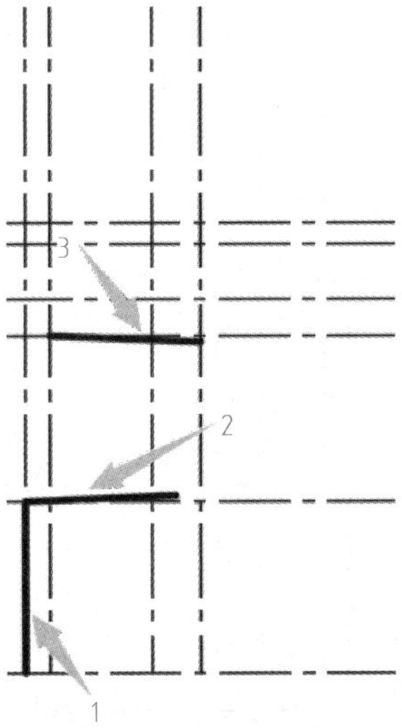 3 2 1	
8	画竖直线。在图示位置连接直线2和3，然后倒圆角R5	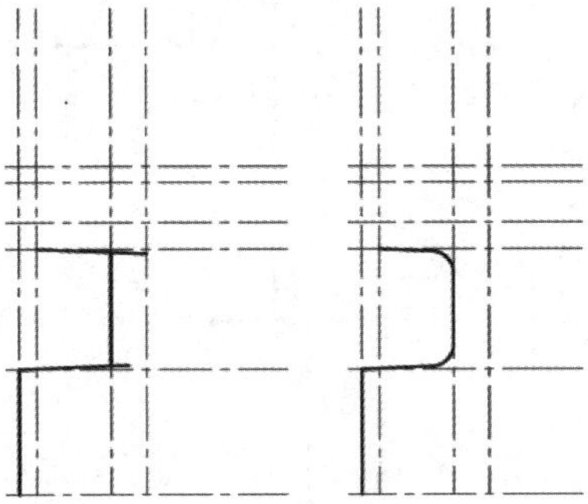	

（续）

步骤	操作描述	图例	说明
9	接下来绘制带轮轮槽部分，依次画出直线1、2、3、4。首先在粗实线图层用直线命令画出直线1，然后将竖直中心线向左偏移15画出点画线2，接着将偏移线2向左偏移5.5画出点画线3，最后画一条过3和5的交点并与竖直方向夹角为19°（由图3-3的轮槽邻边夹角38°算得）的构造线	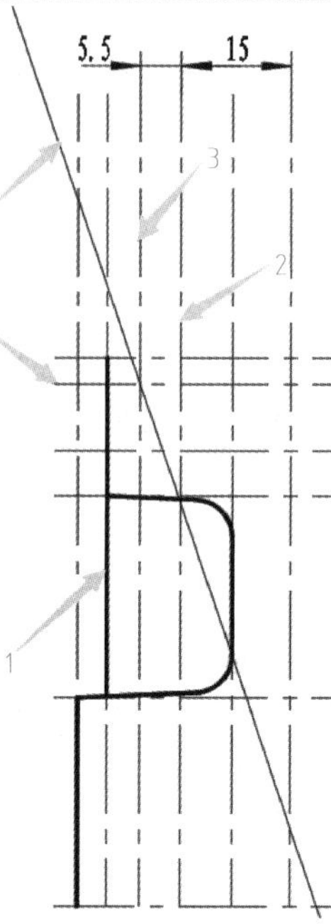 5.5 15 1 2 3 4 5	轮槽部分关于竖直中心线对称，可以画左边一半，每个轮槽又是对称图形（等腰梯形），所以可以画出一个边之后镜像。如点画线2就是左边第一个轮槽的中心线，构造线就是轮槽的左边位置
10	绘制轮槽的左边线1，以3为对称线镜像绘制轮槽的另一边线2。连接各边，删除构造线	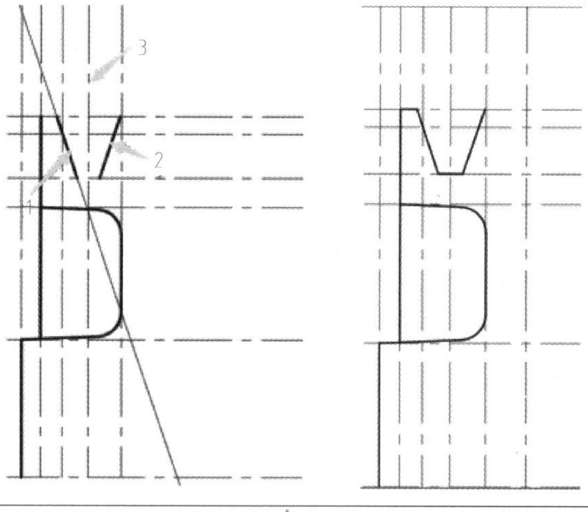 1 2 3	
11	删除后期不用的点画线（辅助线），将轮槽的三条边线1、2、3向右复制移动15得到另一轮槽的三条边线4、5、6，画出直线3和4的水平连线	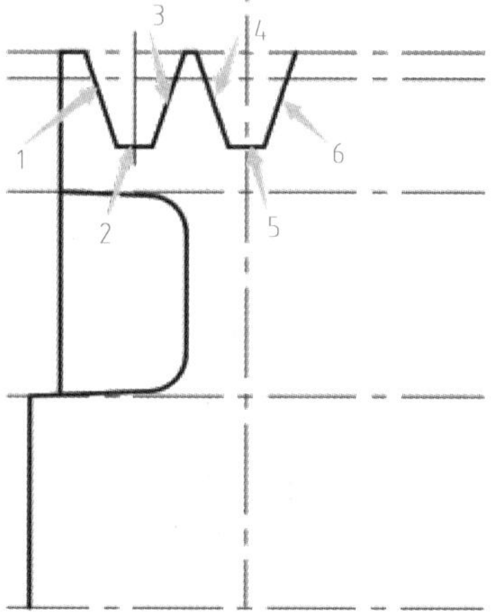 1 2 3 4 5 6	

（续）

步骤	操作描述	图例	说明
12	删除后期不用的点画线（辅助线），用【镜像】命令画出左右对称的图形	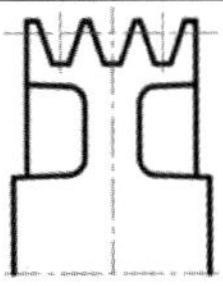	
13	用【镜像】命令画出上下对称的图形	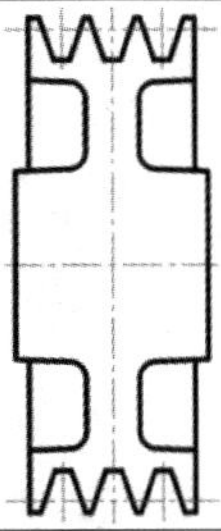	
14	接下来画带轮轴孔和键槽部分。根据长对正关系对轮槽孔的局部视图进行定位，并画出直径28的圆	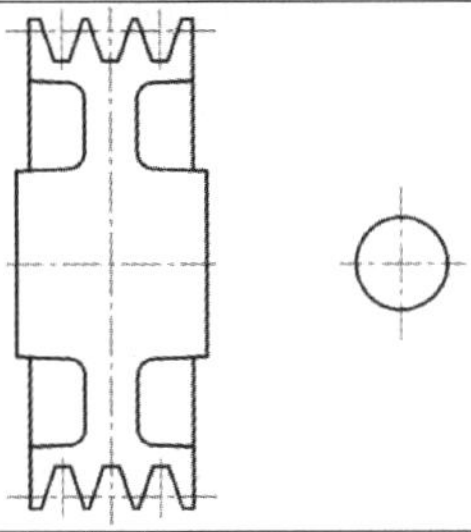	
15	根据图3-3中键槽的尺寸，分别由圆的竖直中心线左右偏移4，水平中心线向上偏移17.3，定出键槽的轮廓线位置	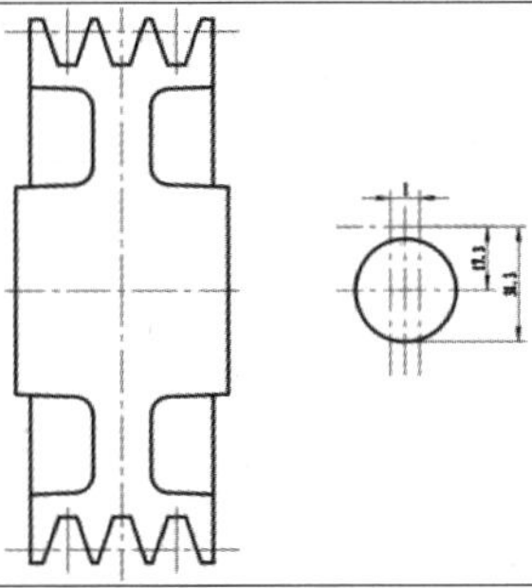	
16	用【修剪】命令完成键槽的绘制，删除多余的线，并将键槽轮廓线改为粗实线，结果如右图所示	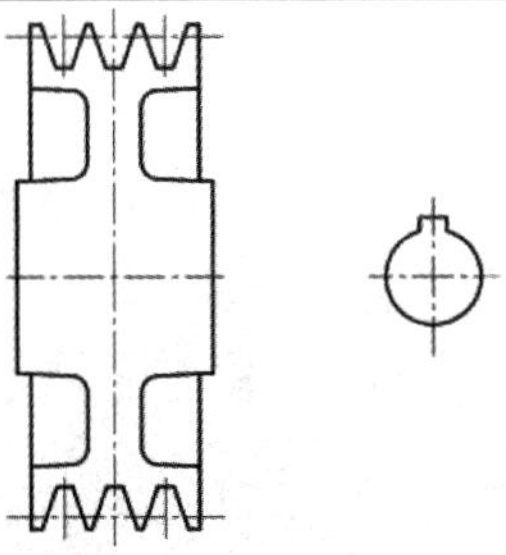	
17	由局部左视图长对正补画键槽的主视图，并完成倒角C1	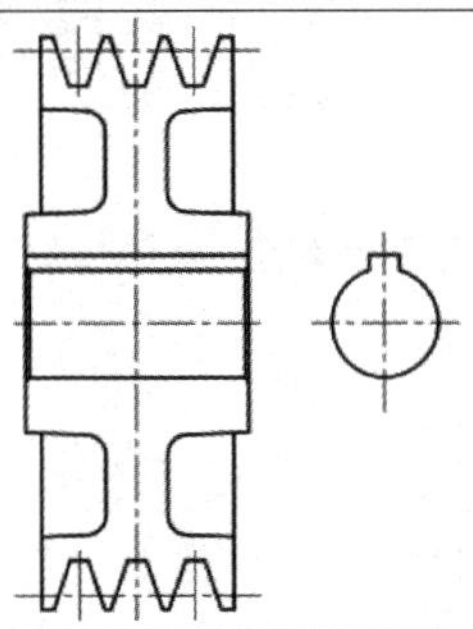	

（续）

步骤	操作描述	图例	说明
18	绘制剖面线。将剖面线层设置为当前图层，在主视图中绘制剖面线 （1）单击【常用】选项卡【绘图】面板【填充】列表中的 填充 ，注意图中参数的设置。在【图案】面板中选中“ANSI31”图案，在【特性】面板中设置角度为“0”，缩放比例为“1”，并在【选项】面板中选中“关联”图标，如右图所示 （2）在【边界】面板中单击【拾取点】按钮，分别在要绘制剖面线的区域单击 （3）在【图案填充】选项卡的【关闭】面板中单击【关闭图案填充创建】按钮，在主视图中绘制的剖面线如右图所示	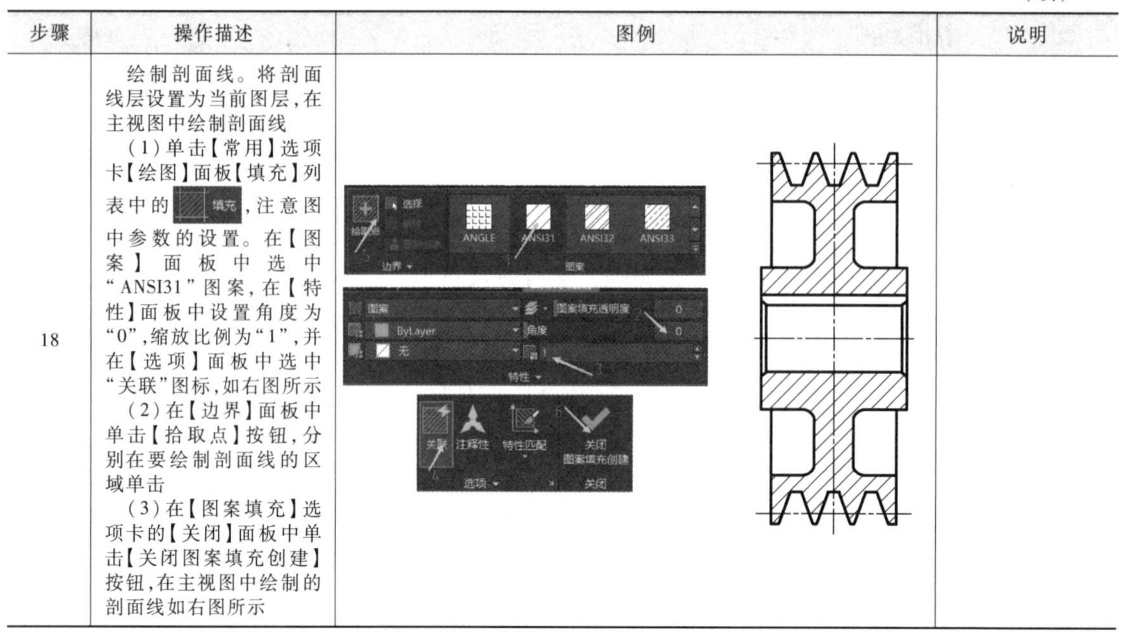	

2. 带轮的尺寸标注

根据任务下达时的图样要求，下面对带轮进行尺寸标注等，详见表3-4。

表3-4 带轮尺寸标注步骤及注意事项

步骤	操作描述	图例	说明
1	使用相关的标注工具初步标注，并为相关尺寸添加前缀或后缀 （1）直径符号的输入 双击要添加直径符号的尺寸，确保输入光标位于尺寸测量值之前，输入“%%C”控制码以使系统自动切换为直径符号输入 （2）尺寸公差的输入 1）如果出现±，要输入“%%P”。 2）H8的输入：在【增强尺寸】功能区单击【配合】按钮，然后单击 符号: h7 ，接着单击【配合对话框】，最后在右图所示“配合”对话框中依次选择。 3）($(^{+0.03}_{0})$)的输入：双击要修改的尺寸进入增强功能区，单击【公差】按钮，然后在 上限: 0.033 下限: 0 处输入公差值	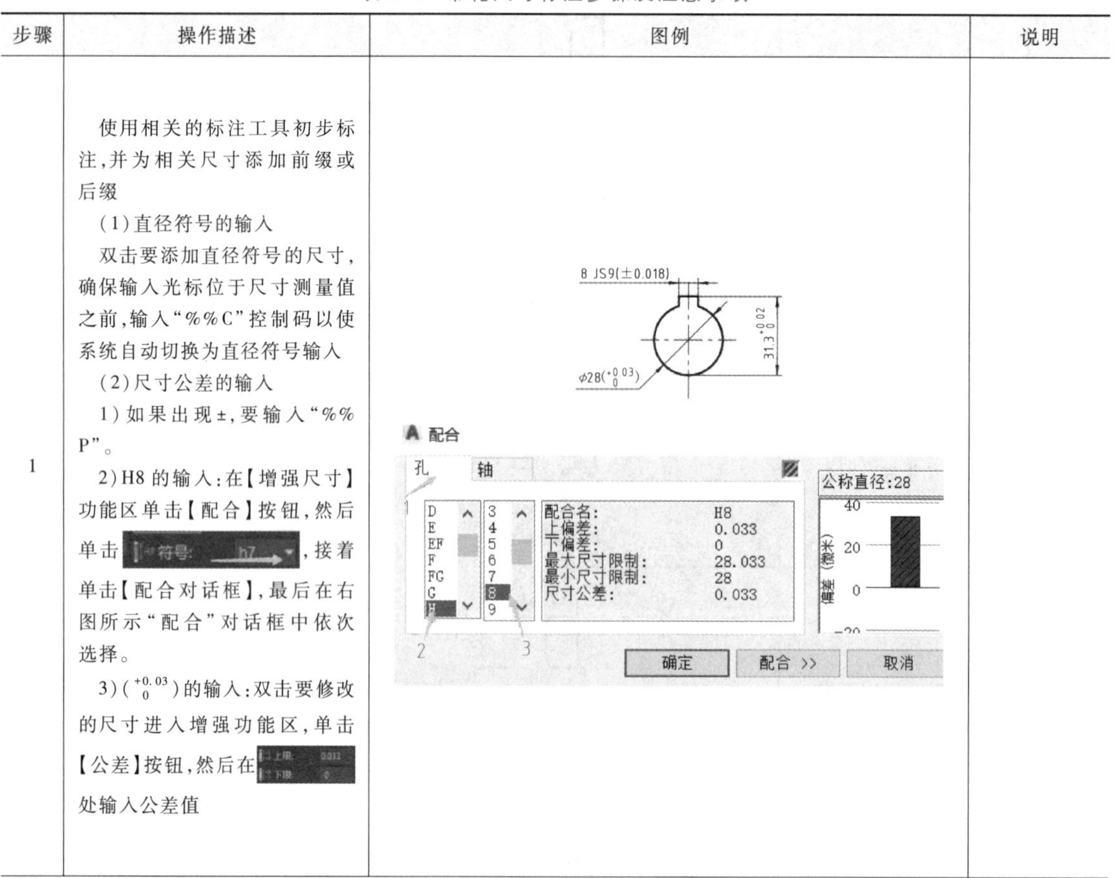	

（续）

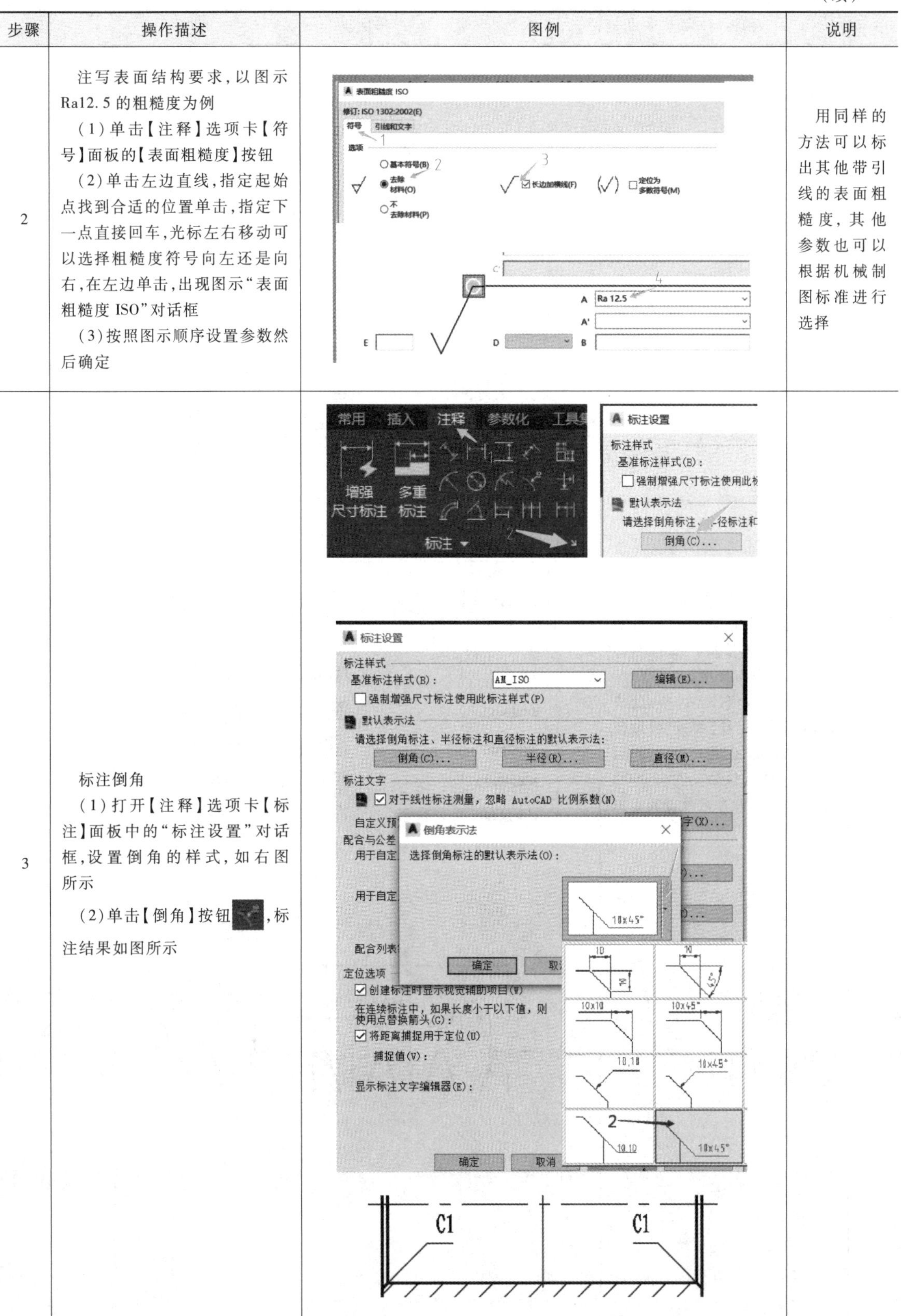

步骤	操作描述	图例	说明
2	注写表面结构要求，以图示Ra12.5的粗糙度为例 （1）单击【注释】选项卡【符号】面板的【表面粗糙度】按钮 （2）单击左边直线，指定起始点找到合适的位置单击，指定下一点直接回车，光标左右移动可以选择粗糙度符号向左还是向右，在左边单击，出现图示“表面粗糙度ISO”对话框 （3）按照图示顺序设置参数然后确定		用同样的方法可以标出其他带引线的表面粗糙度，其他参数也可以根据机械制图标准进行选择
3	标注倒角 （1）打开【注释】选项卡【标注】面板中的“标注设置”对话框，设置倒角的样式，如右图所示 （2）单击【倒角】按钮，标注结果如图所示		

（续）

步骤	操作描述	图例	说明
4	标注几何公差（软件中为形位公差） （1）标注几何公差基准。单击【注释】选项卡【符号】面板的【基准标识符号】按钮，按照提示操作，结果如图所示 （2）标注几何公差。单击【注释】选项卡【符号】面板的【形位公差符号】按钮，按照提示操作，在弹出的“形位公差符号 ISO”对话框中，注意参数设置和添加箭头，结果如右图所示	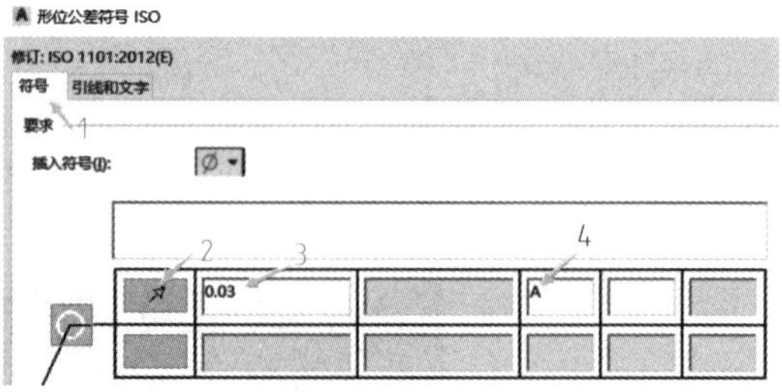 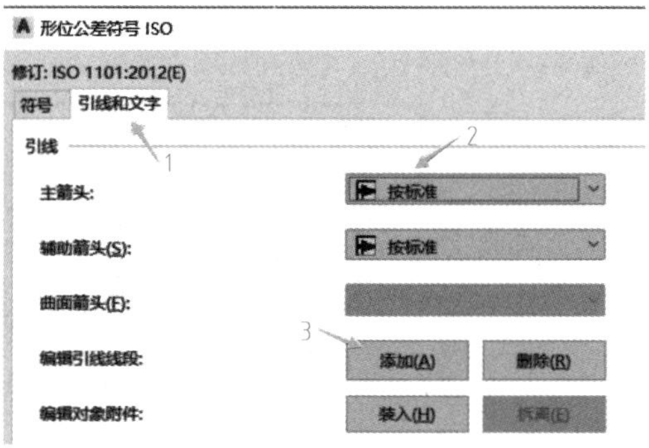 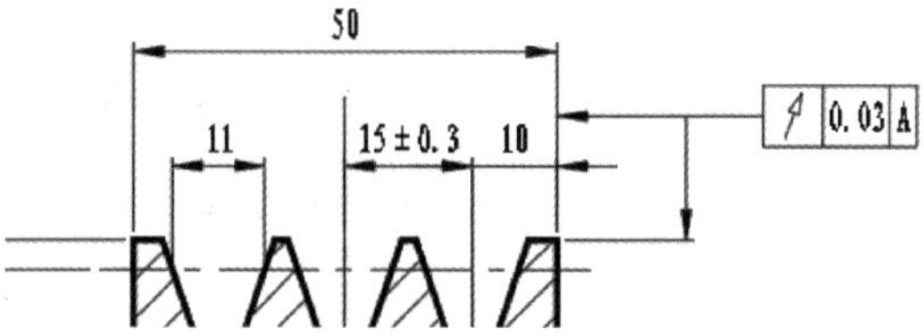	

（续）

步骤	操作描述	图例	说明
5	标注锥度 （1）锥度样式的设置。单击【工具】下拉菜单中的【选项】按钮，在弹出的“选项”对话框中双击【锥度和斜度】，在弹出的“锥度和斜度设置（ISO）”对话框中注意参数设置 （2）标注锥度。单击【注释】选项卡【符号】面板中的【锥度和斜度】按钮，按照提示操作即可。注意右图锥度符号的选择		
6	最后套用符合国标要求的A3图框。将A3样板文件中的明细栏、零件序号等本例中不需要的内容删除。将绘制的图样复制到A3图框中并调整到合适的位置。双击标题栏，将“滑动轴承”改为“带轮”。最后输入多行文字作为技术要求等，结果如右图所示	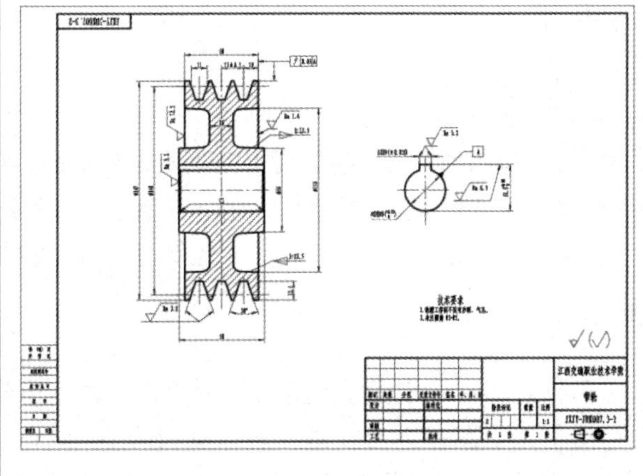	图样代号可根据企业内部标准进行编写

（续）

步骤	操作描述	图例	说明
7	最后以 dwg、pdf 和 jpg 三种格式保存图样文件。单击【快速访问工具栏】中的【保存】按钮即可将图样保存为 dwg 格式；选择【应用程序菜单】下的【另存为】命令可存为 dxf 格式文件，如右图所示	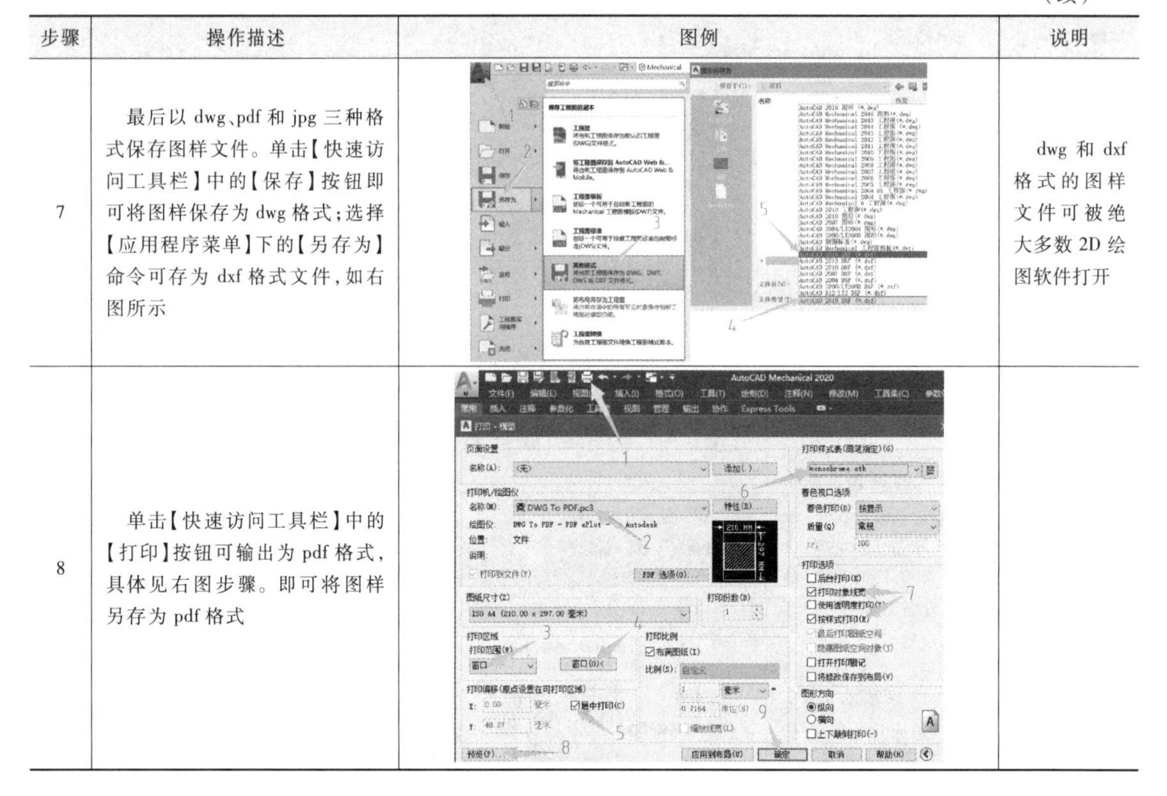	dwg 和 dxf 格式的图样文件可被绝大多数 2D 绘图软件打开
8	单击【快速访问工具栏】中的【打印】按钮可输出为 pdf 格式，具体见右图步骤。即可将图样另存为 pdf 格式		

3.2.4 任务评价

本例的带轮图样绘制主要利用了带轮的对称性，采用镜像功能完成轮廓的绘制，提高了效率。除此之外，本例还讲解了尺寸公差和几何公差、表面结构以及斜度和锥度的标注等。

套筒的绘制与输出 1

3.3 套筒绘制与输出

套筒零件通常具有和轴类零件相似的结构。套筒可以为中空，在其零件表达上通常采用全剖视图，再加上适当的断面图或指定位置和方向的若干剖视图。

套筒的绘制与输出 2

3.3.1 任务下达

本任务通过零件工程图的方式下达，要求完成图 3-5 所示套筒工程图的绘制，套用符合国标要求的 A3 图框及标题栏，用 dwg 和 pdf 两种格式输出。图样的技术要求为：①调质处理；②锐边倒角，未注倒角为 C1 或 C2。

3.3.2 任务分析

本例要求套用符合国标要求的 A3 图框及标题栏，根据图样大小可采用原始尺寸绘制和输出。本例仍然是给出二维图样进行抄画，所以就可以在 AutoCAD 中插入该图样（位图格式即可），然后在同一个绘图区对照位图绘制矢量图，这样可极大地提高绘图效率。当然，也可对

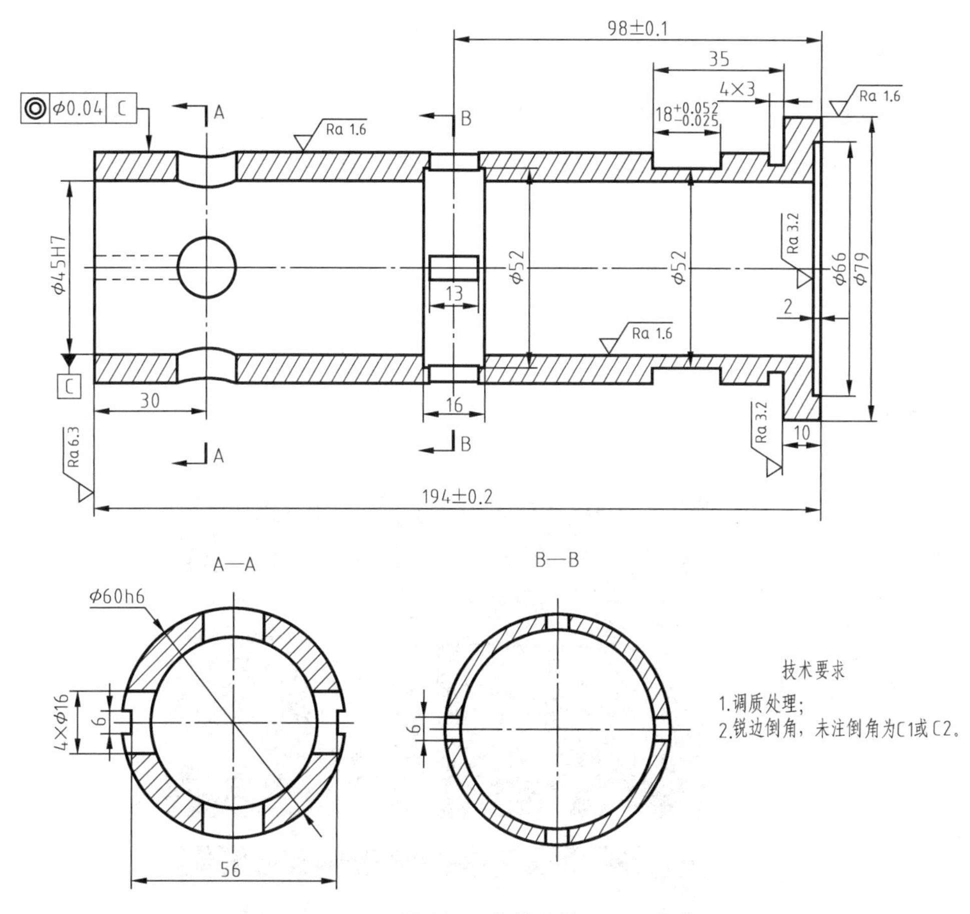

图 3-5　套筒图样

照书本或手机拍照进行抄画绘图。

图 3-5 所示的套筒图样关于轴线对称，故可仅绘制其中一半，然后镜像得到另一半。本例综合了前两个案例的知识点，讲解了剖视图和断面图的画法，分析了技术要求的注写，几何公差、表面粗糙度等特殊符号的标注等。其主要绘图流程如图 3-6 所示。

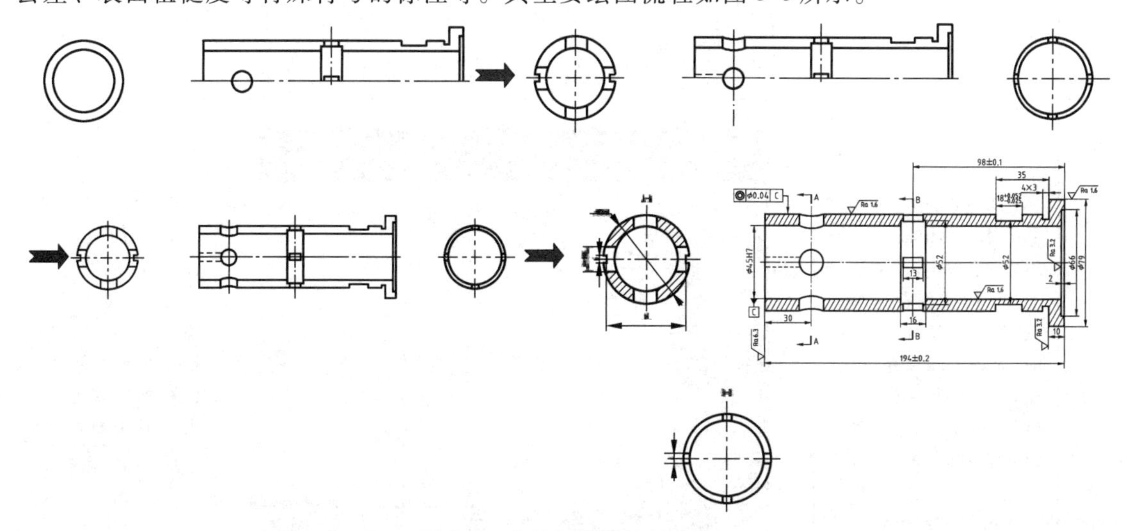

图 3-6　套筒图样的绘制流程

3.3.3 任务实施

下面详细说明使用 AutoCAD Mechanical 2020 绘制套筒图样的步骤及注意事项。为了帮助读者更好更快地掌握套筒图样的绘制与输出，下面分成两部分进行讲解。

1. 套筒的视图绘制

根据任务下达时的图样要求，绘制套筒的视图，详见表 3-5。

表 3-5 套筒视图绘制步骤及注意事项

步骤	操作描述	图例	说明
1	安装与配置 AutoCAD Mechanical 2020 简体中文版	（图略）	按项目 1 的讲解完成 AutoCAD 的安装与配置
2	在 Windows【开始】菜单中启动 AutoCAD Mechanical 2020 后，单击【快速访问工具栏】的【新建】按钮	 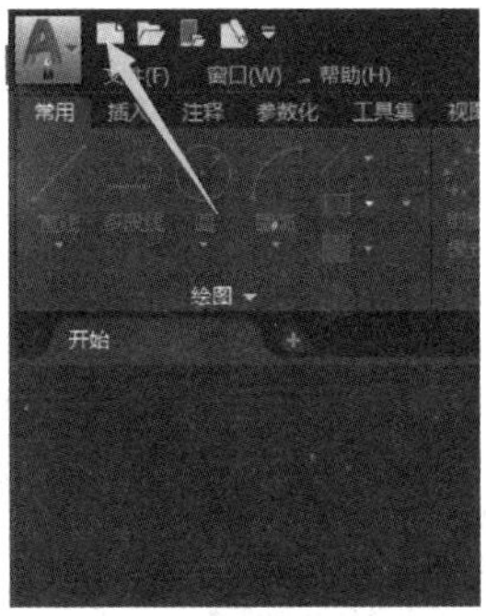	
3	系统弹出“选择样板”对话框，按右图所示步骤选择自行制作的符合国标的样板文件后新建一个绘图文档		此处是选择自行制作的样板文件，也可以按照项目 1 的操作逐步设置
4	此时系统会自动生成一个名为 drawing1.dwg 的文件。单击【快速访问工具栏】的【保存】按钮，在“图形另存为”对话框中，选好文件保存位置，输入新文件名（如“套筒”），单击【保存】按钮即可完成文件的重命名	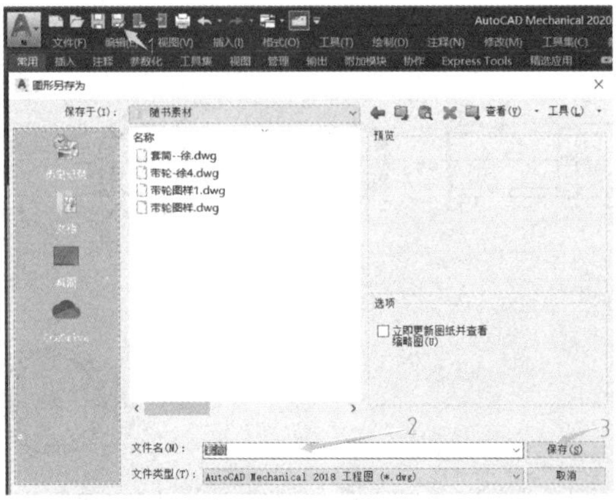	进入绘图环境后的第一件事就是保存文件，在后续绘图过程中也要经常单击【保存】按钮或按<Ctrl+S>组合键保存所绘图形，否则意外关机时，未保存的图就丢失了

（续）

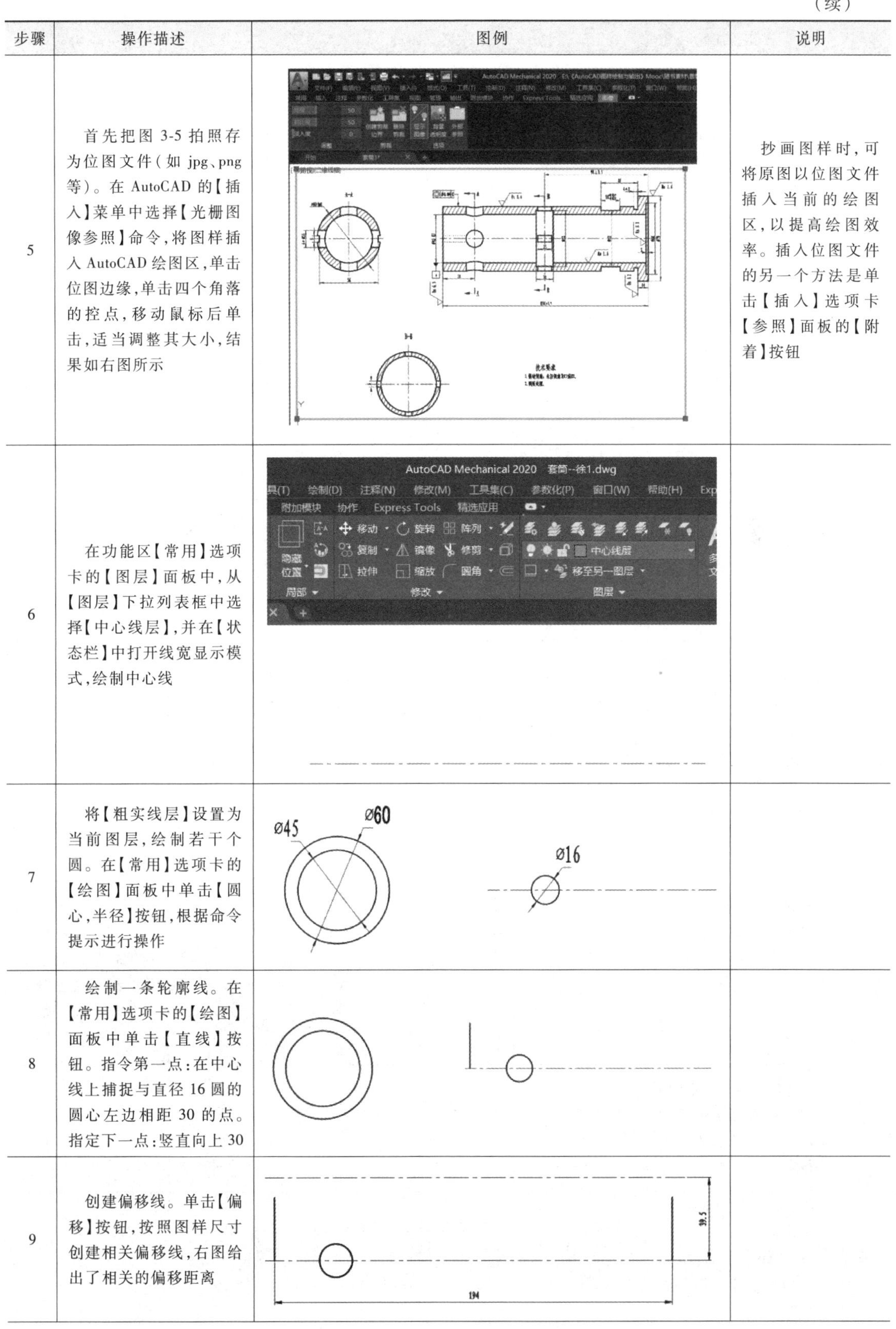

步骤	操作描述	图例	说明
5	首先把图 3-5 拍照存为位图文件（如 jpg、png 等）。在 AutoCAD 的【插入】菜单中选择【光栅图像参照】命令，将图样插入 AutoCAD 绘图区，单击位图边缘，单击四个角落的控点，移动鼠标后单击，适当调整其大小，结果如右图所示		抄画图样时，可将原图以位图文件插入当前的绘图区，以提高绘图效率。插入位图文件的另一个方法是单击【插入】选项卡【参照】面板的【附着】按钮
6	在功能区【常用】选项卡的【图层】面板中，从【图层】下拉列表框中选择【中心线层】，并在【状态栏】中打开线宽显示模式，绘制中心线		
7	将【粗实线层】设置为当前图层，绘制若干个圆。在【常用】选项卡的【绘图】面板中单击【圆心，半径】按钮，根据命令提示进行操作		
8	绘制一条轮廓线。在【常用】选项卡的【绘图】面板中单击【直线】按钮。指令第一点：在中心线上捕捉与直径 16 圆的圆心左边相距 30 的点。指定下一点：竖直向上 30		
9	创建偏移线。单击【偏移】按钮，按照图样尺寸创建相关偏移线，右图给出了相关的偏移距离		

（续）

步骤	操作描述	图例	说明
10	延伸直线。单击【延伸】按钮，根据命令行提示执行操作	 作为边界的边 延伸的对象	
11	单击【直线】按钮，按照右图给出的1~10的顺序依次画出套筒的外轮廓线。单击【偏移】按钮，由中心线偏移22.5画出偏移线11	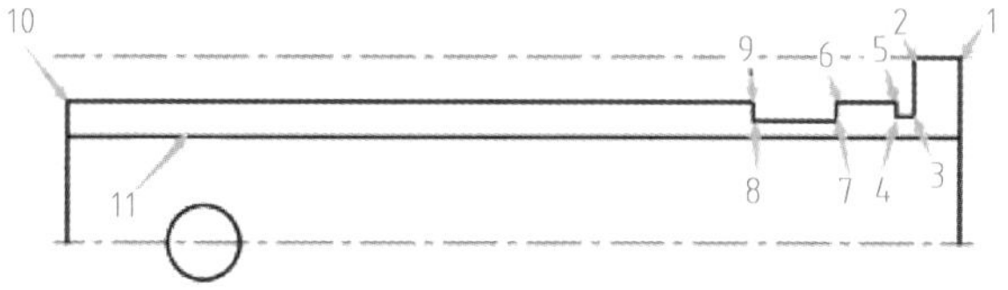	
12	创建偏移线。单击【偏移】按钮，按照给定尺寸来创建右图所示的相关偏移线	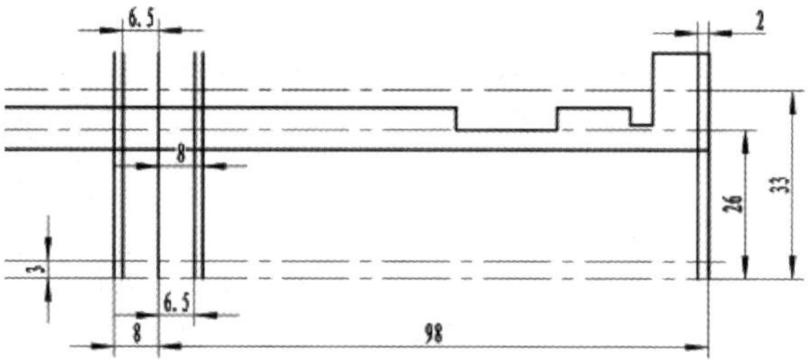	
13	使用【直线】命令根据辅助偏移线绘制相关轮廓线，并对图形进行修剪、打断和删除等操作。根据要求更改一些直线的线型，调整其长度。完成操作后的结果如右图所示	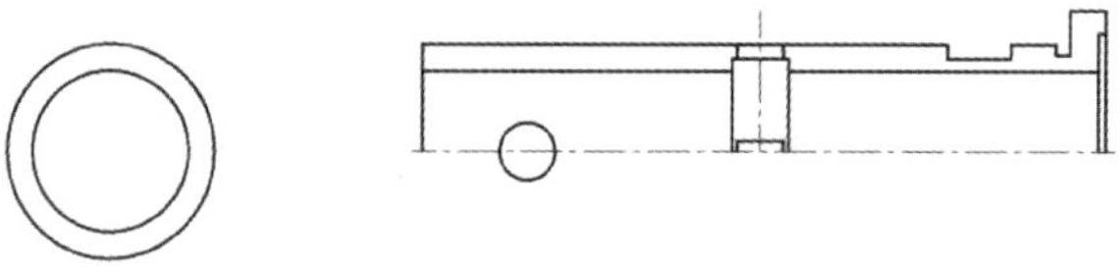	此处有两处相贯线还没有画出
14	绘制同心的两个圆，如右图所示，其圆心位于主视图水平中心线的延长线上	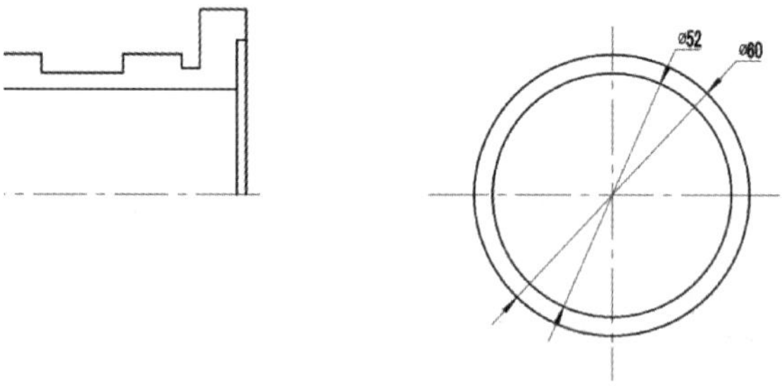	分步骤补画相贯线。为后续能画出相贯线的准确位置，将断面图B-B移动到与主视图高平齐的适当位置
15	创建偏移线。单击【偏移】按钮，按照给定尺寸来创建右图所示的相关偏移线	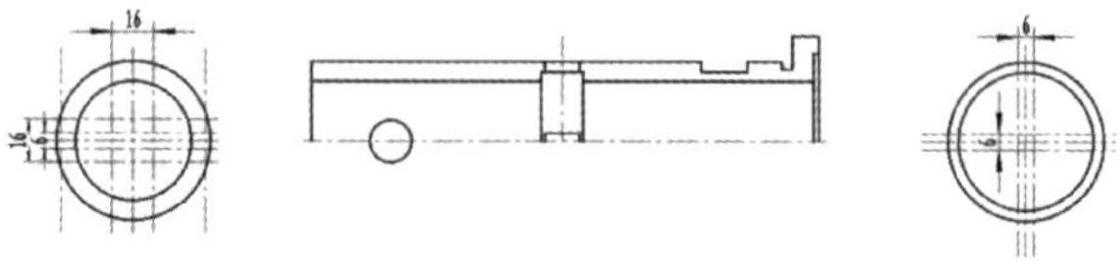	
16	绘制剖视图和断面图的轮廓线。将粗实线层设置为当前图层，单击【直线】按钮来绘制右图所示粗实线	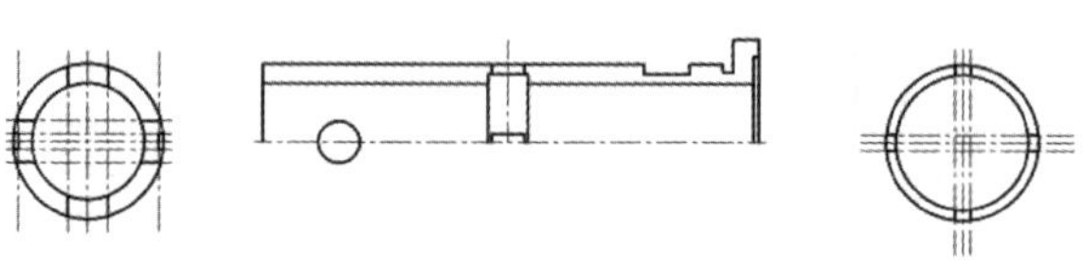	

（续）

步骤	操作描述	图例	说明
17	删除不再需要的偏移线并修剪多余的线，结果如右图所示	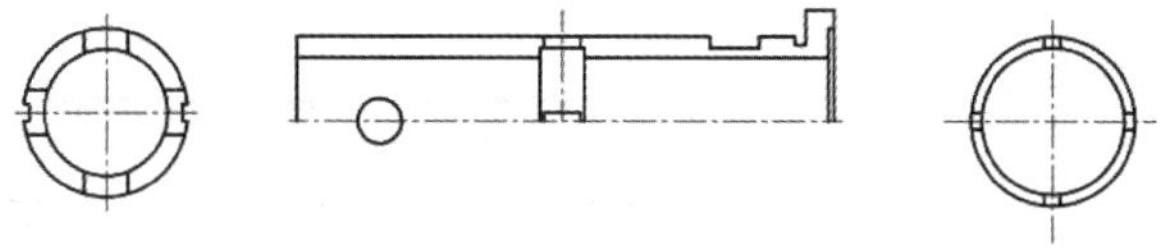	
18	绘制右图所示构造线。在【常用】选项卡的【构造】面板中单击【构造线】按钮，按照提示步骤操作	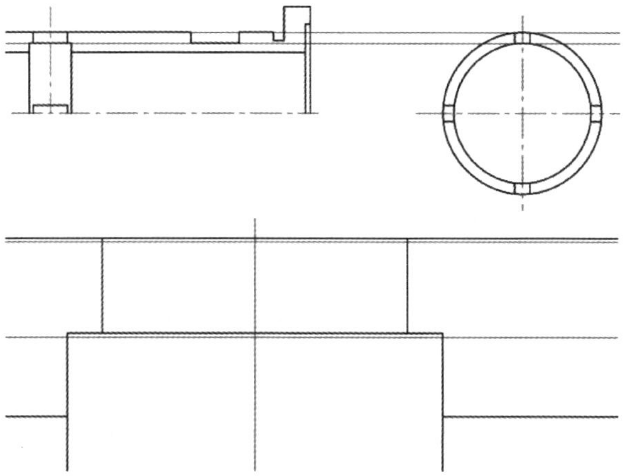	
19	将粗实线图层设置为当前图层，绘制套筒中间的相贯线，修剪并删除多余的线，结果如右图所示	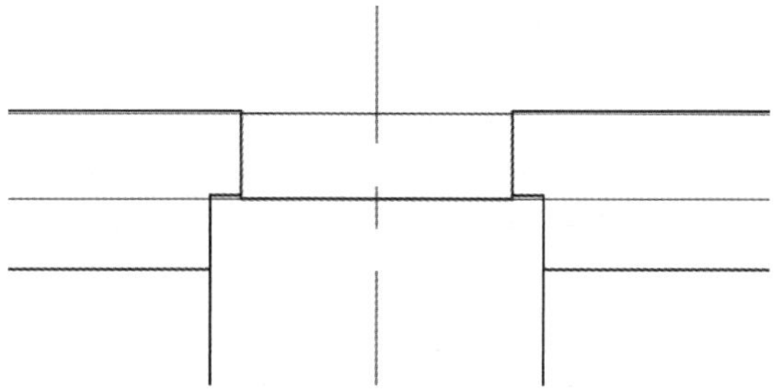	
20	绘制右图所示的两条构造线	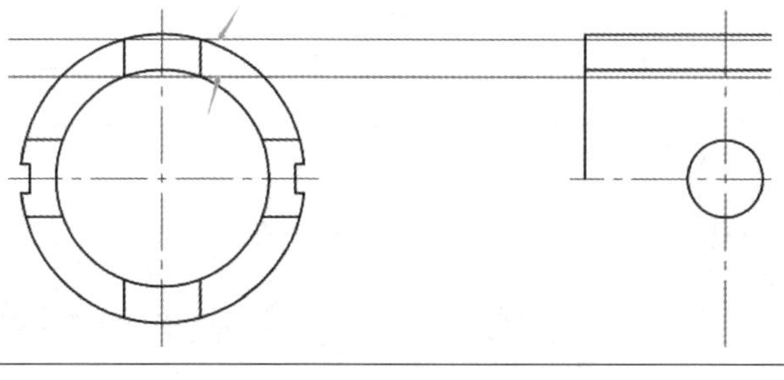	准备绘制套筒主视图左端圆柱相贯线
21	将图示中心线左右各偏移8，画出两条偏移线	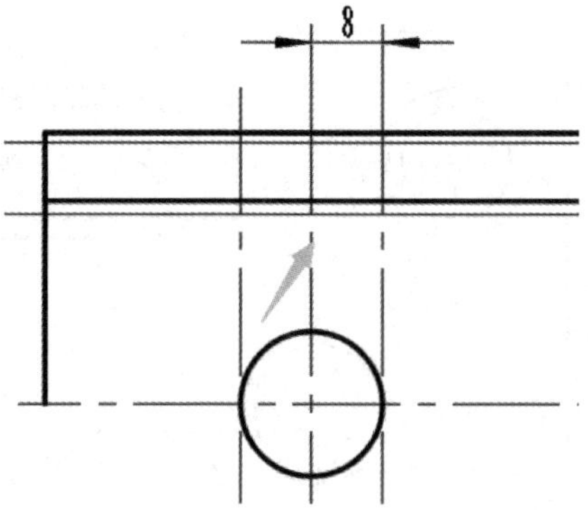 8	

（续）

步骤	操作描述	图例	说明
22	用简化画法绘制相贯线。通过指定点用三点法分别绘制图示的两条圆弧。如：在【常用】选项卡的【绘图】面板中单击【圆弧】下拉列表中的【三点】按钮，依次选定图示交点1、交点2、交点3来绘制一条圆弧	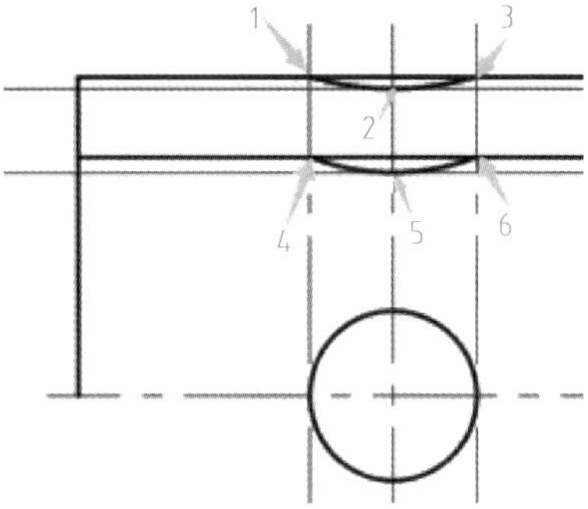	
23	删除构造线或关闭构造线图层。在粗实线层分别单击【直线】按钮并选择交点来完成图示的两条轮廓线	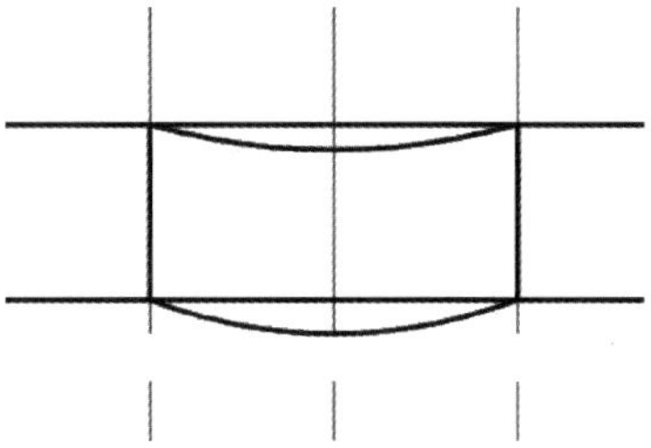	
24	修剪图形，绘制以虚线表示的线段并修剪图形。结果如右图所示	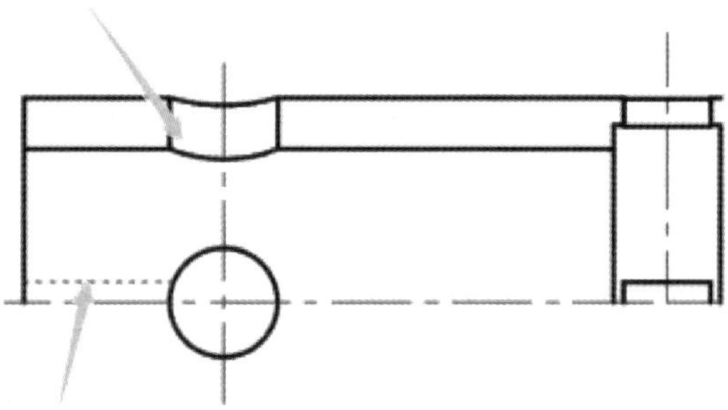	
25	镜像图形。单击【常用】选项卡【修改】面板中的【镜像】按钮，按照提示操作，结果如右图所示	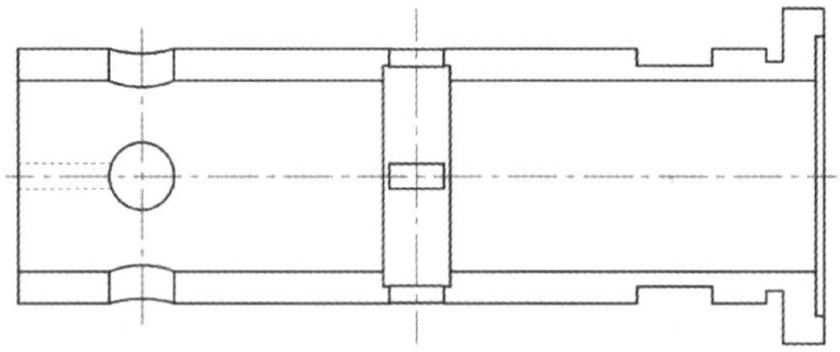	此处主视图采用全剖，主视图轮廓关于中心线对称
26	调整剖视图和断面图的位置。单击【常用】选项卡【修改】面板中的【移动】按钮，按照提示操作，结果如右图所示	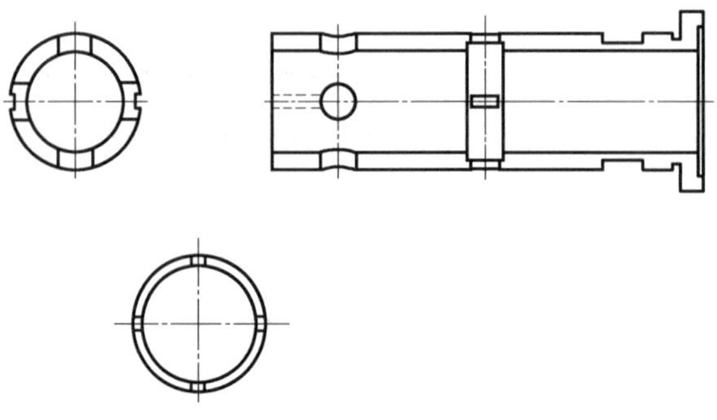	

（续）

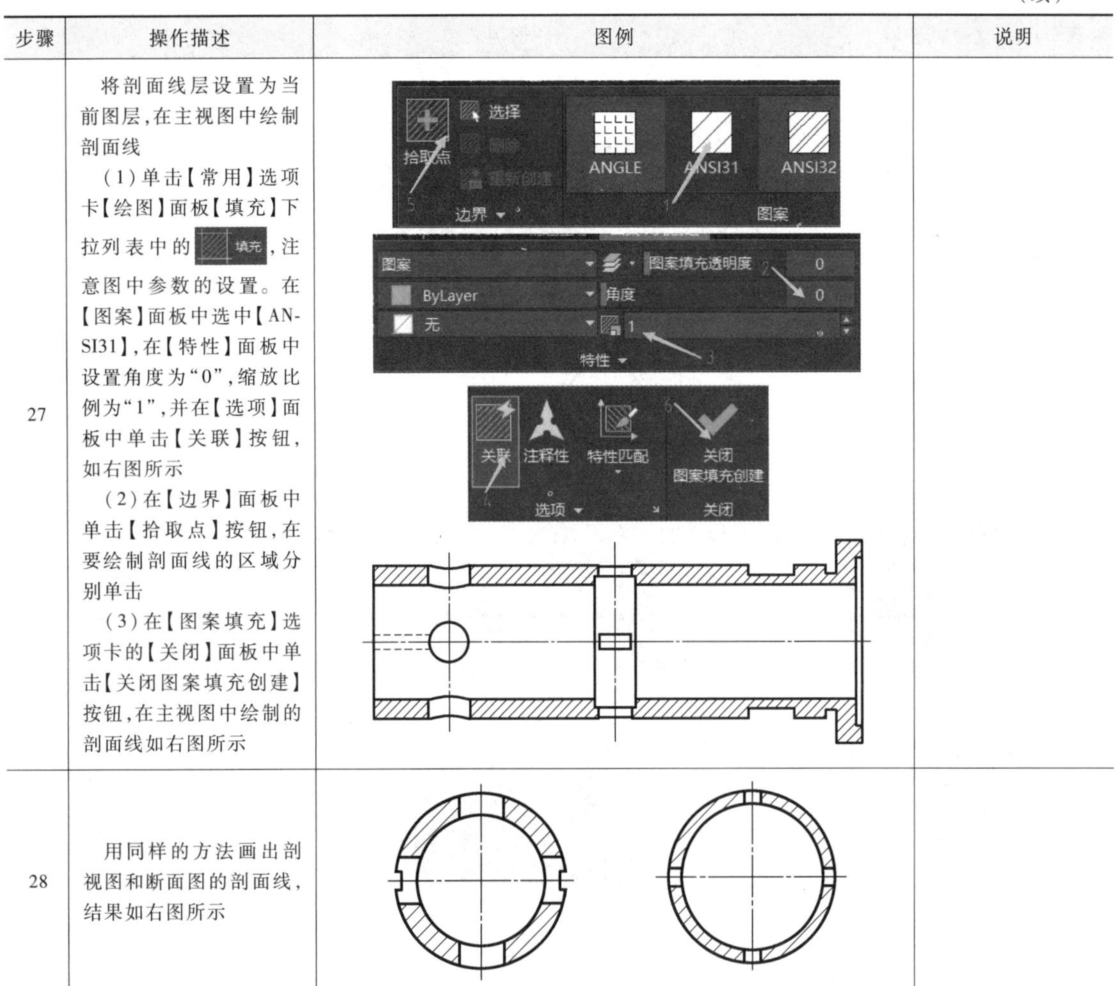

步骤	操作描述	图例	说明
27	将剖面线层设置为当前图层，在主视图中绘制剖面线 （1）单击【常用】选项卡【绘图】面板【填充】下拉列表中的 填充，注意图中参数的设置。在【图案】面板中选中【ANSI31】，在【特性】面板中设置角度为“0”，缩放比例为“1”，并在【选项】面板中单击【关联】按钮，如右图所示 （2）在【边界】面板中单击【拾取点】按钮，在要绘制剖面线的区域分别单击 （3）在【图案填充】选项卡的【关闭】面板中单击【关闭图案填充创建】按钮，在主视图中绘制的剖面线如右图所示		
28	用同样的方法画出剖视图和断面图的剖面线，结果如右图所示		

2. 套筒的尺寸标注

根据任务下达时的图样要求，下面对套筒进行尺寸标注等，详见表 3-6。

表 3-6 套筒尺寸标注步骤及注意事项

步骤	操作描述	图例	说明
1	标注尺寸。使用相关的标注工具初步标注图示尺寸		

（续）

步骤	操作描述	图例	说明
2	为相关尺寸添加前缀或后缀以及尺寸公差，结果如右图所示。以其中两个尺寸为例进行步骤说明 （1）双击主视图中最左侧的数值为45的尺寸，出现尺寸标注选项 1）将光标置于尺寸测量值之前，输入“%%C”控制码以使系统自动切换为直径符号输入。 2）光标移到尺寸数值之后，单击【配合/公差】面板中的【配合】按钮，然后单击符号下拉列表，在“配合”对话框中的操作如右图所示。得到标注 ϕ45 H7  （2）单击套筒右侧槽宽18的尺寸，出现尺寸标注选项。单击【配合/公差】面板中的【公差】按钮，然后输入上下偏差值，得到尺寸 $18^{+0.052}_{-0.025}$	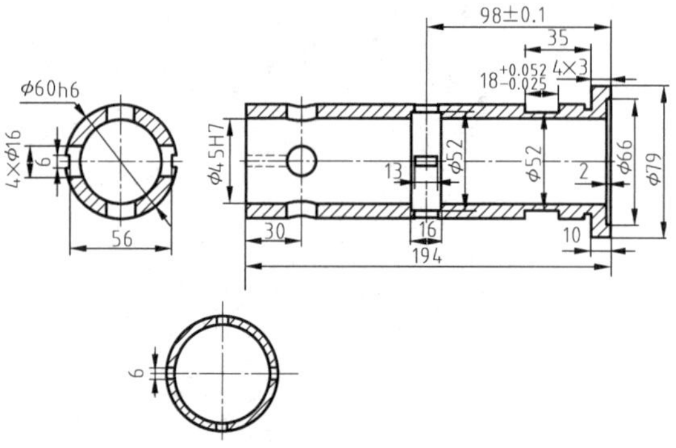 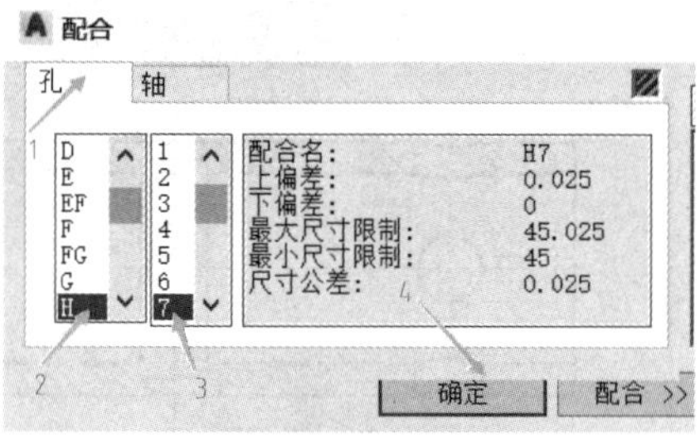 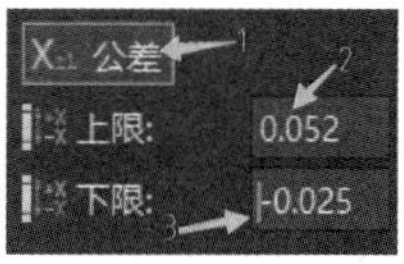	
3	注写表面结构要求，结果如右图所示。以主视图左端面的表面粗糙度Ra6.3为例 （1）单击【注释】选项卡【符号】面板中的【表面粗糙度】按钮，按照提示步骤选择标注的对象、起点和边 （2）在弹出的“表面粗糙度ISO”对话框中按照图示步骤依次进行选择 （3）在“设置”对话框中根据标注需要设置参数	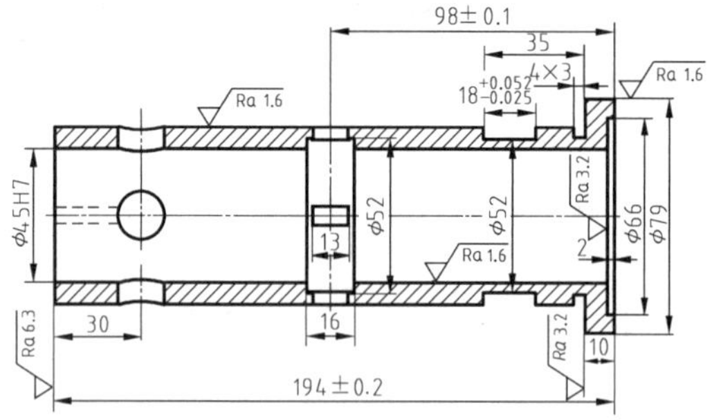 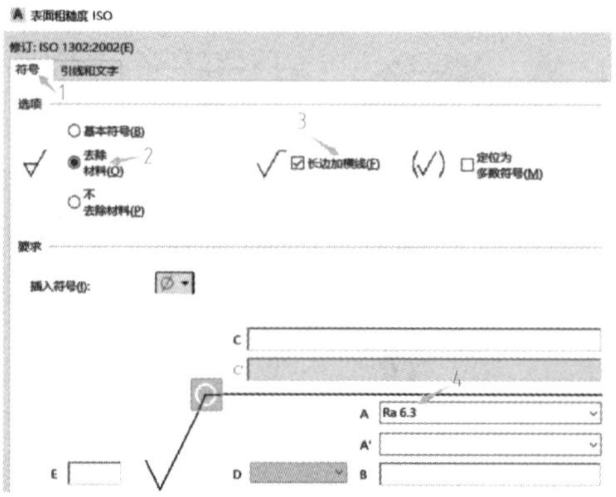	本例详细讲解了其中一个表面结构的标注，其他的标注以此类推

（续）

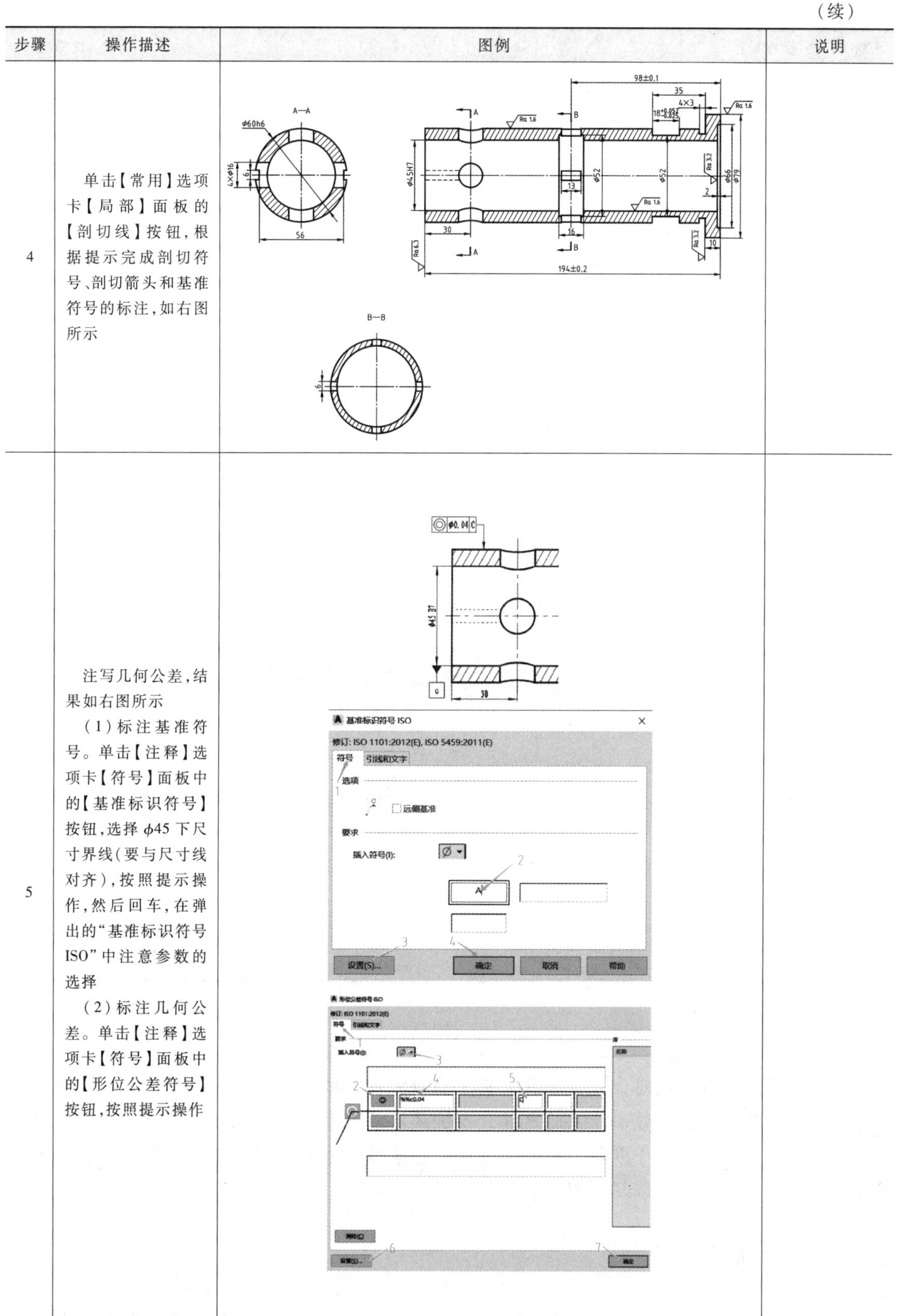

步骤	操作描述	图例	说明
4	单击【常用】选项卡【局部】面板的【剖切线】按钮，根据提示完成剖切符号、剖切箭头和基准符号的标注，如右图所示		
5	注写几何公差，结果如右图所示 （1）标注基准符号。单击【注释】选项卡【符号】面板中的【基准标识符号】按钮，选择 $\phi45$ 下尺寸界线（要与尺寸线对齐），按照提示操作，然后回车，在弹出的“基准标识符号ISO”中注意参数的选择 （2）标注几何公差。单击【注释】选项卡【符号】面板中的【形位公差符号】按钮，按照提示操作		

（续）

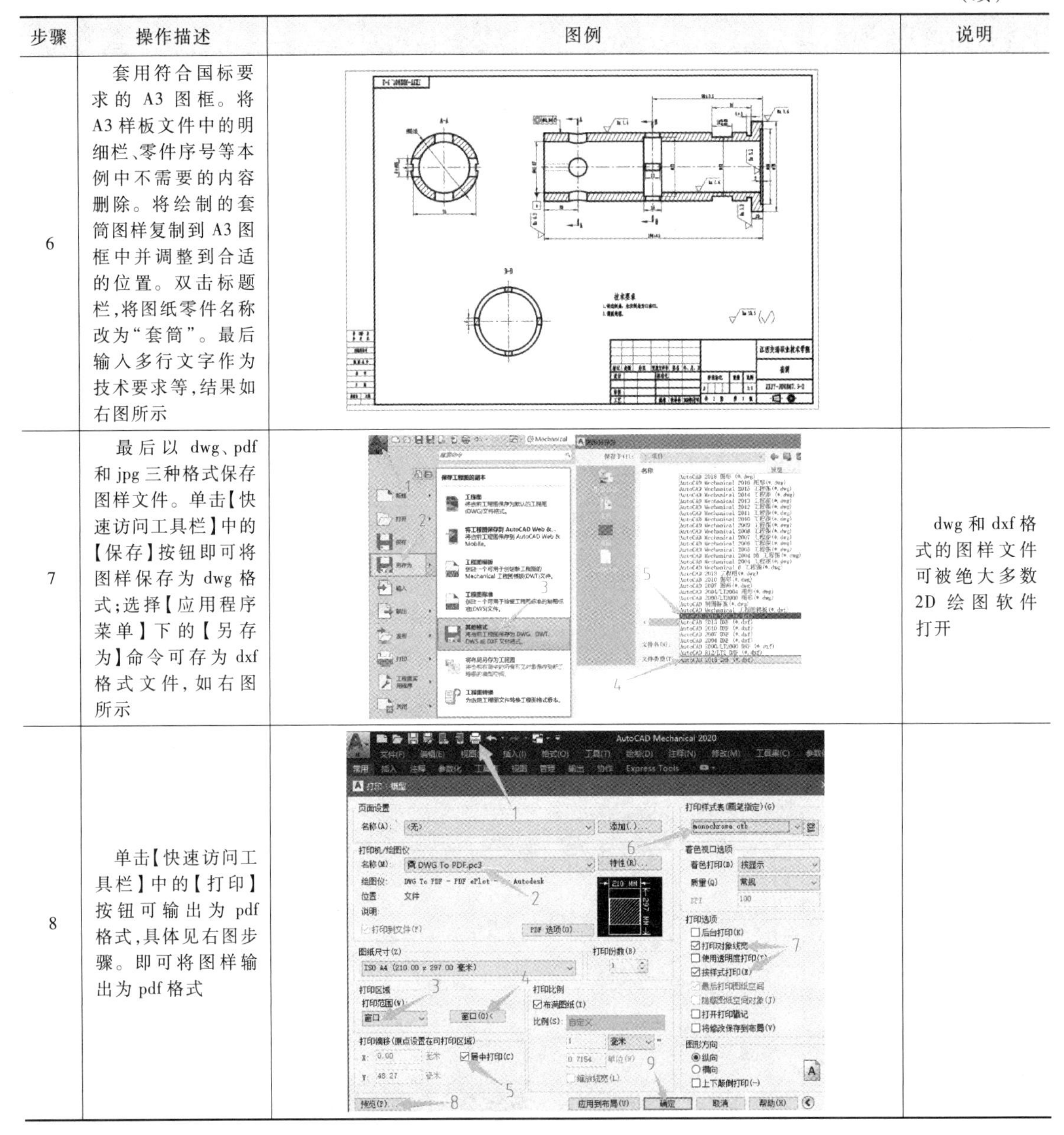

步骤	操作描述	图例	说明
6	套用符合国标要求的A3图框。将A3样板文件中的明细栏、零件序号等本例中不需要的内容删除。将绘制的套筒图样复制到A3图框中并调整到合适的位置。双击标题栏，将图纸零件名称改为“套筒”。最后输入多行文字作为技术要求等，结果如右图所示		
7	最后以dwg、pdf和jpg三种格式保存图样文件。单击【快速访问工具栏】中的【保存】按钮即可将图样保存为dwg格式；选择【应用程序菜单】下的【另存为】命令可存为dxf格式文件，如右图所示		dwg和dxf格式的图样文件可被绝大多数2D绘图软件打开
8	单击【快速访问工具栏】中的【打印】按钮可输出为pdf格式，具体见右图步骤。即可将图样输出为pdf格式		

3.3.4 任务评价

本例的套筒图样绘制时，充分考虑了套筒的对称性，故采用绘制一半后镜像完成另一半轮廓的方法，提高了绘图效率。除此之外，本例还讲解了断面图的绘制、尺寸公差和几何公差的标注、表面结构的标注以及剖视图的标注，这些可标注的技术要求是一张零件图非常关键的要素，大家要熟练掌握其添加方法。

3.4 强化训练任务

1. 绘制图3-7所示轴的2D工程图图样，材料为45号钢，套用符合国标要求的A4图框和标题栏，比例自定，上交打印的纸质图样（标题栏手写签名并注明学号）。图中技术要求为：①去除毛刺；②淬火硬度 40~50HRC。

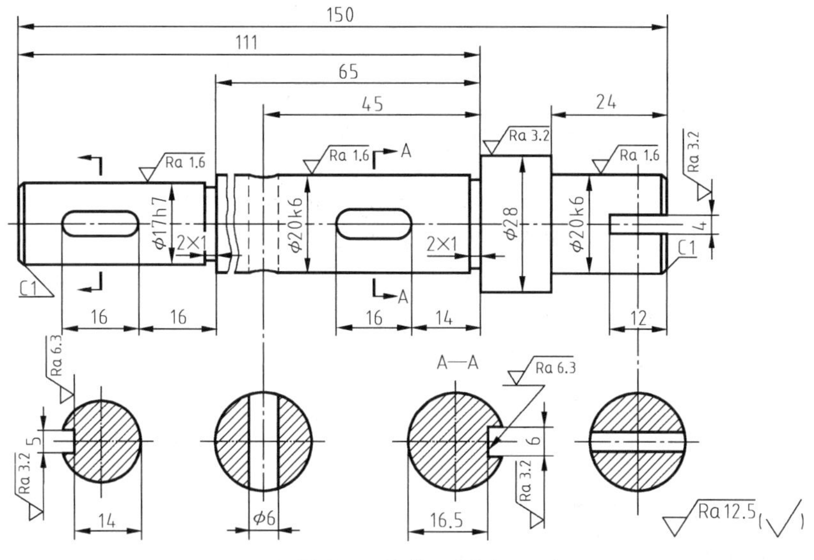

图 3-7　轴的工程图 1

2. 绘制图 3-8 所示轴的 2D 工程图图样，材料为 45 号钢，套用符合国标要求的 A4 图框和标题栏，比例自定，上交打印的纸质图样（标题栏手写签名并注明学号）。图中技术要求为：①未注倒角 C1；②锐边倒钝；③未注公差按 GB/T 1804—2016 IT12 级。

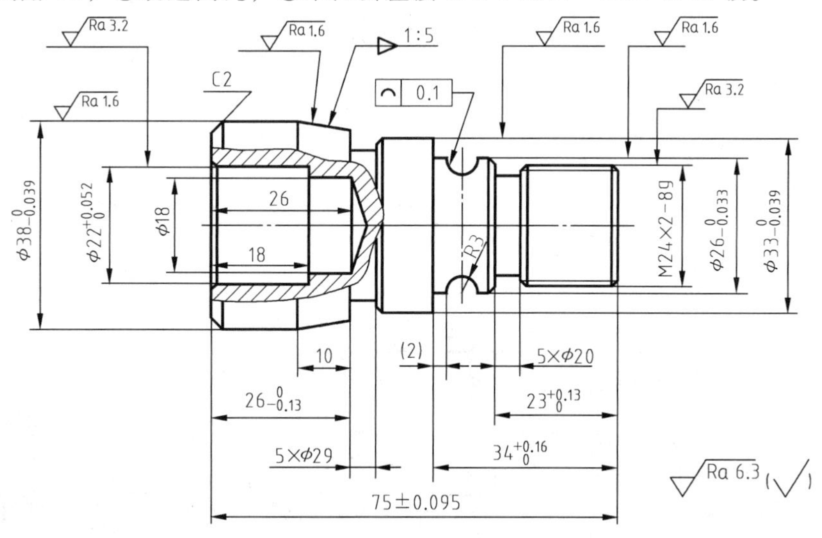

图 3-8　轴的工程图 2

3. 绘制图 3-9 所示输出轴的 2D 工程图图样，材料为 45 号钢，套用符合国标要求的 A3 图框和标题栏，比例自定，上交打印的纸质图样（标题栏手写签名并注明学号）。

4. 绘制图 3-10 所示带轮的 2D 工程图图样，材料为 HT200，套用符合国标要求的 A3 图框和标题栏，比例自定，上交打印的纸质图样（标题栏手写签名并注明学号）。

5. 绘制图 3-11 所示轴套的 2D 工程图图样，材料为 45 号钢，套用符合国标要求的 A3 图框和标题栏，比例自定，上交打印的纸质图样（标题栏手写签名并注明学号）。

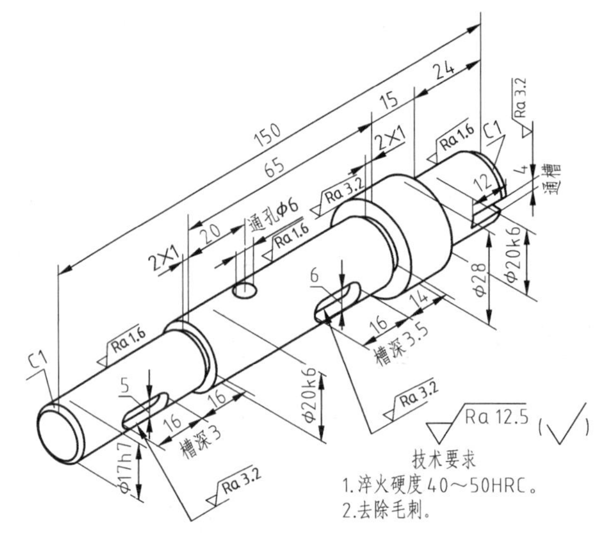

图 3-9　输出轴轴测图

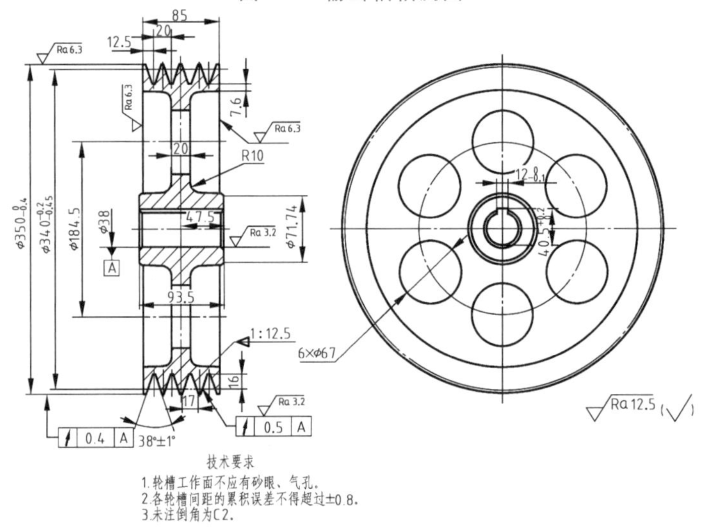

图 3-10　带轮的工程图

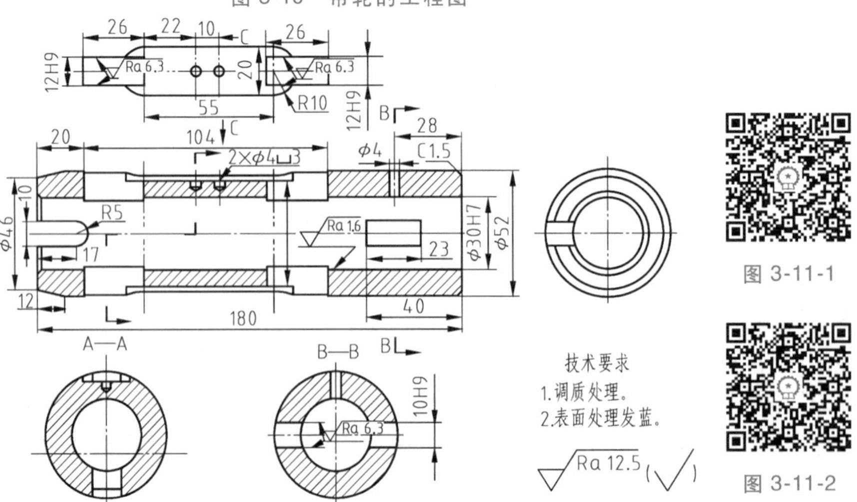

图 3-11-1

图 3-11-2

图 3-11　轴套的工程图

项目4 箱体类零件图样绘制与输出

箱体类零件一般是指具有一个以上孔系，内部有一定型腔或空腔，在长、宽、高方向有一定比例的零件。这类零件主要用来支撑和包容其他零件，包括泵体、阀体、减速器、缸体、支座等，其毛坯一般为铸件或者焊接件，然后再进行机械加工。为了清晰地表达这类零件的内部结构，常采用剖视的方法，某些局部结构还要采用局部剖视图、局部视图和断面图来表达。

阀体的绘制与输出1

4.1 阀体绘制与输出

阀体是一种典型的箱体类零件，是阀门的主要部件，主要通过铸造和锻造成形，对于单件小批量的阀门也可通过3D打印成型。

阀体的绘制与输出2

4.1.1 任务下达

本任务通过直接给出阀体二维零件图的方式下达，要求抄画图4-1所示的工程图，按国标相关要求标注尺寸，最后以dwg、pdf两种格式输出。

4.1.2 任务分析

阀体的绘制与输出3

本例给出的阀体零件图中包含比较多的孔，且存在孔与孔的相贯，为了清晰表达零件的结构和形状，本例采用了三个基本视图、全剖视图、半剖视图和局部视图。主视图采用全剖视图表达了阀体内部空腔结构，左视图采用半剖视图，俯视图采用局部视图。绘图时要用到直线、圆、倒圆、修剪、局部剖切线、剖切线、填充等命令，标注线性、半径、直径、圆角等尺寸，设置粗实线、细实线、中心线、剖面线、尺寸标注等五个图层。

阀体的绘制与输出4

绘制上述阀体零件三视图时，由于俯视图比较简单，可先完整绘制俯视图，然后利用“三等关系”及AutoCAD的构造线、投影等命令辅助绘制其他视图，其主要绘图流程如图4-2所示。

4.1.3 任务实施

下面详细说明使用AutoCAD绘制图4-1所示阀体图样的步骤及注意事项。为了帮助读者更好、更快地掌握阀体图样的绘制与输出，下面分成两部分进行讲解。

1. 阀体零件的视图绘制

根据任务下达时的图样要求，绘制阀体的视图，详见表 4-1。

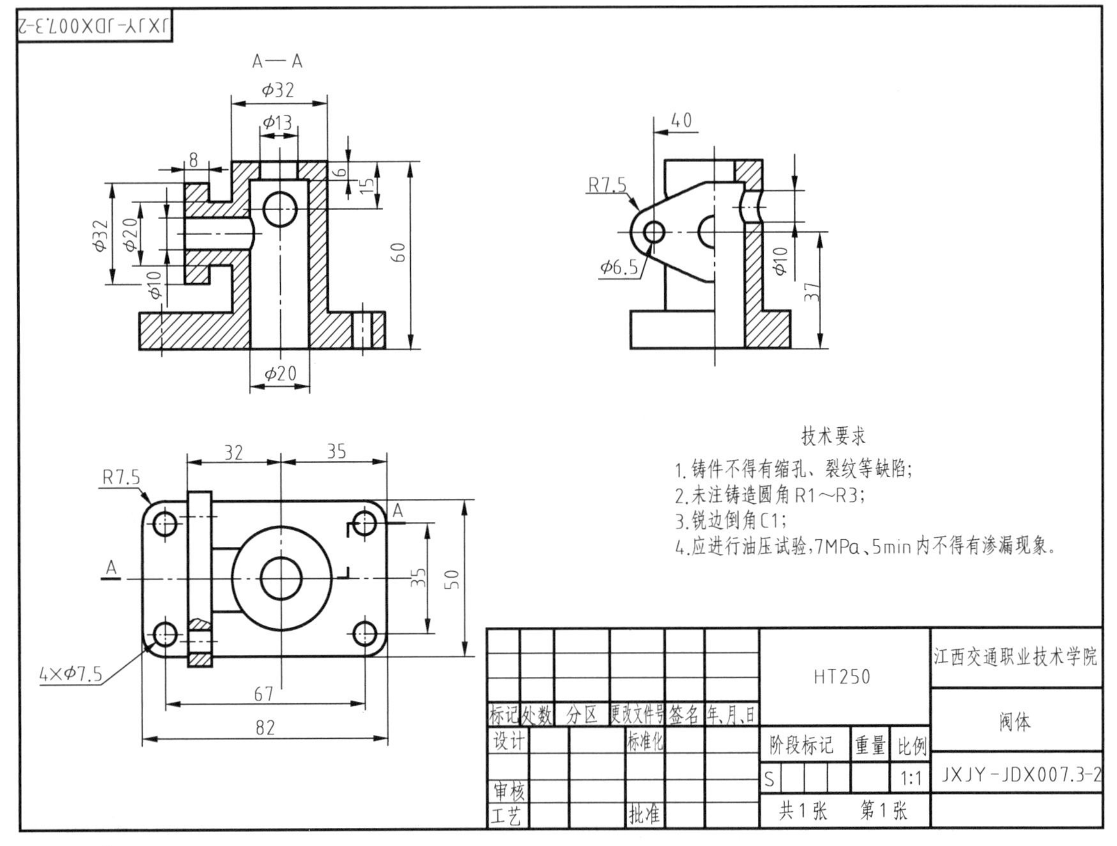

图 4-1 阀体图样

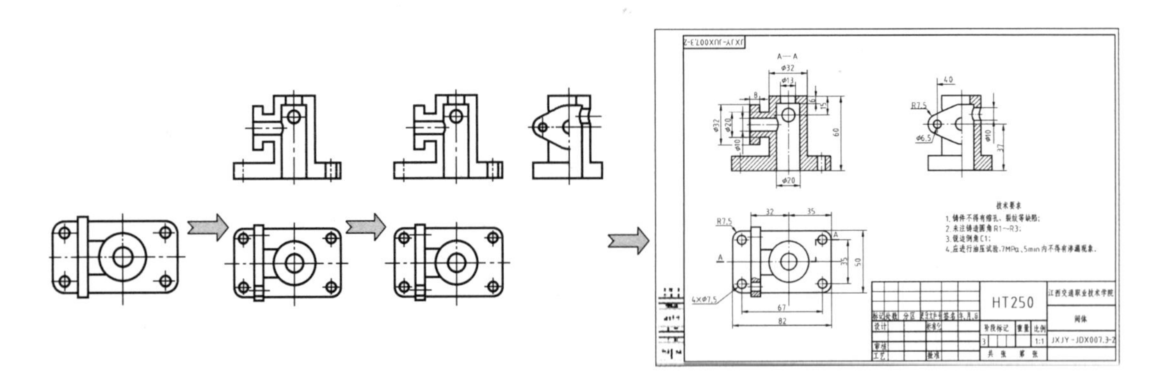

图 4-2 阀体图样的绘制流程

表 4-1 阀体零件图绘制步骤及注意事项

步骤	操作描述	图例	说明
1	安装与配置 AutoCAD Mechanical 2020 简体中文版	（图略）	按项目 1 的讲解完成 AutoCAD 的安装与配置

（续）

步骤	操作描述	图例	说明
2	在 Windows【开始】菜单中启动 AutoCAD Mechanical 2020 后，单击【快速访问工具栏】的【新建】按钮	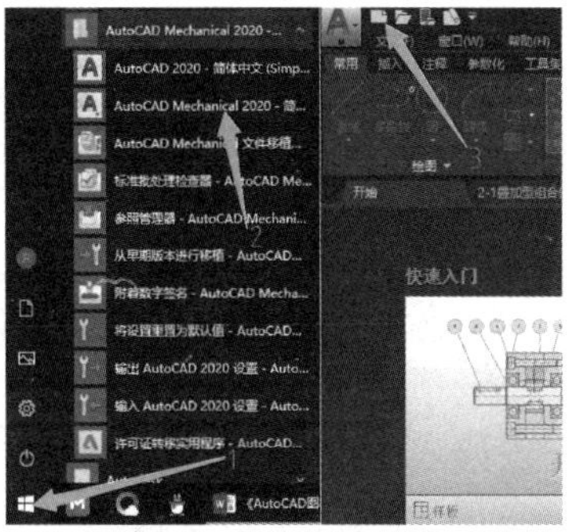	
3	系统弹出“选择样板”对话框，按右图所示步骤选择符合国标要求的样板文件 am_gb. dwt 后新建一个绘图文档	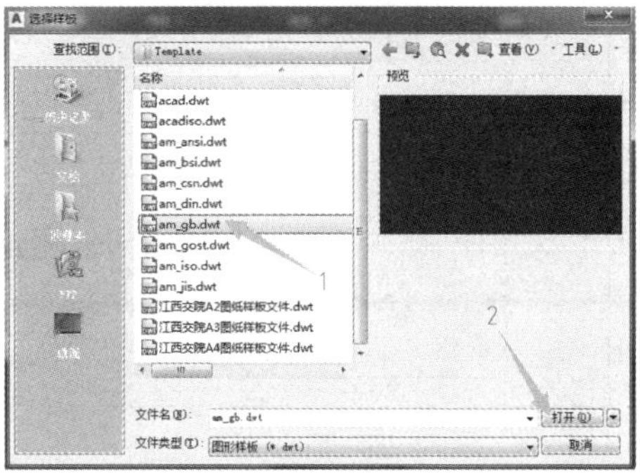	样板文件内含图层、文字样式、标注样式、图框、标题栏等，可以自行制作
4	此时系统会自动生成一个名为 drawing1. dwg 的文件。单击【快速访问工具栏】的【保存】按钮，在“图形另存为”对话框中，选好文件保存位置，输入新文件名（如“阀体”），单击【保存】按钮即可完成文件的重命名	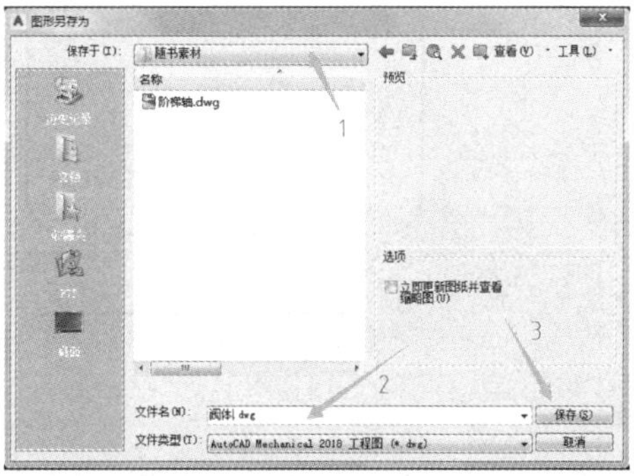	进入绘图环境后的第一件事就是保存文件，在后续绘图过程中也要经常单击【保存】按钮或按<Ctrl+S>组合键保存所绘图形，否则因意外关机时，未保存的图就丢失了
5	分析零件图可知，可以先画俯视图，在【常用】选项卡【绘图】面板中单击【直线】按钮，或在命令行中输入 L 后回车，然后画出右图所示的矩形，尺寸暂时不用标注，这里标注只是为了更好地说明步骤	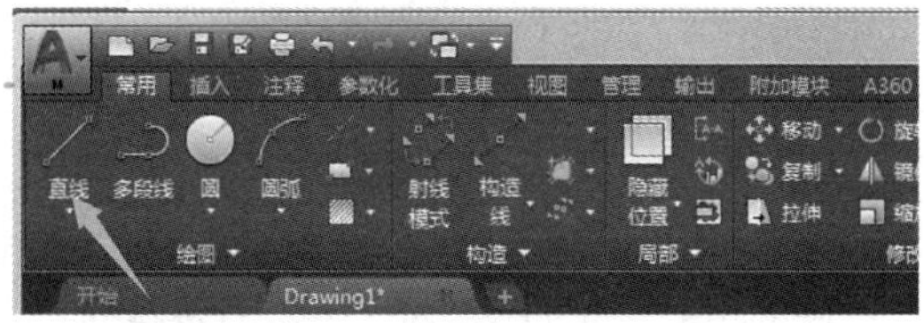 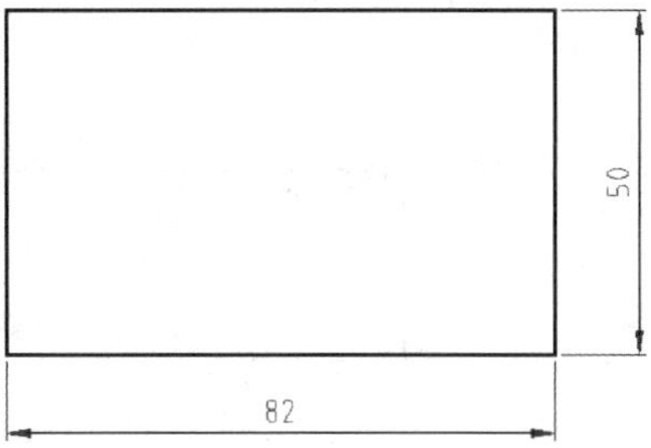	

（续）

步骤	操作描述	图例	说明
6	在【常用】选项卡【修改】面板中单击【圆角】按钮，或者按快捷键<F>	 常用 插入 注释 参数化 工具集 视图 管理 输出 附加模块 A360 Express Tools 精选应用 Drawing1*	
7	如图，在右上方圆角选项中设置圆角半径为7.5	 7.5 修剪几何图形 插入标注 圆角选项 开始 Drawing1*	
8	如图，选择第一个对象，按空格键确定，再选择第二个对象，按空格键确定，即可完成倒圆	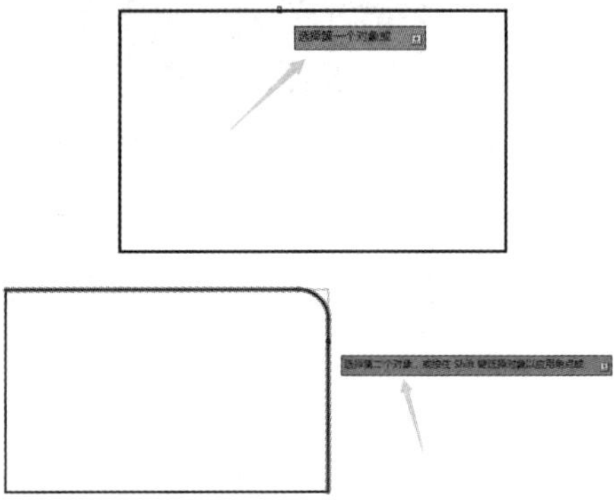 选择第一个对象或	
9	按上述步骤完成其他3个圆角，结果如右图所示	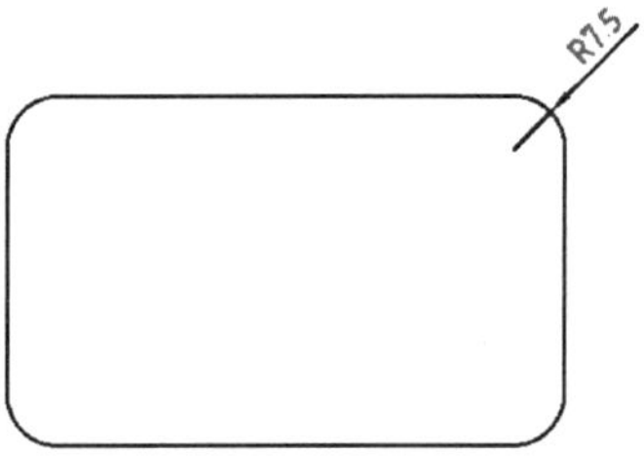 R7.5	
10	在【常用】选项卡【绘图】面板中单击【中心线】按钮，或者输入快捷命令CL，绘制右图所示的中心线	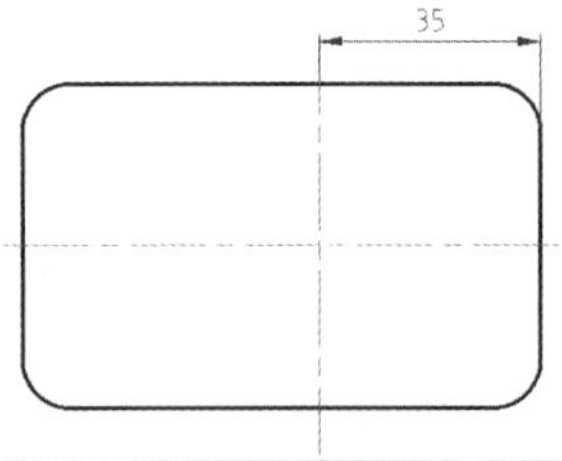 35	
11	在【常用】选项卡【绘图】面板中单击【圆】按钮，或者按快捷键C，绘制右图所示的两个圆	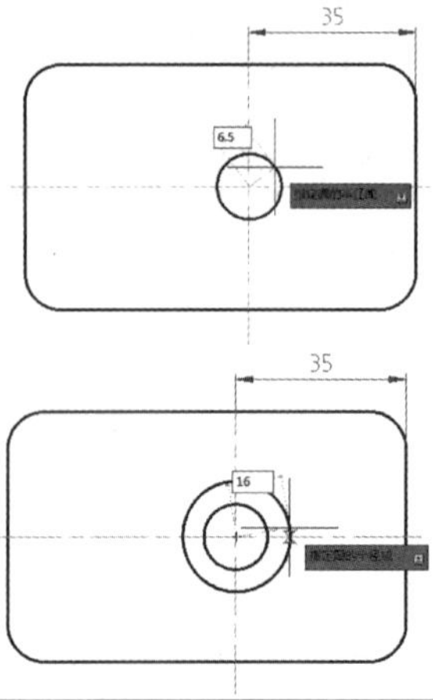 35 6.5 35 16	记住一些常见命令的快捷键有助于提高绘图速度

（续）

步骤	操作描述	图例	说明
12	单击【修改】面板的【偏移】按钮，输入偏移距离 17.5，将十字中心线的横线分别向上和向下偏移 17.5。再次单击【偏移】按钮，输入偏移距离 27.5，将十字中心线的竖线向右偏移 27.5。按空格键重复【偏移】命令，输入偏移距离 39.5，将十字中心线的竖线向右偏移 39.5	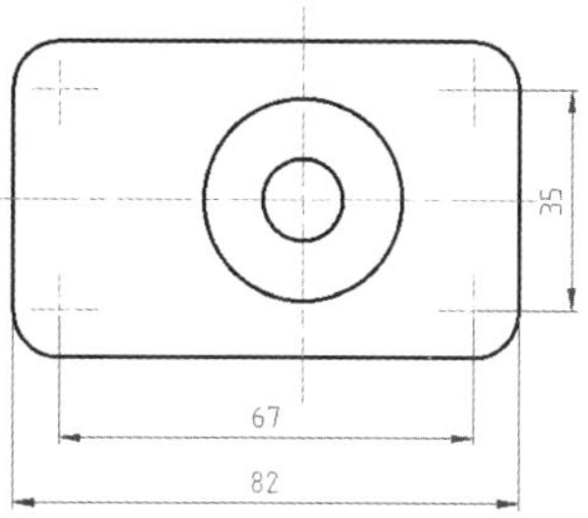 35 67 82	
13	在【常用】选项卡的【绘图】面板中单击【圆】按钮，或者按快捷键 C，输入半径值为 3.75，绘制右图所示的 4 个圆	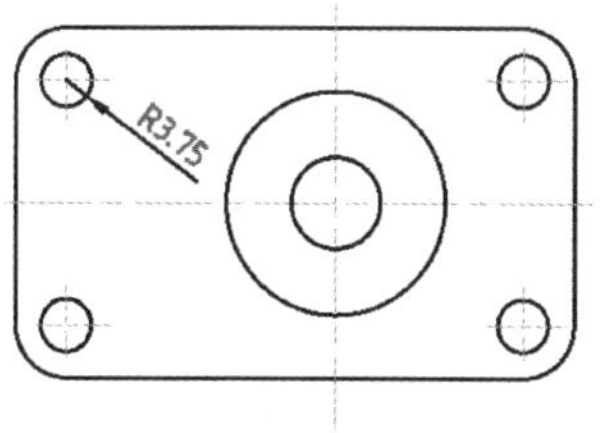 R3.75	
14	单击【修改】面板的【偏移】按钮，输入偏移距离 27.5，将十字中心线的横线分别向上和向下偏移 27.5。再次单击【偏移】按钮，输入偏移距离 24，将十字中心线的竖线向左偏移 24。按空格键重复【偏移】命令，输入偏移距离 32，将十字中心线的竖线向左偏移 32	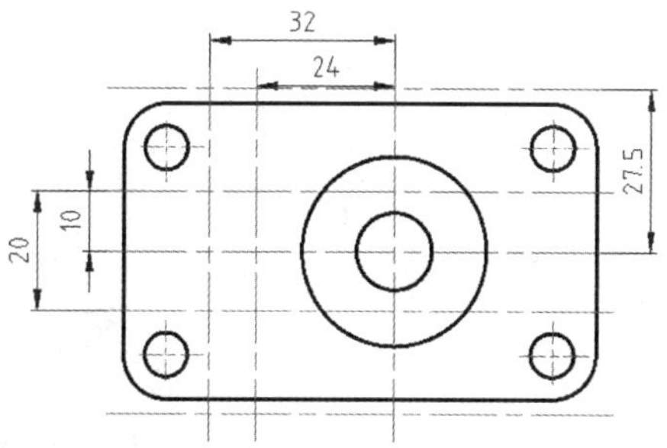 32 24 27.5 10 20	
15	选中上一步骤中偏移得到的中心线，如右图箭头所指，更改为粗实线图层，结果如右图所示	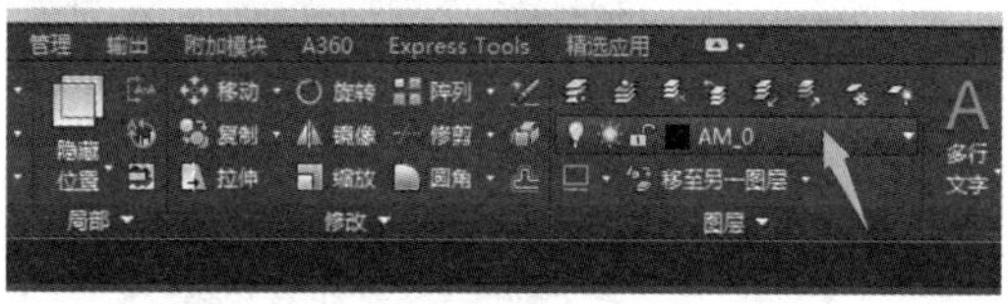 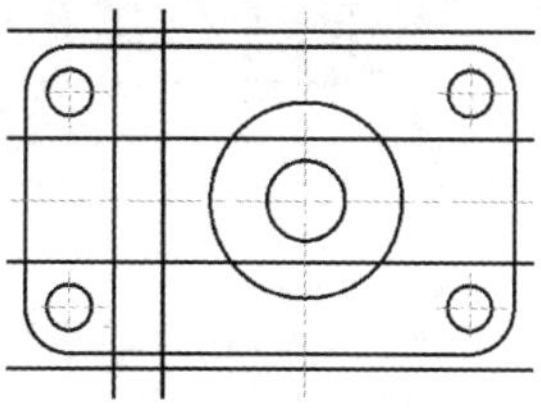 管理 输出 附加模块 A360 Express Tools 精选应用 移动 旋转 阵列 复制 镜像 修剪 拉伸 缩放 圆角 隐藏位置 AM_0 移至另一图层 多行文字 局部 修改 图层	
16	单击【修改】面板的【修剪】按钮，或者输入快捷命令 TR，按空格键确定，再次按空格键，修剪多余的线	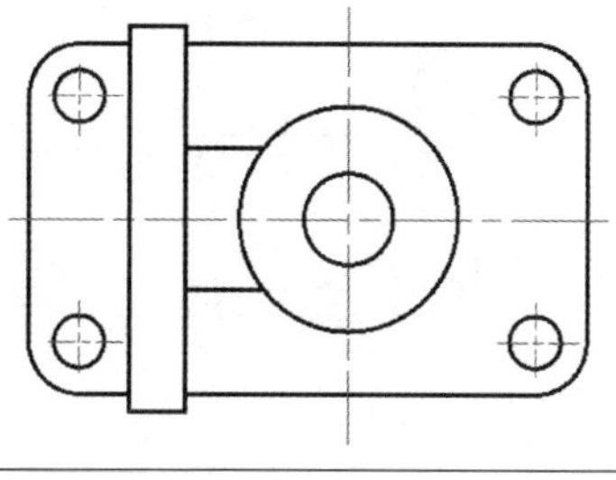	【修剪】命令的另一种用法：输入快捷命令 TR，按空格键确定，选中待剪切部分的两个分界线，选中待修剪部分，按空格键确定

（续）

步骤	操作描述	图例	说明
17	再次利用【偏移】命令完成右图箭头所示的中心线和粗实线，步骤不再赘述	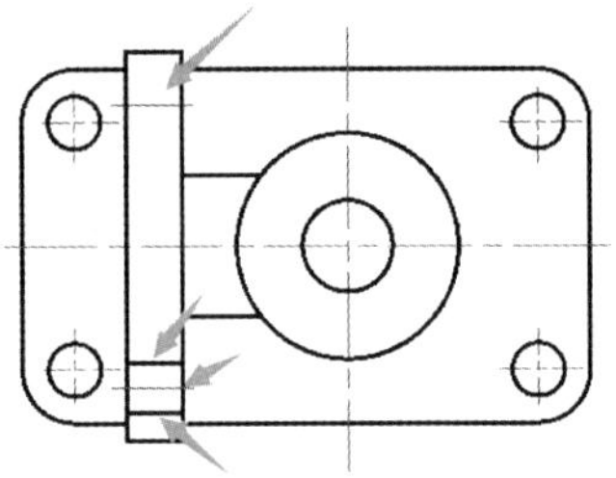	
18	单击【常用】选项卡【构造】面板的【投影】按钮，投影开启后，在俯视图右上角合适位置单击，在正交开关打开的情况下，单击右下角某处，结果如右图所示	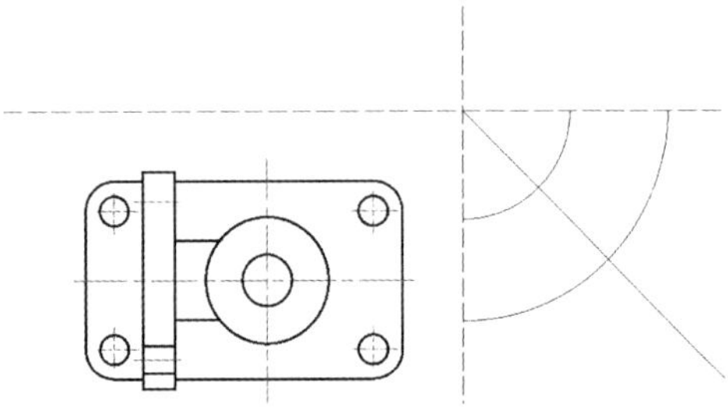	
19	单击【常用】选项卡【构造】面板的【自动创建构造线】按钮，在弹出的“自动创建构造线”对话框中单击第一行第二个构造线类型	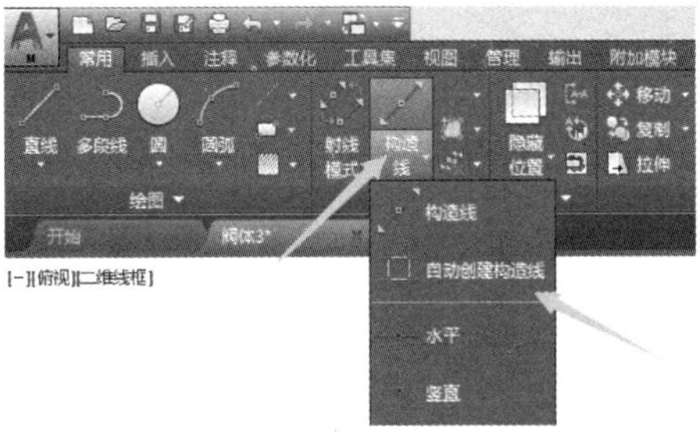 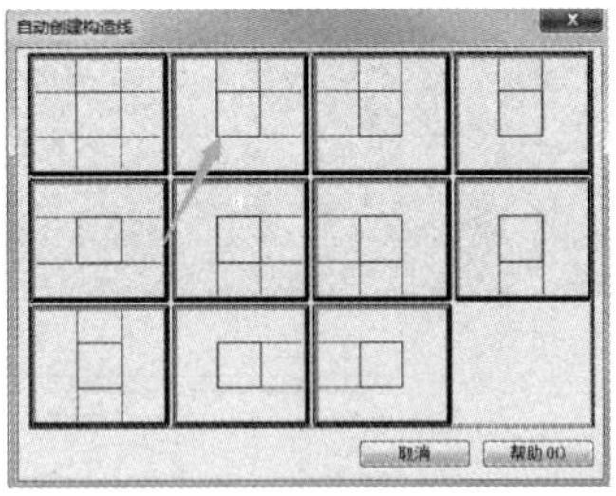	
20	根据提示，选择俯视图后右击，此时系统自动创建能满足长对正和宽相等关系的构造线，如右图所示	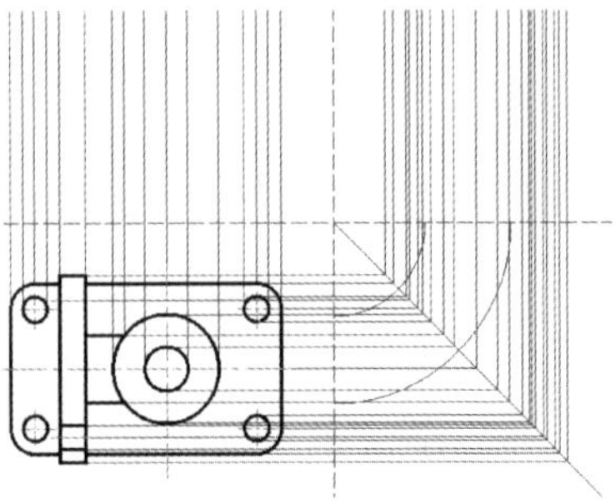	如果觉得构造线太多，可以根据需求选择部分轮廓线进行投影

（续）

步骤	操作描述	图例	说明
21	在【常用】选项卡【绘图】面板中单击【直线】按钮，或在命令行中输入L后按空格键确定，然后画出右图所示图形，尺寸暂时不用标注，这里标注只是为了更好地说明步骤	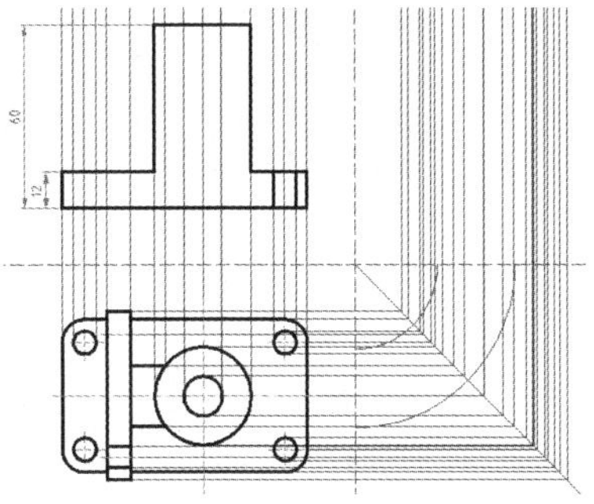	
22	在【常用】选项卡【绘图】面板中单击【中心线】按钮或者输入快捷命令CL，然后利用长对正关系画出右图所示的3条竖向中心线。然后利用【偏移】和【中心线】命令画出右图中两条横向中心线	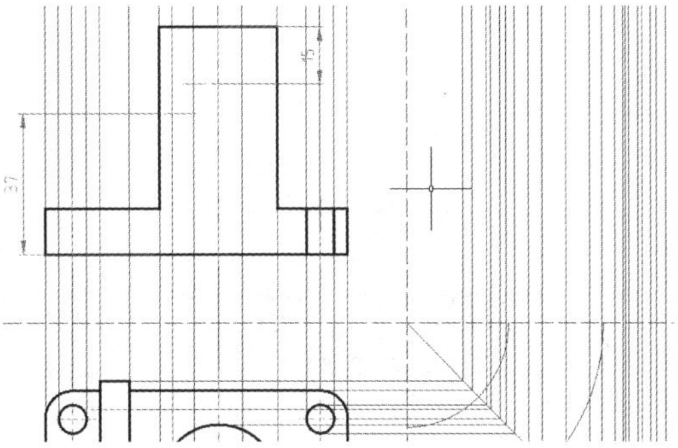	
23	单击【修改】面板的【偏移】按钮，输入偏移距离5，将十字中心线的横线分别向上和向下偏移5。再次单击【偏移】按钮，输入偏移距离10，将十字中心线的横线分别向上和向下偏移10。再次单击【偏移】按钮，输入偏移距离16，将十字中心线的横线分别向上和向下偏移16。按空格键重复【偏移】命令，输入偏移距离10，将十字中心线的竖线向左和向右偏移10。将偏移得到的中心线更改为粗实线图层，结果如右图所示	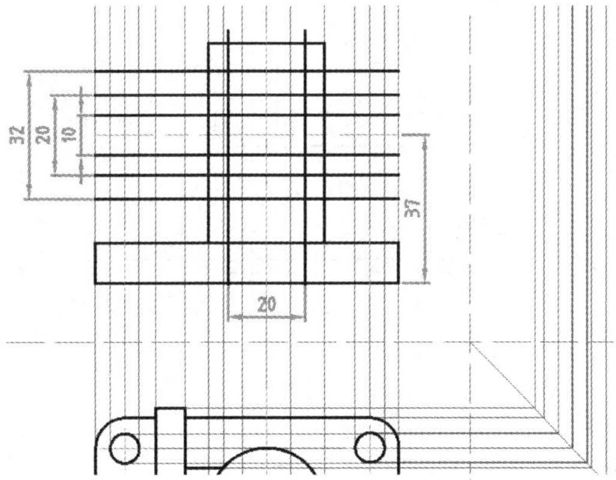	按一次空格键可以重复上一次命令
24	在【常用】选项卡【绘图】面板中单击【直线】按钮或者输入快捷命令L，然后利用长对正关系画出右图所示的3条竖向直线	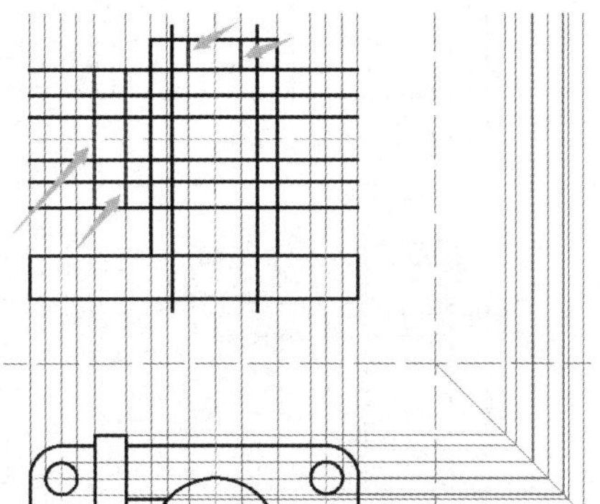	

（续）

步骤	操作描述	图例	说明
25	单击【修改】面板的【修剪】按钮，或者输入快捷命令 TR，按空格键确定，再次按空格键，修剪多余的线	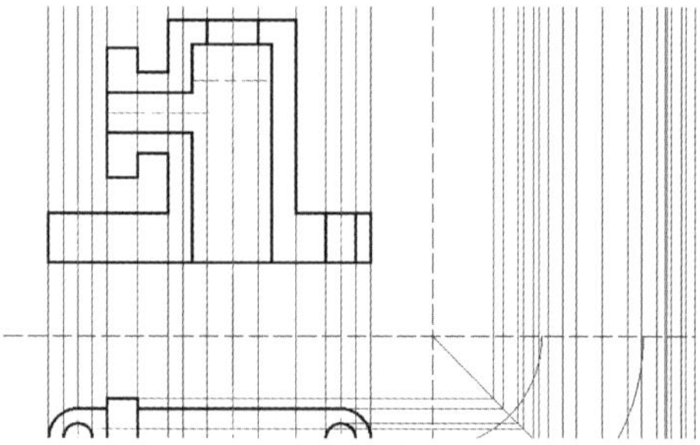	
26	在【常用】选项卡【绘图】面板中单击【圆】按钮，或者按快捷键 C，输入半径值 10，以相贯线的起点（箭头所指）为圆心作圆，如右图所示	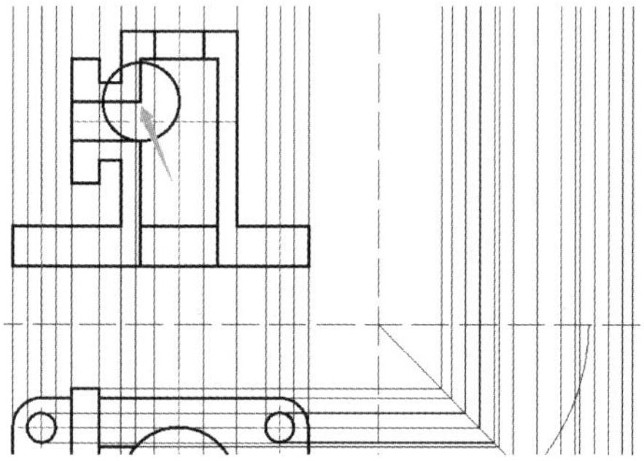	相贯线采用简化画法，一个 $\phi10$ 的孔和 $\phi20$ 的孔正交时，用大圆的圆弧代替相贯线，即以半径 10mm 的圆弧代替
27	按空格键重复【圆】命令，以圆与中心线的交点为圆心，输入半径值 10 作圆	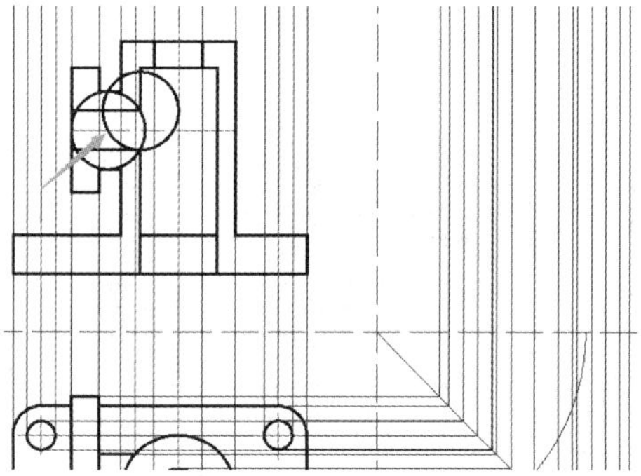	
28	单击【修改】面板的【修剪】按钮，或者输入快捷命令 TR，按空格键确定，再次按空格键，修剪多余的线，结果如右图所示	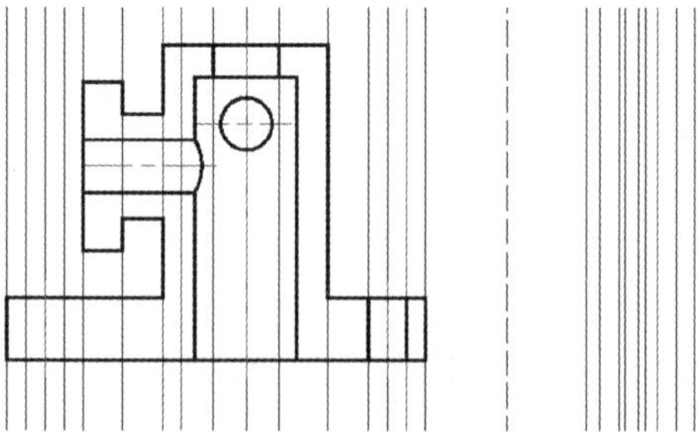	
29	单击【常用】选项卡【构造】面板的【自动创建构造线】按钮，在弹出的“自动创建构造线”对话框中单击第三行第二个构造线类型。选择主视图为对象，按空格键确定，结果如右图所示	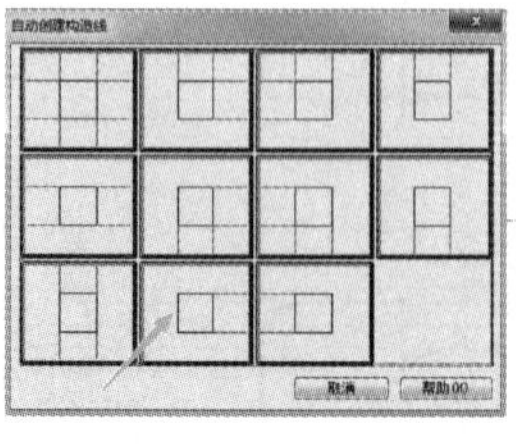 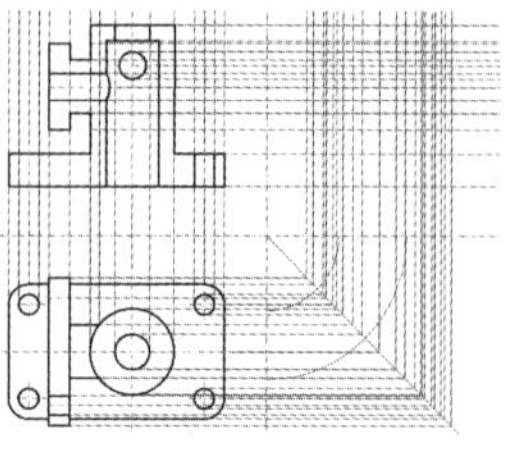	

（续）

步骤	操作描述	图例	说明
30	在【常用】选项卡【绘图】面板中单击【直线】按钮，或者按快捷键 L，然后利用宽相等、高齐平关系画出右图所示图形	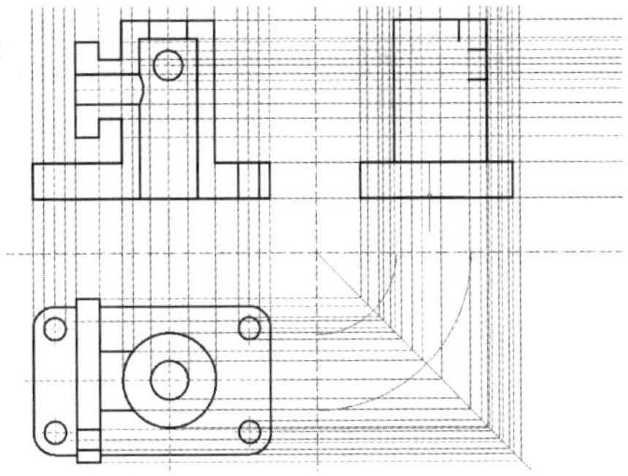	
31	在【常用】选项卡【绘图】面板中单击【中心线】按钮或者输入快捷命令 CL，绘制出右图所示的中心线	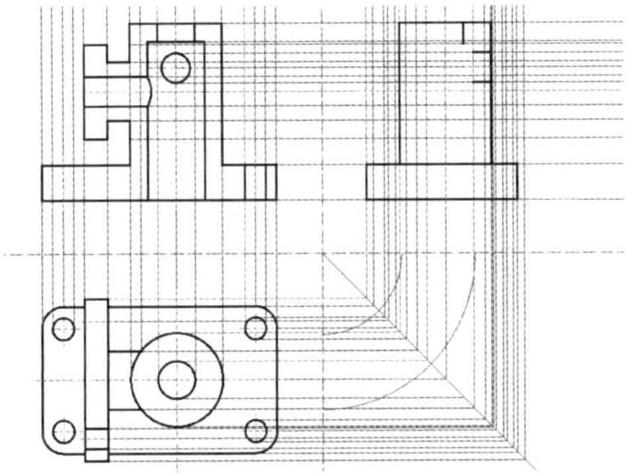	
32	单击【修改】面板的【偏移】按钮，输入偏移距离 10，将十字中心线的竖线向右偏移 10，如右图所示	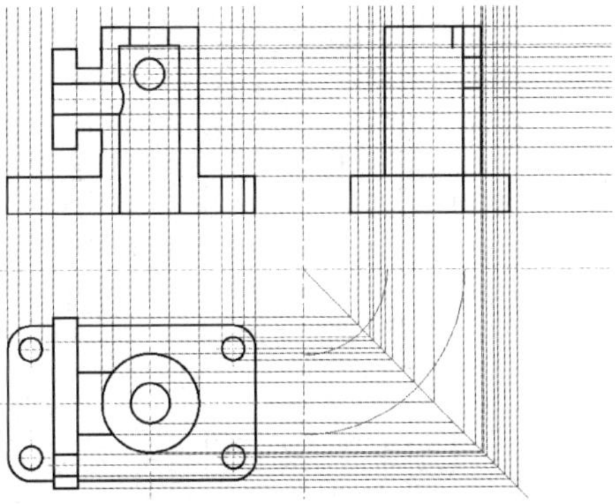	
33	在【常用】选项卡【绘图】面板中单击【圆】按钮，或者按快捷键 C，输入半径值 10，以图中箭头所示为圆心作圆，如右图所示	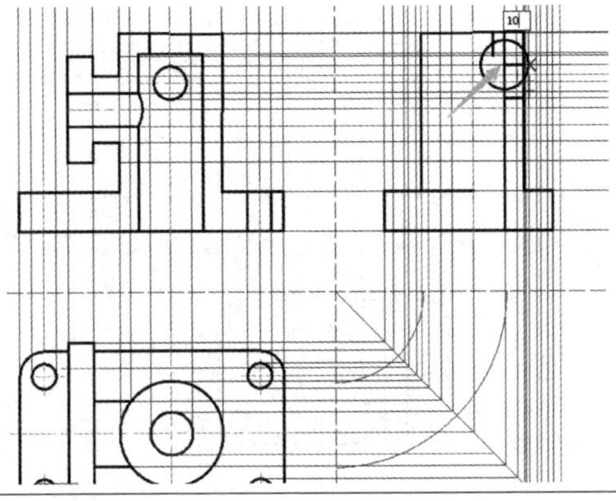	

（续）

步骤	操作描述	图例	说明
34	按空格键重复【圆】命令，以上一步圆和孔中心线的交点为圆心，输入半径值为 10	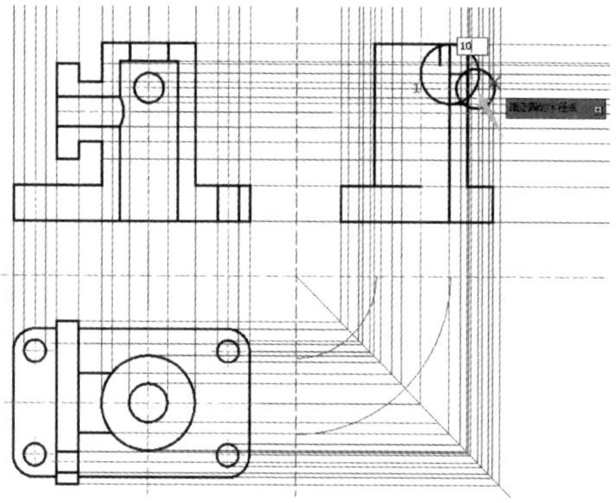	
35	结果如右图所示	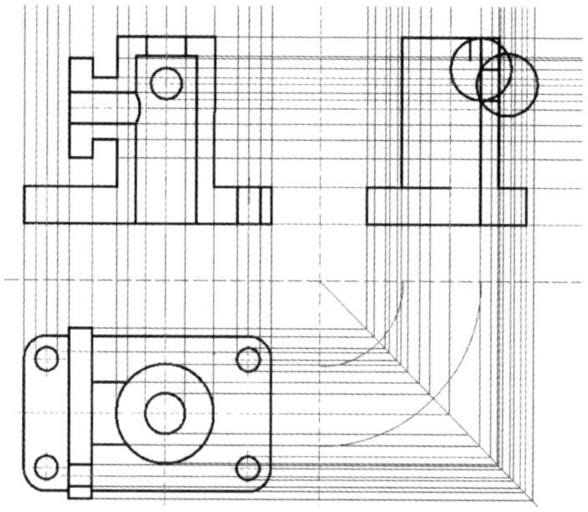	
36	单击【修改】面板的【修剪】按钮，或者输入快捷命令 TR，修剪多余的线，结果如右图所示	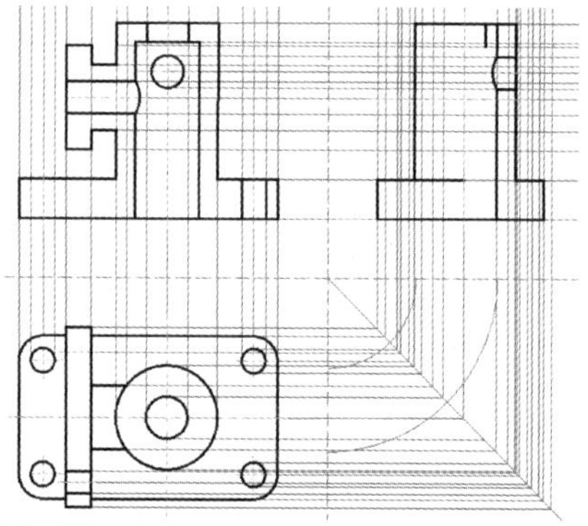	
37	重复 33~36 的步骤，画出另外两条相贯线，结果如右图所示	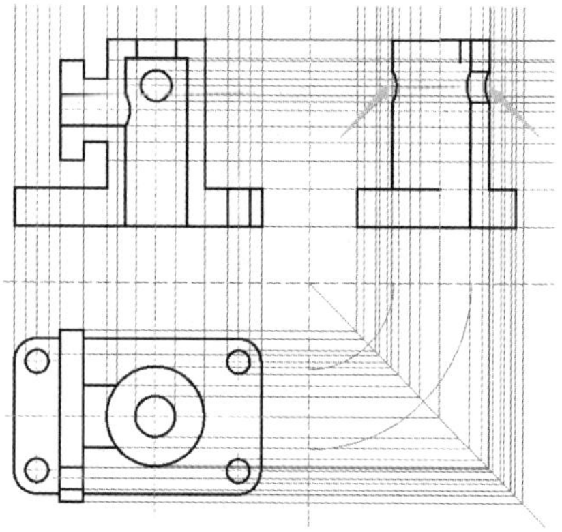	

（续）

步骤	操作描述	图例	说明
38	在【常用】选项卡【绘图】面板中单击【直线】按钮，或者按快捷键 L，然后利用宽相等、高齐平关系画出图中箭头所指直线	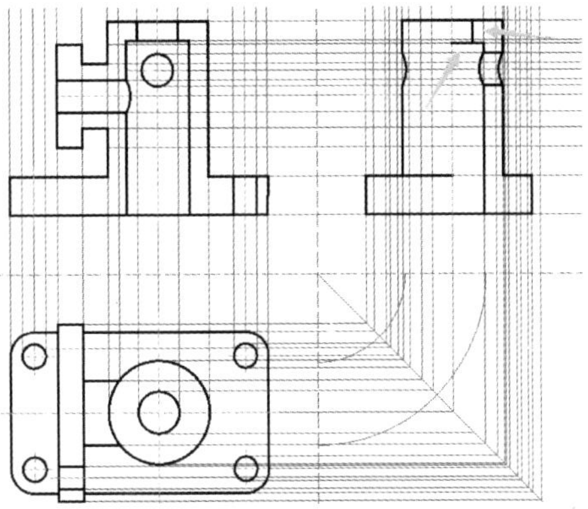	
39	在【常用】选项卡【绘图】面板中单击【圆弧】按钮，选择“起点，圆心，端点”方式，以图中十字中心线的交点为圆心作圆弧，如右图所示	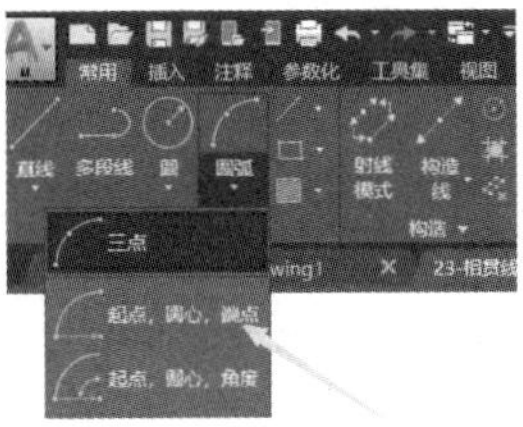 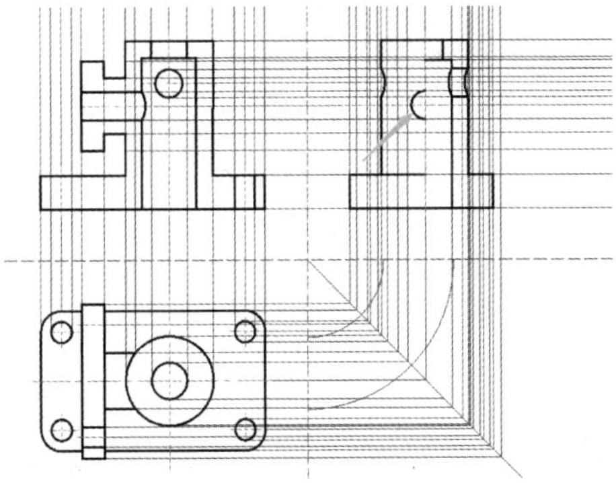	此处绘制半圆，也可以考虑先绘制圆，然后修剪
40	打开图层管理器，将构造线图层隐藏，结果如右图所示	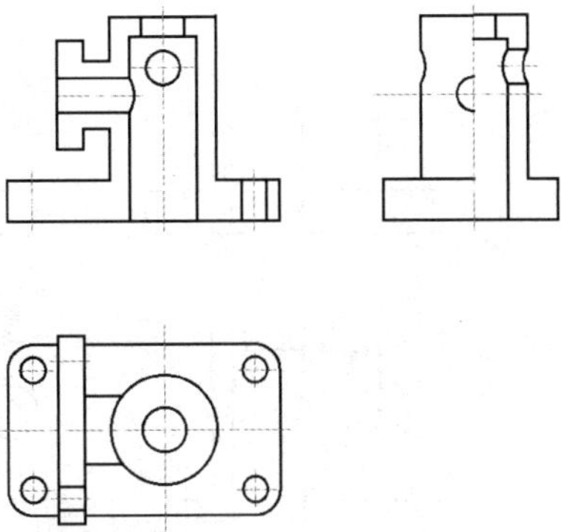	

（续）

步骤	操作描述	图例	说明
41	单击【修改】面板的【偏移】按钮，输入偏移距离20，将十字中心线的竖线向左偏移20，结果如右图所示	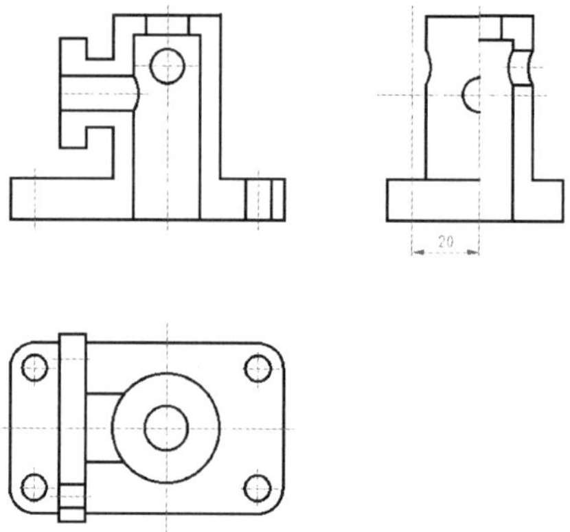 20	
42	在【常用】选项卡【绘图】面板中单击【圆】按钮，或者按快捷键 C，输入半径值3.25，以左边十字中心线交点为圆心作圆，如右图所示	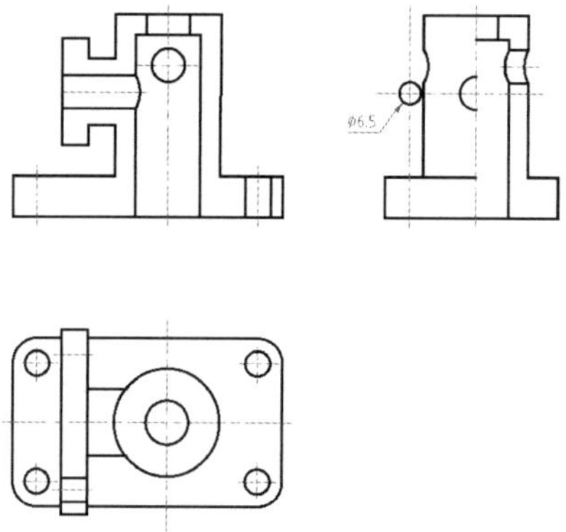 φ6.5	
43	按空格键重复【圆】命令，分别以两十字中心线的交点为圆心，分别输入半径值7.5和16作圆，结果如图所示	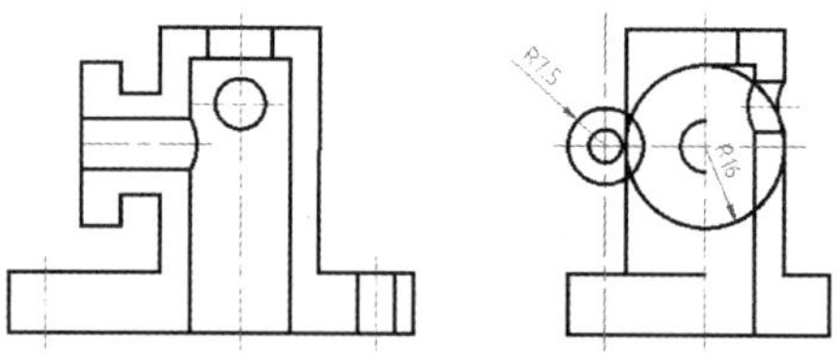 R7.5 R16	
44	在【常用】选项卡【绘图】面板中单击【直线】按钮，或者按快捷键 L，光标靠近 φ15 的圆，按住 <Ctrl> 键，右击，选择切点，单击圆弧，软件自动捕捉切点，光标靠近 φ32 的圆，按住 <Ctrl> 键，右击，选择切点，单击圆弧，软件自动捕捉切点	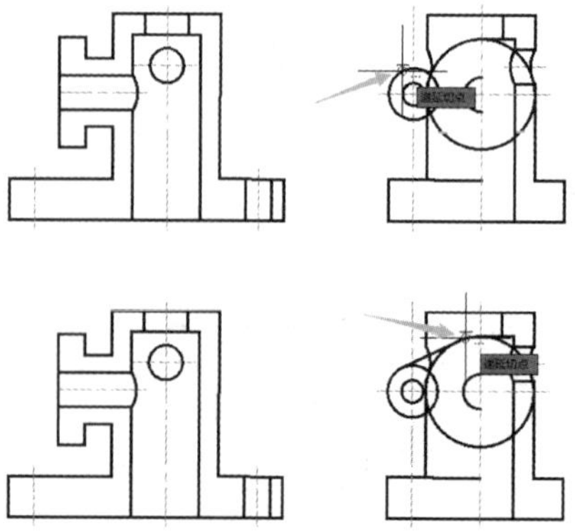 递延切点 递延切点	

（续）

步骤	操作描述	图例	说明
45	重复上述操作，完成两圆另一条公切线，如右图所示	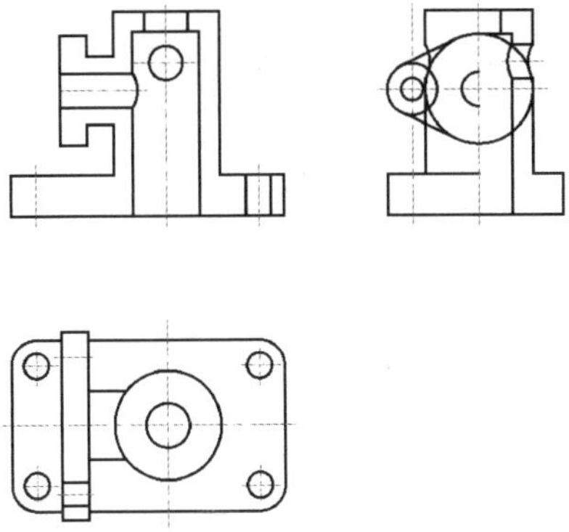	
46	单击【修改】面板的【修剪】按钮，或者输入快捷命令 TR，修剪多余的线，结果如右图所示	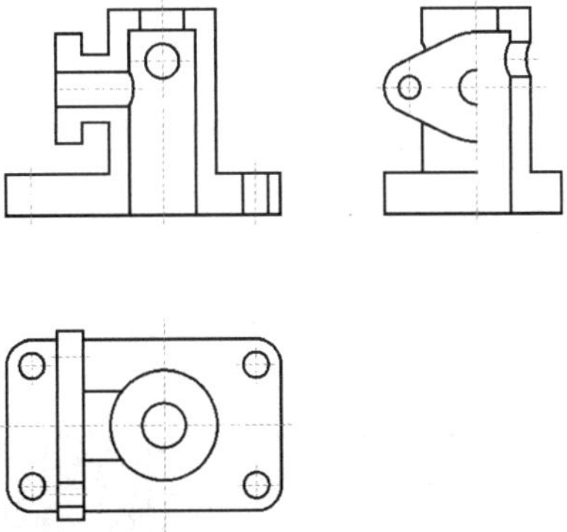	
47	在【常用】选项卡【修改】面板中单击【圆角】按钮，或者按快捷键 F，设置圆角半径为 1，选择第一个对象，再选择第二个对象，按空格键确定		
48	结果如右图所示	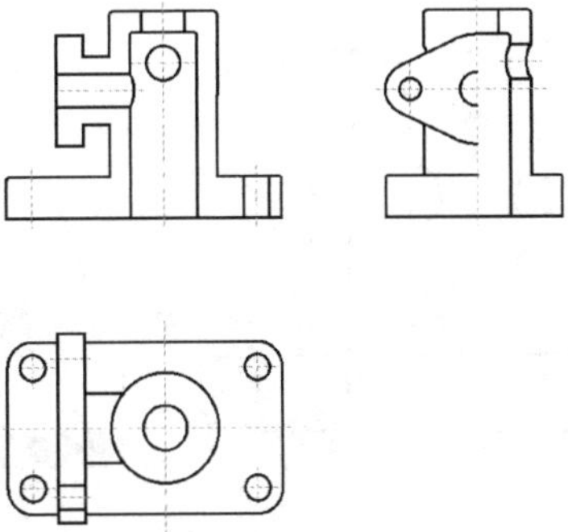	

（续）

步骤	操作描述	图例	说明
49	在【常用】选项卡【局部】面板中单击【局部剖切线】按钮，描绘局部剖切线，按空格键确定，结果如右图所示	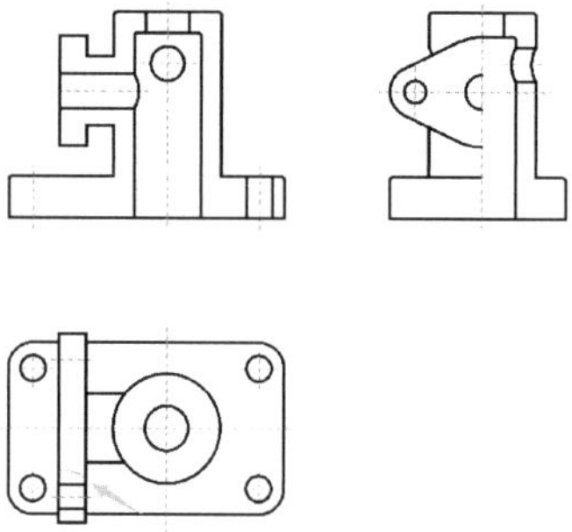	

2. 阀体零件的尺寸标注

根据任务下达时的图样要求，下面对阀体零件进行尺寸标注，详见表 4-2。

表 4-2 阀体尺寸标注步骤及注意事项

步骤	操作描述	图例	说明
1	输入【线性标注】的快捷命令 DLI，如右图所示	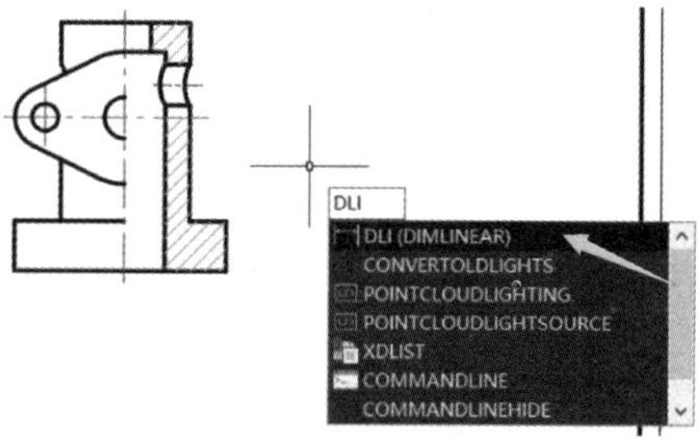	
2	指定第一个尺寸界线原点		
3	指定第二条尺寸界线原点	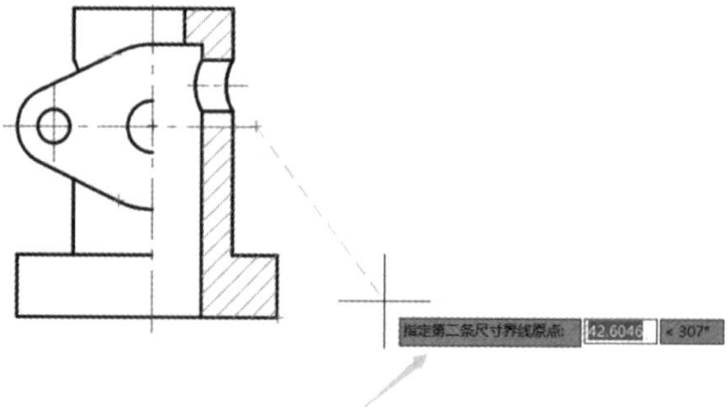	

（续）

步骤	操作描述	图例	说明
4	结果如右图所示	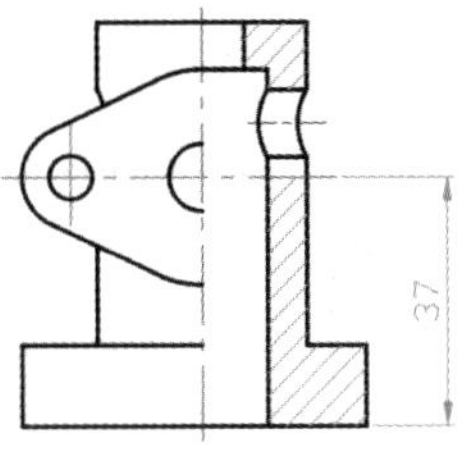 37	
5	按空格键，重复【线性标注】命令，标注其他长度，结果如右图所示	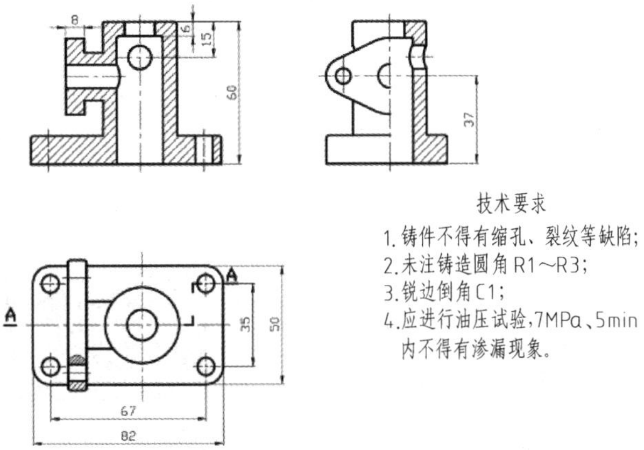 8 6 15 60 37 技术要求 1. 铸件不得有缩孔、裂纹等缺陷； 2. 未注铸造圆角 R1～R3； 3. 锐边倒角 C1； 4. 应进行油压试验，7MPa、5min 内不得有渗漏现象。 A A 35 50 67 82	
6	输入【线性标注】的快捷命令 DLI，标注出 32 的尺寸，然后在【注释】选项卡【标注】面板单击 按钮，选择基准尺寸，如右图所示	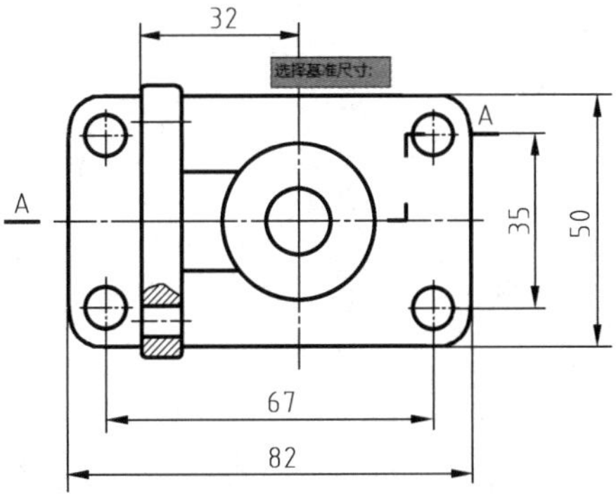 32 选择基准尺寸: A A 35 50 67 82	
7	指定下一个尺寸界线原点	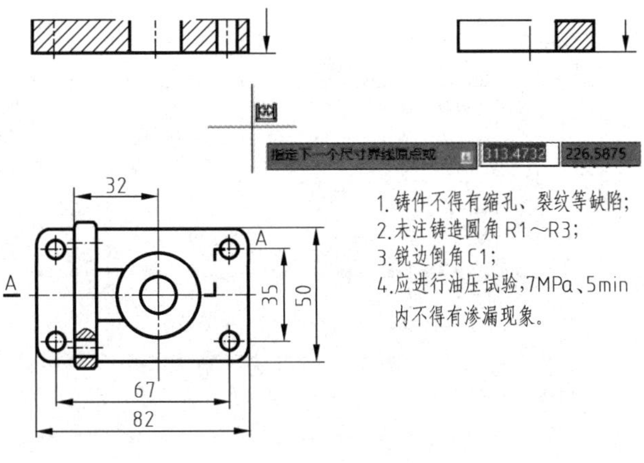 指定下一个尺寸界线原点或 313.4732 226.5875 32 A A 35 50 67 82 1. 铸件不得有缩孔、裂纹等缺陷； 2. 未注铸造圆角 R1～R3； 3. 锐边倒角 C1； 4. 应进行油压试验，7MPa、5min 内不得有渗漏现象。	

（续）

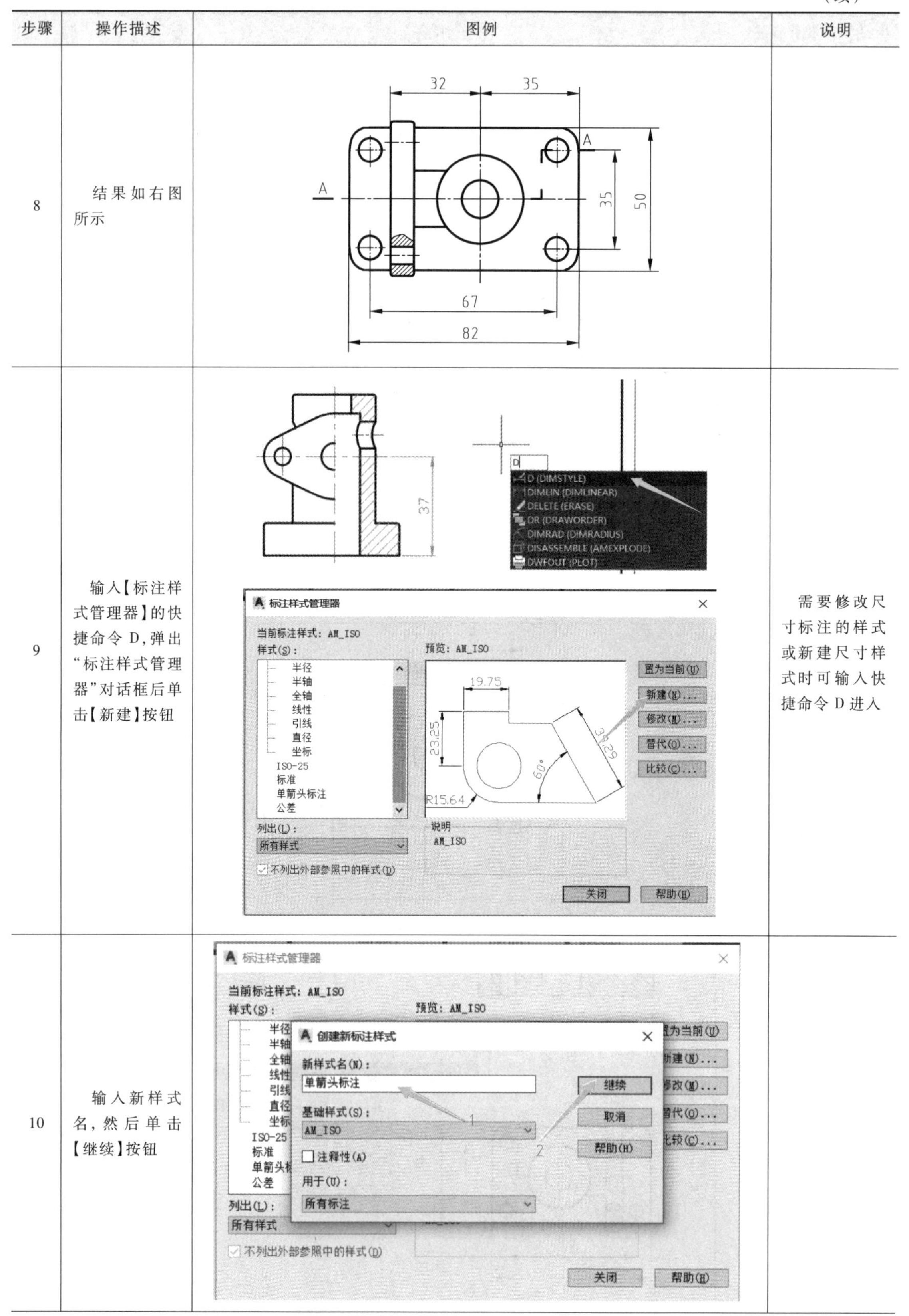

步骤	操作描述	图例	说明
8	结果如右图所示		
9	输入【标注样式管理器】的快捷命令 D，弹出“标注样式管理器”对话框后单击【新建】按钮		需要修改尺寸标注的样式或新建尺寸样式时可输入快捷命令 D 进入
10	输入新样式名，然后单击【继续】按钮		

（续）

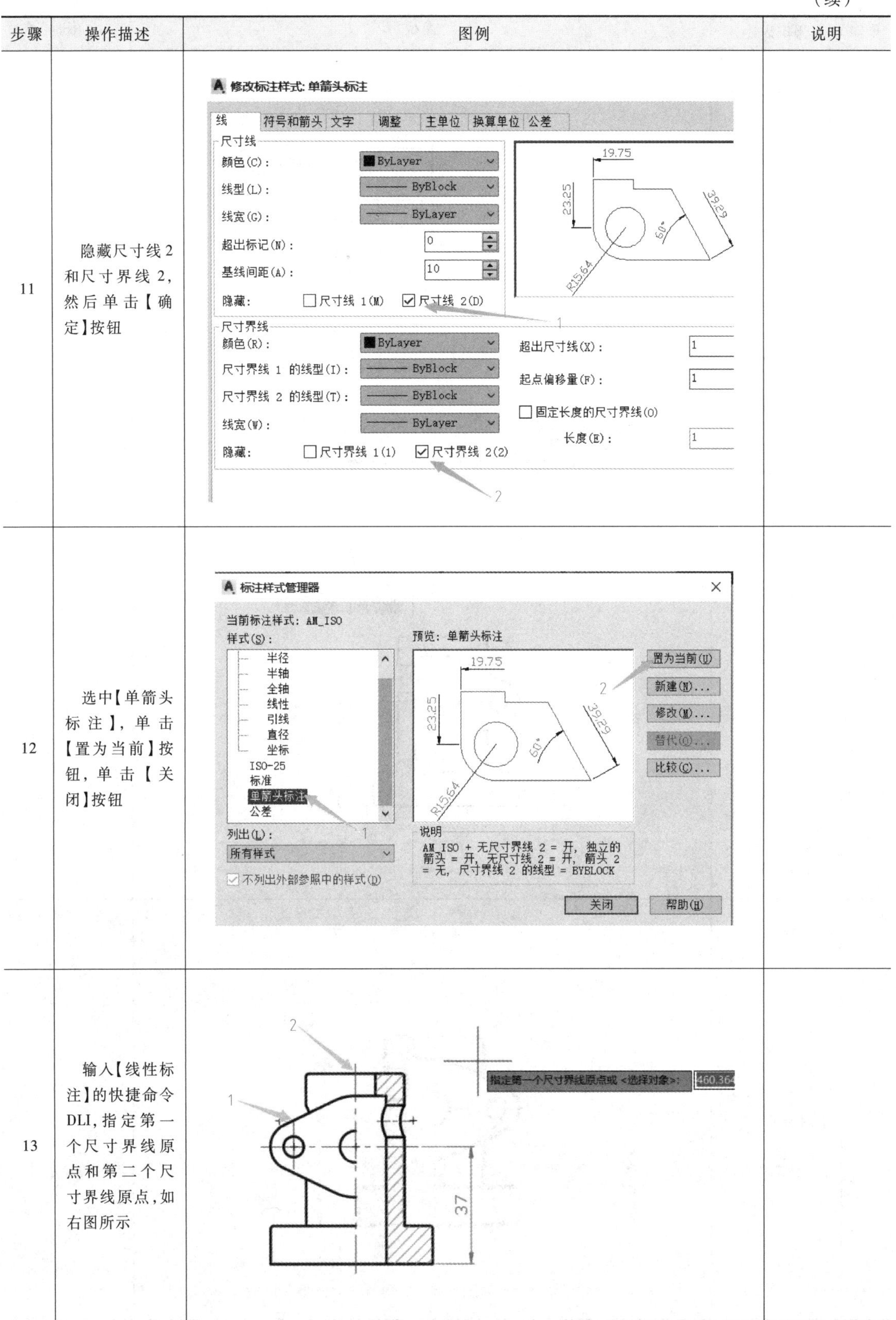

步骤	操作描述	图例	说明
11	隐藏尺寸线2和尺寸界线2，然后单击【确定】按钮		
12	选中【单箭头标注】，单击【置为当前】按钮，单击【关闭】按钮		
13	输入【线性标注】的快捷命令DLI，指定第一个尺寸界线原点和第二个尺寸界线原点，如右图所示		

（续）

步骤	操作描述	图例	说明
14	输入T，将20更改为40，如右图所示	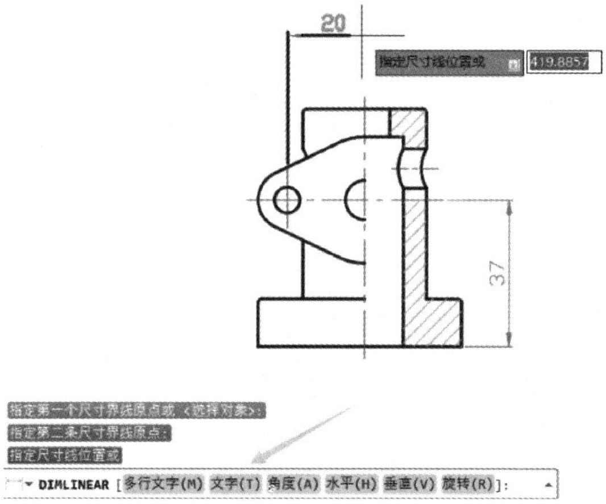 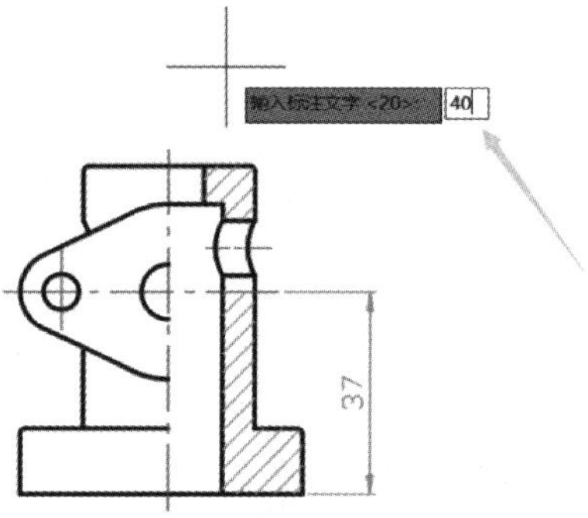	
15	最终结果如右图所示	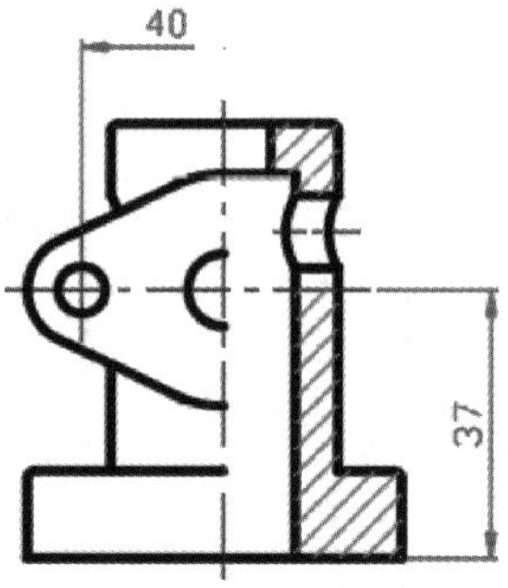	

（续）

步骤	操作描述	图例	说明
16	输入【线性标注】的快捷命令 DLI，标注尺寸 13	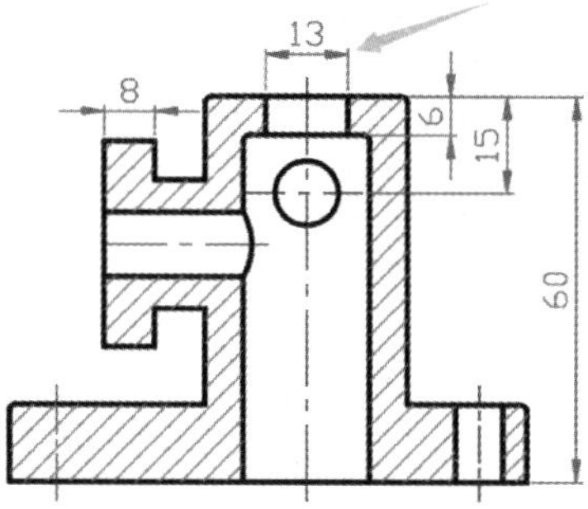 13 8 6 15 60	
17	双击尺寸，在 13 前面插入直径符号，如右图所示	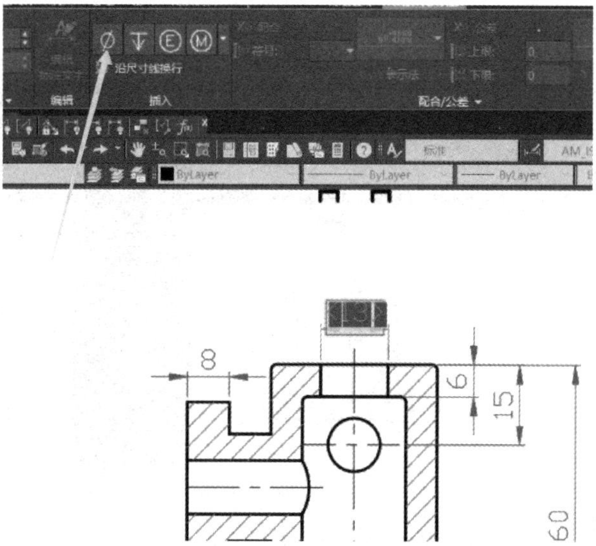 沿尺寸线换行 编辑 插入 配合/公差 ByLayer 8 6 15 60	
18	在空白处单击，结果如右图所示	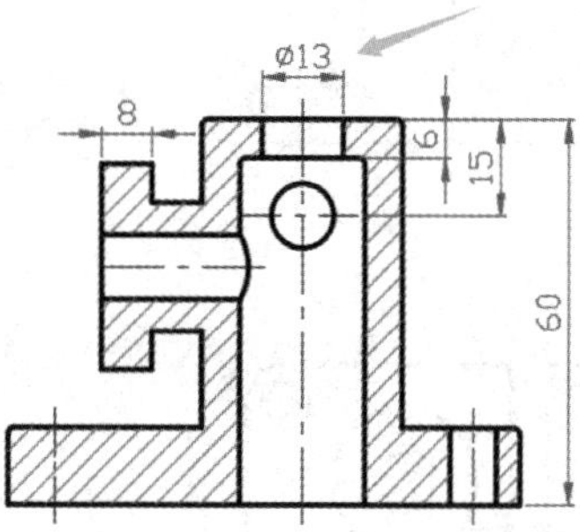 Ø13 8 6 15 60	

（续）

步骤	操作描述	图例	说明
19	重复上述操作，完成这类尺寸的标注，结果如右图所示	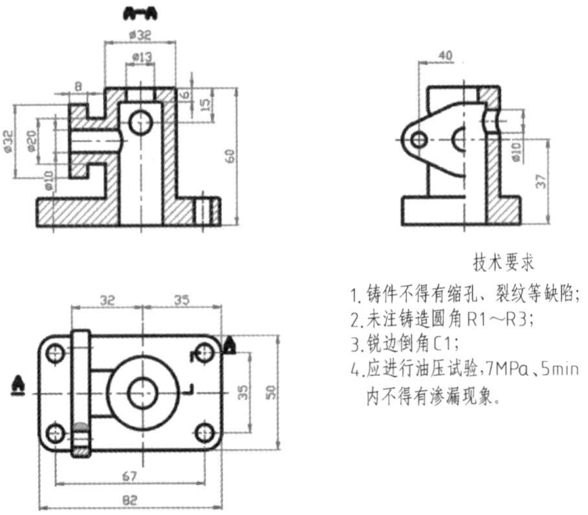 技术要求 1.铸件不得有缩孔、裂纹等缺陷； 2.未注铸造圆角R1～R3； 3.锐边倒角C1； 4.应进行油压试验，7MPa、5min内不得有渗漏现象。	
20	在【常用】选项卡【注释】面板中单击【标注】→【半径】，选择需要标注的对象	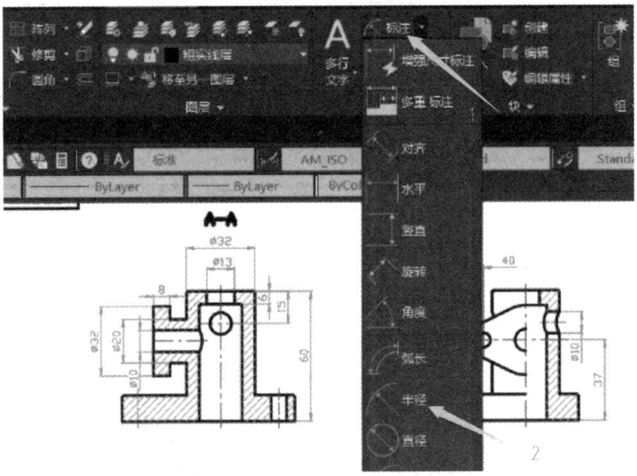	
21	标注箭头所指的尺寸	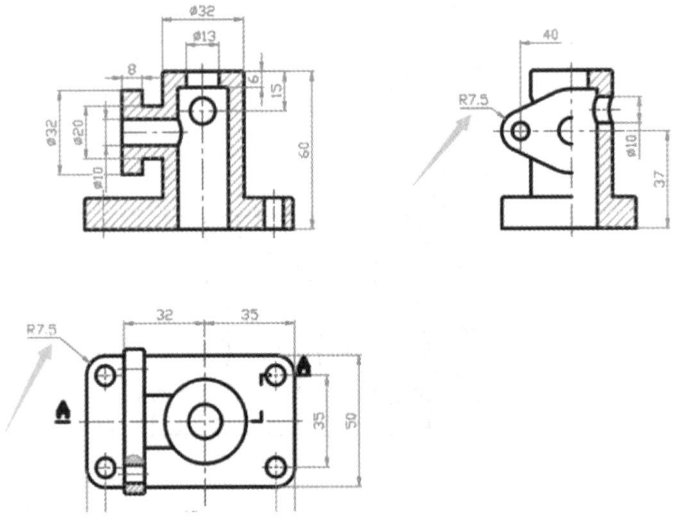	

（续）

步骤	操作描述	图例	说明
22	在【常用】选项卡【注释】面板中单击【标注】→【直径】，选择需要标注的对象	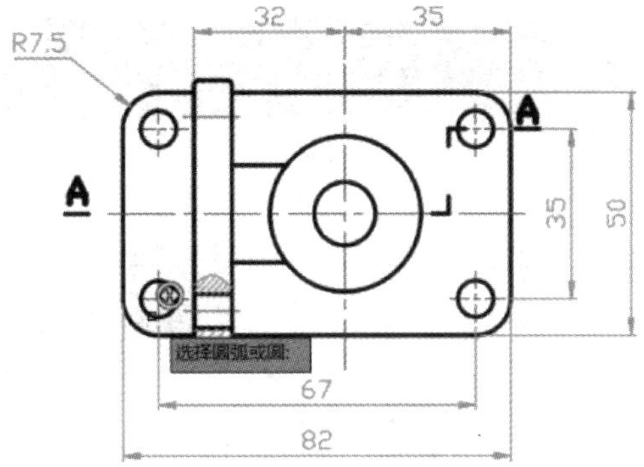	
23	指定尺寸线位置，如右图所示	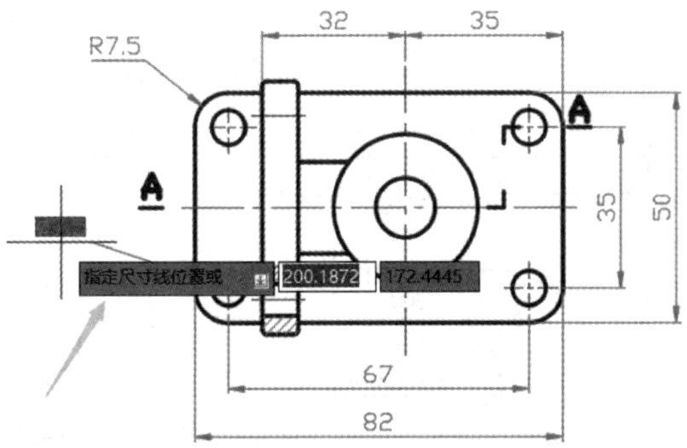	
24	修改尺寸参数	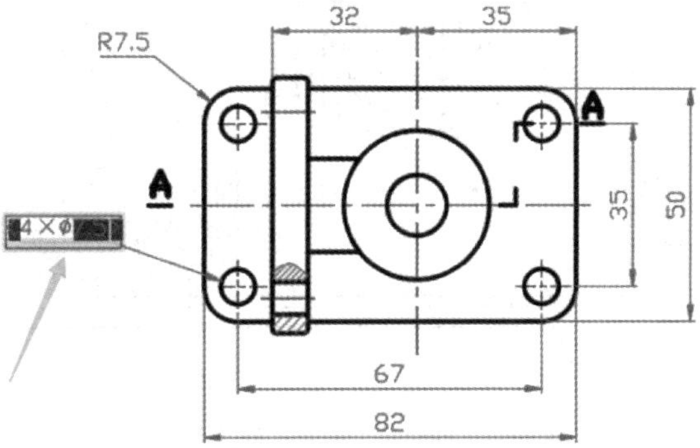	
25	按照上述方法标注 $\phi6.5$ 的尺寸，最终结果如右图所示	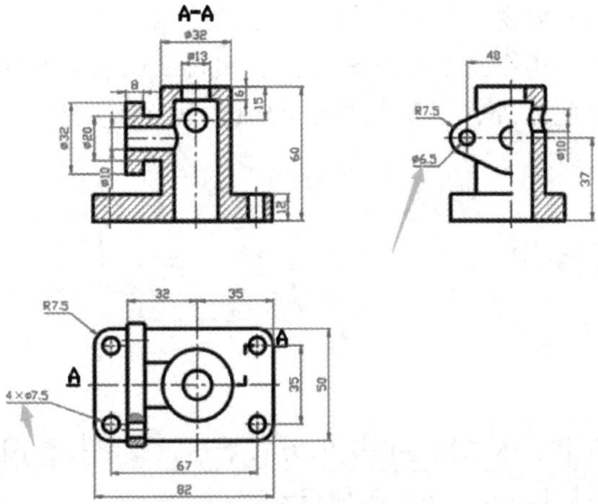	

（续）

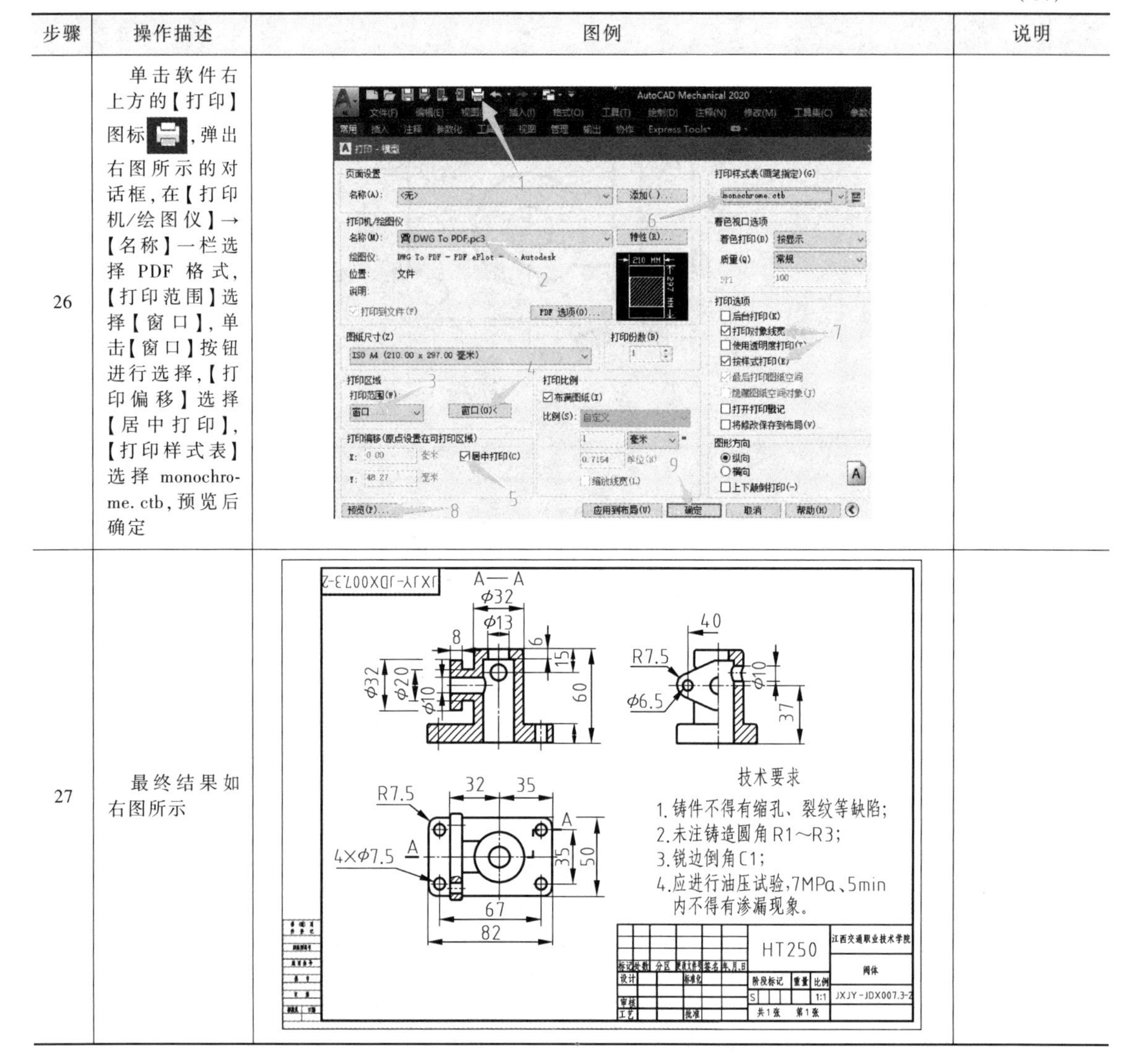

步骤	操作描述	图例	说明
26	单击软件右上方的【打印】图标，弹出右图所示的对话框，在【打印机/绘图仪】→【名称】一栏选择 PDF 格式，【打印范围】选择【窗口】，单击【窗口】按钮进行选择，【打印偏移】选择【居中打印】，【打印样式表】选择 monochrome. ctb，预览后确定		
27	最终结果如右图所示		

4.1.4 任务评价

本例的阀体零件图的俯视图具有对称性，也可绘制出其中一半，再通过镜像得到另一半。本例还用到了单箭头标注、相贯线的简化画法等之前项目未遇到的知识。除此之外，本例剖切线的画法和之前项目有所不同，需要修改相关设置。

泵体的绘制与输出 1

4.2 泵体绘制与输出

泵体的绘制与输出 2

4.2.1 任务下达

本任务通过直接给出泵体二维零件图的方式下达，要求抄画图 4-3 所示的工程图，按国标相关要求标注尺寸，最后以 dwg、pdf 两种格式输出。

4.2.2　任务分析

泵体的绘制与输出 3

泵体的绘制与输出 4

本例主视图采用全剖视图表达了零件内腔结构，左视图采用了两个局部视图分别表达螺纹孔和安装孔的结构。另外还采用 A—A 剖视图表达了泵体支撑板与肋板的联接关系和两个安装孔在底板的分布情况，B 向局部视图表达了右侧小圆柱断面三个螺纹孔的分布情况。绘图时要用到直线、圆、倒圆角、修剪、局部剖切线、剖切线、填充、阵列等命令，标注线性尺寸、半径、直径、圆角柱形沉孔、螺纹孔等尺寸，设置粗实线、细虚线、中心线、剖面线、尺寸标注等五个图层。

绘制上述泵体零件三视图时，由于左视图比较简单且圆较多，可先完整绘制左视图，然后利用“三等关系”及 AutoCAD 的构造线、投影等命令辅助绘制其他视图，螺纹孔可直接利用【螺纹孔】命令完成，以提高效率。其主要绘图流程如图 4-4 所示。

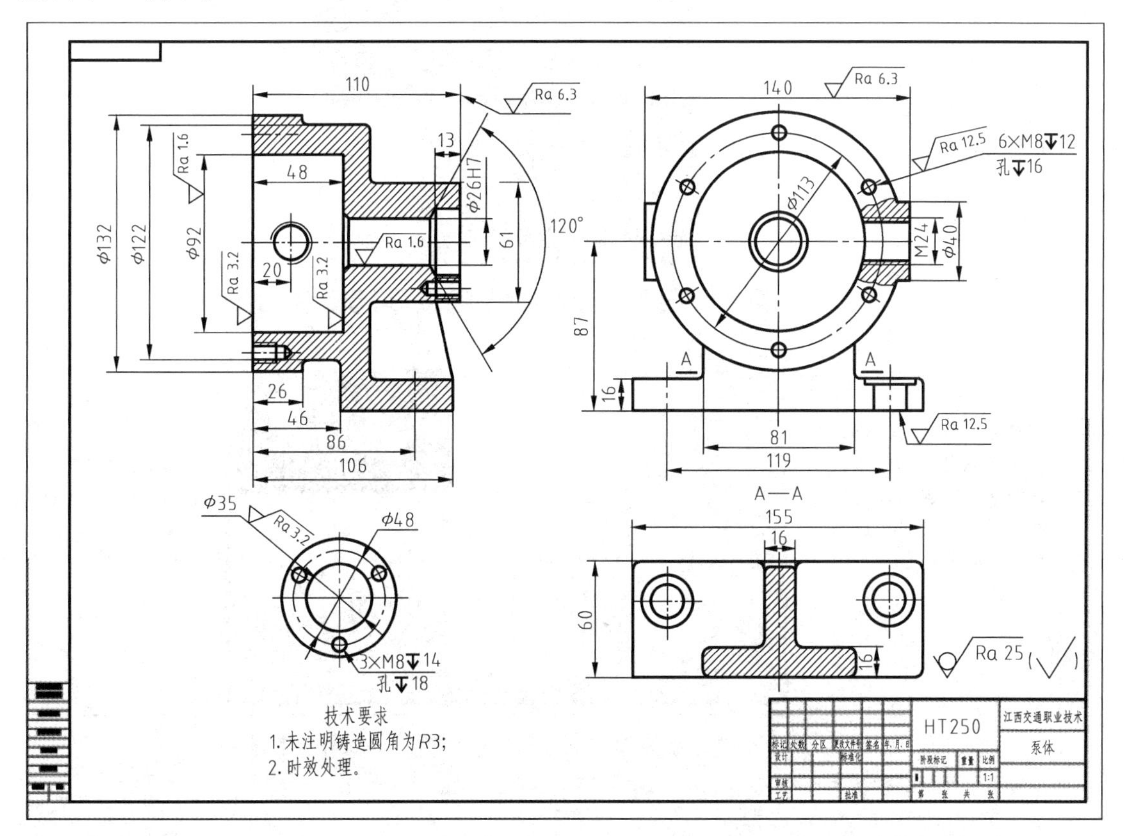

图 4-3　泵体图样

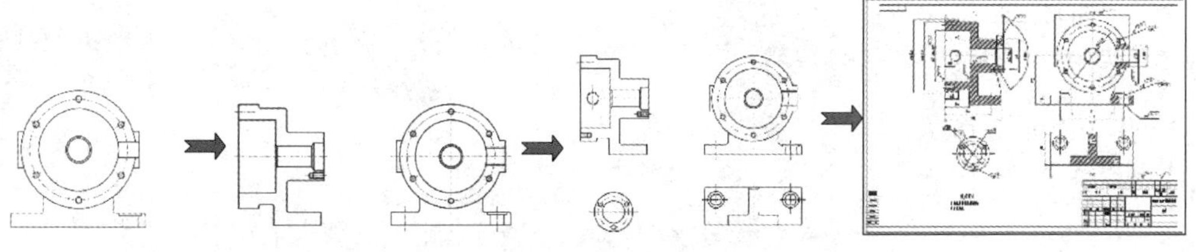

图 4-4　泵体图样的绘制流程

4.2.3 任务实施

下面详细说明使用 AutoCAD Mechanical 2020 绘制泵体图样的步骤及注意事项。为了帮助读者更好更快地掌握泵体图样的绘制与输出，下面分成两部分进行讲解。

1. 泵体视图的绘制

根据任务下达时的图样要求，绘制泵体的视图，详见表 4-3。

表 4-3 泵体视图绘制步骤及注意事项

步骤	操作描述	图 例	说明
1	安装与配置 AutoCAD Mechanical 2020 简体中文版	（图略）	按项目 1 的讲解完成软件安装与配置
2	在 Windows【开始】菜单中启动 AutoCAD Mechanical 2020 后，单击【快速访问工具栏】的【新建】按钮		
3	系统弹出“选择样板”对话框，按右图所示步骤选择符合国标要求的样板文件 am_gb.dwt 后新建一个绘图文档		样板文件内含图层、文字样式、标注样式、图框、标题栏等，可以自行制作
4	此时系统会自动生成一个名为 drawing1.dwg 的文件。单击【快速访问工具栏】中的【保存】按钮，在“图形另存为”对话框中，选好文件保存位置，输入新文件名（如“泵体”），单击【保存】按钮即可完成文件的重命名	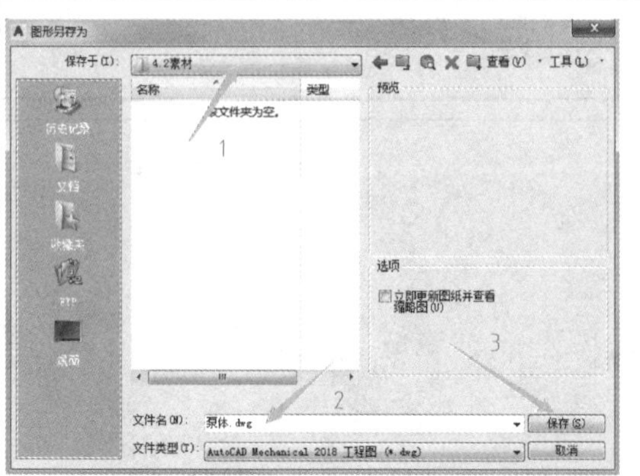	进入绘图环境后的第一件事就是保存文件，在后续绘图过程中也要经常单击【保存】按钮或按<Ctrl+S>组合键保存所绘图形，否则意外关机时，未保存的图就丢失了

（续）

步骤	操作描述	图 例	说明
5	分析零件图得知，可以先画俯视图，在【常用】选项卡【绘图】面板中单击【直线】按钮，或在命令行中输入 L 后回车，然后画出右图所示的矩形，尺寸暂时不用标注，这里标注只是为了更好地说明步骤	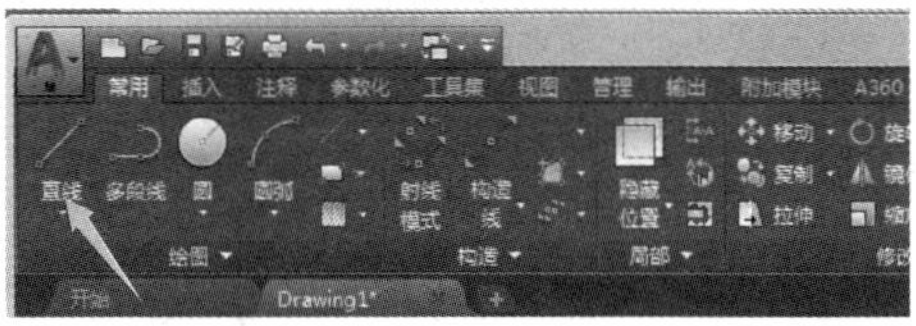 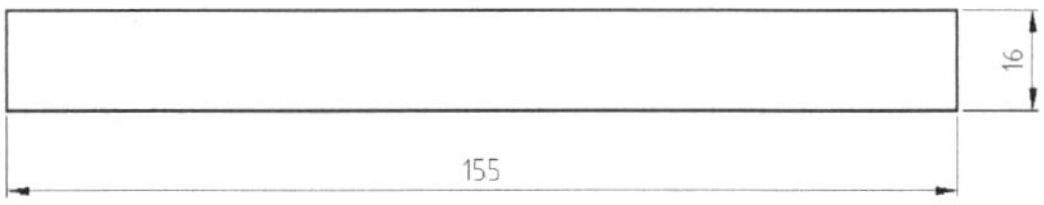	
6	单击【修改】面板的【偏移】按钮，输入偏移距离 87，将矩形的下边向上偏移 87		
7	将偏移得到的粗实线更改为中心线，如右图所示	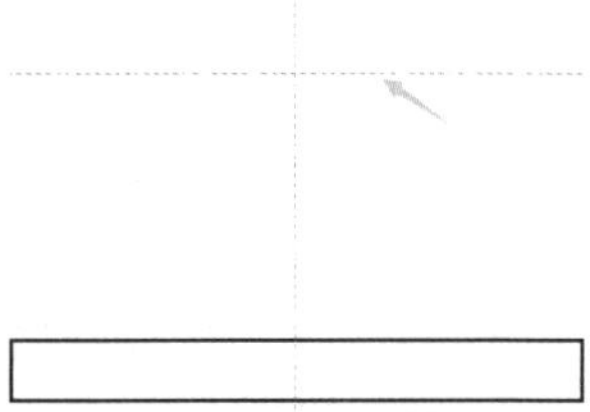	
8	在【常用】选项卡【绘图】面板中单击【圆】按钮，或者按快捷键 C。以十字中心线的交点为圆心分别绘制 ϕ132 和 ϕ92 的两个同心圆，如右图所示	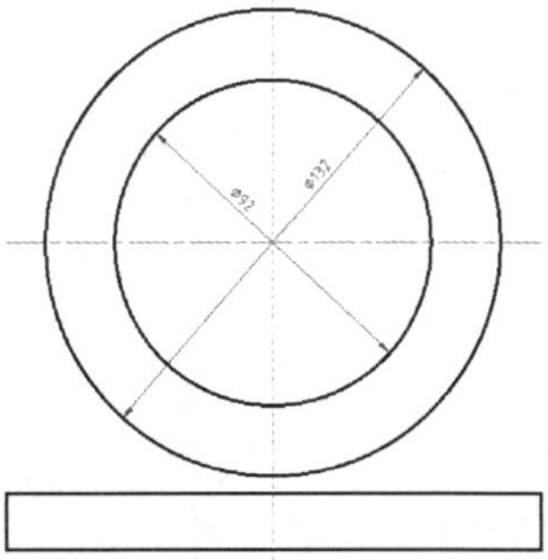	
9	按空格键，重复【圆】命令，画出右图所示的 3 个同心圆	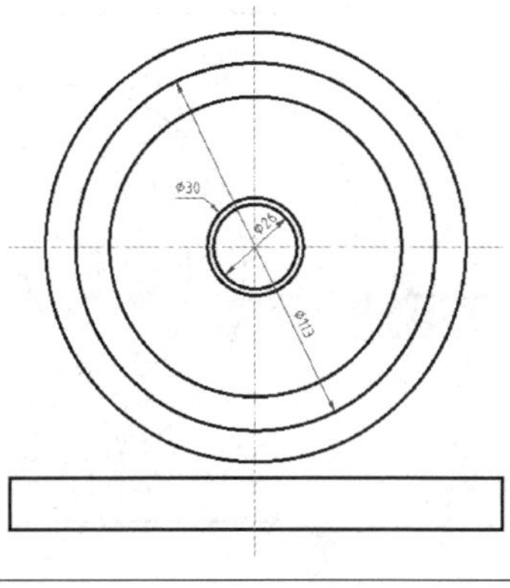	

（续）

步骤	操作描述	图　例	说明
10	将 φ113 的粗实线圆更改为点画线	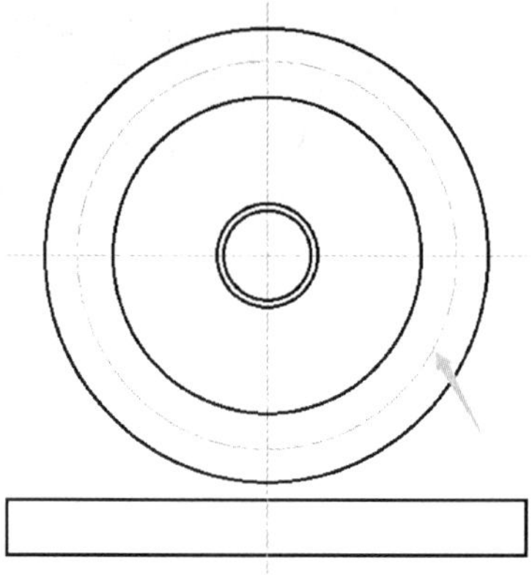	
11	单击【修改】面板的【偏移】按钮，输入偏移距离 40.5，将十字中心线的竖线分别向左和向右偏移 40.5，如右图所示	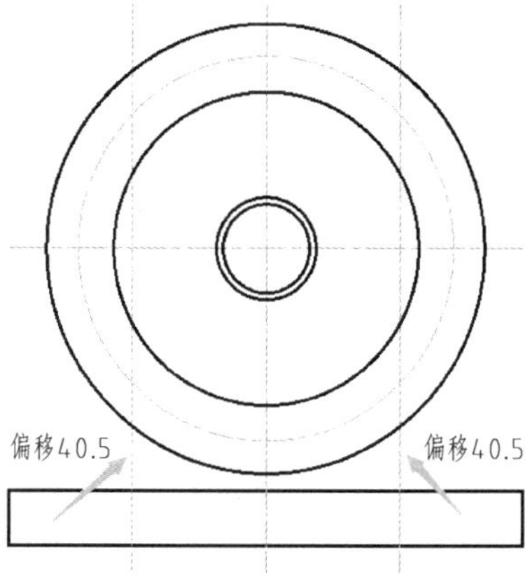	
12	将偏移得到的中心线更改为粗实线	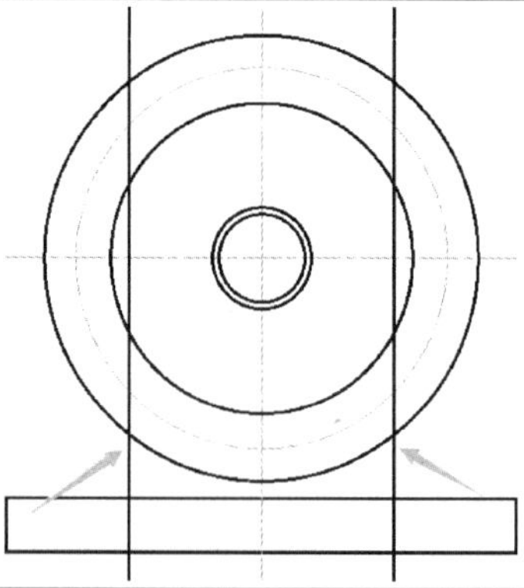	
13	单击【修改】面板的【修剪】按钮，或者输入快捷命令 TR，空格确定，再次空格，修剪多余的线，结果如右图所示	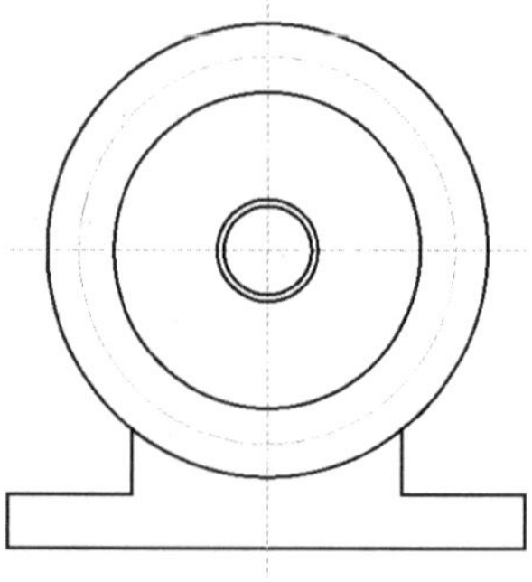	

（续）

步骤	操作描述	图　例	说明
14	单击【修改】面板的【偏移】按钮，输入偏移距离70，将十字中心线的竖线向左偏移70。按空格键重复【偏移】命令，输入偏移距离20，将十字中心线的横线分别向上、向下各偏移20，结果如右图所示	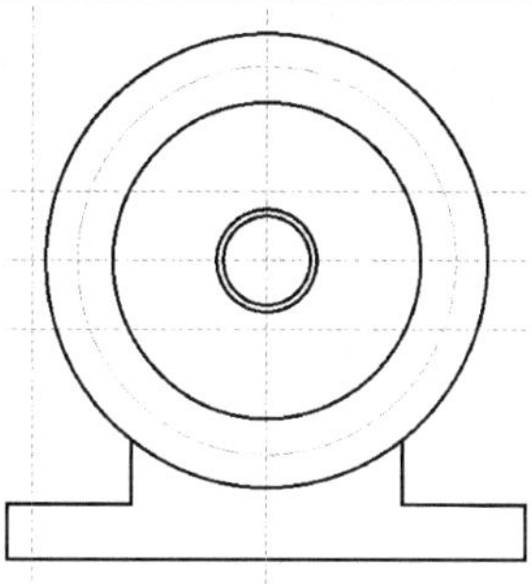	
15	将上述偏移得到的中心线更改为粗实线，如右图所示	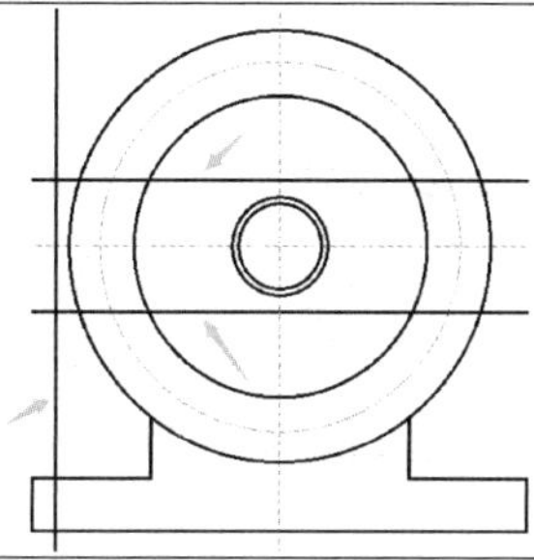	
16	单击【修改】面板的【修剪】按钮，或者输入快捷命令TR，按空格键确定，再次按空格键，修剪多余的线	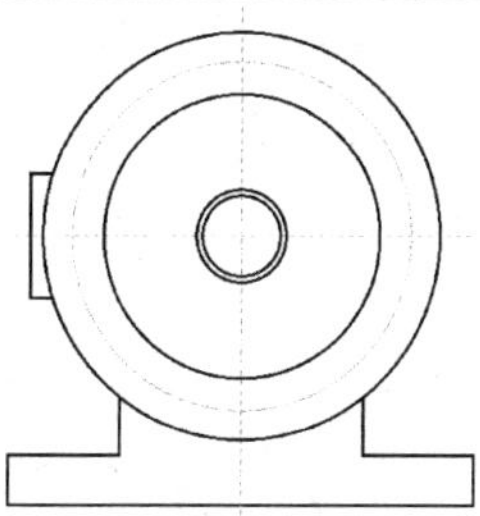	
17	单击【修改】面板的【镜像】按钮，或者输入快捷命令MI，按空格键确定，选择需要镜像的对象，对象被选中后会呈现高亮状态，如右图所示	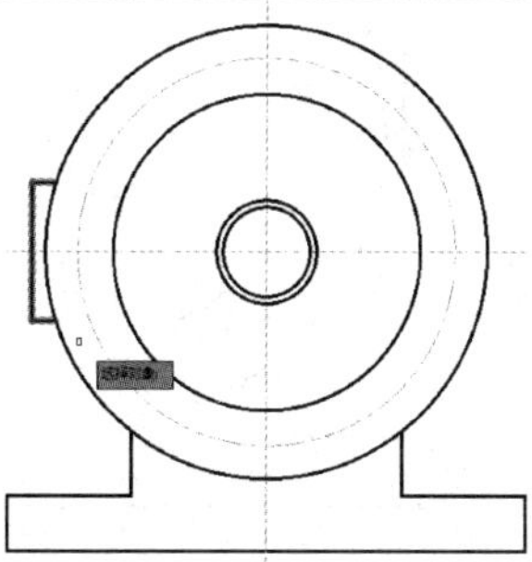	
18	指定镜像线的第一点，指定镜像线的第二点，如右图所示	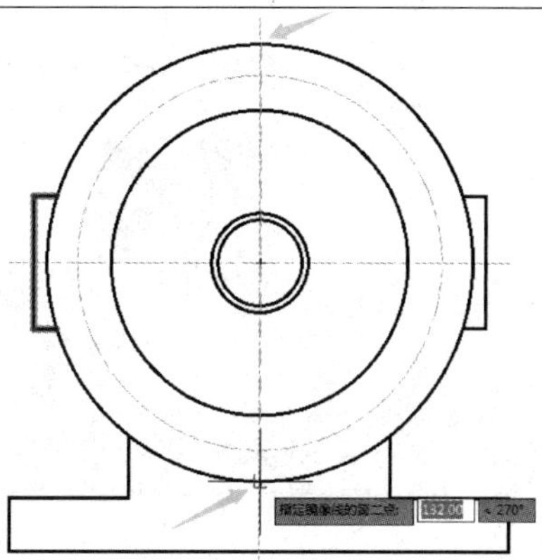	

（续）

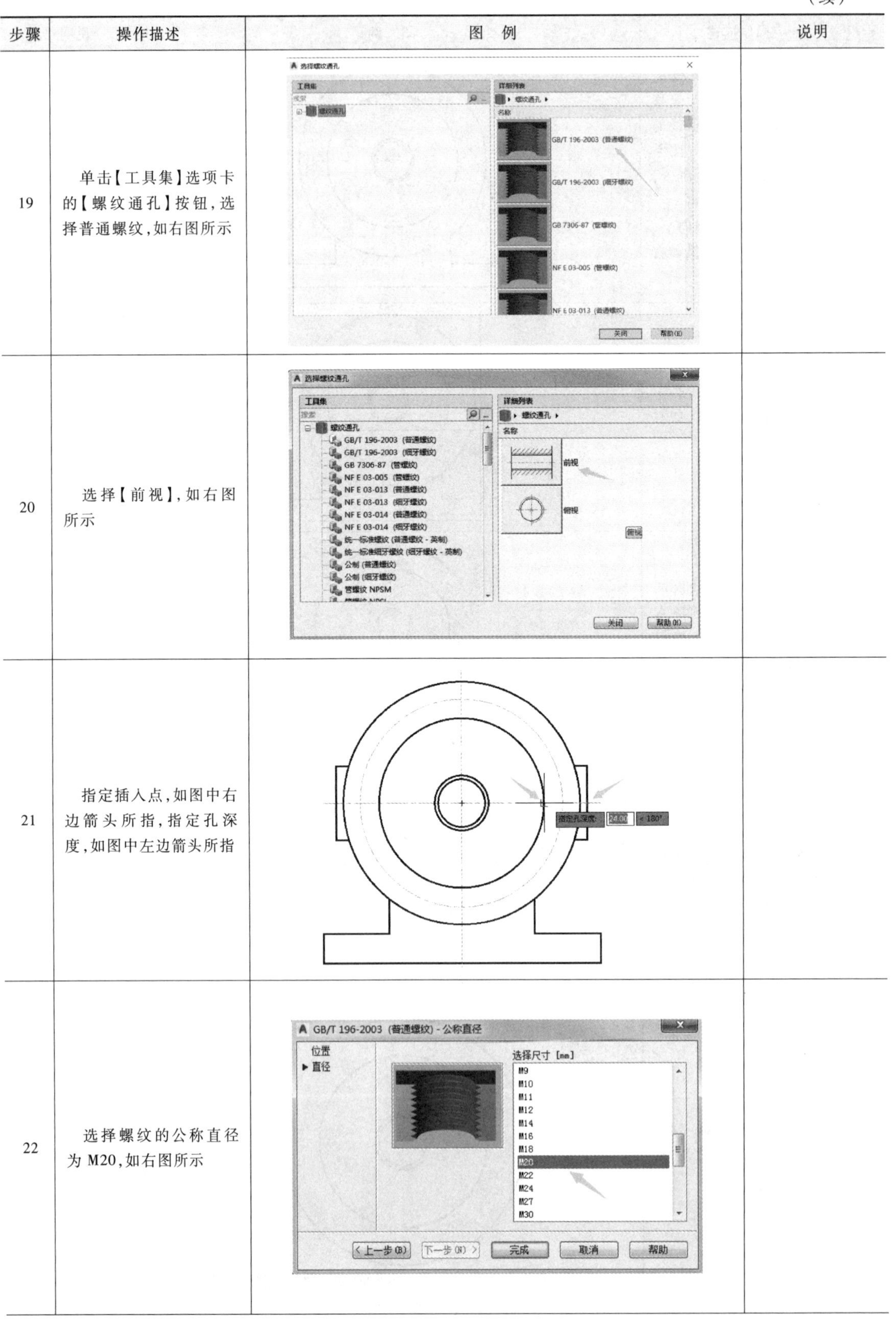

步骤	操作描述	图例	说明
19	单击【工具集】选项卡的【螺纹通孔】按钮，选择普通螺纹，如右图所示		
20	选择【前视】，如右图所示		
21	指定插入点，如图中右边箭头所指，指定孔深度，如图中左边箭头所指		
22	选择螺纹的公称直径为M20，如右图所示		

（续）

步骤	操作描述	图　例	说明
23	结果如右图所示	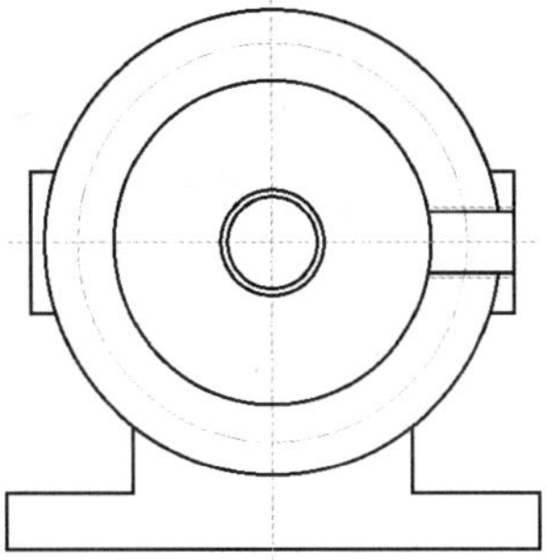	
24	单击【工具集】选项卡的【螺纹盲孔】按钮，选择普通螺纹，如右图所示	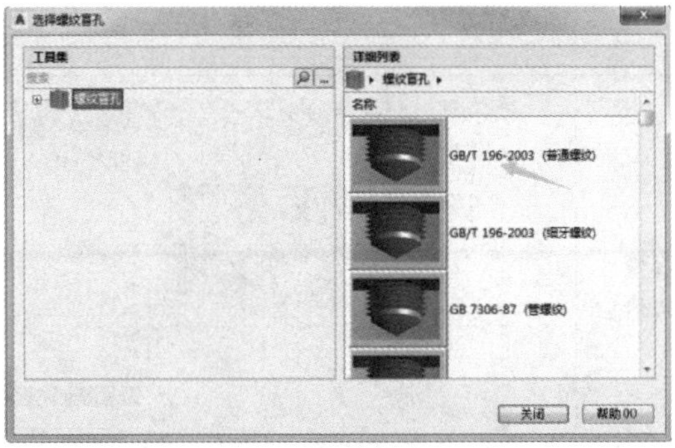	
25	选择【俯视】，如右图所示	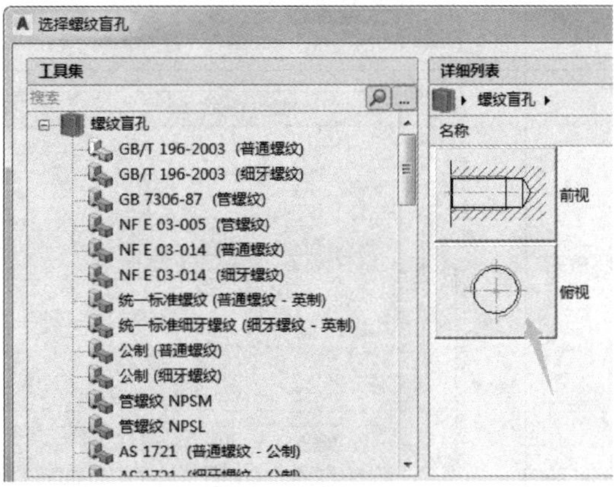	
26	指定箭头所指的点为插入点，如右图所示	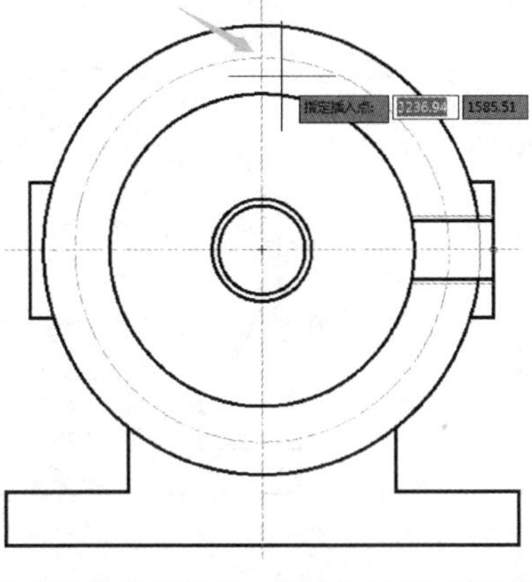	相贯线采用简化画法，一个 $\phi10$ 的孔和 $\phi20$ 的孔正交时，用大圆的圆弧代替相贯线，即以 10mm 为半径的圆弧代替

（续）

步骤	操作描述	图例	说明
27	指定旋转角为0，按空格键确定	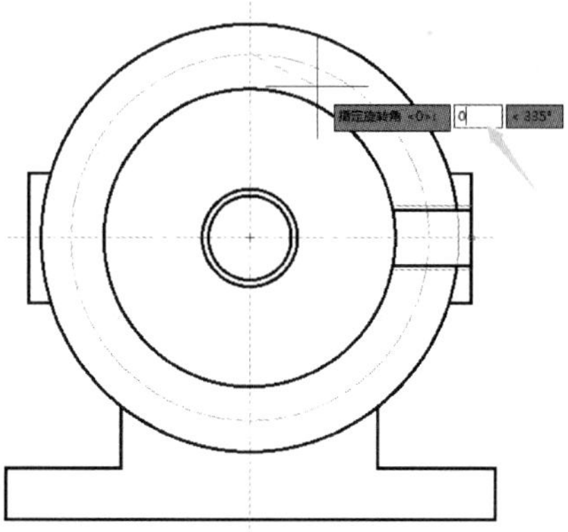 指定旋转角 <0>: 0 < 335°	
28	如右图所示，选择螺纹的公称直径为M8，然后单击【下一步】按钮	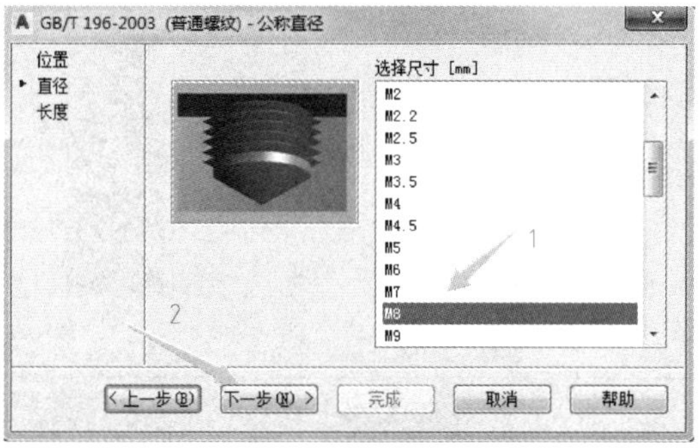 GB/T 196-2003（普通螺纹）- 公称直径 位置 直径 长度 选择尺寸 [mm] M2 M2.2 M2.5 M3 M3.5 M4 M4.5 M5 M6 M7 M8 M9 1 2 < 上一步(B)　下一步(N) >　完成　取消　帮助	
29	输入螺纹的长度，然后单击【完成】按钮	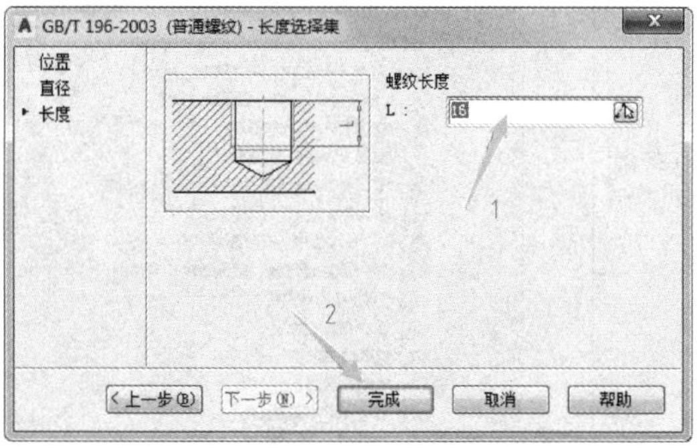 GB/T 196-2003（普通螺纹）- 长度选择集 位置 直径 长度 螺纹长度 L : 16 1 2 < 上一步(B)　下一步(N) >　完成　取消　帮助	
30	软件自动生成螺纹的俯视图，结果如右图所示	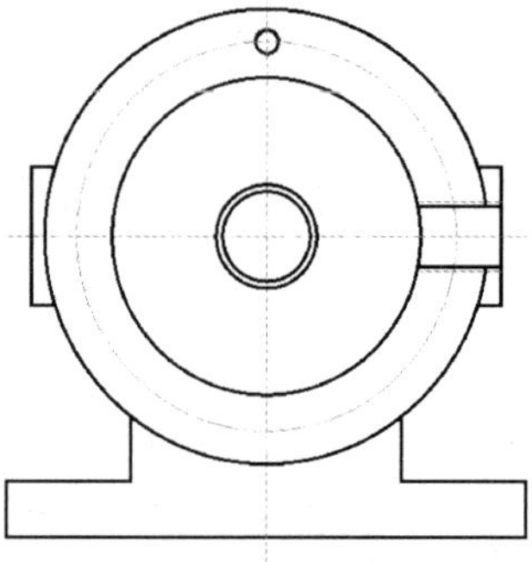	

（续）

步骤	操作描述	图例	说明
31	单击【修改】面板的【阵列】按钮，选择环形阵列，选择需要阵列的对象，对象被选中后会呈现高亮状态，如右图所示	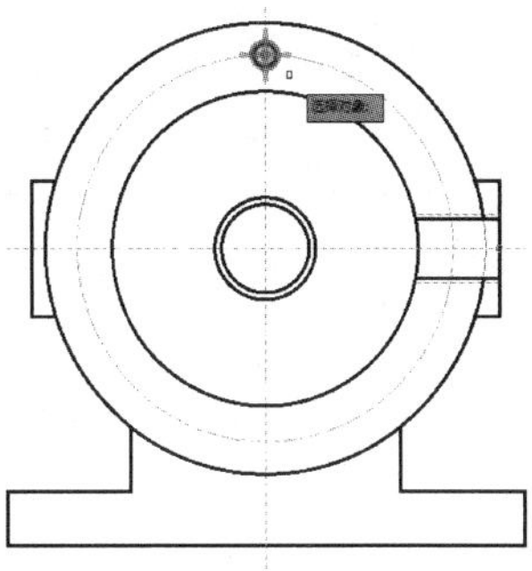	
32	指定十字中心线的交点为阵列中心，按空格键确定，箭头所指的【项目数】改为6，按空格键确定，如右图所示	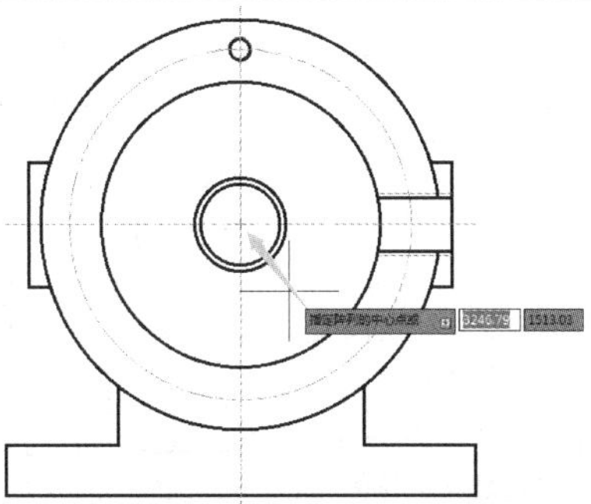 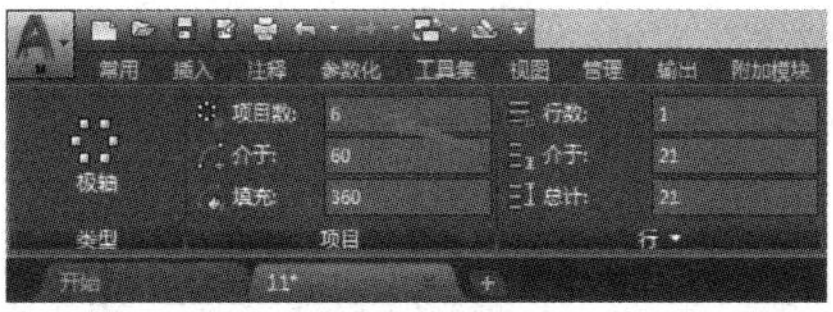	
33	结果如右图所示	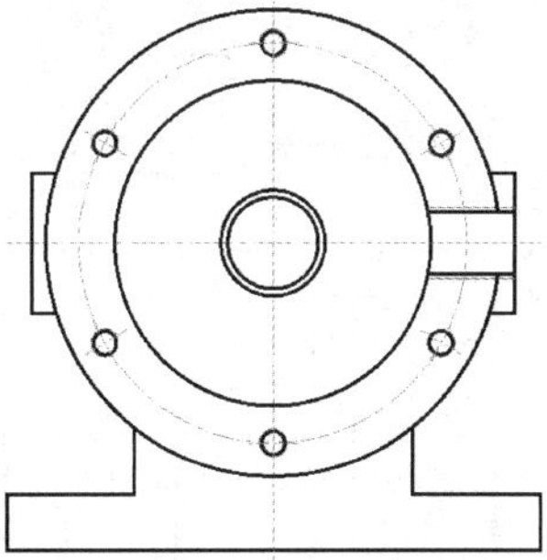	
34	单击【常用】选项卡【构造】面板的【投影】按钮，投影打开后，在右视图左下角合适位置单击，结果如右图所示	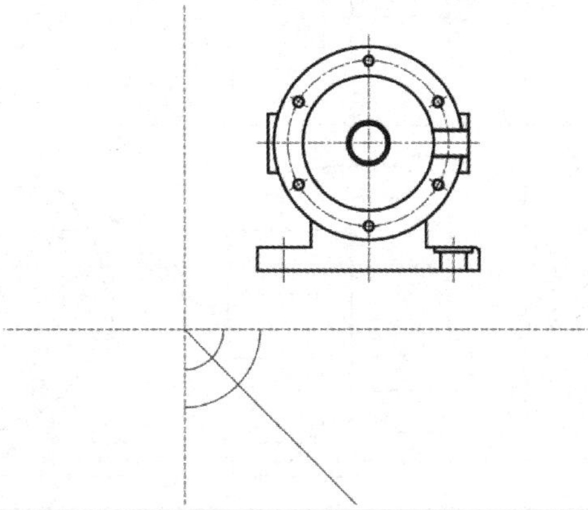	

（续）

步骤	操作描述	图例	说明
35	单击【常用】选项卡【构造】面板的【自动创建构造线】按钮，在弹出的“自动创建构造线”对话框中单击最后一行最后一个构造线类型，选中需要投影的部分，按空格键确定	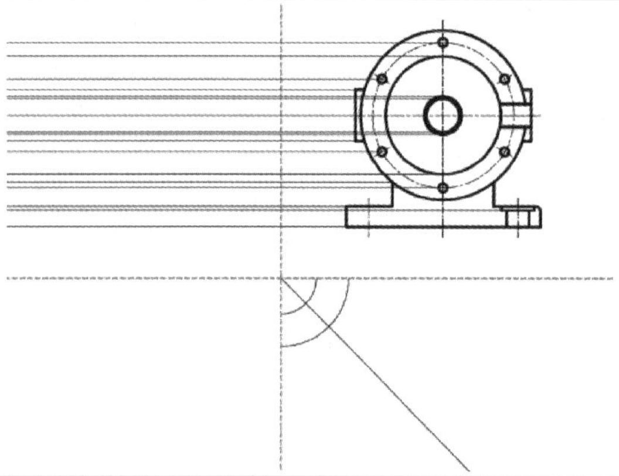	
36	在【常用】选项卡的【绘图】面板中单击【直线】按钮，或者按快捷键L，然后根据零件的参数利用宽相等、高齐平关系画出右图所示图形	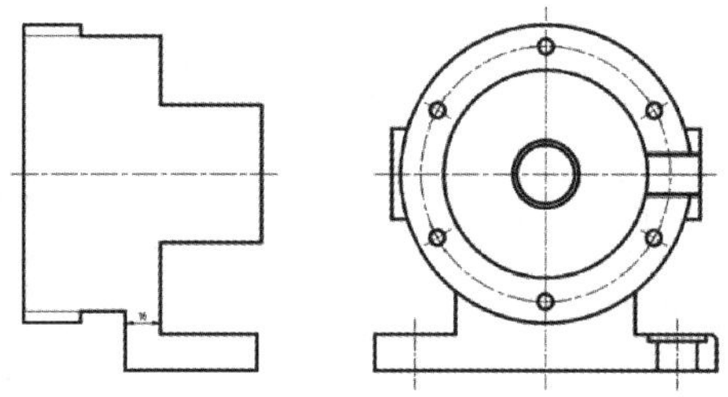	
37	单击【修改】面板的【偏移】按钮，输入偏移距离46，将十字中心线的横线向上、向下各偏移46。按空格键重复【偏移】命令，输入偏移距离48，将左边缘轮廓线向右偏移48，结果如右图所示	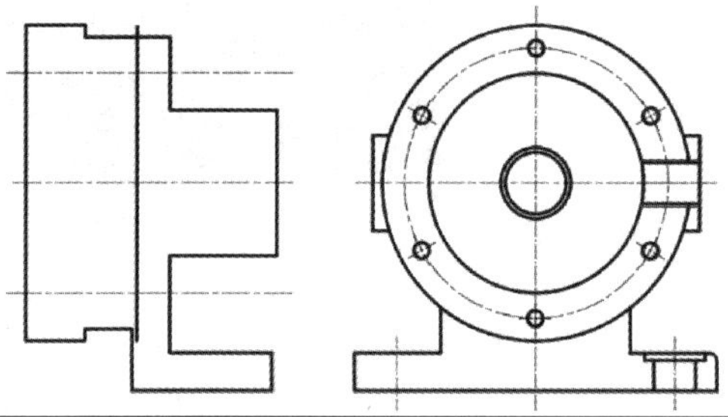	
38	在【常用】选项卡的【绘图】面板中单击【直线】按钮，或者按快捷键L，画出箭头所指的轮廓线	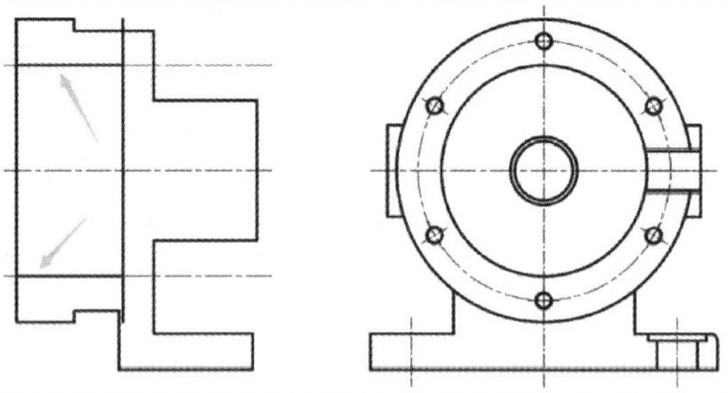	
39	单击【修改】面板的【修剪】按钮，或者输入快捷命令TR，按空格键确定，再次按空格键，修剪多余的线	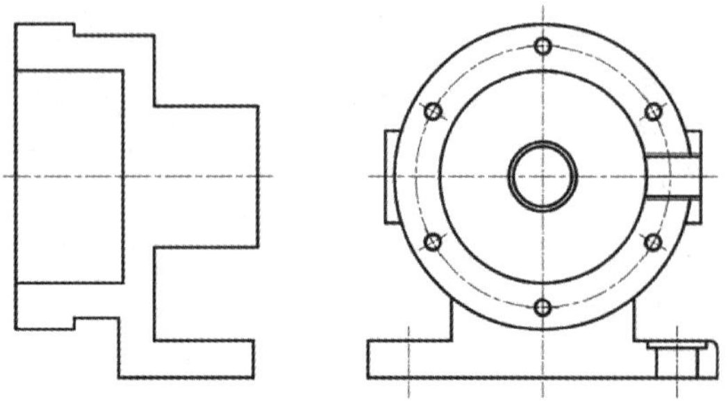	

（续）

步骤	操作描述	图例	说明
40	单击【修改】面板的【偏移】按钮，输入偏移距离13，将十字中心线的横线向上、向下各偏移13；按空格键，重复【偏移】命令，输入17.5，将十字中心线的横线向上、向下各偏移17.5；按空格键，重复【偏移】命令，输入13，将右侧的边缘轮廓线向左偏移13。结果如右图所示	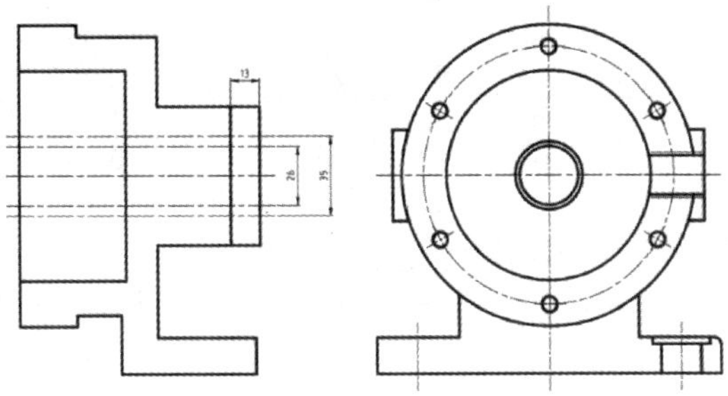 13 26 35	
41	在【常用】选项卡的【绘图】面板中单击【直线】按钮，或者按快捷键L，画出箭头所指的轮廓线	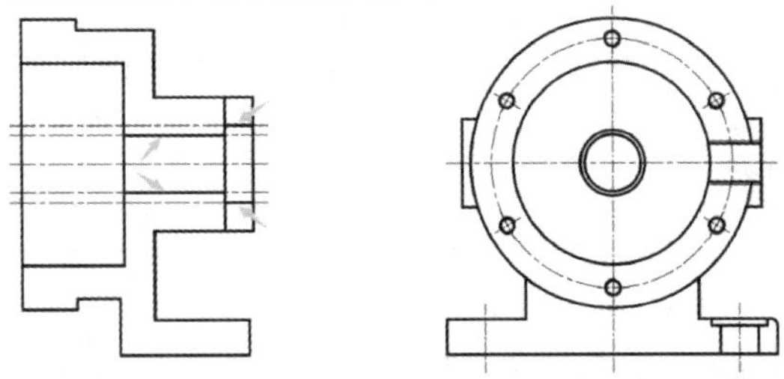	
42	单击右侧【工具栏】的【构造线】按钮，或输入快捷命令XL，输入A选择角度	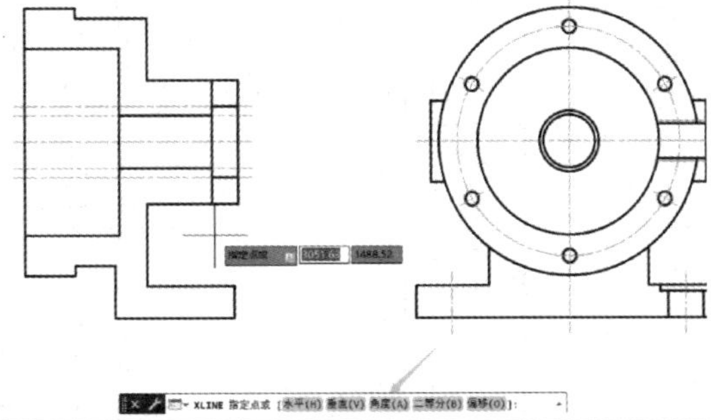 XLINE 指定点或 [水平(H) 垂直(V) 角度(A) 二等分(B) 偏移(O)]:	
43	输入60	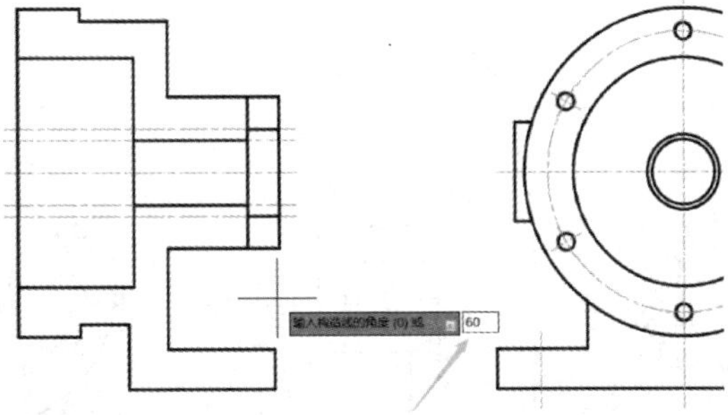 输入构造线的角度 (0) 或 60	
44	指定箭头所指的点为通过点	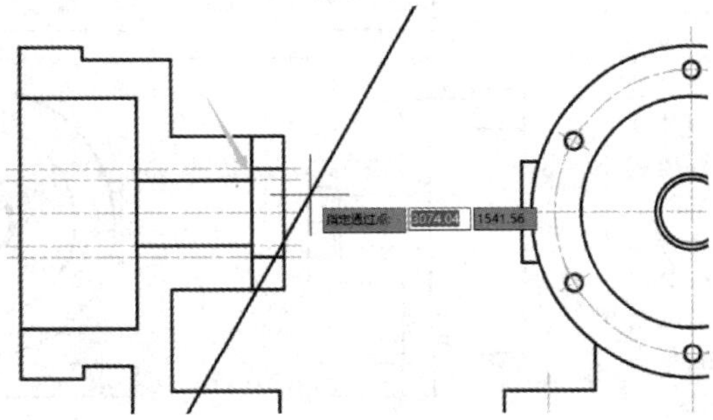 指定通过点: 3074.04 1541.56	

（续）

步骤	操作描述	图例	说明
45	结果如右图所示	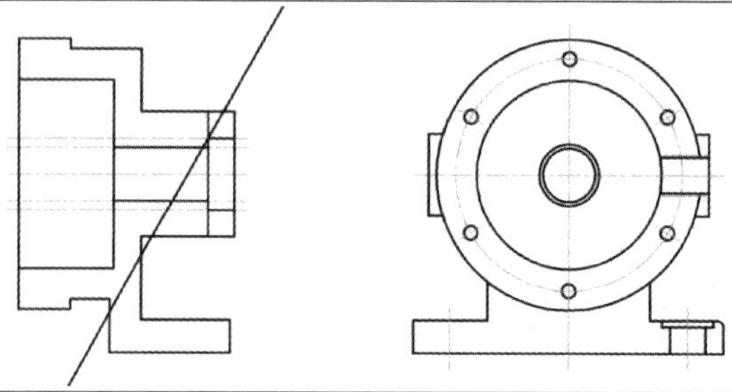	
46	删除偏移得到的中心线，单击【修改】面板的【修剪】按钮，或者输入快捷命令 TR，修剪多余的线，结果如右图所示	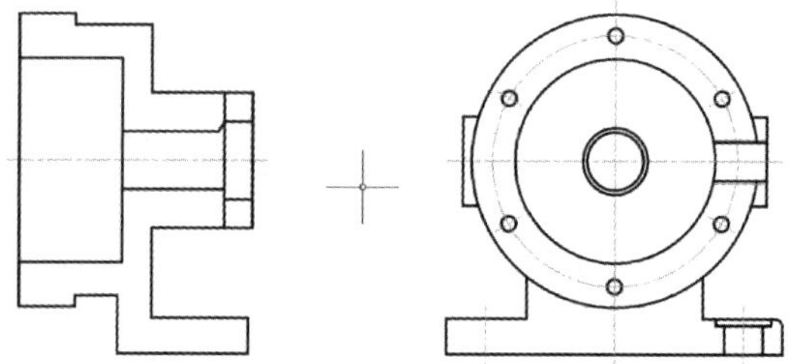	
47	单击【修改】面板的【镜像】按钮，或者输入快捷命令 MI，按空格键确定，通过镜像得到右图所示的线段	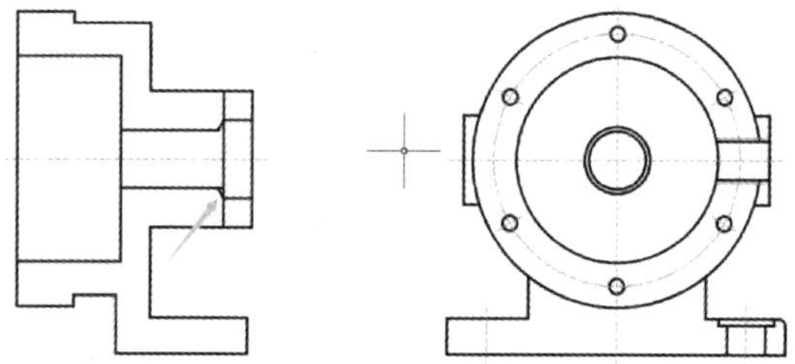	
48	单击【修改】面板的【修剪】按钮，或者输入快捷命令 TR，修剪多余的线，结果如右图所示	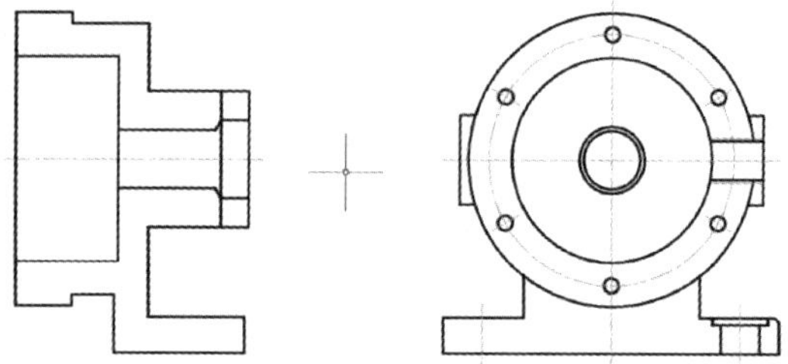	
49	在【常用】选项卡的【绘图】面板中单击【直线】按钮，或者按快捷键 L，画出箭头所指的轮廓线	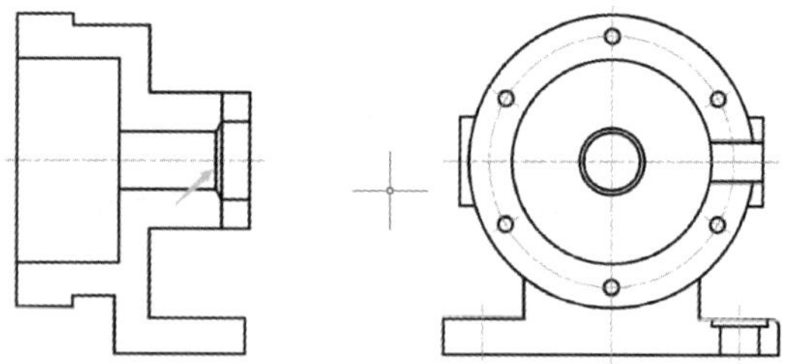	
50	在【常用】选项卡的【修改】面板中单击【圆角】按钮，或者按快捷键 F，设置圆角半径为 3，选择第一个对象，再选择第二个对象，按空格键确定。将所有需要倒圆角的地方进行倒圆角，如右图所示	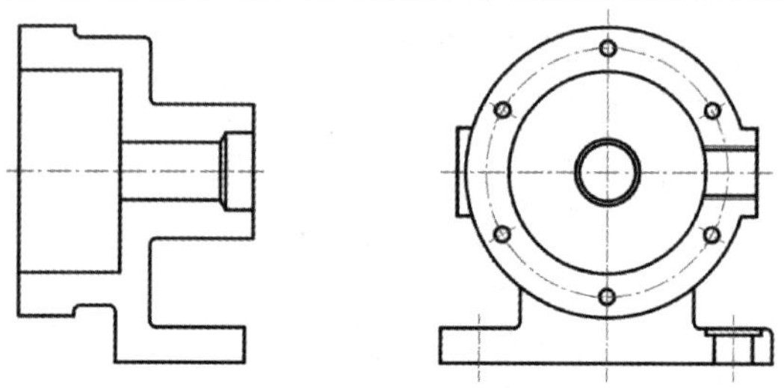	

（续）

步骤	操作描述	图例	说明
51	在【常用】选项卡的【修改】面板中单击【倒角】按钮，或者输入快捷命令 CHA，按空格键确定，弹出右图所示的面板，将第一个倒角和第二个倒角均设置为 2	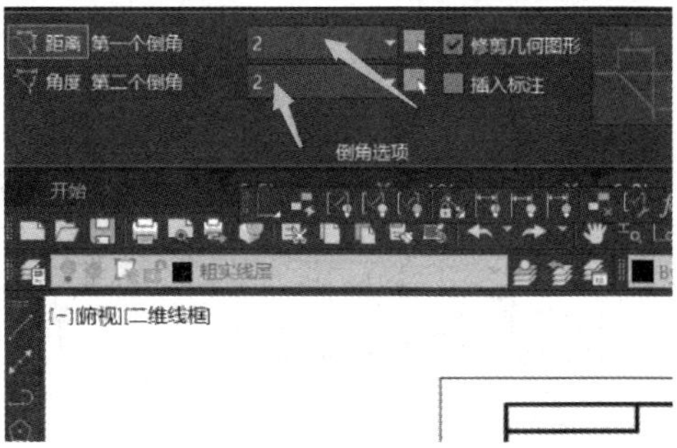	
52	选择第一个对象	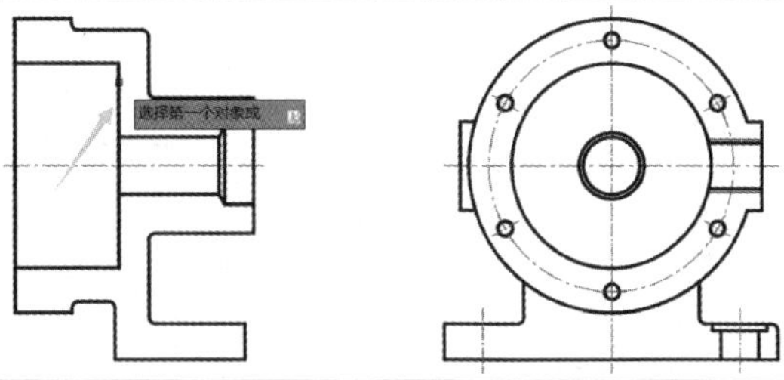	
53	选择第二条直线	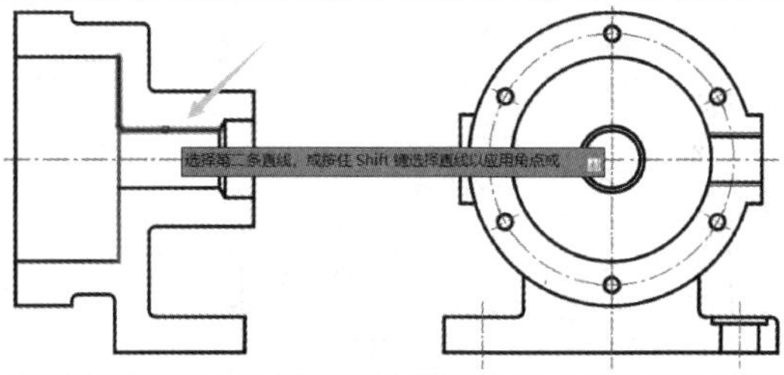	
54	结果如右图所示	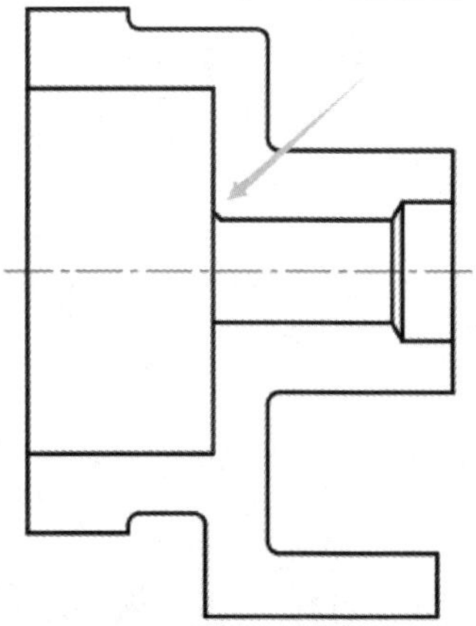	
55	按两次空格键，选择第一个对象	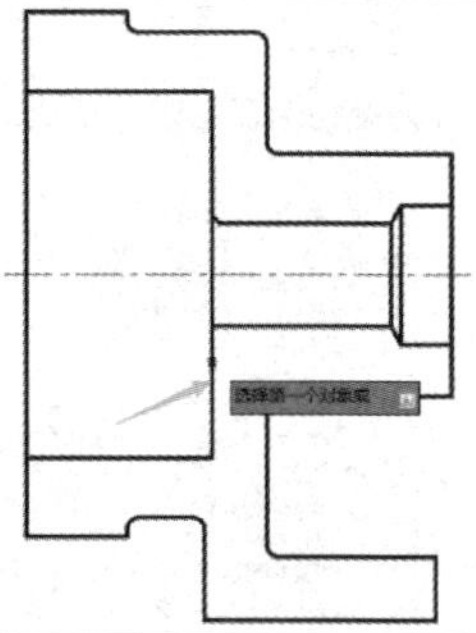	

（续）

步骤	操作描述	图例	说明
56	选择第二条直线，按空格键确定，结果如右图所示	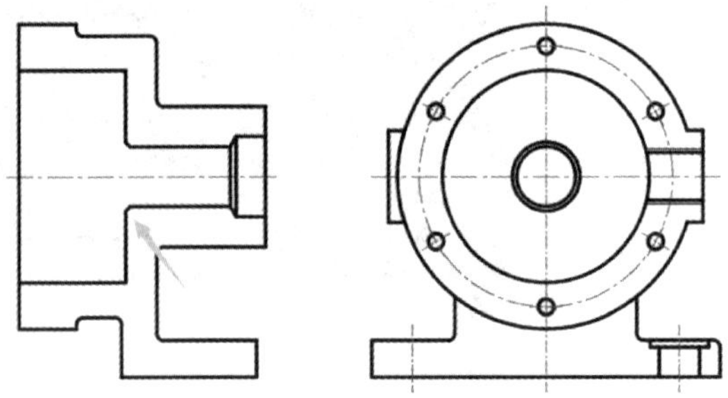	
57	在【常用】选项卡的【绘图】面板中单击【直线】按钮，或者按快捷键L，画出箭头所指的两条轮廓线	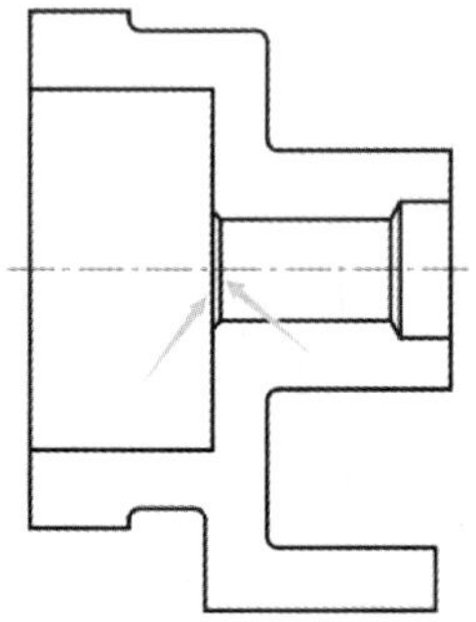	
58	单击【修改】面板的【偏移】按钮，输入偏移距离56.5，将十字中心线的横线向上、向下各偏移56.5；按空格键；重复【偏移】命令，输入24，将十字中心线的横线向下偏移24；按空格键，重复【偏移】命令，输入20，将右侧边缘轮廓线向左偏移20。结果如右图所示	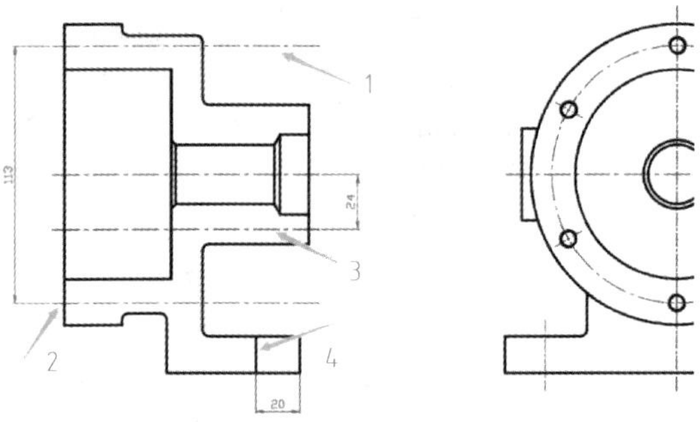 1 113 24 3 2 4 20	
59	单击【工具集】选项卡的【螺纹盲孔】按钮，选择普通螺纹，如右图所示	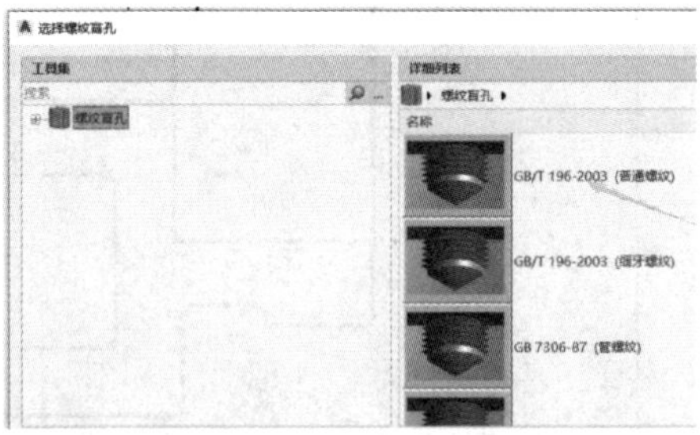 选择螺纹盲孔 工具集 搜索 螺纹盲孔 详细列表 螺纹盲孔 名称 GB/T 196-2003 (普通螺纹) GB/T 196-2003 (细牙螺纹) GB 7306-87 (管螺纹)	
60	单击【前视】按钮	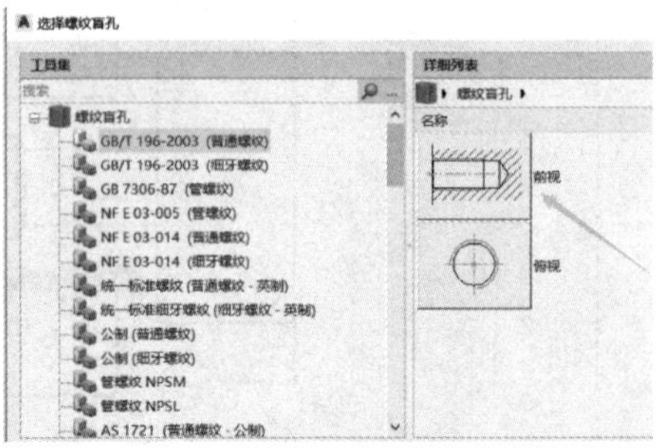 选择螺纹盲孔 工具集 搜索 螺纹盲孔 GB/T 196-2003 (普通螺纹) GB/T 196-2003 (细牙螺纹) GB 7306-87 (管螺纹) NF E 03-005 (管螺纹) NF E 03-014 (普通螺纹) NF E 03-014 (细牙螺纹) 统一标准螺纹 (普通螺纹 - 英制) 统一标准细牙螺纹 (细牙螺纹 - 英制) 公制 (普通螺纹) 公制 (细牙螺纹) 管螺纹 NPSM 管螺纹 NPSL AS 1721 (普通螺纹 - 公制) 详细列表 螺纹盲孔 名称 前视 俯视	

（续）

步骤	操作描述	图例	说明
61	指定插入点	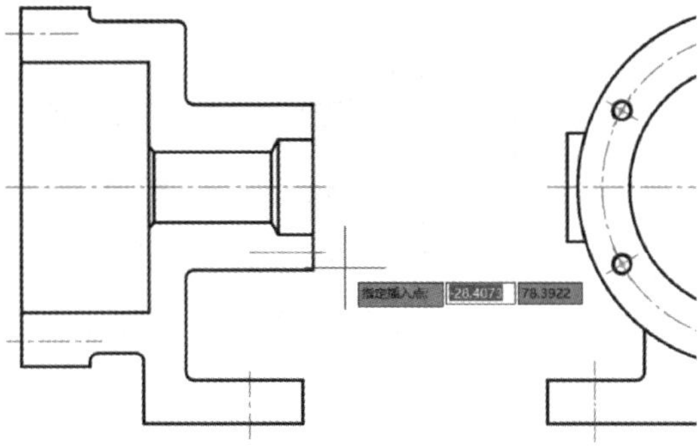 指定插入点: -28.4072 78.3922	
62	指定旋转角为180°	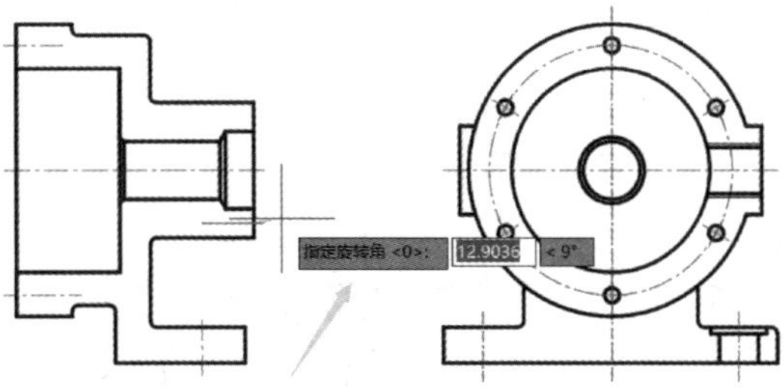 指定旋转角 <0>: 12.9036 < 9°	角度为0°时，螺纹不通（盲）孔朝右，因此要朝左的话，应该输入180°
63	输入孔深为14，右击	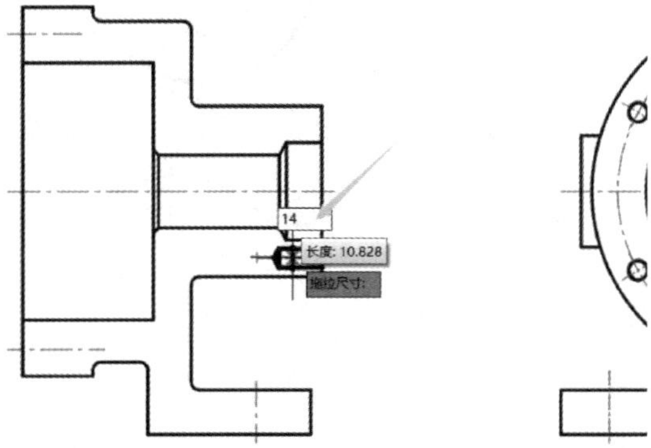 14 长度: 10.828 螺纹尺寸:	
64	结果如右图所示	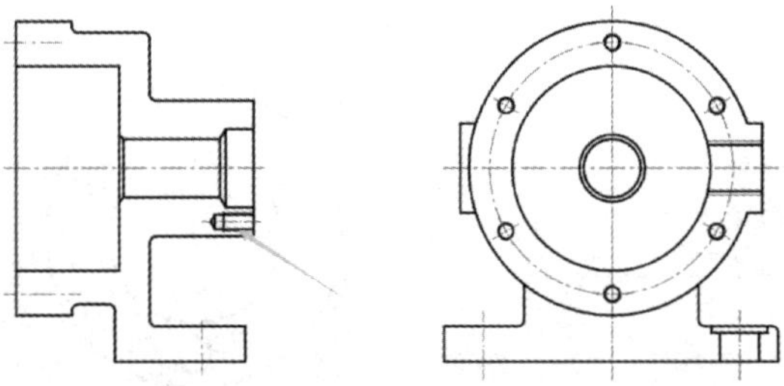	
65	重复上述操作，完成其他螺纹孔的绘制	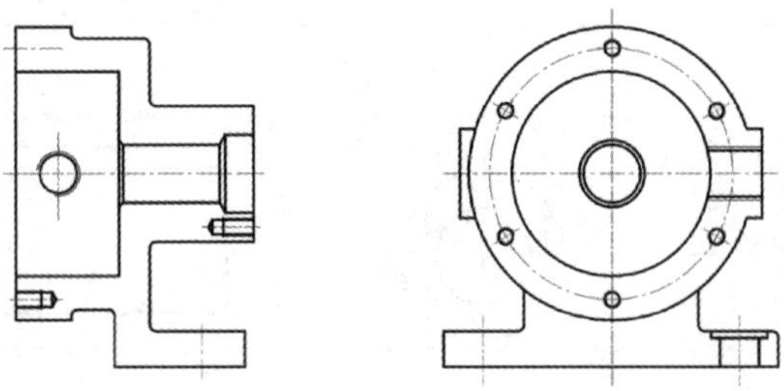	

（续）

步骤	操作描述	图例	说明
66	在【常用】选项卡的【绘图】面板中单击【十字中心线】按钮，绘制出箭头所指的十字中心线	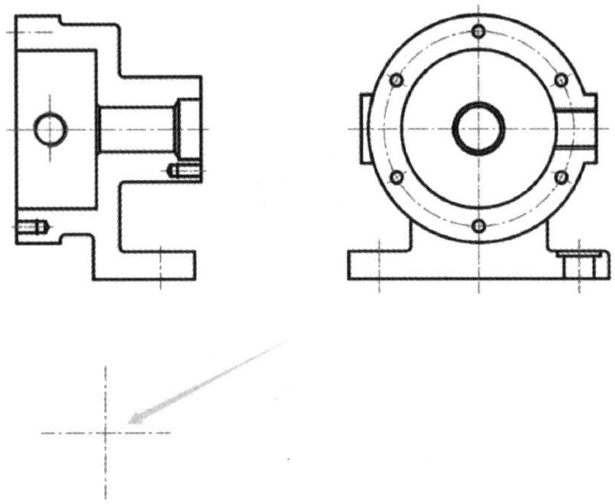	
67	在【常用】选项卡的【绘图】面板中单击【圆】按钮，或者按快捷键 C。以十字中心线的交点为圆心分别绘制 $\phi35$、$\phi48$ 和 $\phi61$ 的圆，如右图所示	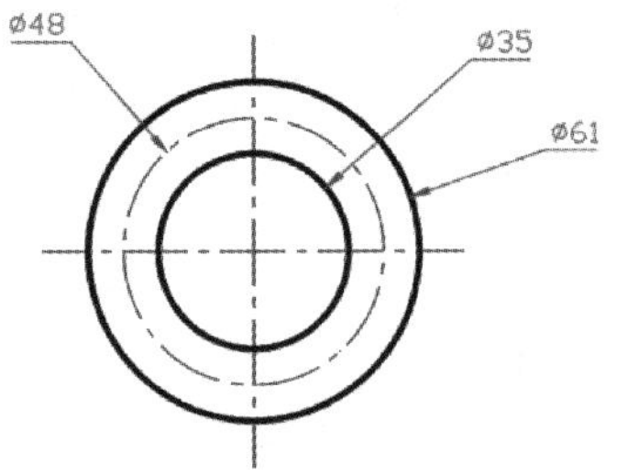 ø48 ø35 ø61	
68	单击【工具集】选项卡的【螺纹盲孔】按钮，绘制右图所示的螺纹孔	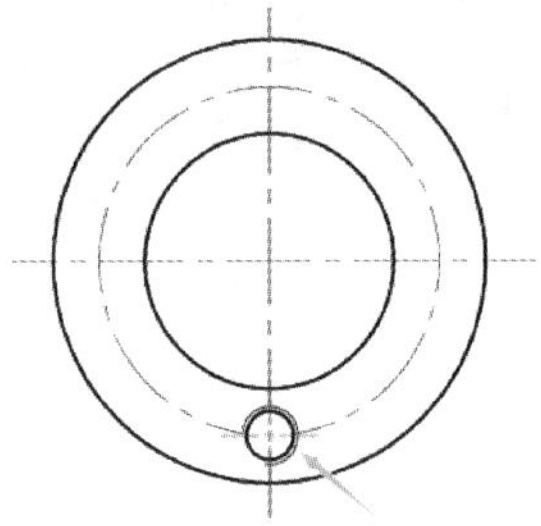	
69	单击【修改】面板的【环形阵列】按钮，绘制另外两个螺纹孔，如右图所示	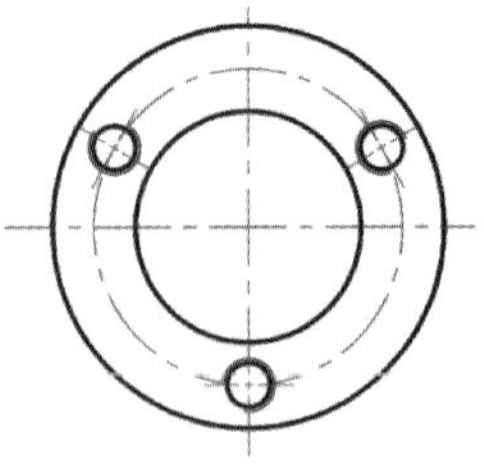	
70	在【常用】选项卡【绘图】面板中单击【直线】按钮，或者按快捷键 L，绘制右图所示矩形	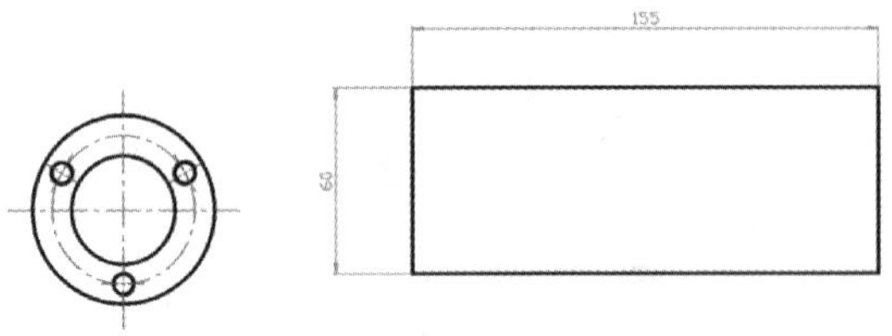 155 60	

（续）

步骤	操作描述	图例	说明
71	在【常用】选项卡的【绘图】面板中单击【中心线】按钮，或者输入快捷命令 XL，绘制右图所示中心线	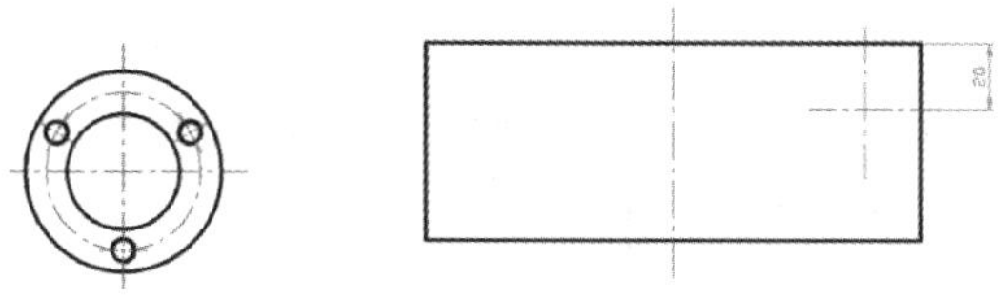	
72	在【常用】选项卡的【绘图】面板中单击【圆】按钮，或者按快捷键 C。以十字中心线的交点为圆心分别绘制 $\phi18$、$\phi26$ 的圆，如右图所示	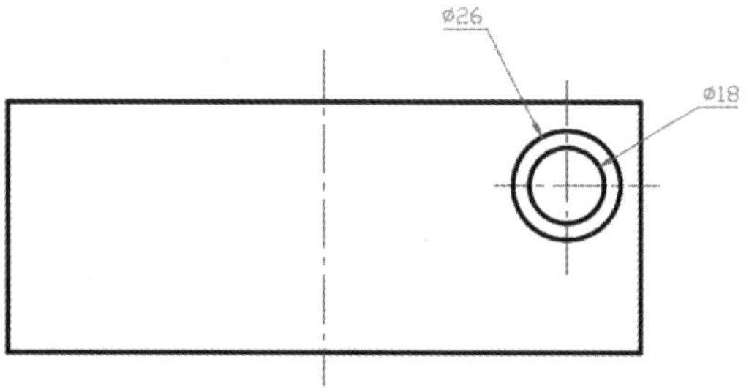	
73	单击【修改】面板的【镜像】按钮，或者输入快捷命令 MI，按空格键确定，通过镜像得到箭头所指图形	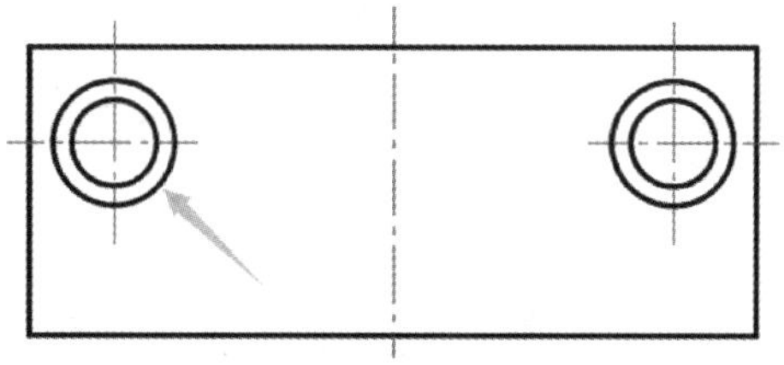	
74	单击【修改】面板的【偏移】按钮，偏移得到右图所示图形	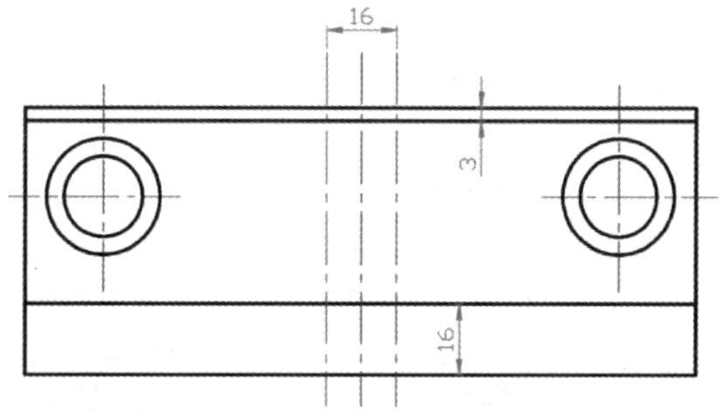	
75	在【常用】选项卡的【绘图】面板中单击【直线】按钮，或者按快捷键 L，绘制箭头所指轮廓线	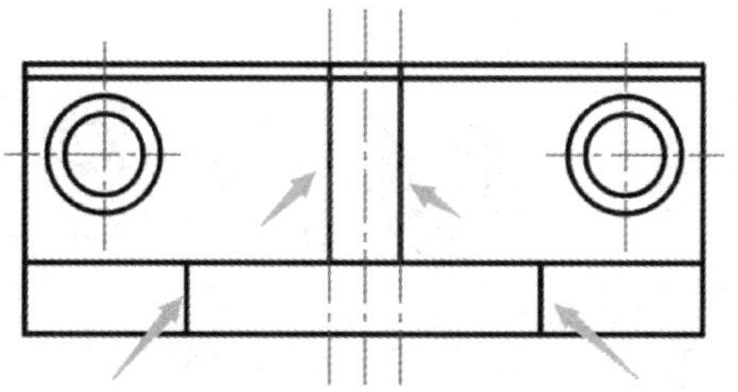	
76	单击【修改】面板的【修剪】按钮，或者输入快捷命令 TR，修剪多余的线，结果如右图所示	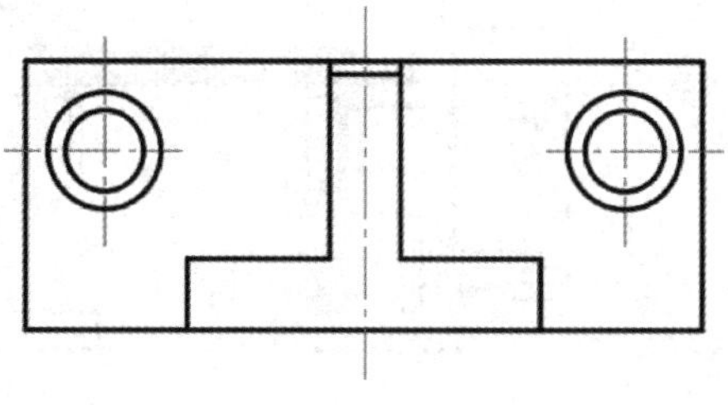	

（续）

步骤	操作描述	图例	说明
77	在【常用】选项卡的【修改】面板中单击【圆角】按钮，或者按快捷键F，设置圆角半径为3，将需要倒圆角的地方倒圆角，如右图所示	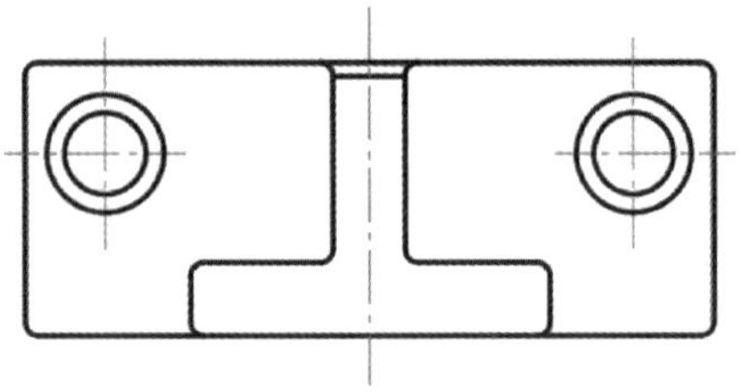	
78	在【常用】选项卡的【局部】面板中单击【局部剖切线】按钮，描绘局部剖切线，按空格键确定，结果如右图所示	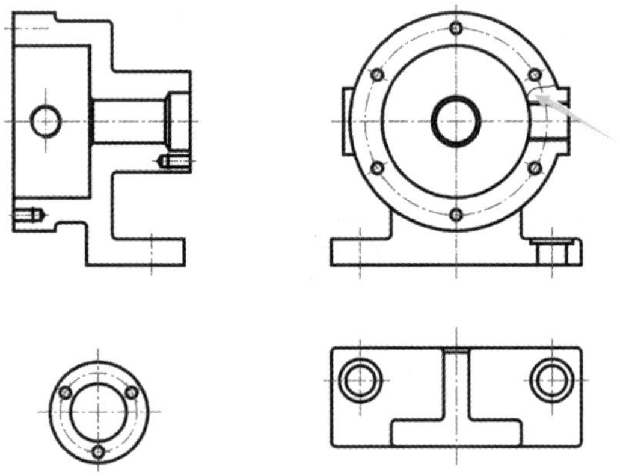	
79	重复上述操作，完成另外两条局部剖切线的绘制	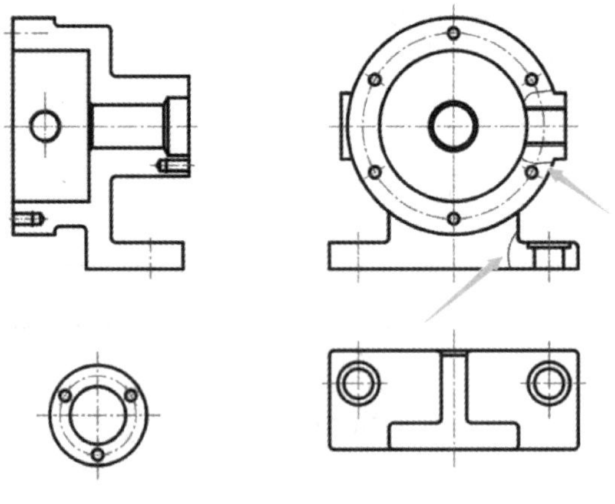	
80	在【常用】选项卡【绘图】面板中单击【填充】按钮，选择填充区的外边界或区域中的点	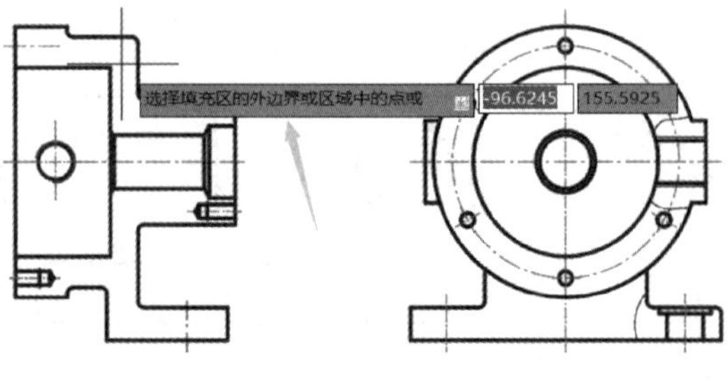 选择填充区的外边界或区域中的点或 -96.6245 155.5925	

（续）

步骤	操作描述	图例	说明
81	最终结果如右图所示	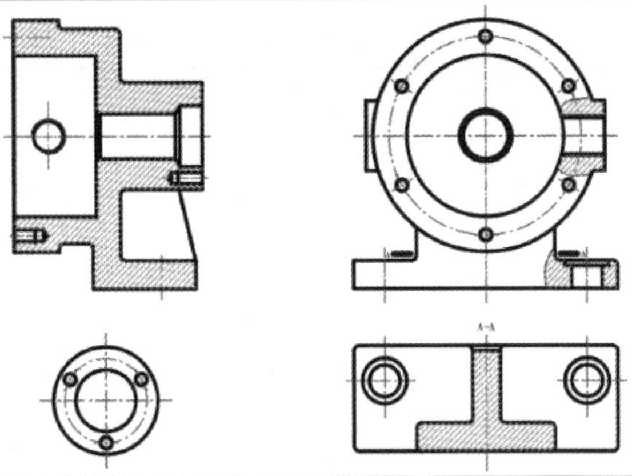 A-A	
82	在【常用】选项卡【局部】面板中单击【剖切线】按钮，在1位置单击，在2位置单击，按空格键确定	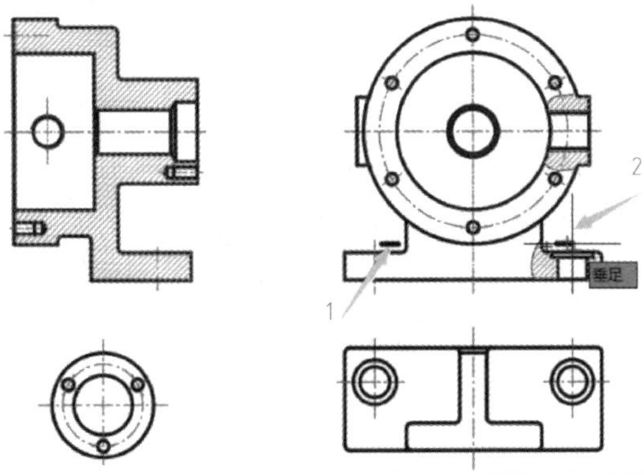 2 垂足 1	
83	在箭头位置生成剖切符号	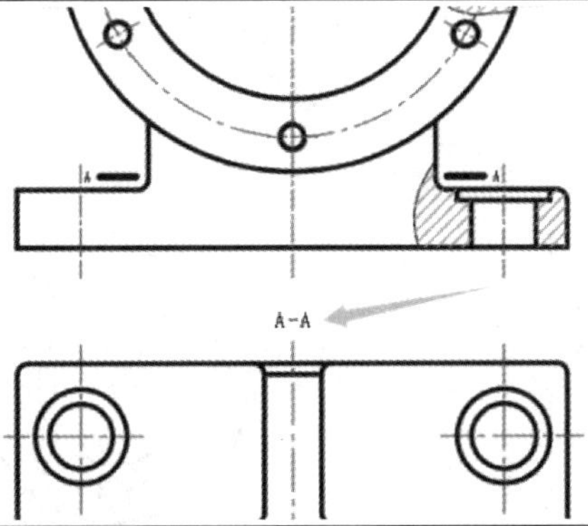 A A A-A	
84	最终结果如右图所示	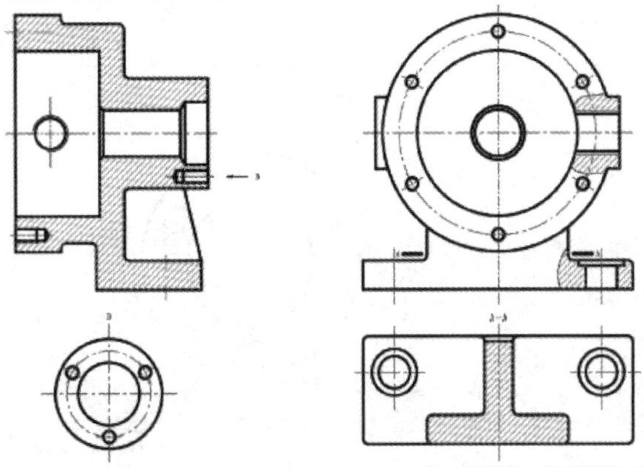	

2. 泵体零件的尺寸标注

根据任务下达时的图样要求，下面对泵体零件进行尺寸标注，详见表4-4。

表4-4 泵体零件尺寸标注步骤及注意事项

步骤	操作描述	图例	说明
1	在【注释】选项卡【标注】面板中单击【增强尺寸标注】按钮，或者输入快捷命令DLI，标注右图所示的线性尺寸	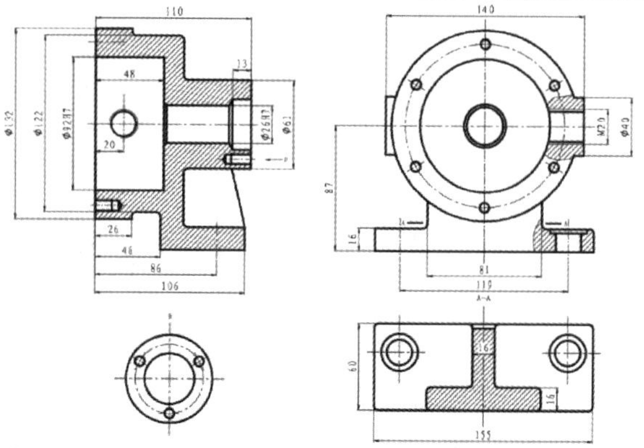	
2	在【注释】选项卡【标注】面板中单击【直径】按钮，标注右图箭头所示的直径尺寸	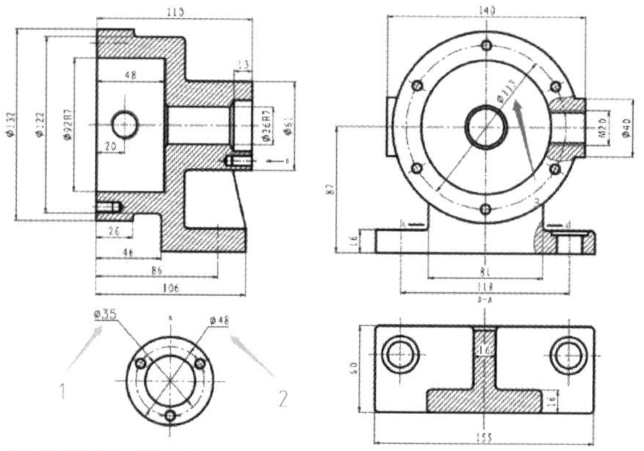	
3	在【注释】选项卡【符号】面板中单击【引线注释】按钮，选择装入的对象，如右图所示	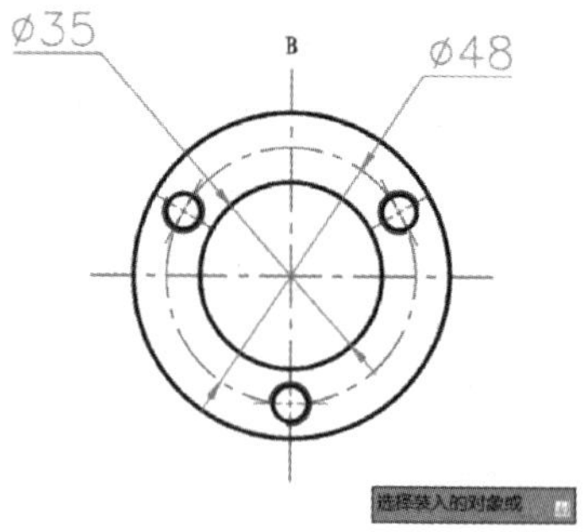	
4	指定起始点，指定下一点	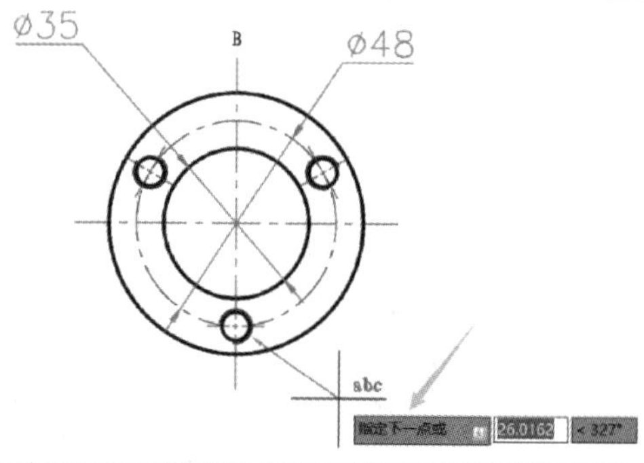	

（续）

步骤	操作描述	图例	说明
5	打开正交开关，拉到适当的长度，按空格键确定	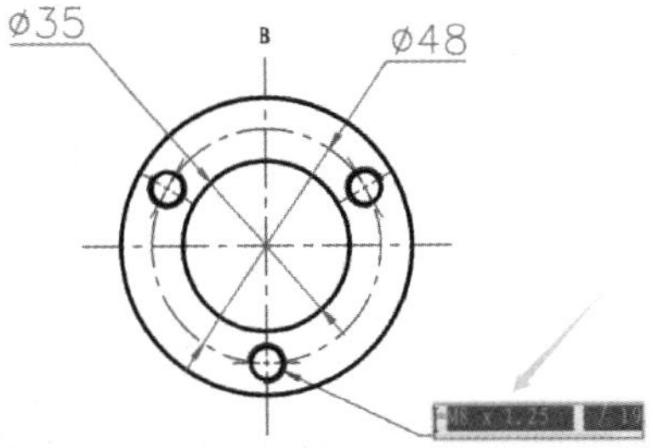 Ø35 B Ø48	
6	输入 3×M8，插入沉头孔符号（箭头所指），如右图所示	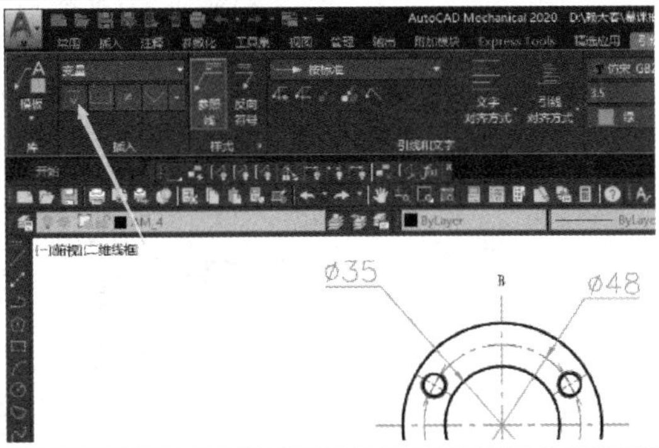 AutoCAD Mechanical 2020 Express Tools 引线和文字 Ø35 B Ø48	
7	最终结果如右图所示	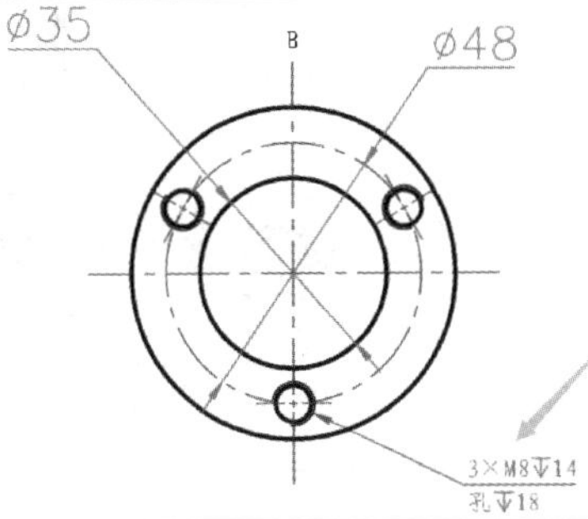 Ø35 B Ø48 3×M8↧14 孔↧18	
8	重复上述操作，将零件图中另外两处引线注释标注完成，结果如右图所示	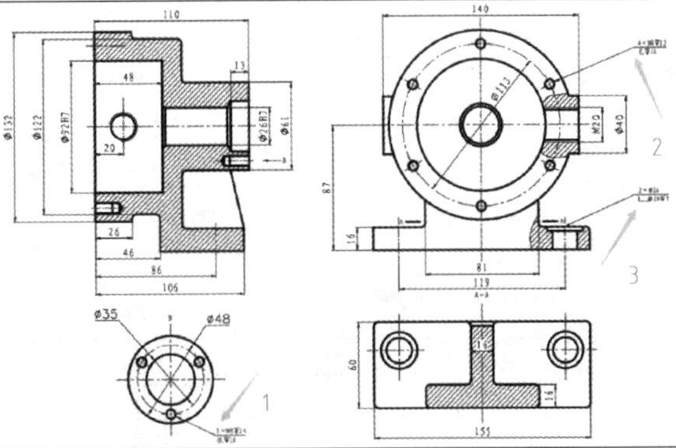 110 48 13 Ø132 Ø122 Ø92H7 Ø26H7 Ø61 20 26 46 86 106 140 Ø112 M20 Ø40 87 16 81 119 A—A 2 3 Ø35 Ø48 1 60 16 155	
9	在【注释】选项卡【符号】面板中单击【表面粗糙度】按钮，选择装入的对象，在合适位置单击标，如右图所示	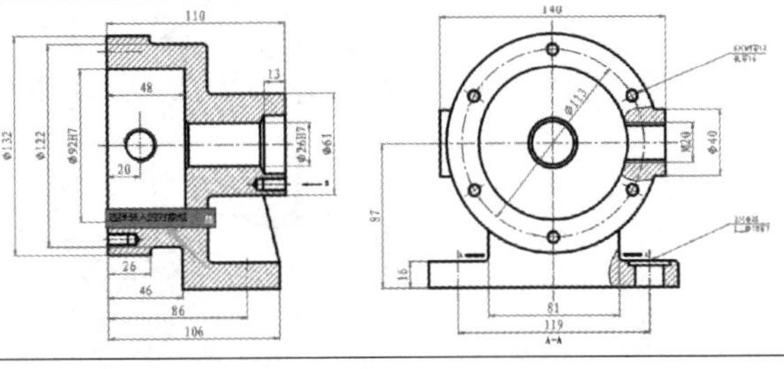 110 48 13 Ø132 Ø122 Ø92H7 Ø26H7 Ø61 20 26 46 86 106 140 Ø112 M20 Ø40 97 16 81 119 A—A	

（续）

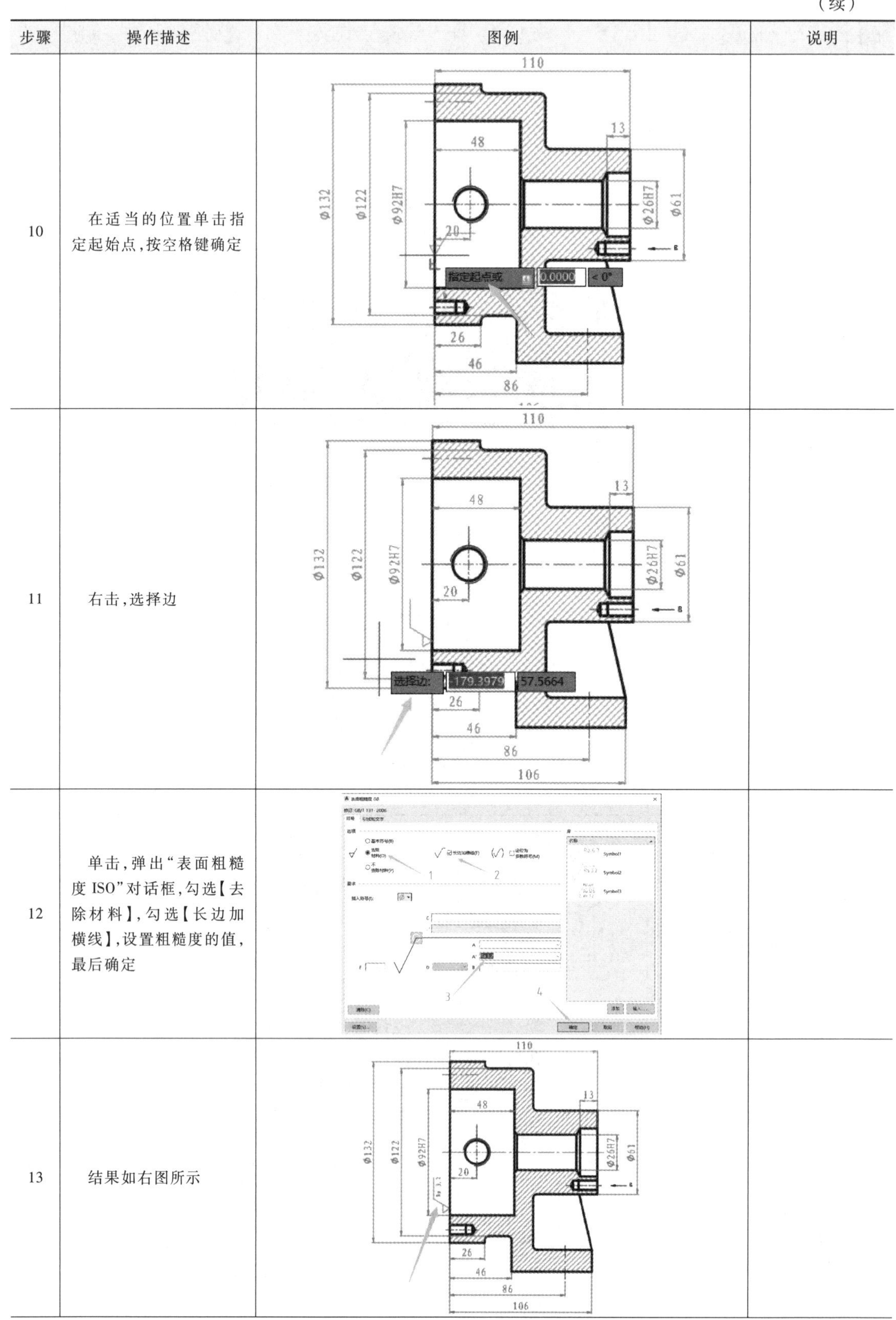

步骤	操作描述	图例	说明
10	在适当的位置单击指定起始点，按空格键确定		
11	右击，选择边		
12	单击，弹出“表面粗糙度 ISO”对话框，勾选【去除材料】，勾选【长边加横线】，设置粗糙度的值，最后确定		
13	结果如右图所示		

（续）

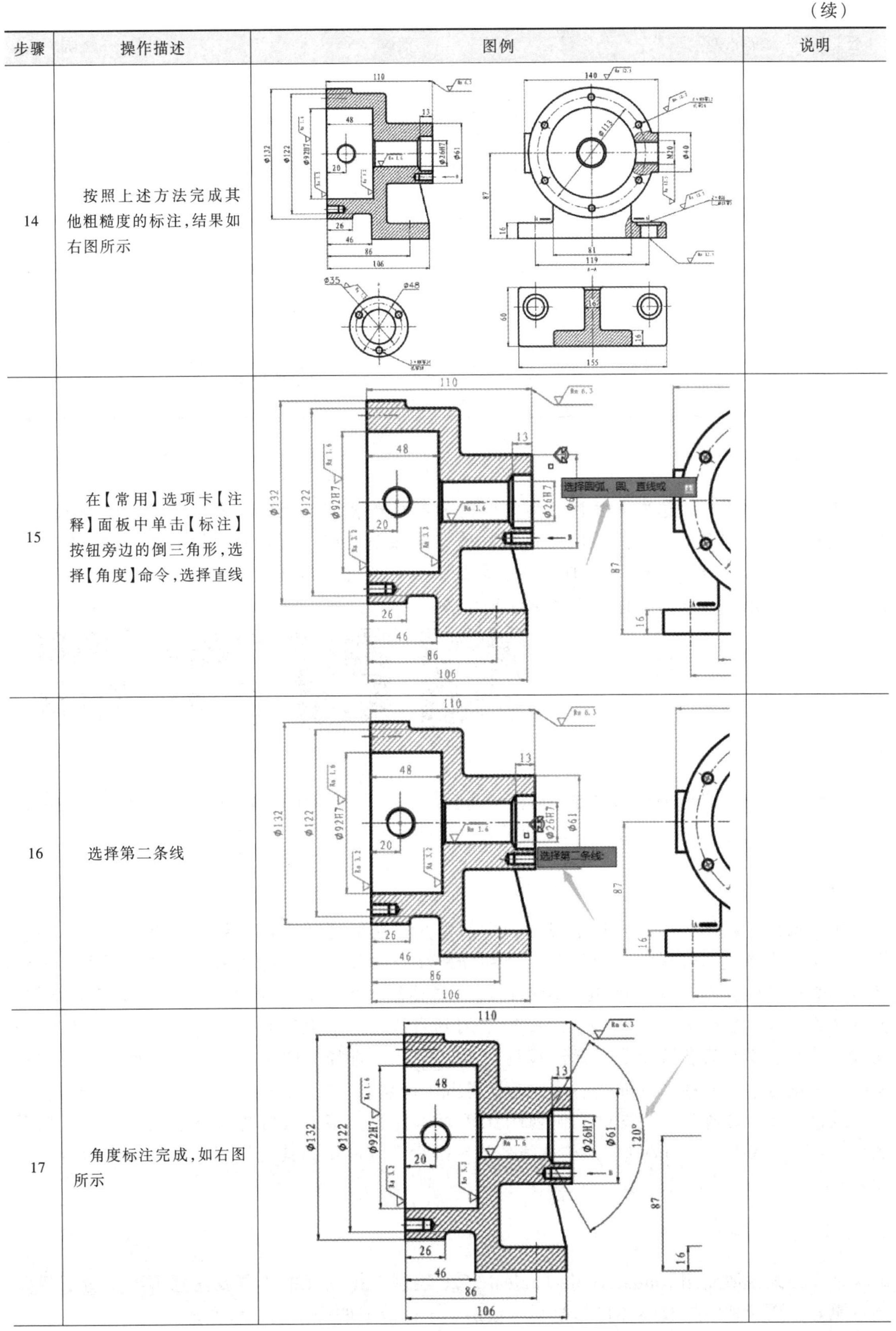

步骤	操作描述	图例	说明
14	按照上述方法完成其他粗糙度的标注，结果如右图所示		
15	在【常用】选项卡【注释】面板中单击【标注】按钮旁边的倒三角形，选择【角度】命令，选择直线		
16	选择第二条线		
17	角度标注完成，如右图所示		

（续）

步骤	操作描述	图例	说明
18	至此，该零件图绘制完成	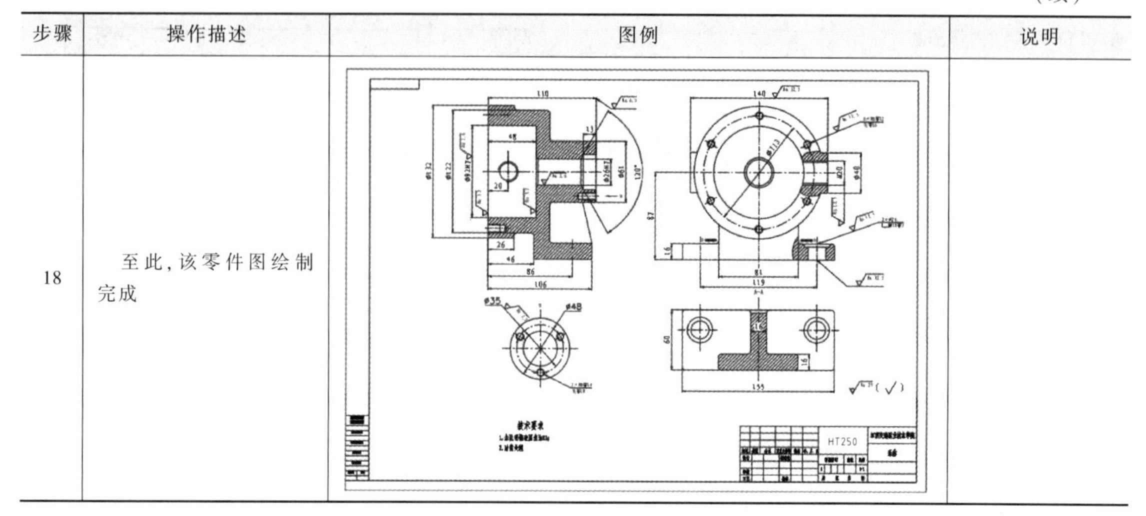	

4.2.4 任务评价

本例难度适中，表达方式多样，与此前的学习任务相比，新增了向视图的表达方式。在绘制过程中需要综合直线、圆、倒圆角、修剪、局部剖切线、剖切线、填充、阵列、螺纹通孔、螺纹盲孔等命令，有利于CAD绘图能力的提高。此外，本例新增了螺纹孔绘制、螺纹孔尺寸标注、柱形沉孔绘制、柱形沉孔标注等任务。

4.3 缸体绘制与输出

缸体的绘制与输出1

缸体的绘制与输出2

缸体的绘制与输出3

缸体的绘制与输出4

4.3.1 任务下达

本任务通过直接给出缸体二维零件图的方式下达，要求抄画图4-5所示的工程图，按国标相关要求标注尺寸，最后以dwg、pdf两种格式输出。

4.3.2 任务分析

本例给出的缸体零件采用基本视图、半剖视图、局部视图表达零件的结构和形状。主视图采用全剖视图表达缸体内腔结构形状及部分螺纹孔的分布，左视图采用半剖视图和一个局部视图表达了圆柱形缸体与底板的联接情况、联接缸盖螺孔的分布和底板上沉头孔的结构，俯视图主要表达缸体的外形结构。绘图时要用到直线、圆、倒圆角、修剪、局部剖切线、剖切线、填充、螺纹盲孔等命令，标注线性尺寸、半径、直径、圆角、螺纹孔等尺寸，设置粗实线、细虚线、中心线、剖面线、尺寸标注等五个图层。

绘制上述缸体零件三视图时，俯视图比较简单且圆较多，故可先完整绘制俯视图，然后利用“三等关系”及AutoCAD的构造线、投影等命令辅助绘制其他视图，其主要绘图流程如图4-6所示。

4.3.3 任务实施

下面详细说明使用AutoCAD Mechanical 2020绘制缸体图样的步骤及注意事项。为了帮助读者更好、更快地掌握缸体图样的绘制与输出，下面分成两部分进行讲解。

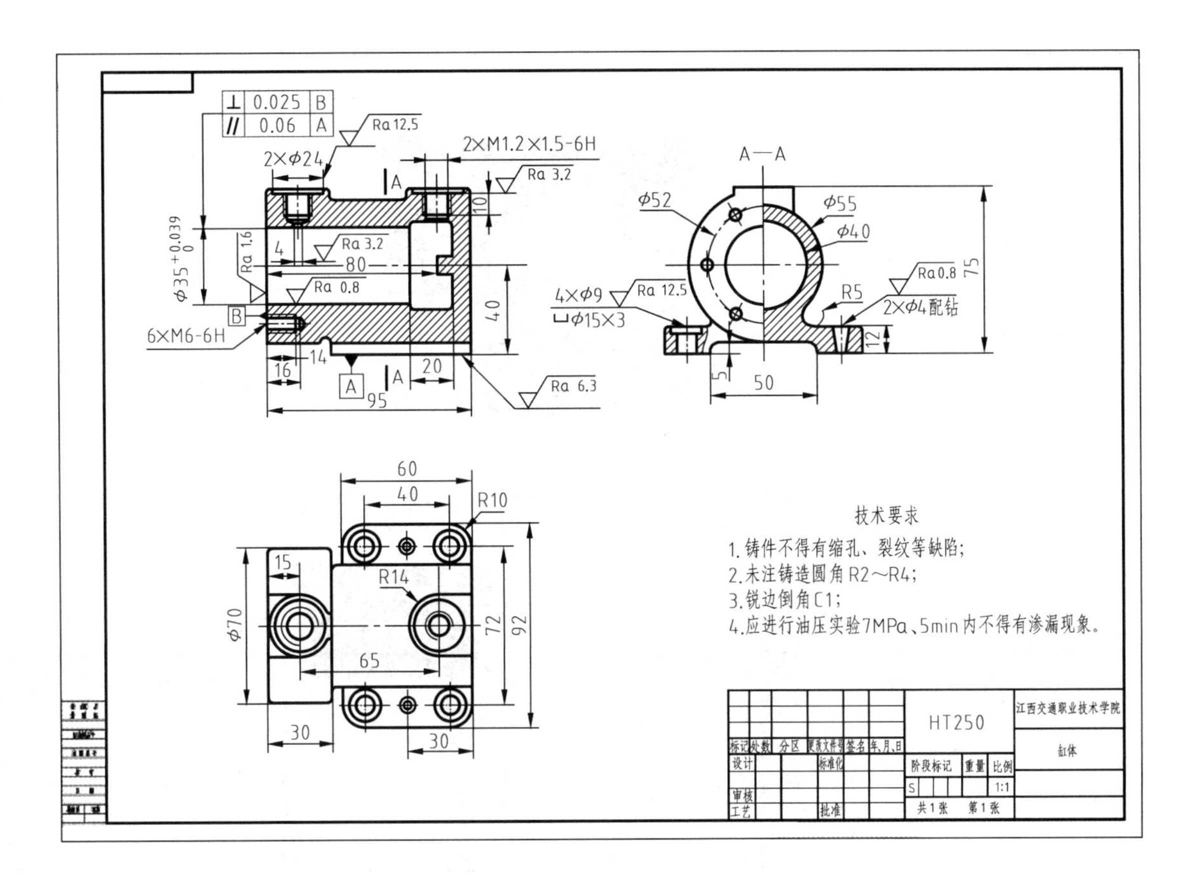

图 4-5　缸体图样

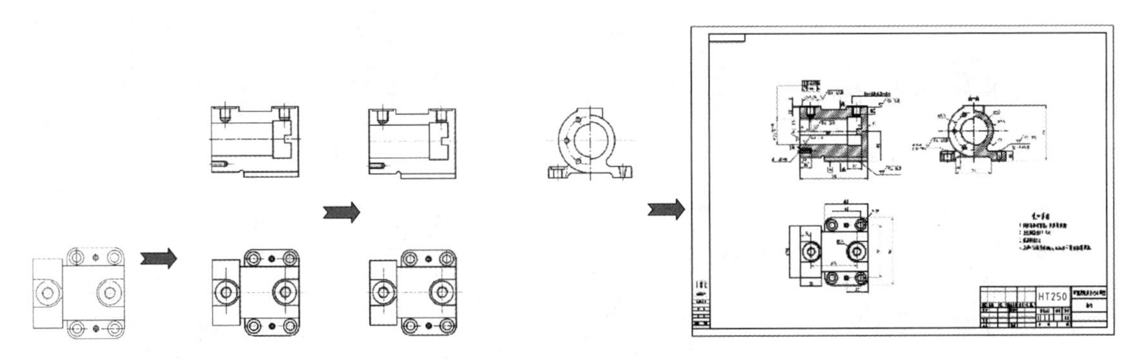

图 4-6　缸体图样的绘制流程

1. 缸体的视图绘制

根据任务下达时的图样要求，绘制缸体的视图，详见表 4-5。

表 4-5　缸体视图绘制步骤及注意事项

步骤	操作描述	图例	说明
1	安装与配置 AutoCAD Mechanical 2020 简体中文版	（图略）	按项目 1 的讲解完成 AutoCAD 的安装与配置

（续）

步骤	操作描述	图例	说明
2	在Windows【开始】菜单中启动AutoCAD Mechanical 2020后，单击【快速访问工具栏】的【新建】按钮	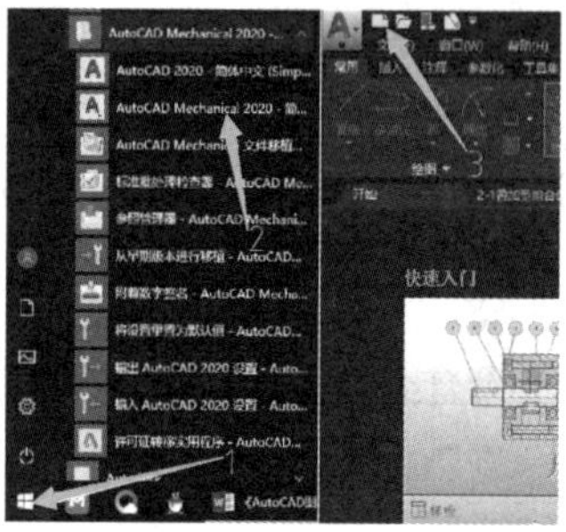 AutoCAD Mechanical 2020 -... AutoCAD 2020 - 简体中文 (Simp... AutoCAD Mechanical 2020 - 简... 2 1 3 快速入门	
3	系统弹出“选择样板”对话框，按右图所示步骤选择符合国标要求的样板文件am_gb.dwt后新建一个绘图文档	 选择样板 查找范围(I): Template 名称 预览 acad.dwt acadiso.dwt am_ansi.dwt am_bsi.dwt am_csn.dwt am_din.dwt am_gb.dwt am_gost.dwt am_iso.dwt am_jis.dwt 江西交院A2图纸样板文件.dwt 江西交院A3图纸样板文件.dwt 江西交院A4图纸样板文件.dwt 1 2 文件名(N): am_gb.dwt 打开(O) 文件类型(T): 图形样板 (*.dwt) 取消	样板文件内含图层、文字样式、标注样式、图框、标题栏等，可以自行制作
4	此时系统会自动生成一个名为drawing1.dwg的文件。单击【快速访问工具栏】的【保存】按钮，在“图形另存为”对话框中，选好文件保存位置，输入新文件名（如“缸体”），单击【保存】按钮即可完成文件的重命名	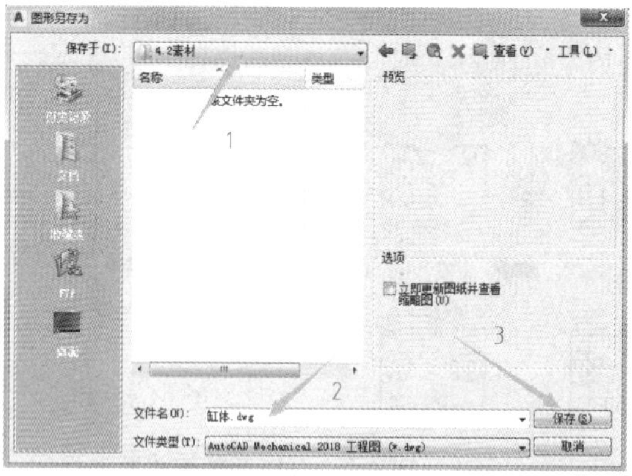 图形另存为 保存于(I): 4.2素材 名称 类型 预览 该文件夹为空。 1 选项 立即更新图纸并查看缩略图(U) 3 2 文件名(N): 缸体.dwg 保存(S) 文件类型(T): AutoCAD Mechanical 2018 工程图 (*.dwg) 取消	进入绘图环境后的第一件事就是保存文件，在后续绘图过程中也要经常单击【保存】按钮或按<Ctrl+S>组合键保存所绘图形，否则意外关机时，未保存的图就丢失了
5	分析零件图得知，可以先画左视图，在【常用】选项卡的【绘图】面板中单击【直线】按钮，或在命令行中输入L后回车，然后画出右图所示的矩形，尺寸暂时不用标注，这里标注只是为了更好地说明步骤	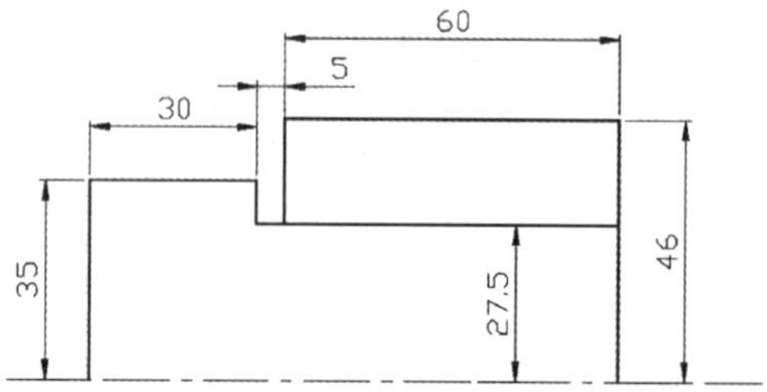 60 5 30 35 27.5 46	

（续）

步骤	操作描述	图例	说明
6	在【修改】面板中单击【圆角】按钮，或者按快捷键 F，设置圆角半径为 10，选择第一个对象	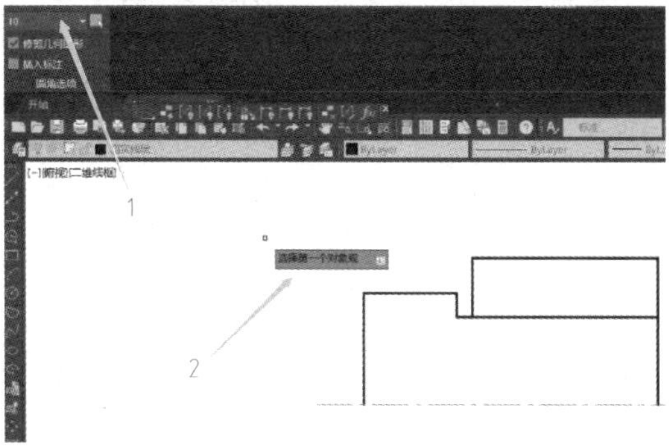 1 2 选择第一个对象或	
7	再选择第二个对象，按空格键确定，结果如右图所示	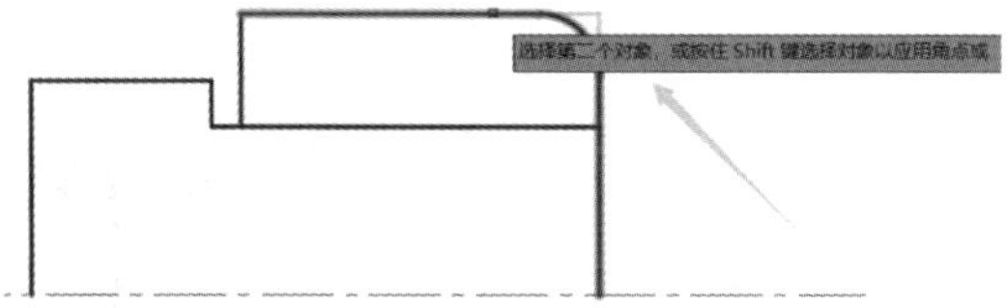 选择第二个对象，或按住 Shift 键选择对象以应用角点或	
8	重复上述操作，绘制另一侧圆角，如右图所示	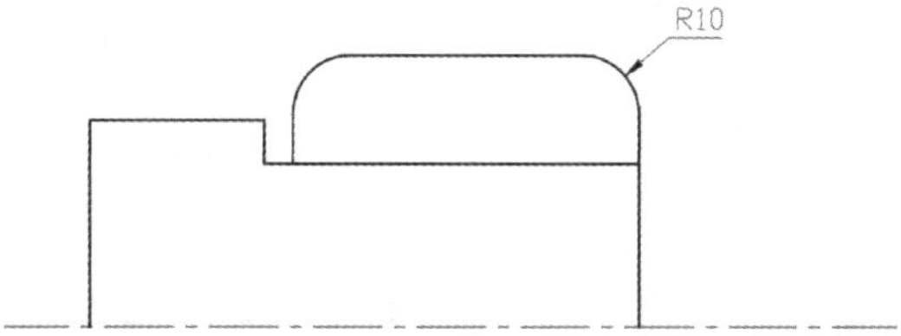 R10	
9	在【常用】选项卡【绘图】面板中单击【圆】按钮，或者按快捷键 C。光标靠近圆弧，软件会自动显示圆弧的圆心，如图中箭头所示	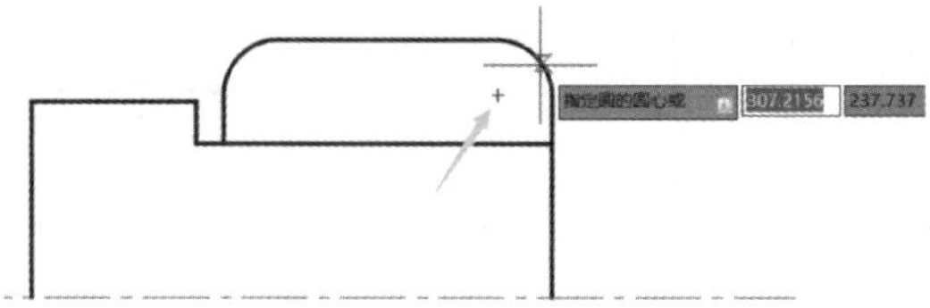 指定圆的圆心或 307.2156 237.737	这就是先倒圆角的原因：可以快速定位 $\phi 9$ 和 $\phi 15$ 两个圆的圆心
10	以该圆心分别绘制 $\phi 9$ 和 $\phi 15$ 的圆，如右图所示	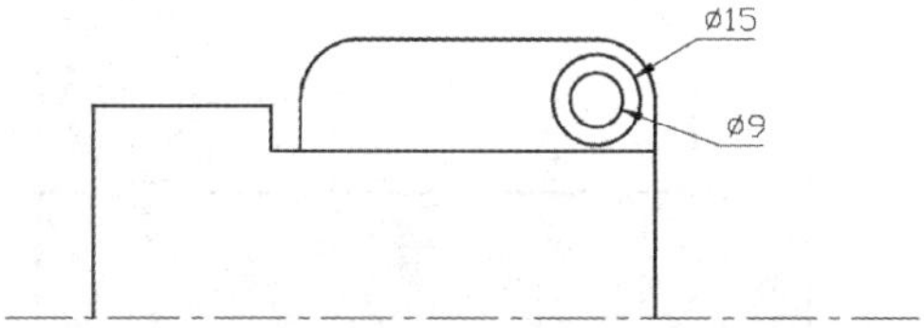 ϕ15 ϕ9	
11	在【常用】选项卡【绘图】面板中单击【中心线】按钮旁边的倒三角形，选择十字中心线	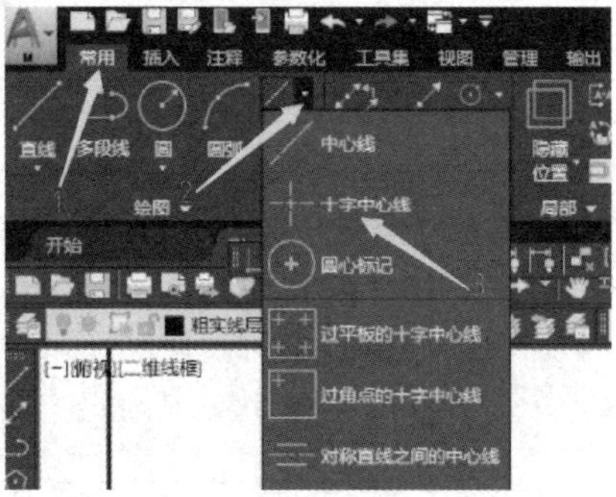 常用 插入 注释 参数化 工具集 视图 管理 输出 直线 多段线 圆 圆弧 绘图 1 2 3 中心线 十字中心线 圆心标记 过平板的十字中心线 过角点的十字中心线 对称直线之间的中心线 隐藏位置 局部 开始 粗实线层 [-]俯视[二维线框]	

（续）

步骤	操作描述	图例	说明
12	光标靠近圆弧，软件会自动显示圆弧的圆心，如图中箭头所示，以此圆心为中心点	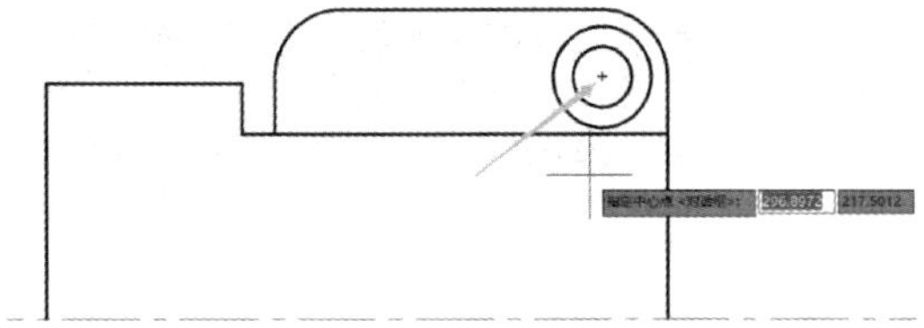	
13	将十字中心线拉伸到合适的长度，单击，结果如右图所示	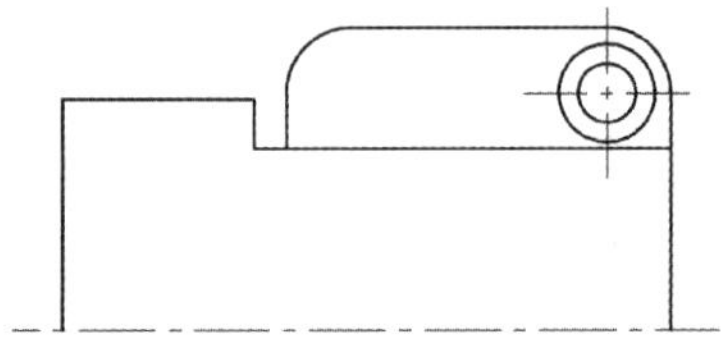	
14	在【常用】选项卡【绘图】面板中单击【中心线】按钮，如右图所示，捕捉中点	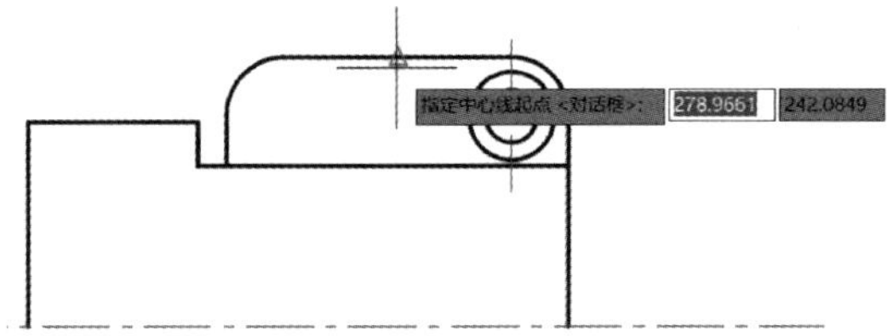	
15	单击【修改】面板的【镜像】按钮，或者输入快捷命令 MI，按空格键确定，选择需要镜像的对象，对象被选中后会呈现高亮状态，如右图所示	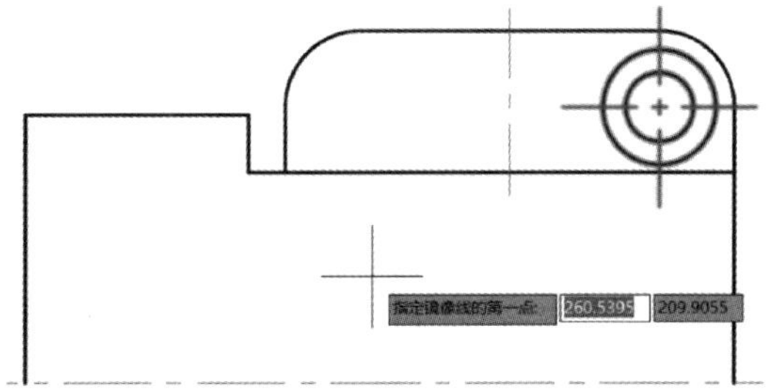	
16	指定镜像线的第一点，再指定镜像线的第二点	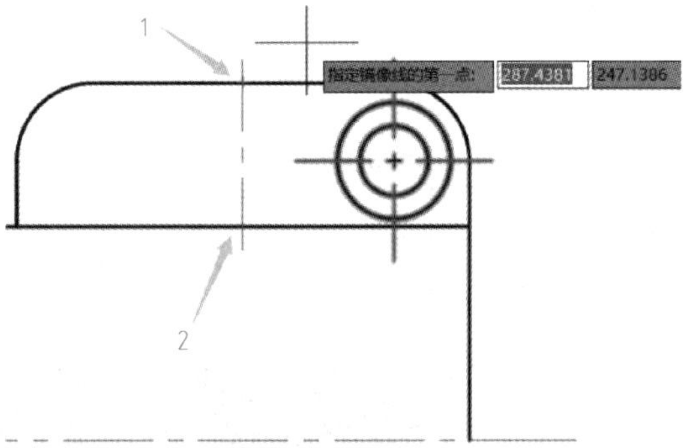	
17	右击确定，结果如右图所示	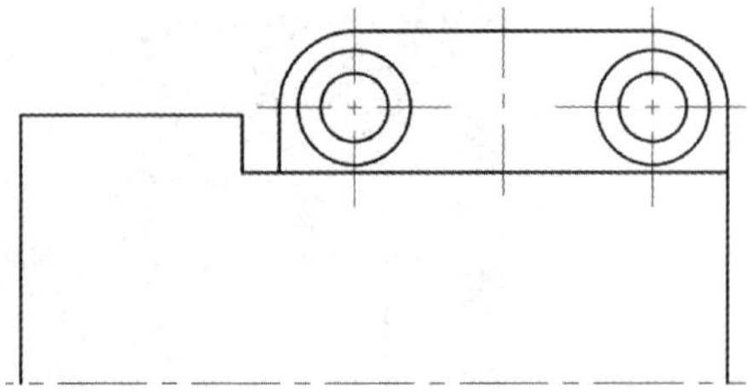	

（续）

步骤	操作描述	图例	说明
18	指定镜像线的第一点，指定镜像线的第二点，如右图所示	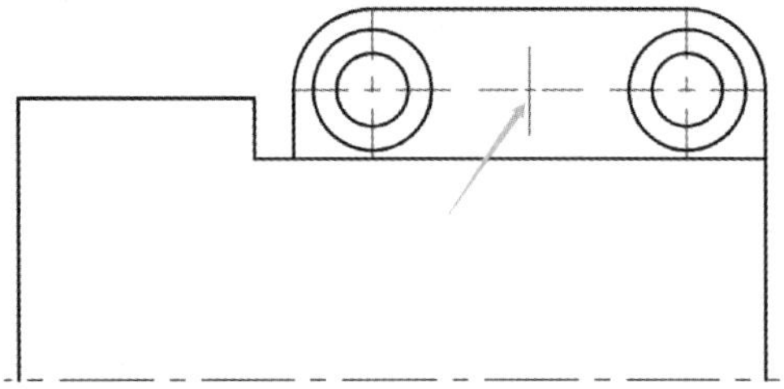	
19	在【常用】选项卡【绘图】面板中单击【圆】按钮，或者按快捷键C。以十字中心线交点为圆心，输入半径值2，按空格键确定。再次按空格键重复【圆】命令，仍然以十字中心线交点为圆心，输入半径值4，按空格键确定	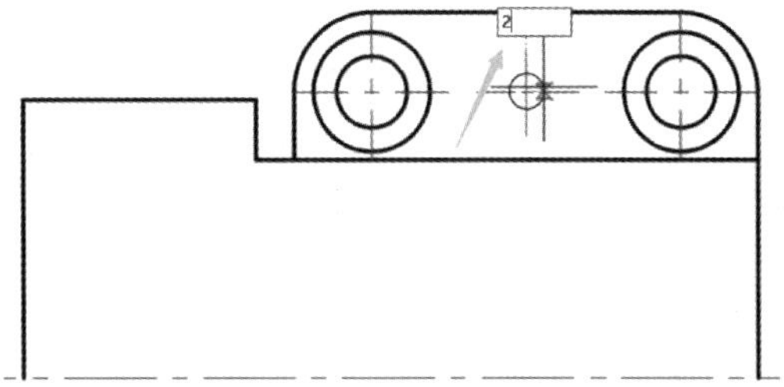	
20	结果如右图所示	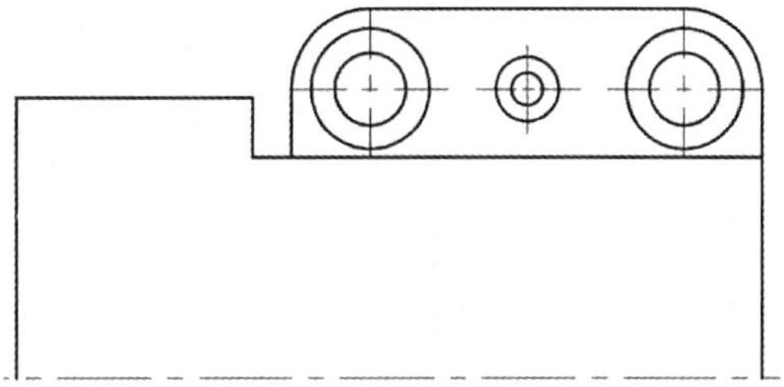	
21	单击【修改】面板的【镜像】按钮，或者输入快捷命令MI，按空格键确定，选择需要镜像的对象，对象被选中后会呈现高亮状态，如箭头1所示。然后指定箭头2所指的点为镜像线的第一点，指定箭头3所指的点为镜像线的第二点，右击确定	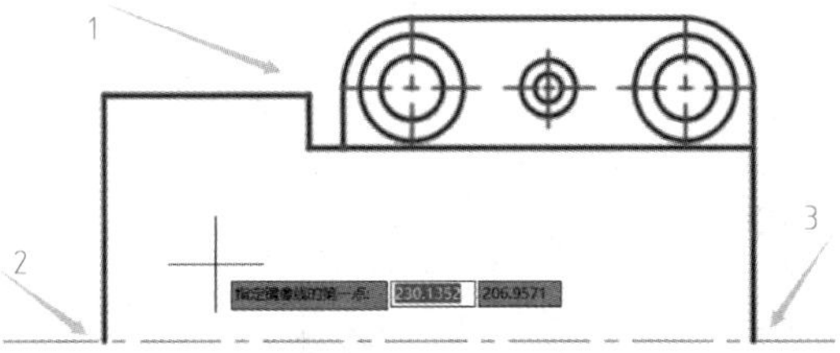	
22	结果如右图所示	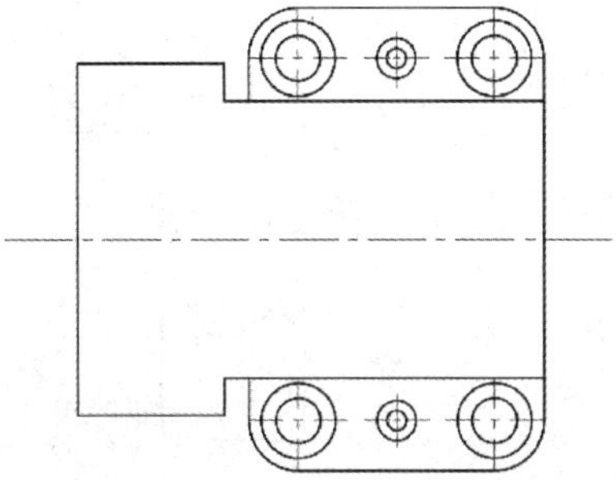	

（续）

步骤	操作描述	图例	说明
23	在【修改】面板中单击【圆角】按钮，或者按快捷键F，设置圆角半径为2，绘制所有的圆角，如右图所示	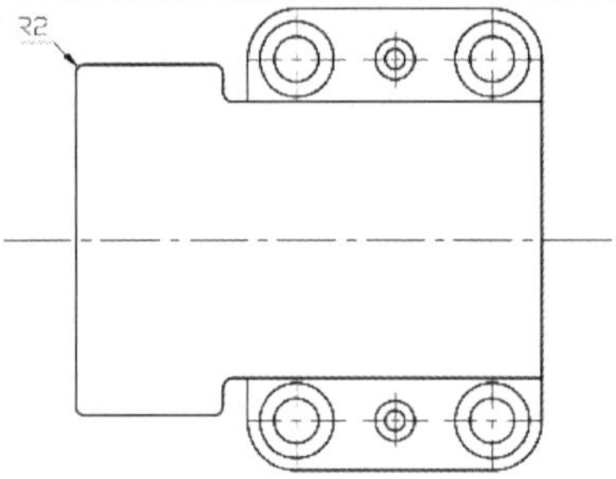 R2	
24	在【常用】选项卡【绘图】面板中单击【直线】按钮，或在命令行中输入L后回车，绘制箭头所指的直线	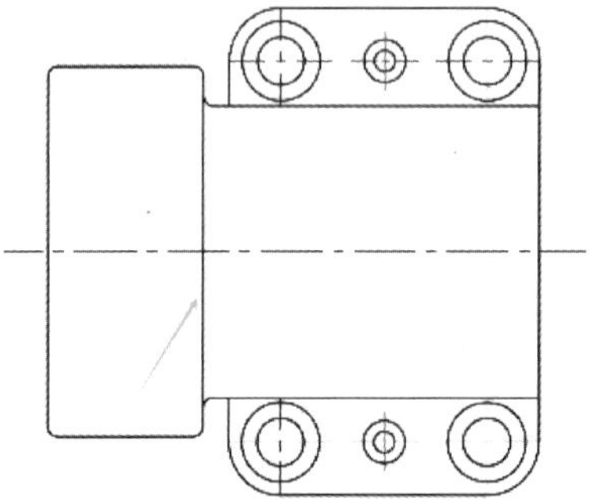	
25	在【常用】选项卡【绘图】面板中单击【中心线】按钮，绘制箭头所指的中心线	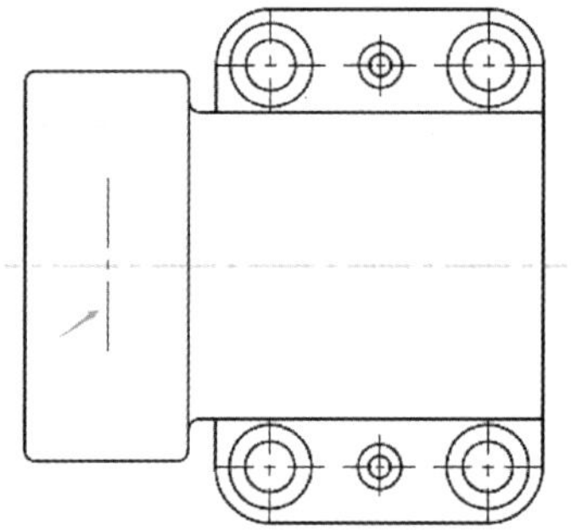	
26	单击【修改】面板的【偏移】按钮，输入偏移距离65，将十字中心线的竖线向右偏移65，结果如右图所示	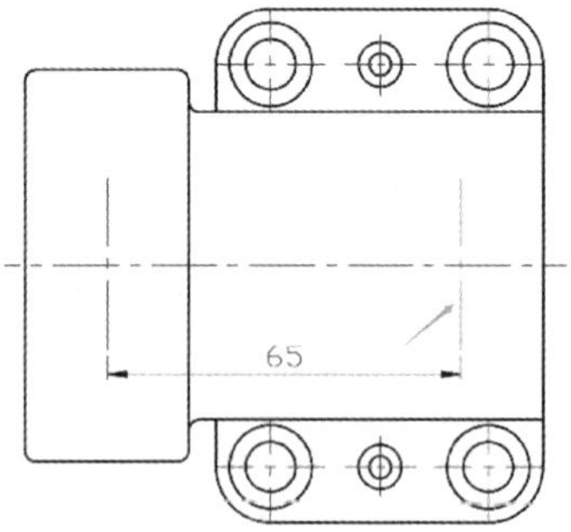 65	
27	在【常用】选项卡【绘图】面板中单击【圆】按钮，或者按快捷键C。以十字中心线交点为圆心，依次输入半径值画圆，按空格键确定	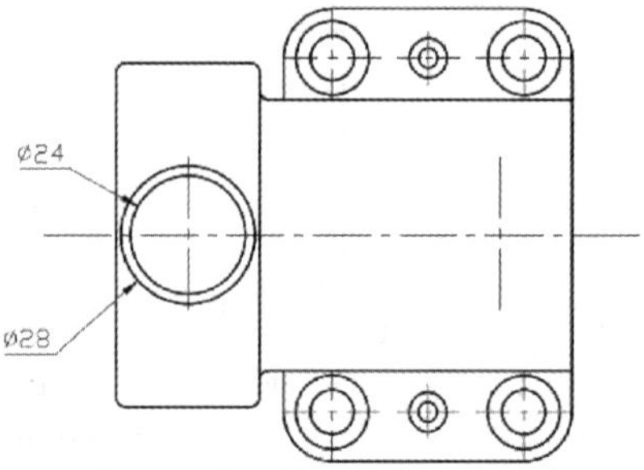 ø24 ø28	

（续）

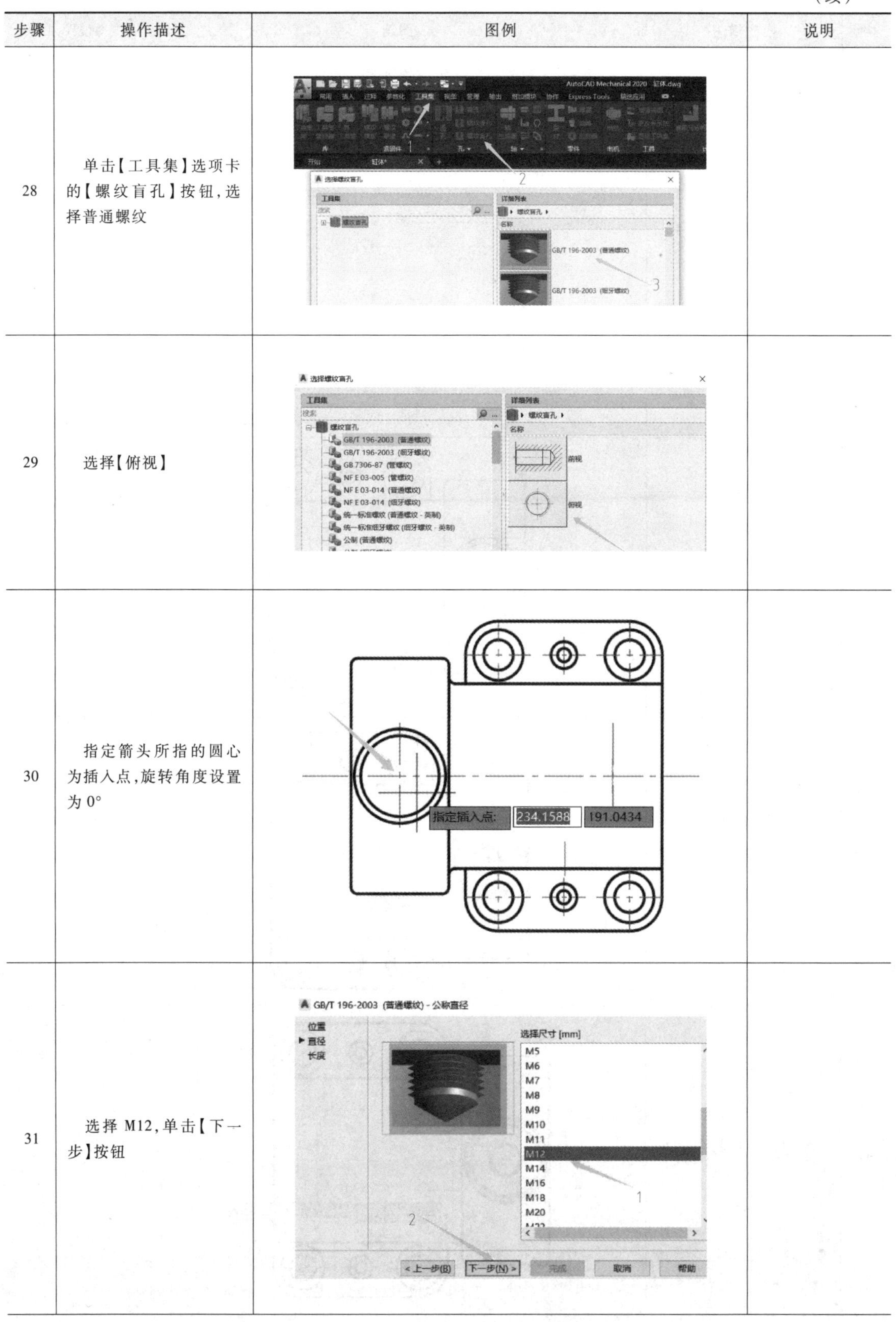

步骤	操作描述	图例	说明
28	单击【工具集】选项卡的【螺纹盲孔】按钮，选择普通螺纹		
29	选择【俯视】		
30	指定箭头所指的圆心为插入点，旋转角度设置为 0°		
31	选择 M12，单击【下一步】按钮		

（续）

步骤	操作描述	图例	说明
32	【螺纹长度】设为10，单击【完成】按钮	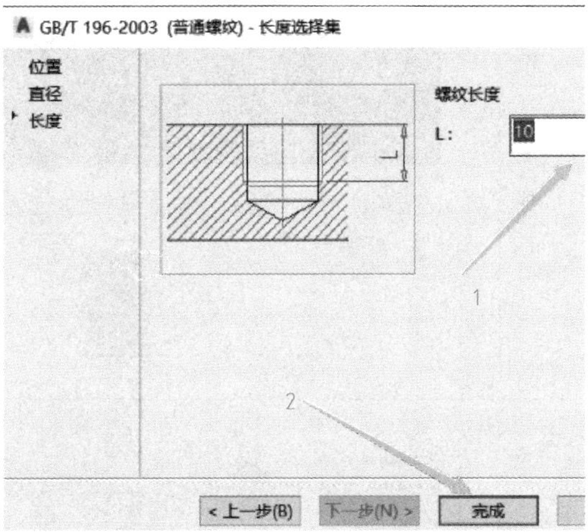	
33	结果如右图所示	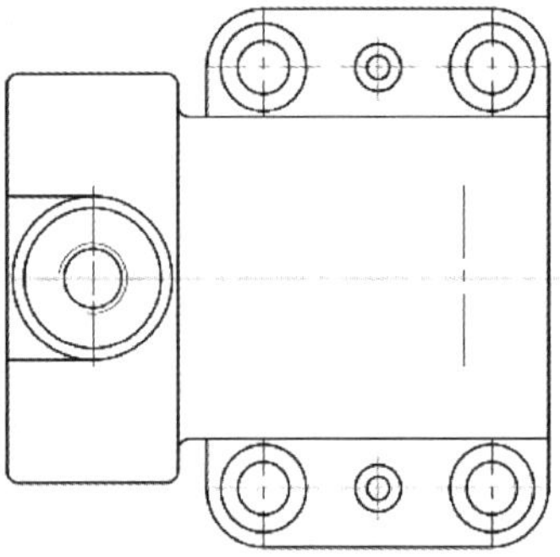	
34	输入复制快捷命令CO，按空格键确定，选择右图所示对象，按空格键确定	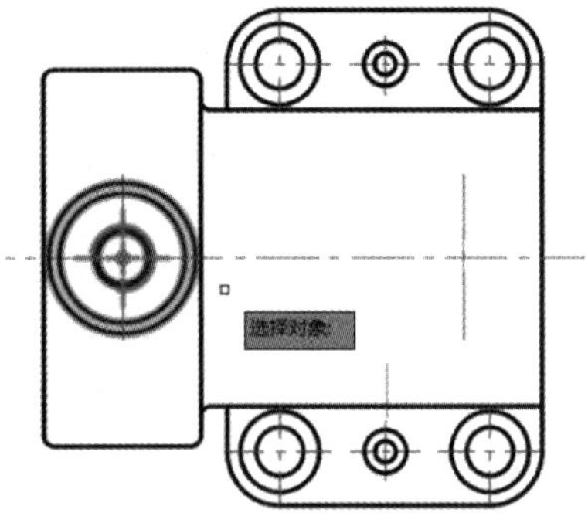	
35	指定箭头所指的点为基点	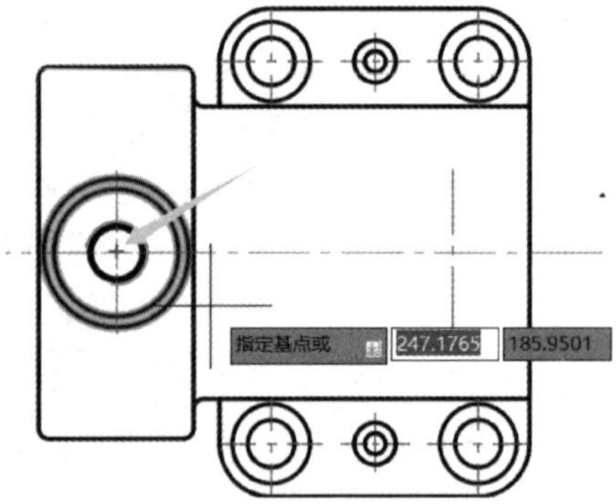	

（续）

步骤	操作描述	图例	说明
36	指定箭头所指的点为第二点	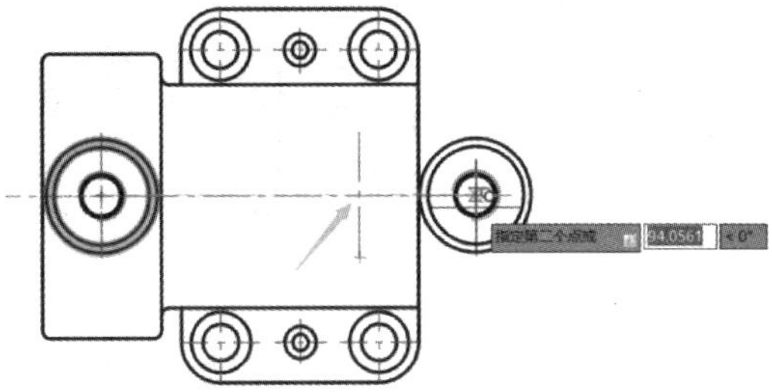	
37	结果如右图所示	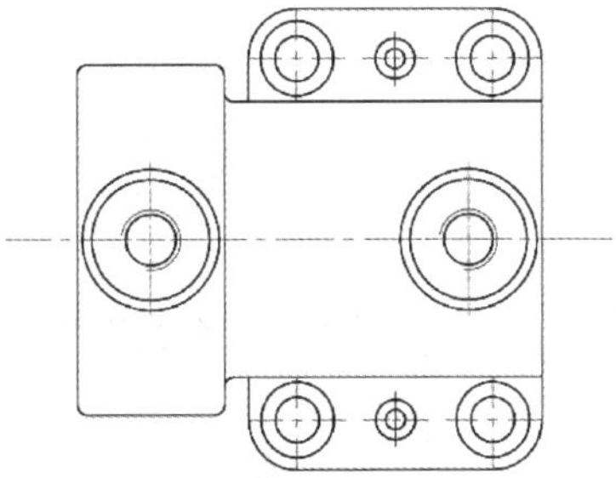	
38	在【常用】选项卡【绘图】面板中单击【直线】按钮，或者按快捷键 L，画出箭头所指的轮廓线	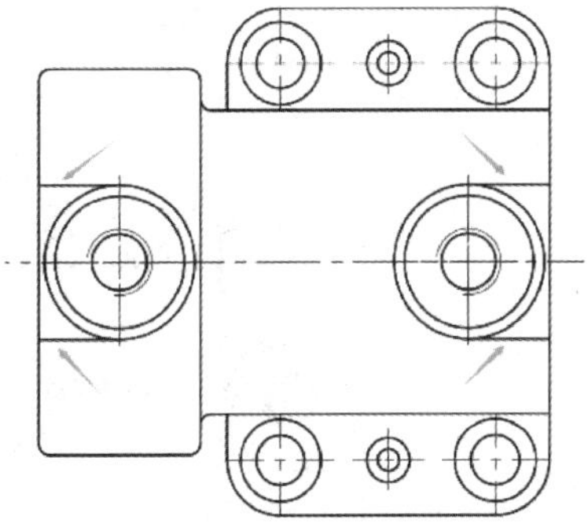	
39	在【常用】选项卡【绘图】面板中单击【圆】按钮下面的倒三角形，选择【相切，相切，半径】	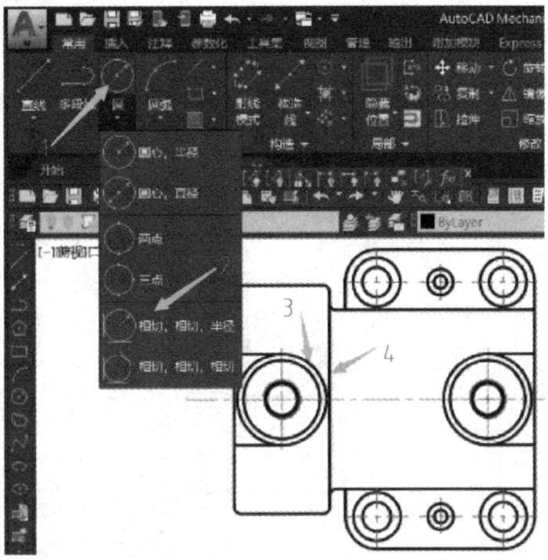	

（续）

步骤	操作描述	图例	说明
40	选择圆弧为第一个相切对象	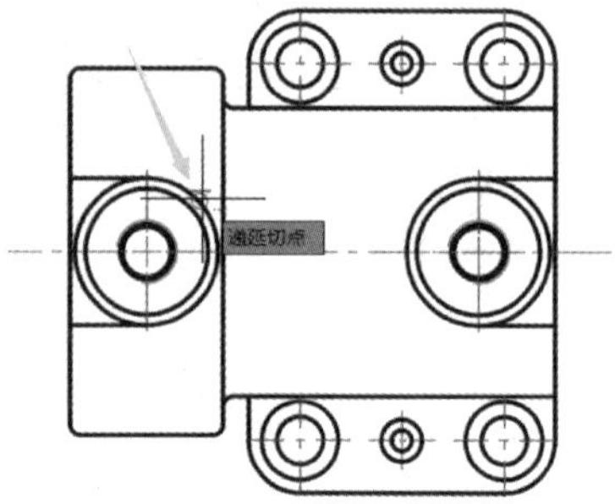	
41	指定箭头所指的直线为第二个相切对象	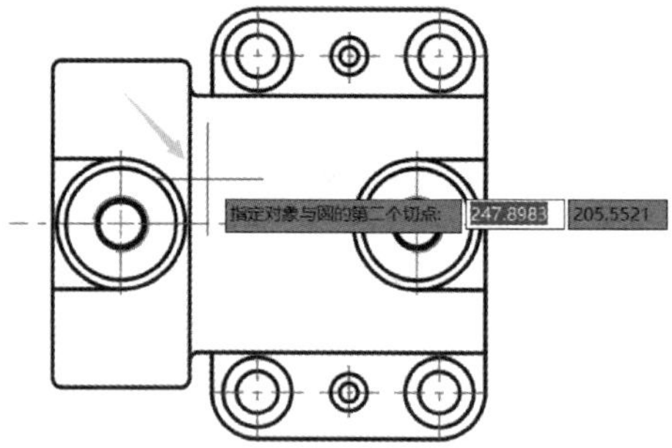	
42	输入半径值为1	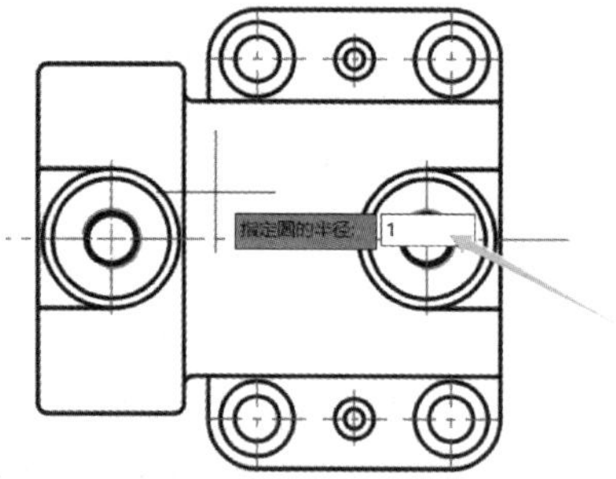	
43	利用【镜像】命令得到另一个圆，如右图所示	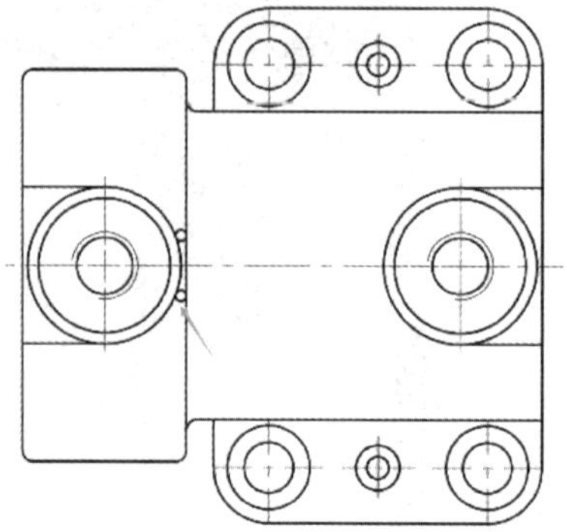	

（续）

步骤	操作描述	图例	说明
44	单击【修改】面板的【修剪】按钮，或者输入快捷命令 TR，修剪多余的线，结果如右图所示	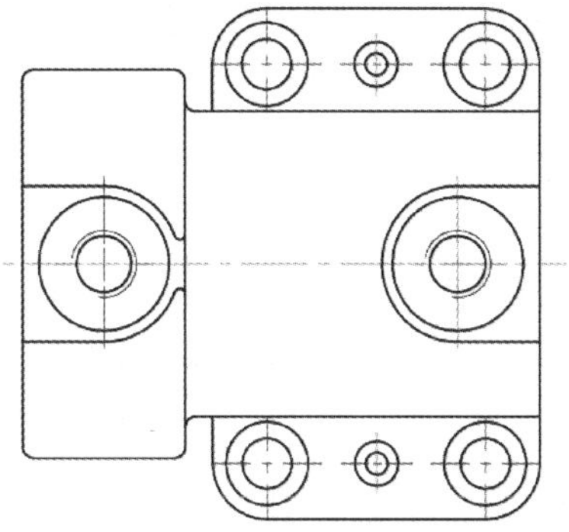	
45	单击【构造】面板【构造线】命令旁边的倒三角形，选择【竖直】，分别单击箭头 3、4、5 所指的点，生成右图所示的构造线	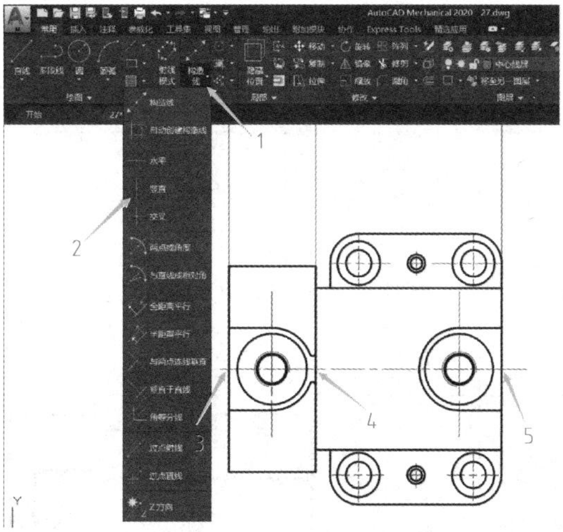	
46	在【常用】选项卡【绘图】面板中单击【直线】按钮，或者按快捷键 L，画出右图所示轮廓线，图中尺寸只是为了说明步骤，不需要标注	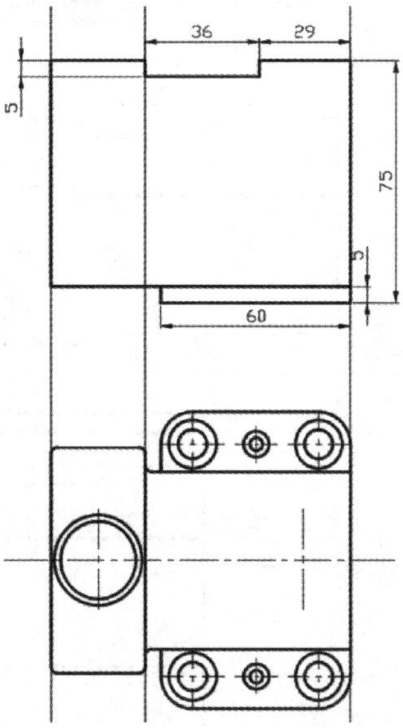	

（续）

步骤	操作描述	图例	说明
47	删除构造线，在【常用】选项卡【绘图】面板中单击【中心线】按钮，绘制右图所示的中心线	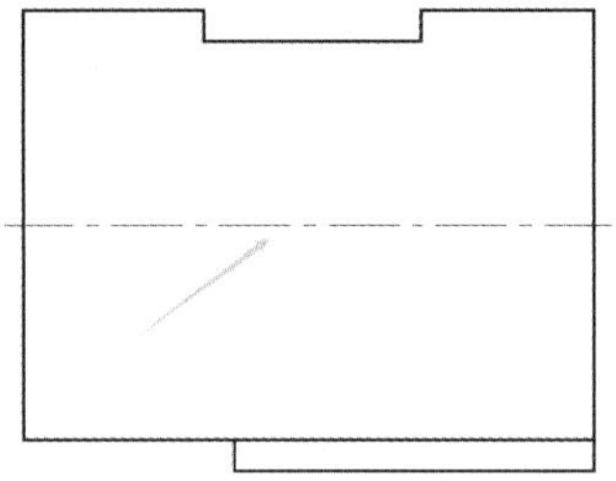	
48	单击【修改】面板的【偏移】按钮，输入偏移距离 17.5，将中心线向上偏移 17.5，如右图所示	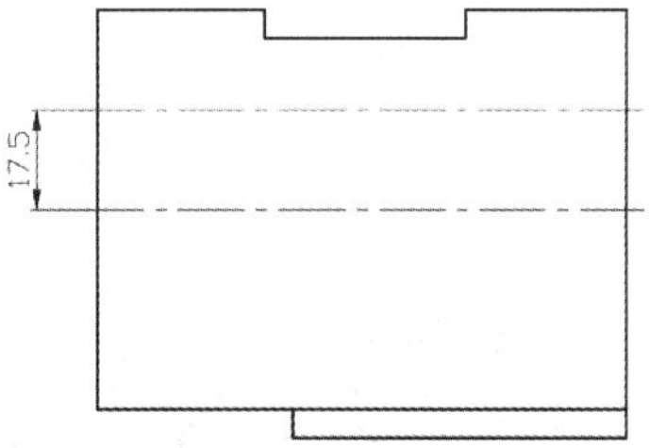 17.5	
49	在【常用】选项卡【绘图】面板中单击【直线】按钮，或者按快捷键 L，画出图示的轮廓线	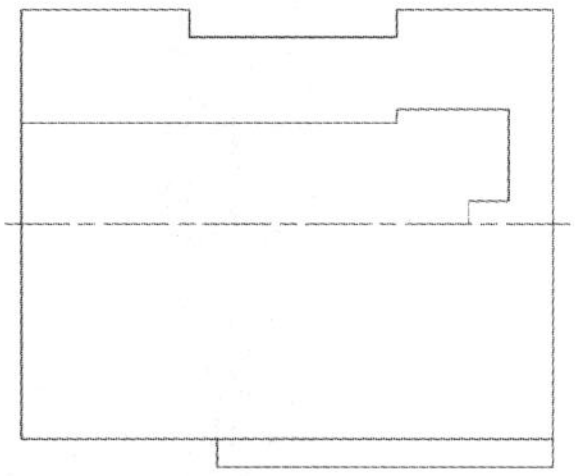	
50	单击【修改】面板的【镜像】按钮，或者输入快捷命令 MI，按空格键确定，选择需要镜像的对象，并指定镜像线的第一点	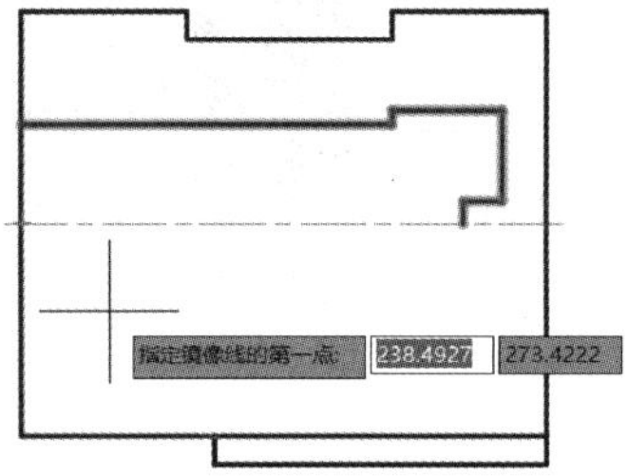 指定镜像线的第一点: 238.4927 273.4222	
51	指定镜像线的第二点	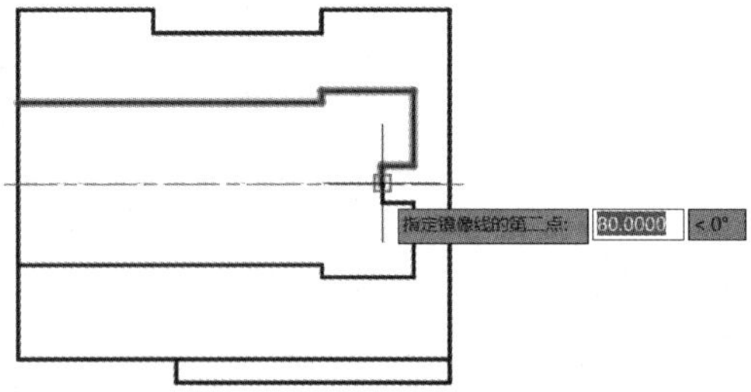 指定镜像线的第二点: 80.0000 < 0°	
52	结果如右图所示	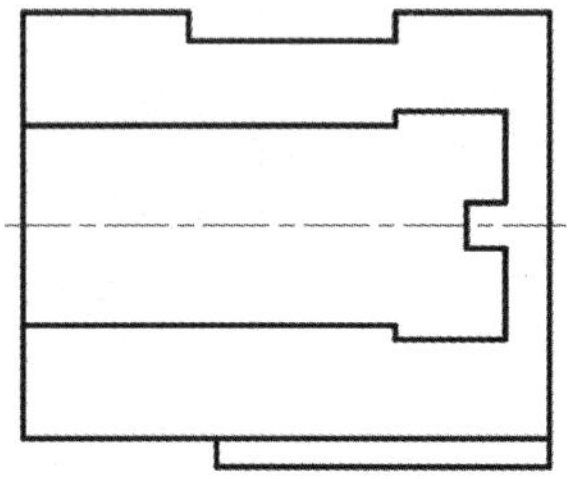	

（续）

步骤	操作描述	图例	说明
53	单击【修改】面板的【偏移】按钮，偏移得到图示的中心线	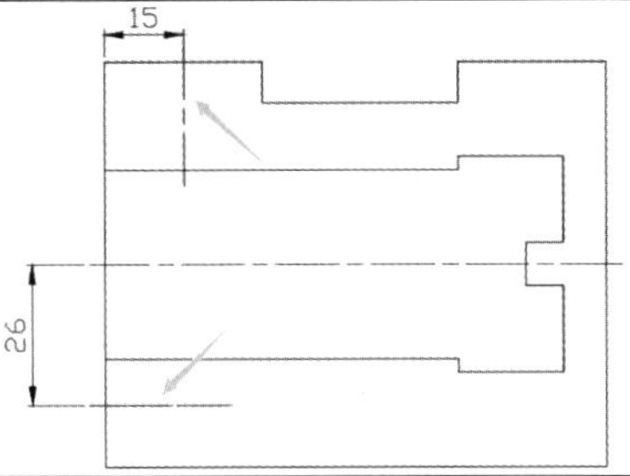 15 26	
54	单击【工具集】选项卡的【螺纹盲孔】按钮，选择普通螺纹，如右图所示	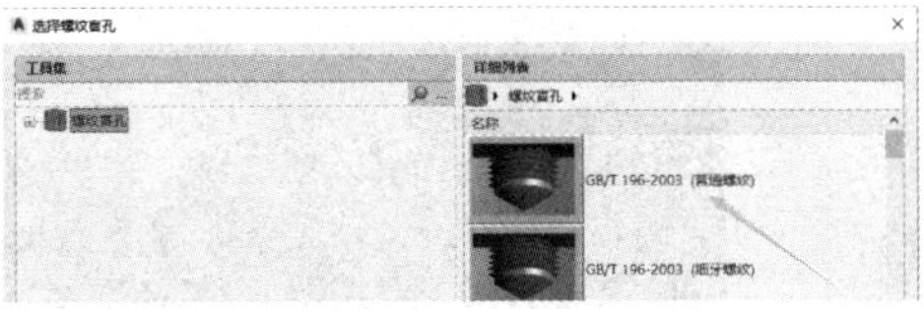 选择螺纹盲孔 工具集 搜索 螺纹盲孔 详细列表 螺纹盲孔 名称 GB/T 196-2003 (普通螺纹) GB/T 196-2003 (细牙螺纹)	
55	选择【前视】	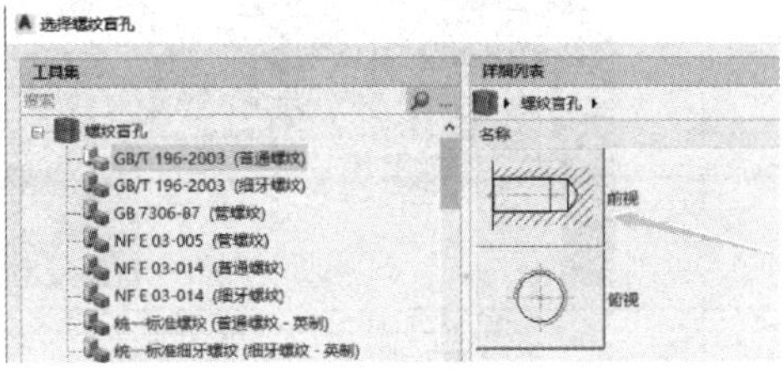 选择螺纹盲孔 工具集 搜索 螺纹盲孔 GB/T 196-2003 (普通螺纹) GB/T 196-2003 (细牙螺纹) GB 7306-87 (管螺纹) NF E 03-005 (管螺纹) NF E 03-014 (普通螺纹) NF E 03-014 (细牙螺纹) 统一标准螺纹 (普通螺纹 - 英制) 统一标准细牙螺纹 (细牙螺纹 - 英制) 详细列表 螺纹盲孔 名称 前视 俯视	
56	指定右图所示点为插入点，指定旋转角为0°	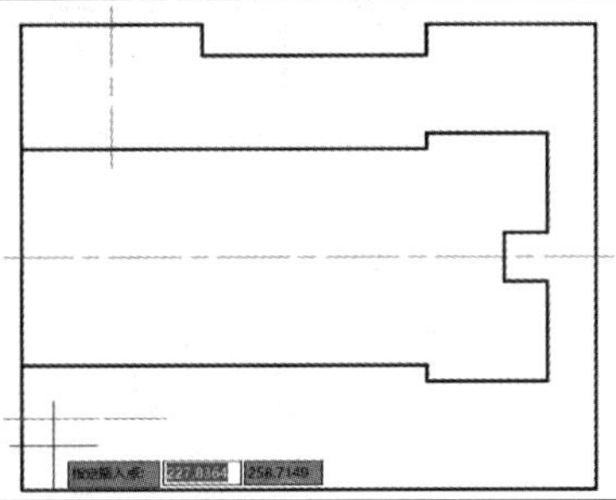 指定插入点: 227.8364 258.7149	
57	选择M6，单击【完成】按钮	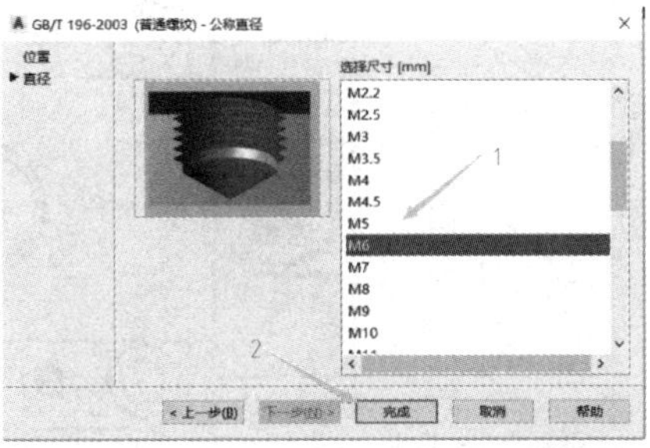 GB/T 196-2003 (普通螺纹) - 公称直径 位置 直径 选择尺寸 [mm] M2.2 M2.5 M3 M3.5 M4 M4.5 M5 M6 M7 M8 M9 M10 1 2 < 上一步(B) 下一步(N) > 完成 取消 帮助	
58	【拖拉尺寸】设为14	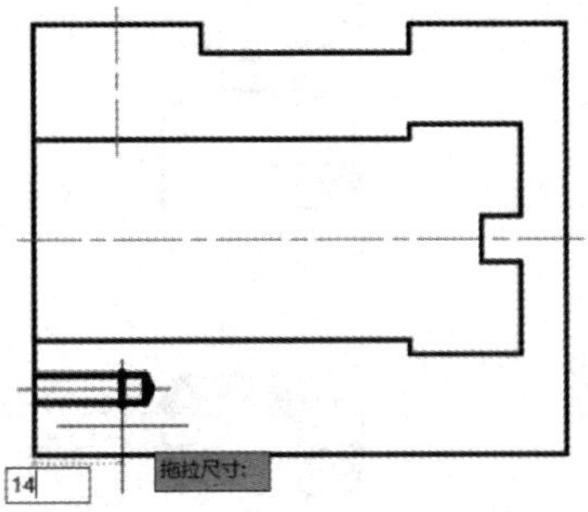 14 拖拉尺寸:	

（续）

步骤	操作描述	图例	说明
59	结果如右图所示	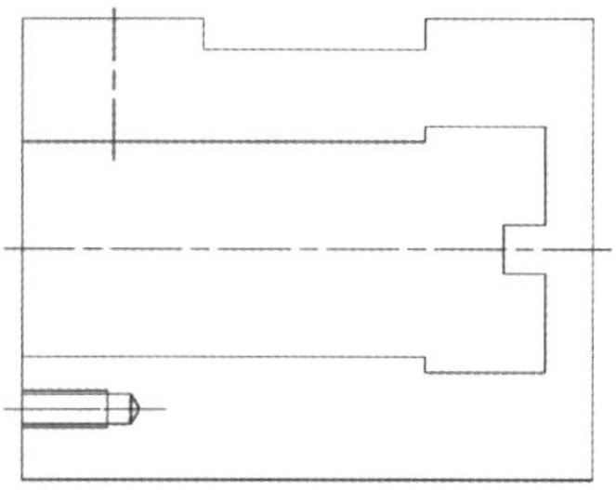	
60	单击【构造】面板【构造线】命令旁边的倒三角形，选择【自动创建构造线】，如右图所示	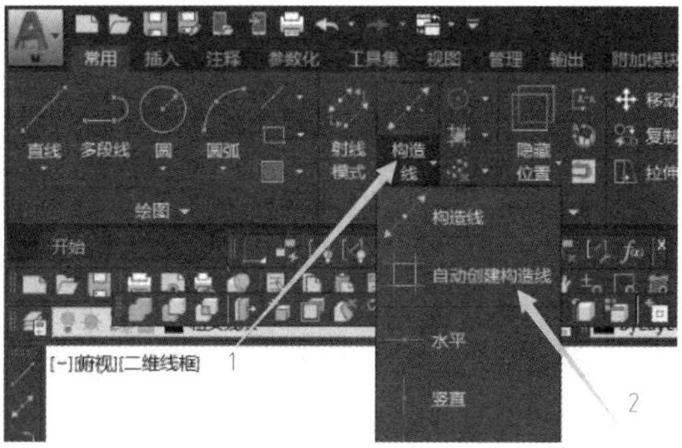	
61	选择箭头所指的模式	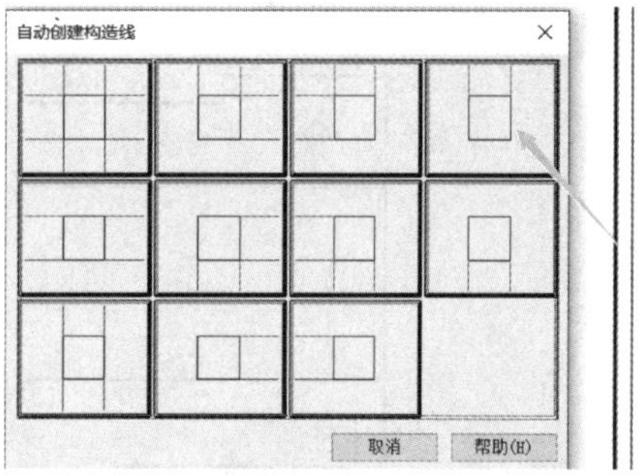	
62	选择需要投影的对象，如右图所示	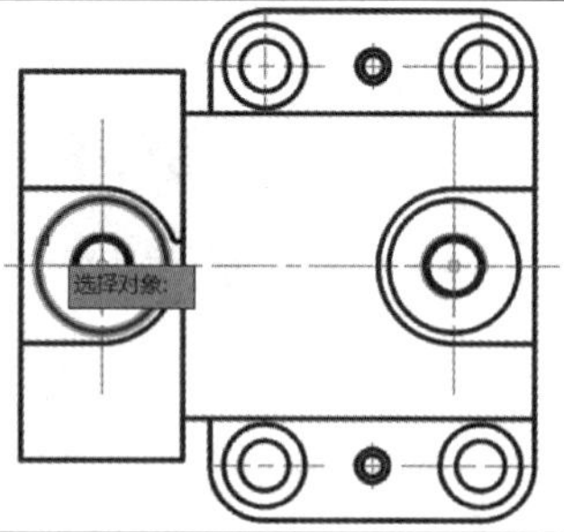	对象一旦被选中，就会呈现蓝色高亮状态
63	按空格键确定，如右图所示	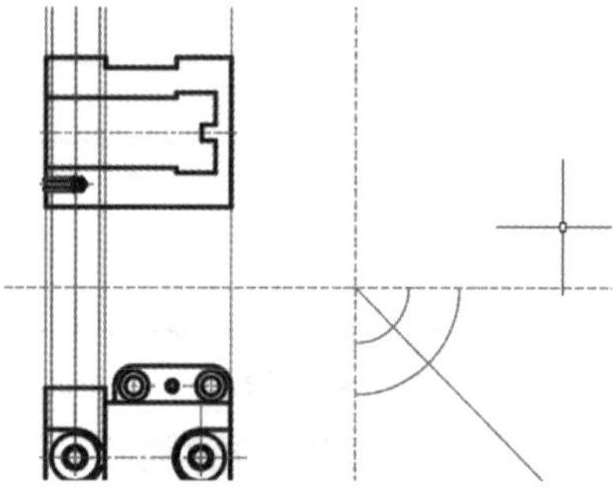	

（续）

步骤	操作描述	图例	说明
64	利用【偏移】命令绘制箭头1所指的轮廓线，利用【直线】命令绘制箭头2、3所指的轮廓线	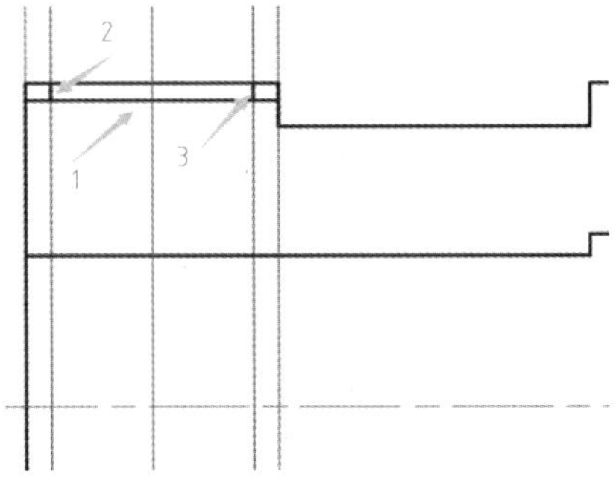	
65	隐藏构造线，结果如右图所示	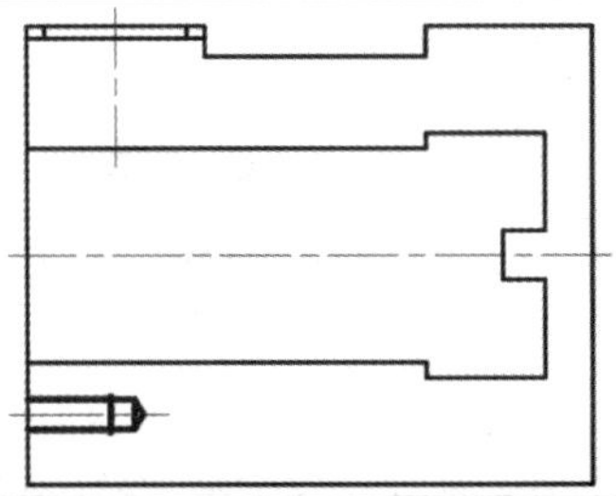	
66	单击【工具集】选项卡的【螺纹盲孔】按钮，如右图所示	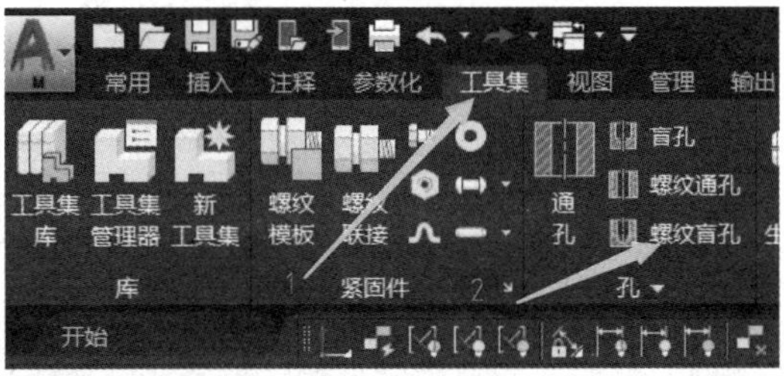	
67	选择普通螺纹	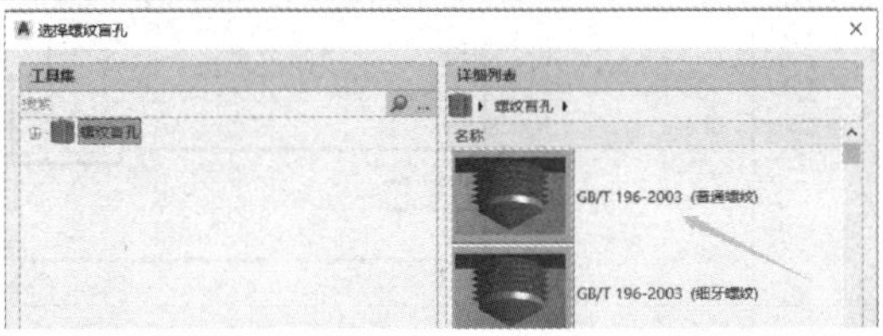	
68	选择【前视】	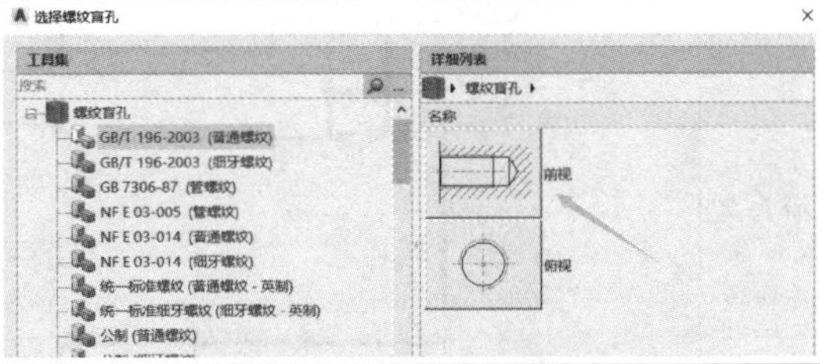	
69	指定插入点	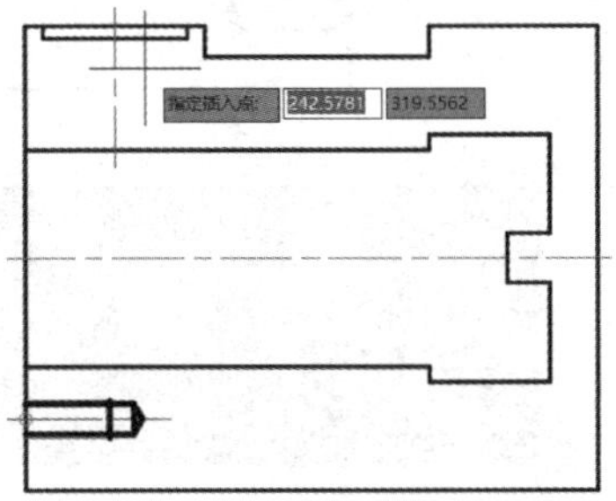	

（续）

步骤	操作描述	图例	说明
70	指定旋转角度为-90°	指定旋转角 <0>: -90	
71	【选择尺寸】为M12，单击【完成】按钮	GB/T 196-2003（普通螺纹）- 公称直径 位置 直径 选择尺寸 [mm] M5 M6 M7 M8 M9 M10 M11 M12 M14 M16 M18 M20 1 2 < 上一步(B) 下一步(N) > 完成 取消 帮助	
72	输入【拖拉尺寸】为10	10 长度: 7.6441 拖拉尺寸:	
73	插入螺纹孔后，箭头2所指尺寸并不是12	17 10 1 2	工具集中插入的螺纹并不一定符合要求，应根据零件尺寸进行调整
74	在【常用】选项卡的【修改】面板中单击【分解】按钮	AutoCAD Mecha 常用 插入 注释 参数化 工具集 视图 管理 输出 附加模块 Express Tools 精选应用 多段线 圆 圆弧 射线 构造线 隐藏 位置 移动 旋转 阵列 复制 镜像 修剪 拉伸 缩放 圆角 绘图 构造 局部 修改 1 2	

（续）

步骤	操作描述	图例	说明
75	选择对象，按空格键确定	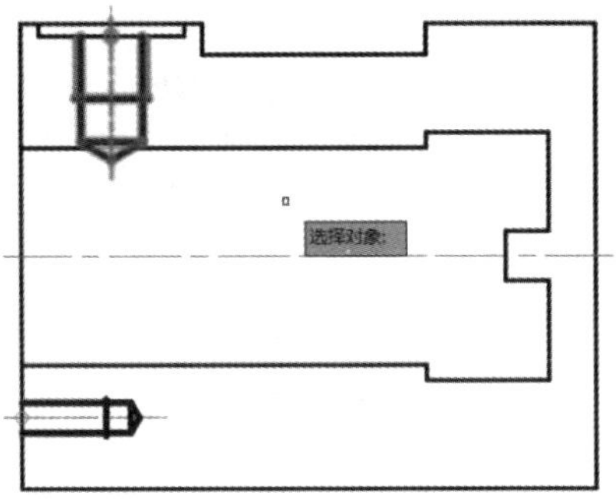	
76	调整后的尺寸如右图所示	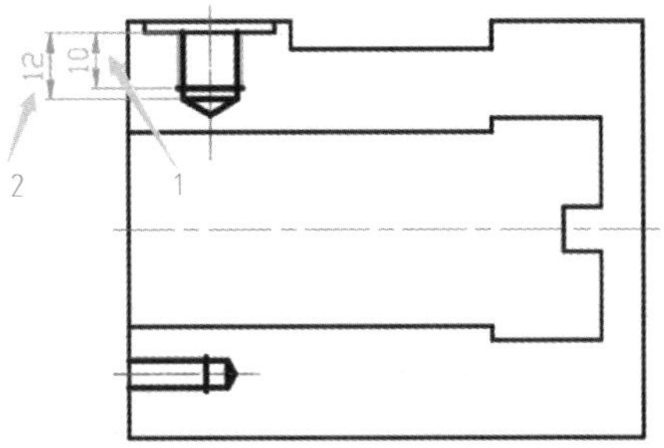	
77	绘制右图所示的中心线	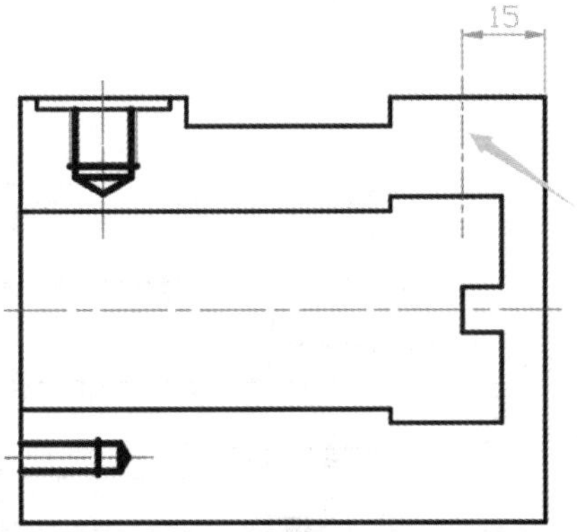	
78	在【常用】选项卡【修改】面板中单击【复制】按钮，或直接输入快捷命令 CO	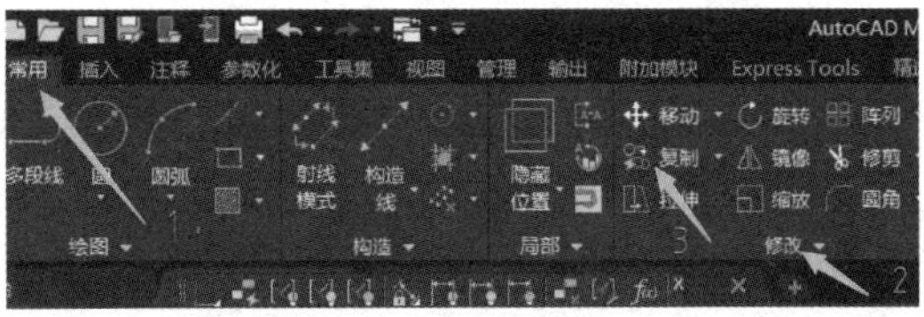	
79	选择对象，按空格键确定	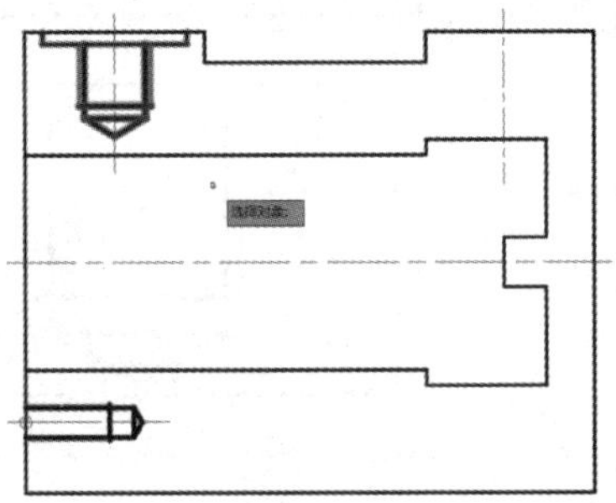	

（续）

步骤	操作描述	图例	说明
80	指定基点	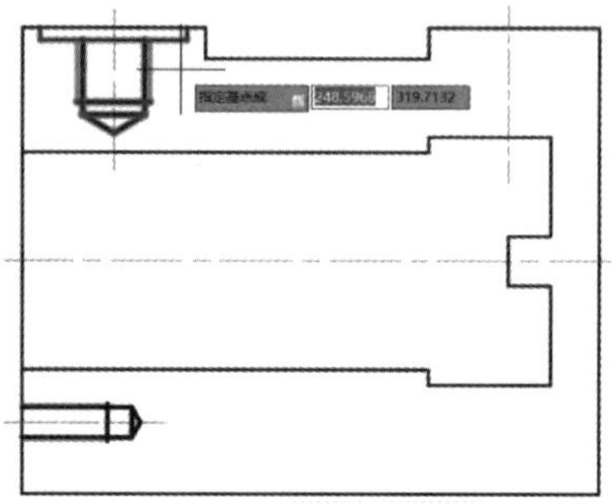	
81	指定第二点	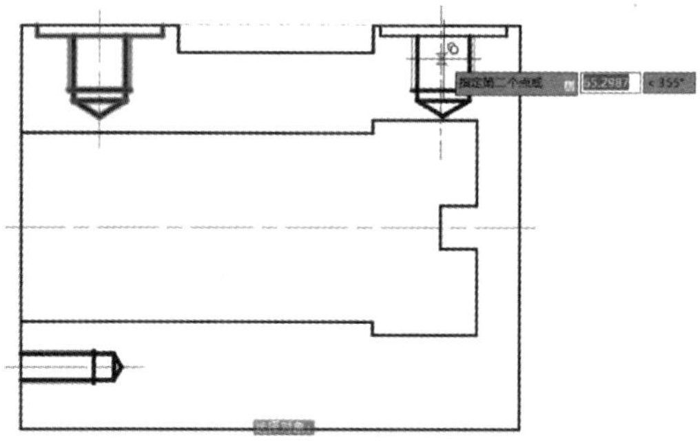	
82	结果如右图所示	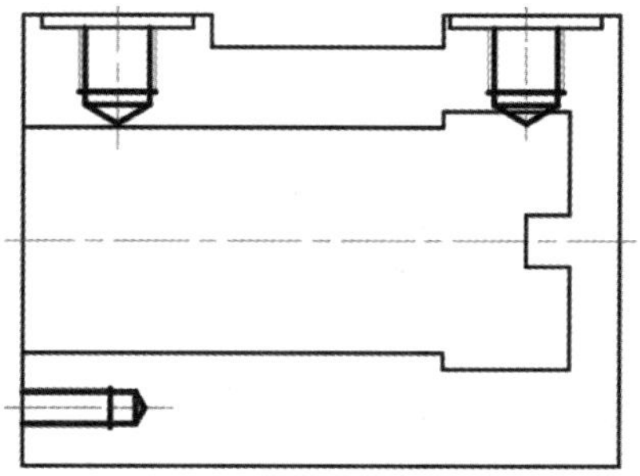	
83	利用【偏移】命令绘制右图所示的两条直线	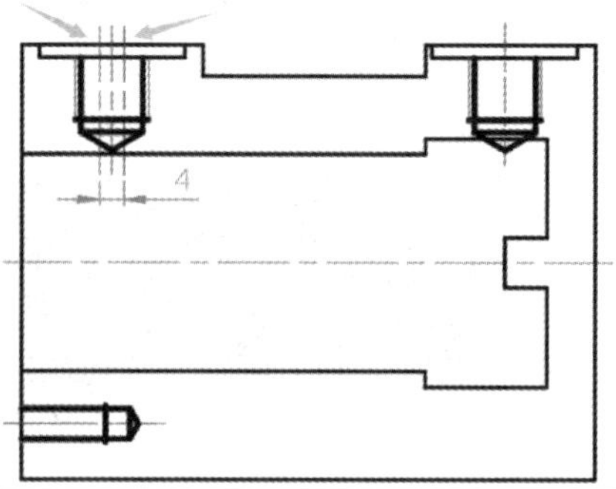 4	
84	绘制右图所示的 3 条直线	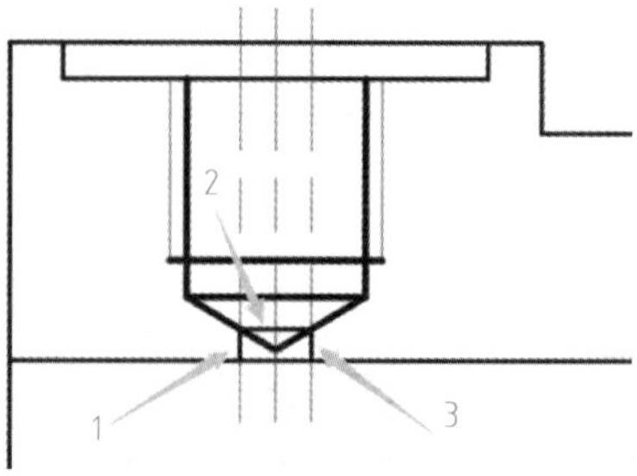 2 1 3	

（续）

步骤	操作描述	图例	说明
85	如右图所示，利用【修剪】命令修剪多余的直线	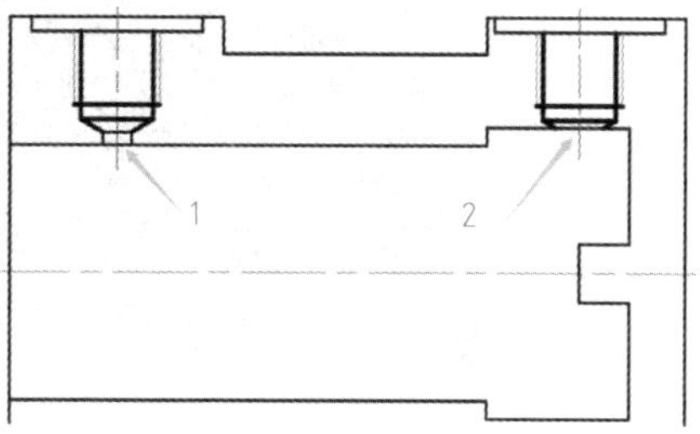 1 2	绘制箭头2部分可以利用【复制】命令，能事半功倍
86	如右图所示，补充箭头所指的直线和与圆弧	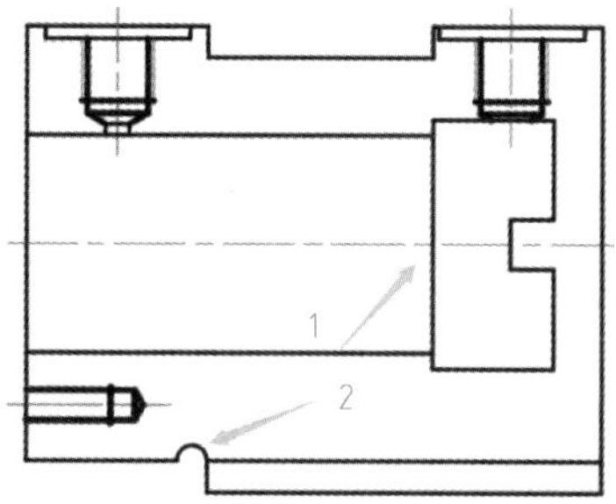 1 2	
87	生成右图所示的构造线	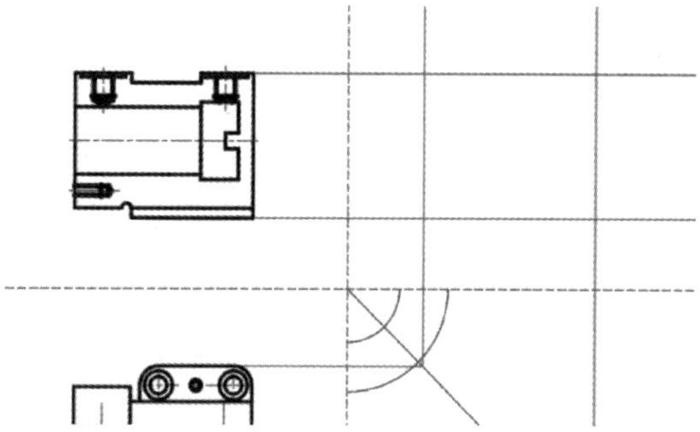	
88	如右图所示，绘制箭头所指的轮廓	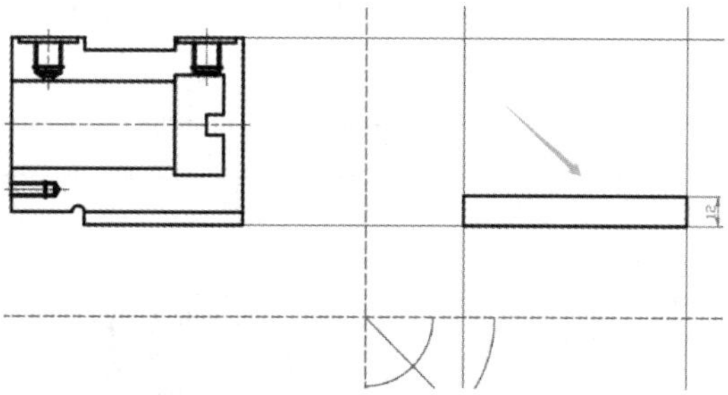 12	
89	隐藏构造线图层，并绘制中心线	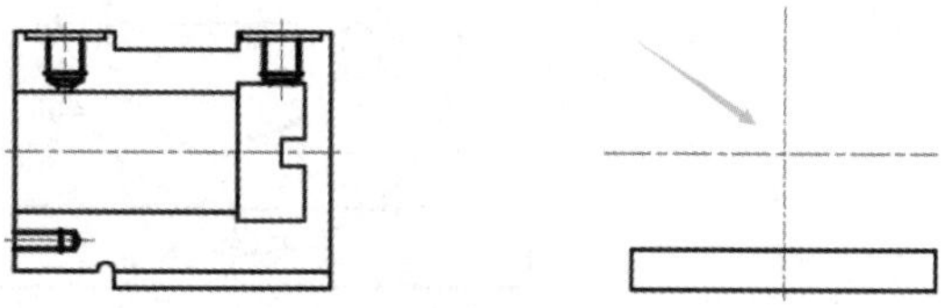	

（续）

步骤	操作描述	图例	说明
90	在【常用】选项卡【绘图】面板中单击【圆】按钮，或者按快捷键 C 后回车	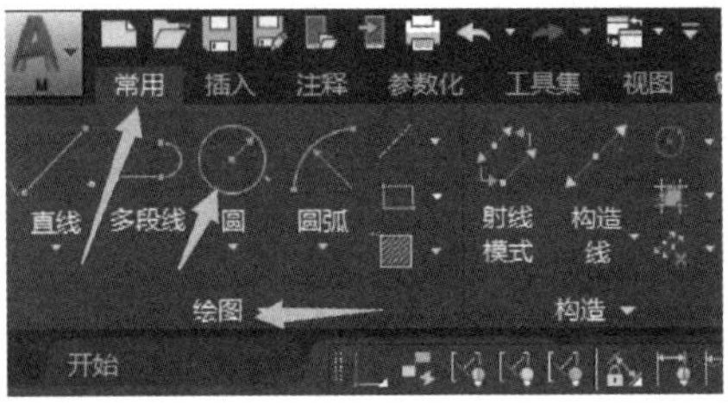	
91	绘制右图所示的 5 个圆	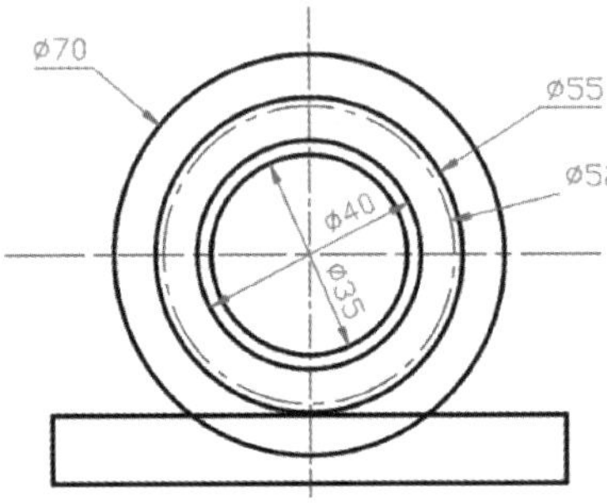	
92	单击【修改】面板的【修剪】按钮，或者输入快捷命令 TR，按空格键确定，再次按空格键，修剪多余的线，结果如右图所示	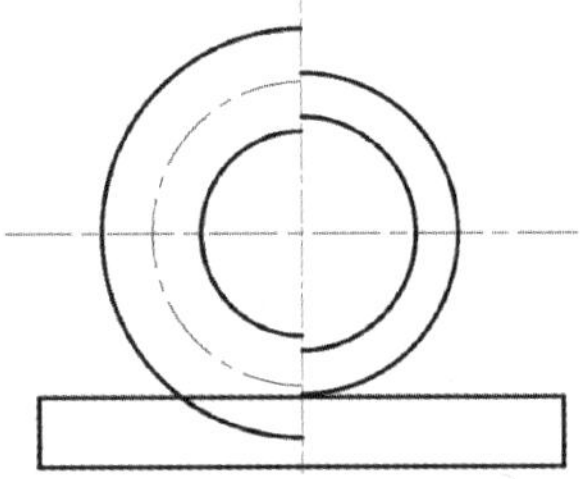	
93	单击【修改】面板的【偏移】按钮，输入偏移距离 14，将十字中心线的竖线分别向左和向右偏移 14，结果如右图所示	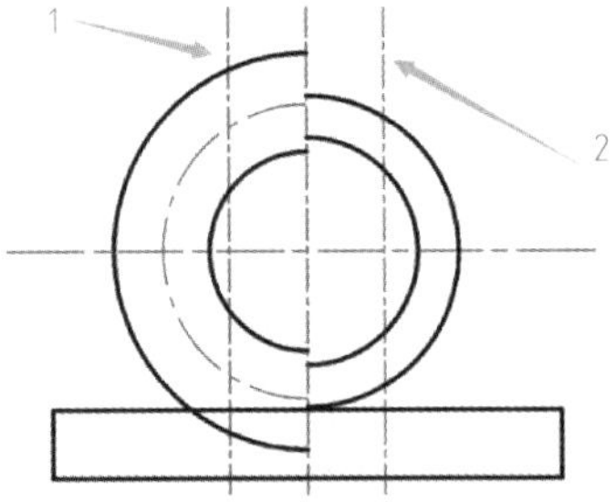	
94	绘制右图所示的轮廓	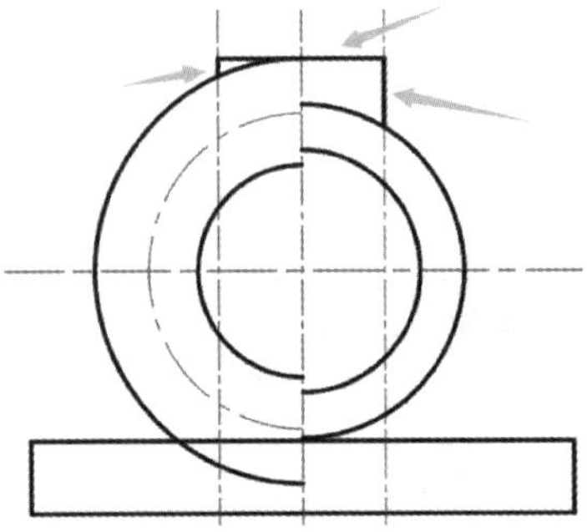	

（续）

步骤	操作描述	图例	说明
95	利用【修剪】命令修剪箭头1所指多余的圆弧，利用【偏移】命令绘制箭头2、3、4所指的线	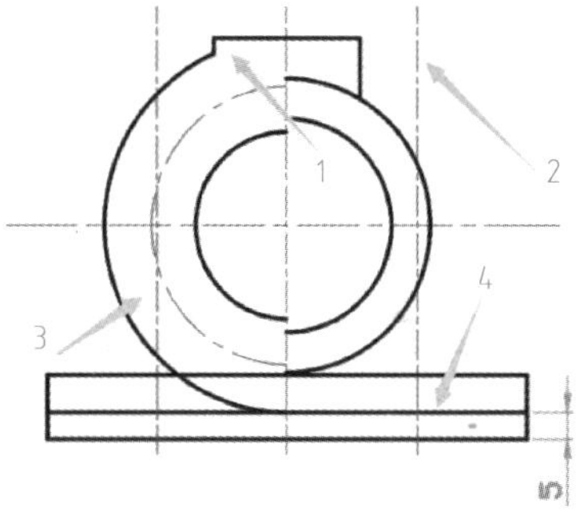	
96	利用【直线】命令绘制箭头所示的线	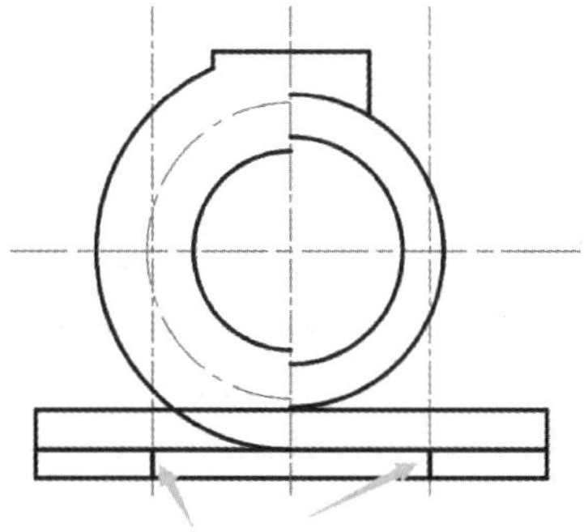	
97	在【常用】选项卡【绘图】面板中单击【圆】按钮（箭头1所指），选择【相切，相切，半径】（如箭头2所指），结果如右图所示	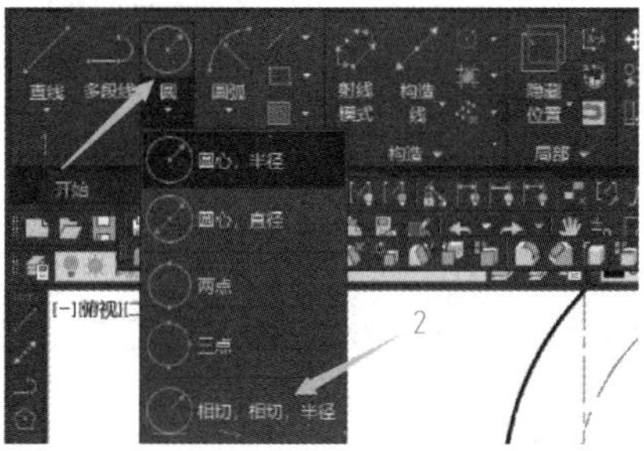	
98	指定对象与圆的第一个切点	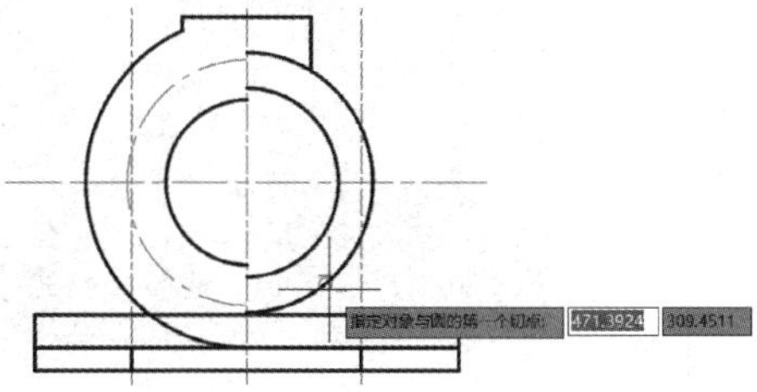	
99	指定对象与圆的第二个切点	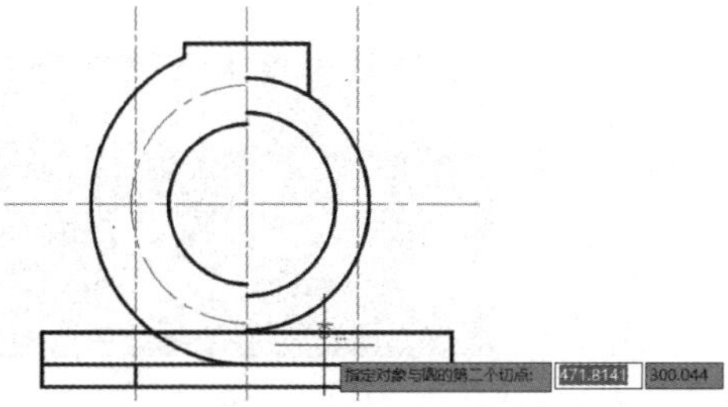	

（续）

步骤	操作描述	图例	说明
100	指定圆的半径为 5	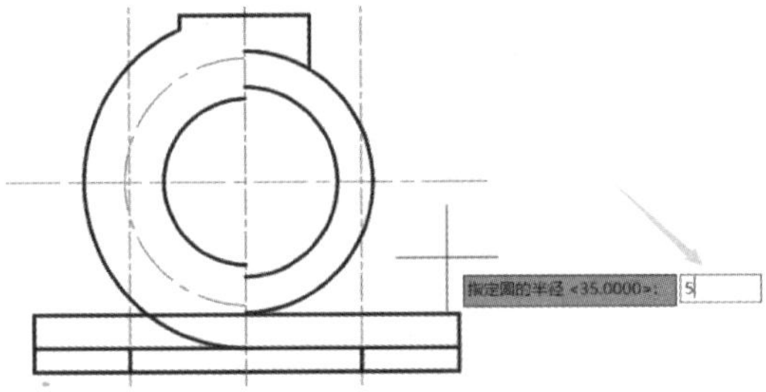 指定圆的半径 <35.0000>: 5	
101	重复上述操作，绘制另一个圆，结果如右图所示	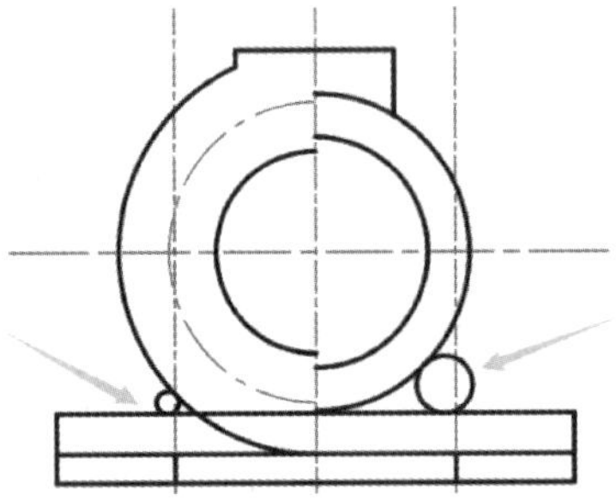	
102	修剪多余的部分，结果如右图所示	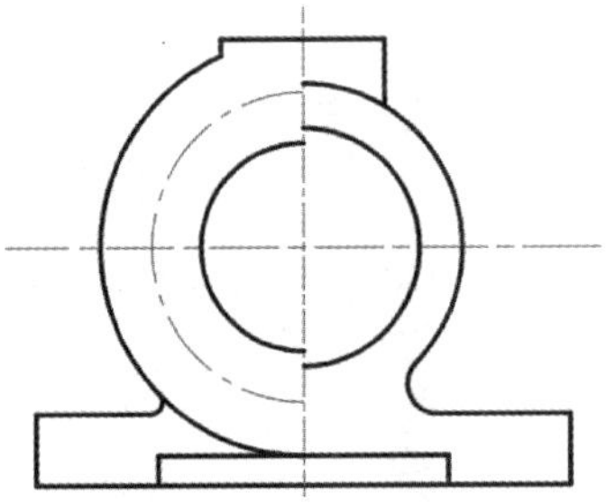	
103	在【常用】选项卡【修改】面板中单击【圆角】按钮（箭头所指）	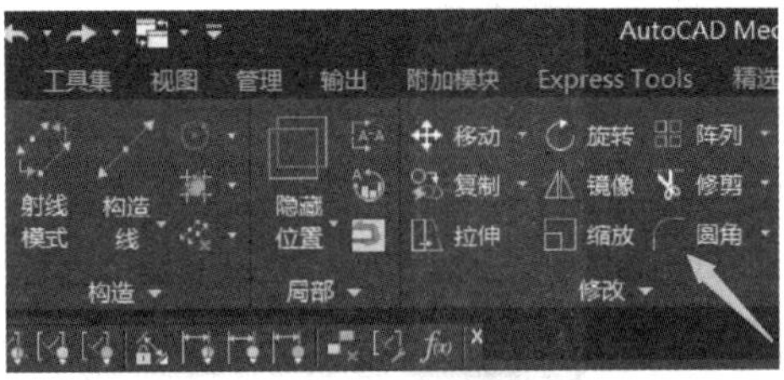	
104	弹出【圆角选项】，输入圆角半径为 5	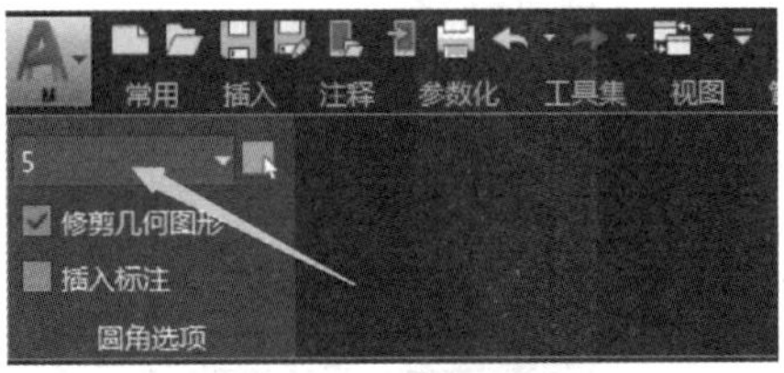	在箭头所指区域设置圆角半径，如果没有想要的可以新建

（续）

步骤	操作描述	图例	说明
105	选择第一个对象	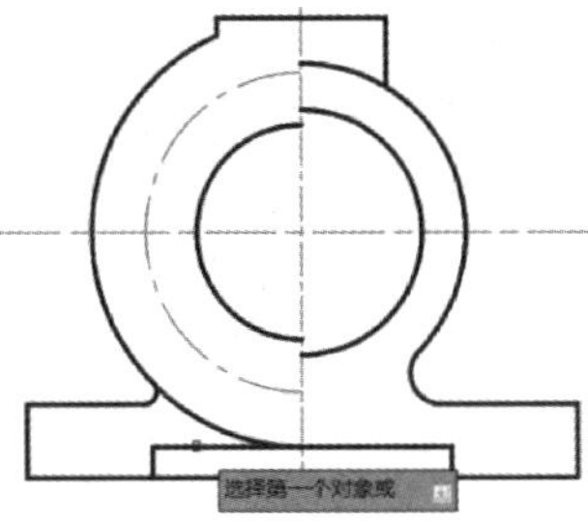	
106	选择第二个对象	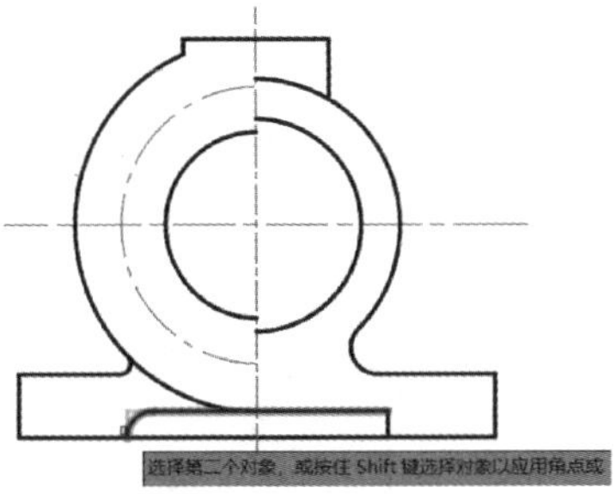	
107	按两次空格键倒下一个圆角，最后修剪多余的直线，结果如右图所示	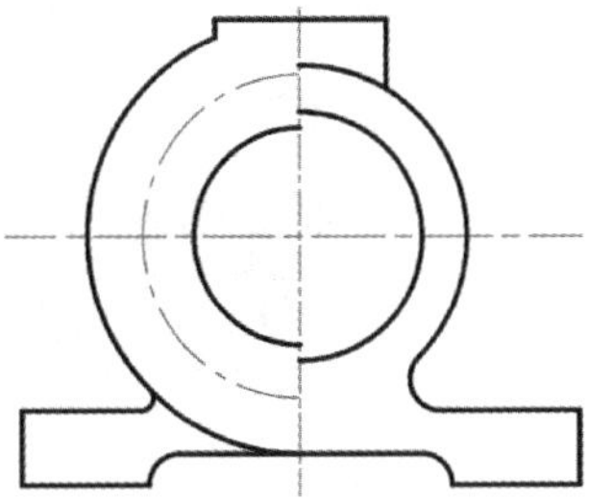	
108	在【工具集】选项卡【孔】面板中单击【螺纹盲孔】按钮（箭头2所指）	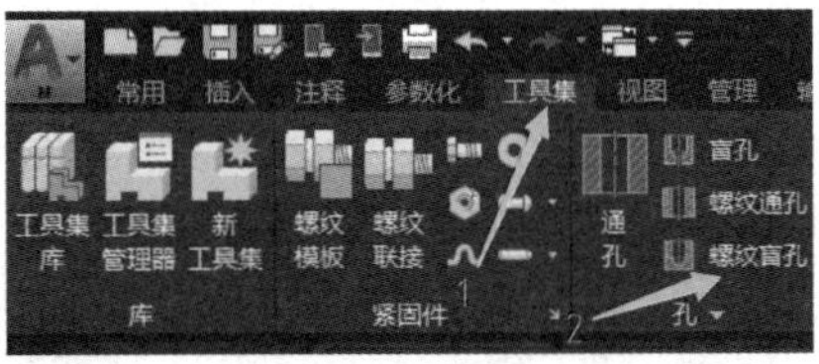	
109	选择普通螺纹	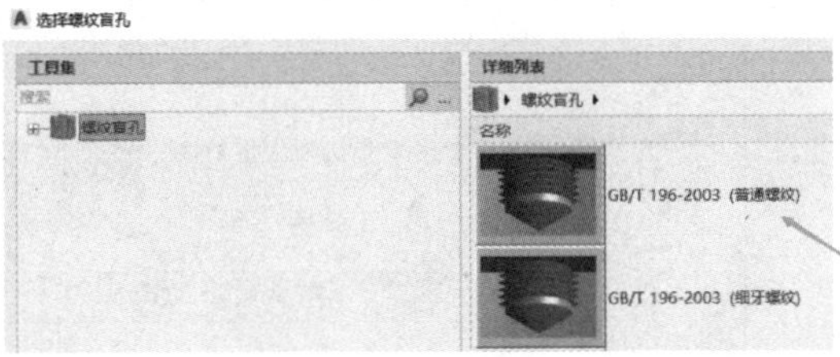	

（续）

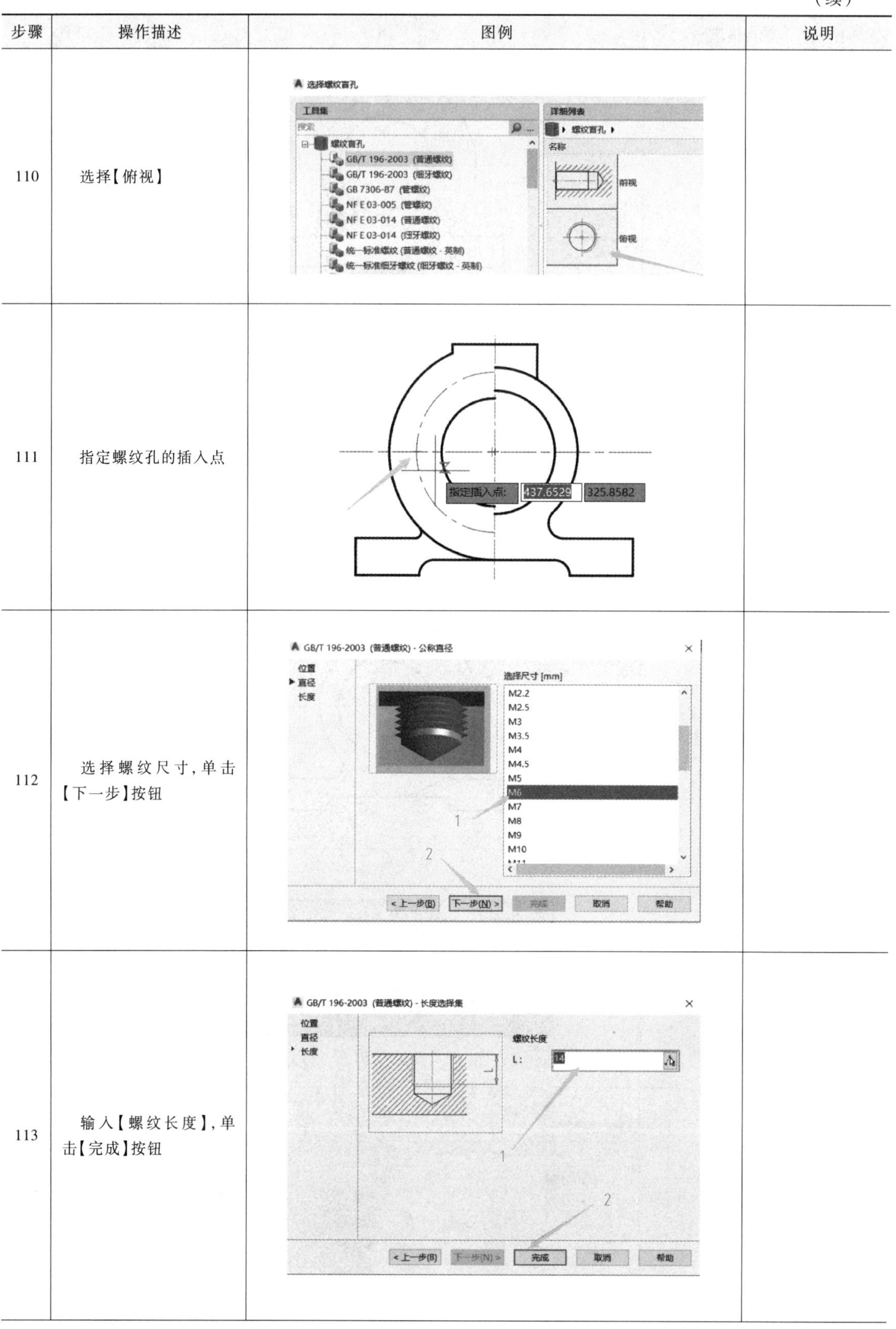

步骤	操作描述	图例	说明
110	选择【俯视】		
111	指定螺纹孔的插入点		
112	选择螺纹尺寸，单击【下一步】按钮		
113	输入【螺纹长度】，单击【完成】按钮		

（续）

步骤	操作描述	图例	说明
114	结果如右图所示	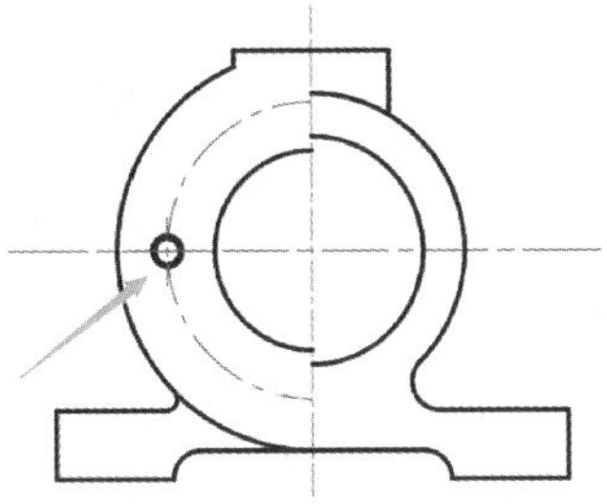	
115	在【常用】选项卡【修改】面板中单击【阵列】按钮（箭头3所指）	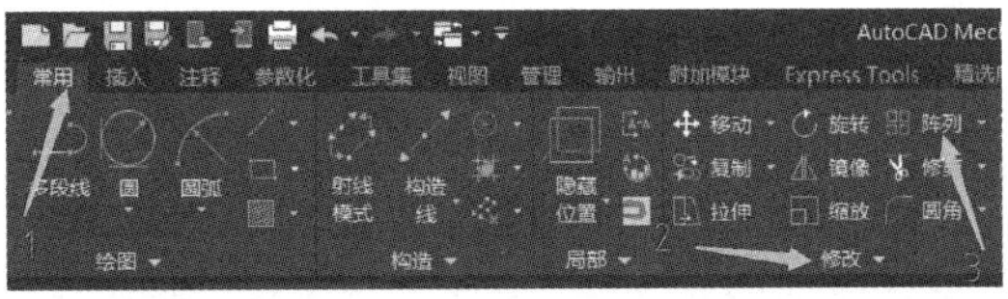	
116	单击【阵列】旁边的倒三角（箭头1所指），选择【环形阵列】	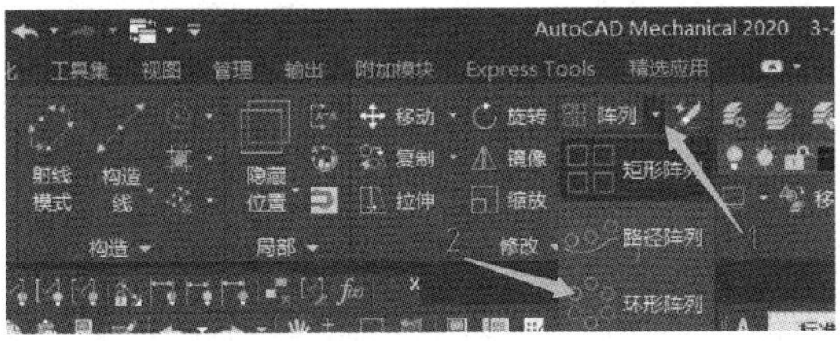	
117	选择需要阵列的对象，如右图所示	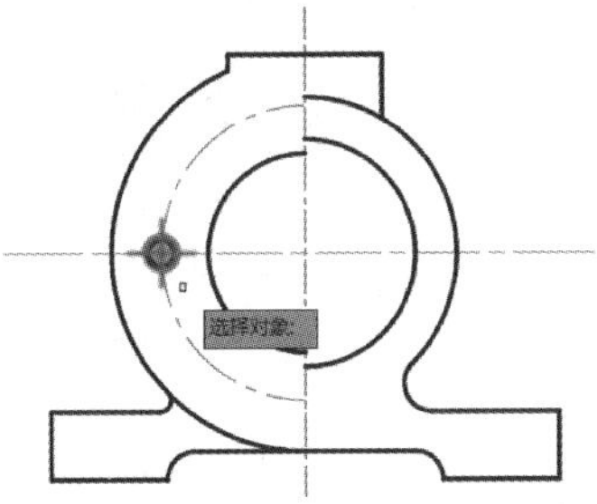	选择对象时可以框选
118	指定阵列的中心点（箭头所指）	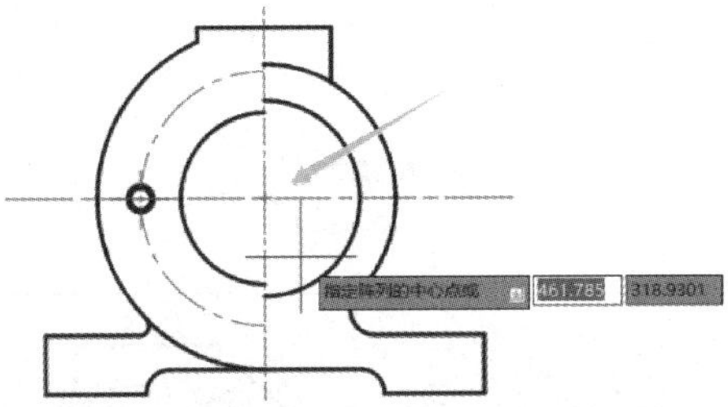	
119	【项目数】设置为6	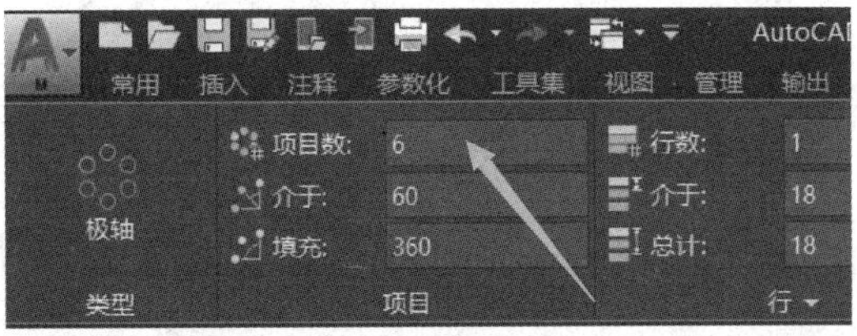	

（续）

步骤	操作描述	图例	说明
120	结果如右图所示	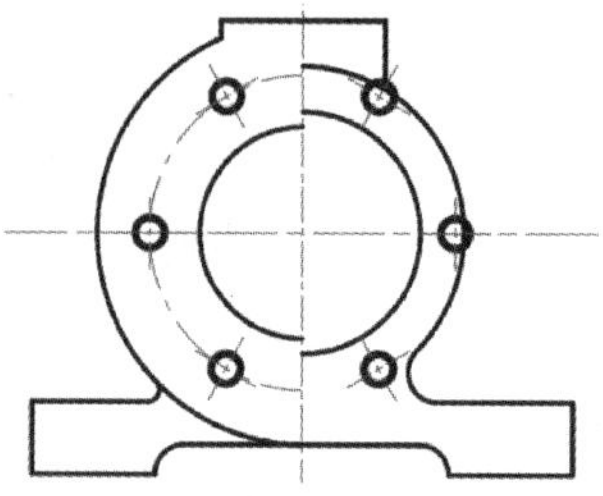	
121	删除右半部分的三个螺纹孔	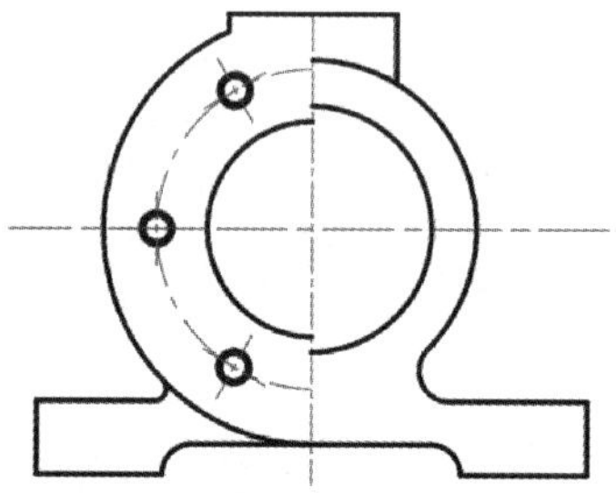	
122	利用【偏移】命令得到箭头所指的中心线	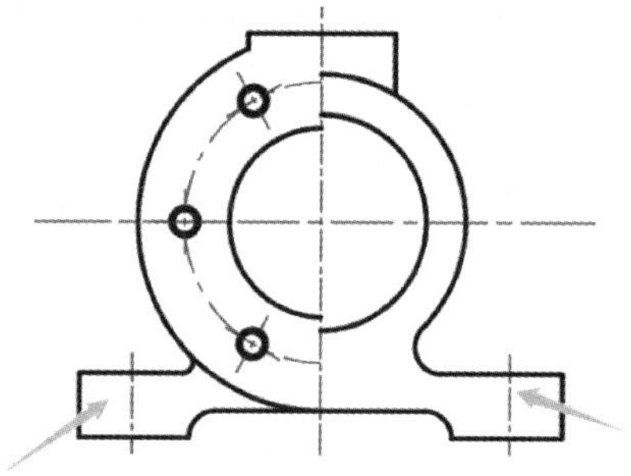	
123	利用【偏移】命令和【直线】命令绘制右图所示轮廓	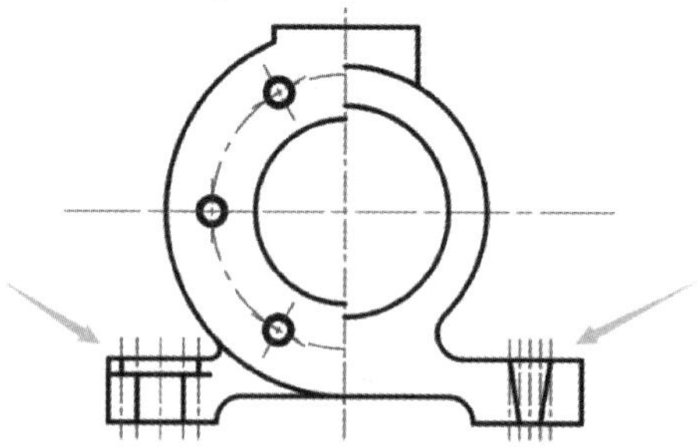	
124	删除辅助线，剪切多余的直线	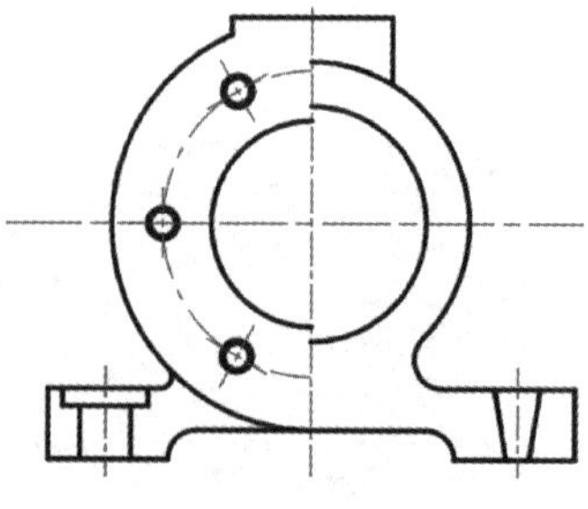	

（续）

步骤	操作描述	图例	说明
125	在【常用】选项卡的【修改】面板中单击【圆角】按钮，或者按快捷键F，对需要倒圆角的部分进行倒圆角，结果如右图所示	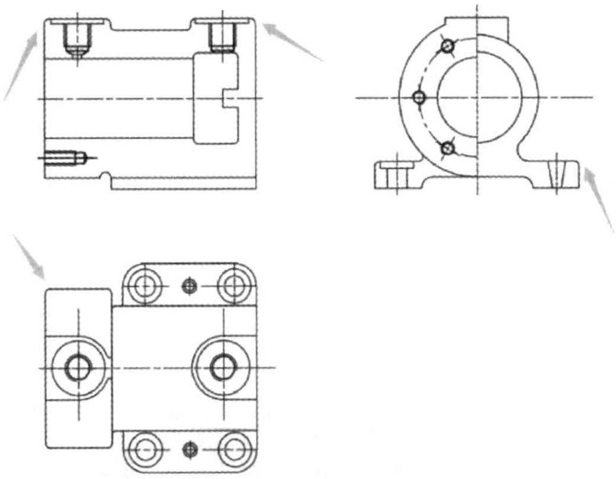	
126	在【常用】选项卡的【绘图】面板中单击【填充】按钮	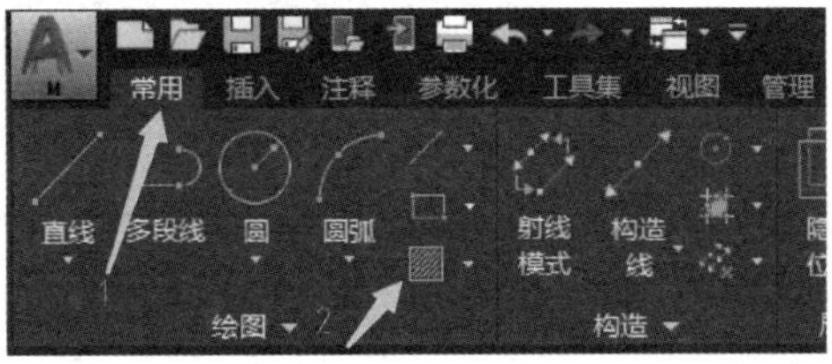	
127	选择需要填充的区域	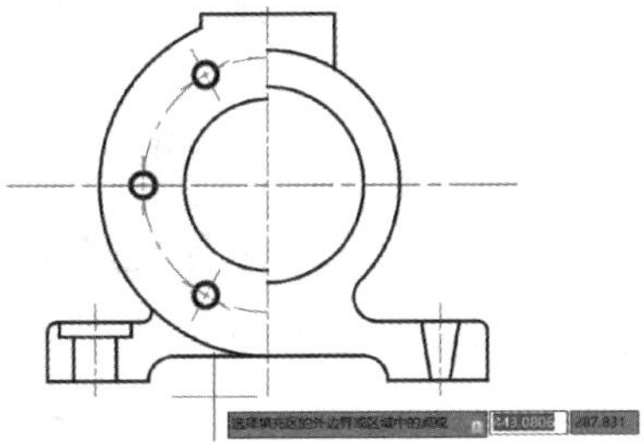	需要填充的区域必须是封闭的，如果不封闭，则无法实现填充
128	结果如右图所示	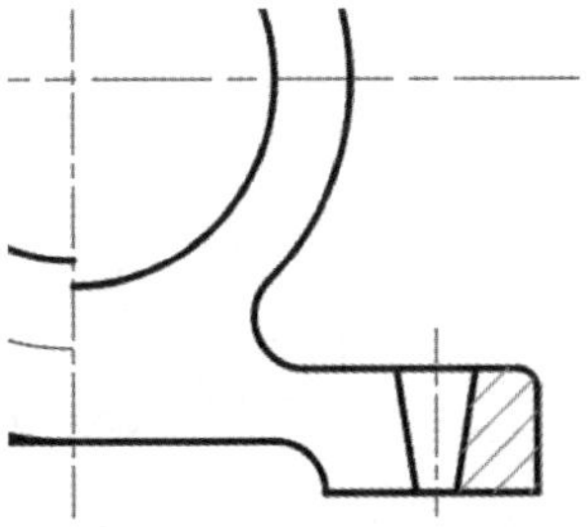	
129	遇到非轮廓线组成的封闭区域时，需要一个一个选择线条构成封闭区	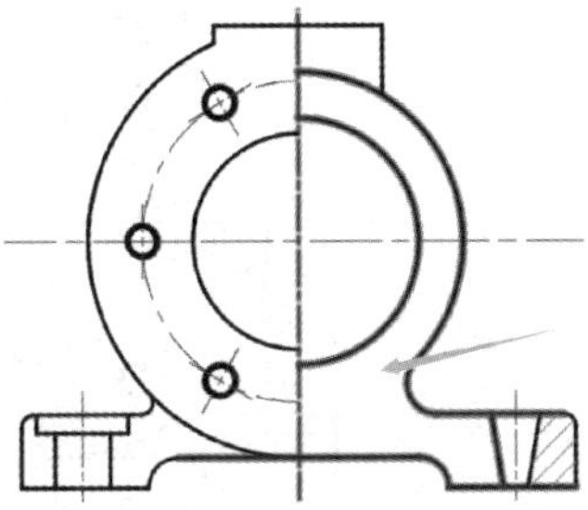	如果待填充区域不是全部由轮廓线构成，即待填充区域由轮廓线和中心线构成，则需要逐个选中

（续）

步骤	操作描述	图例	说明
130	单击，结果如右图所示	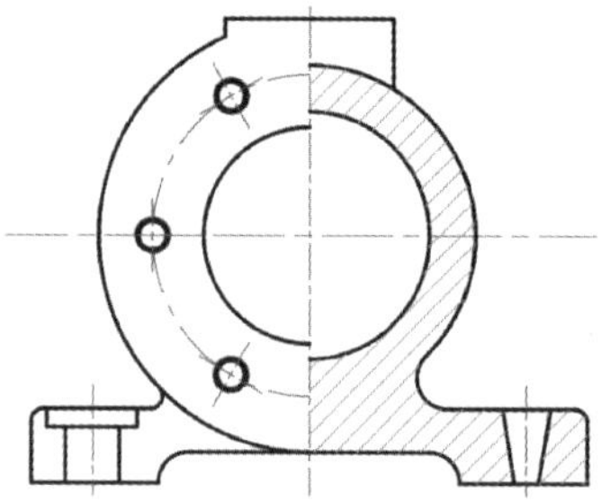	
131	在【常用】选项卡的【局部】面板中单击【局部剖切线】按钮	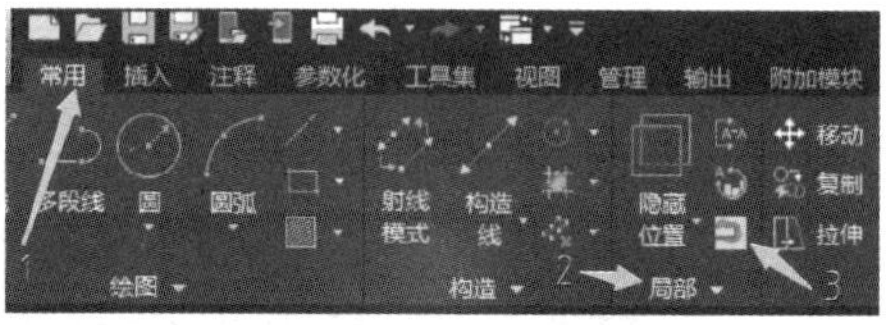	
132	选择局部剖切线的起点	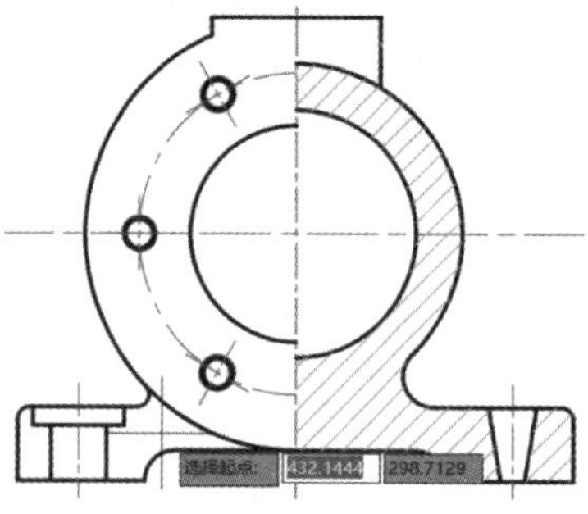	
133	指定下一点	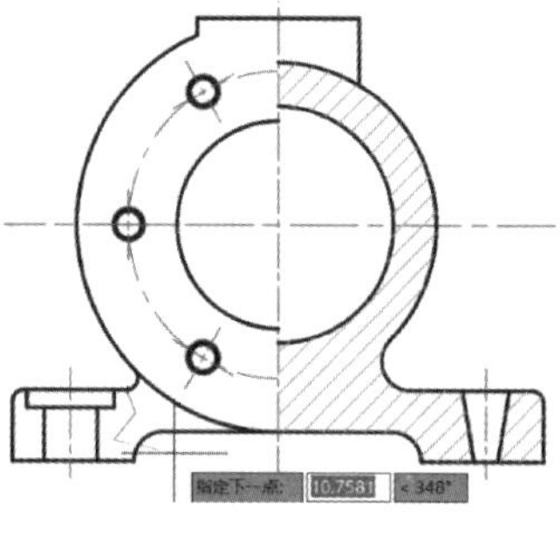	
134	结果如右图所示	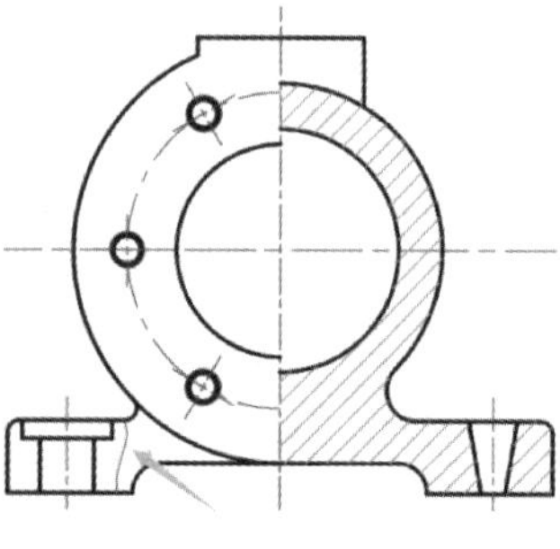	

（续）

步骤	操作描述	图例	说明
135	重复上述操作，将其他区域进行填充	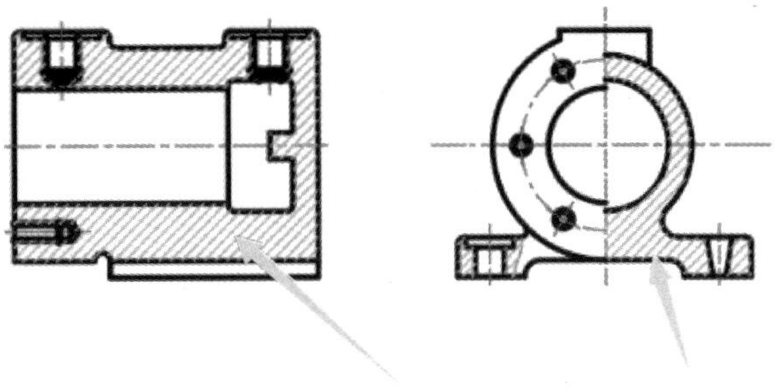	如果待填充区域由轮廓线和局部剖切线构成，同样需要逐个选中

2. 缸体的尺寸标注

根据任务下达时的图样要求，下面对缸体进行尺寸标注等，详见表 4-6。

表 4-6　缸体尺寸标注步骤及注意事项

步骤	操作描述	图例	说明
1	输入【线性标注】的快捷命令 DLI	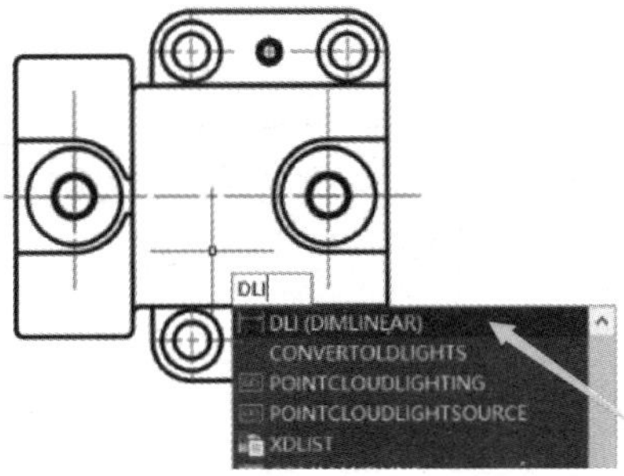	
2	如右图所示，将所有线性尺寸进行标注，结果如右图所示	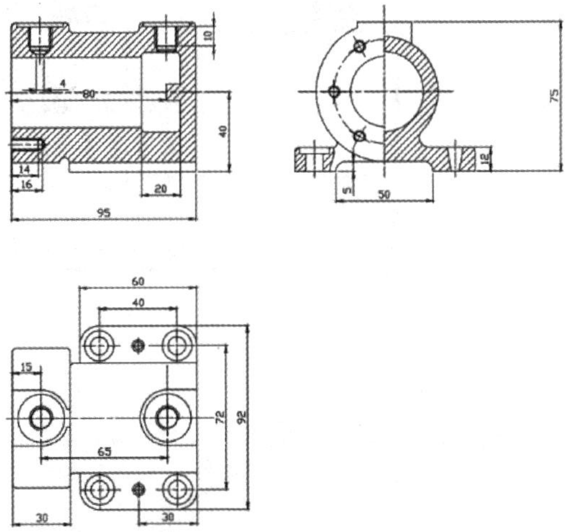	
3	在【注释】选项卡【符号】面板中单击【表面粗糙度】按钮（箭头 3 所指）	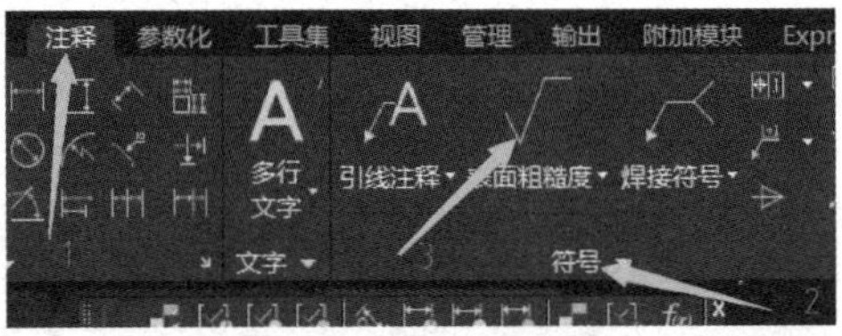	

（续）

步骤	操作描述	图例	说明
4	选择装入的对象		
5	指定起点，按空格键确定	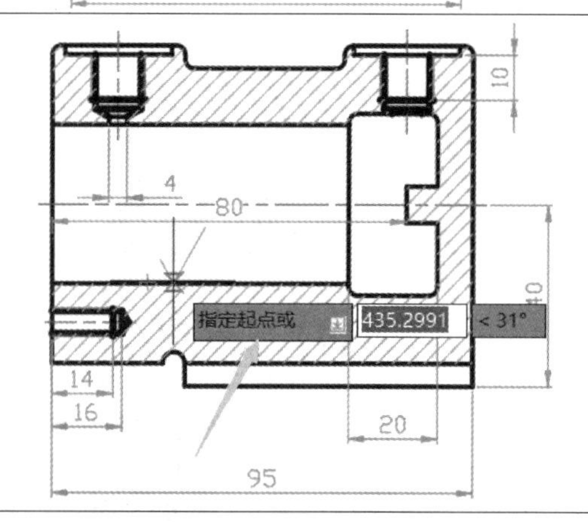	
6	选择粗糙度符号放置的边（上下），选择上边，如右图所示	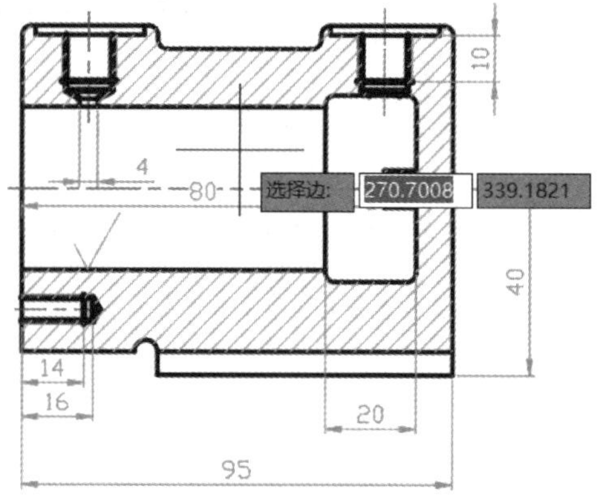	
7	弹出右图所示的对话框，根据零件要求，勾选【去除材料】【长边加横线】，设置粗糙度值，最后单击【确定】按钮	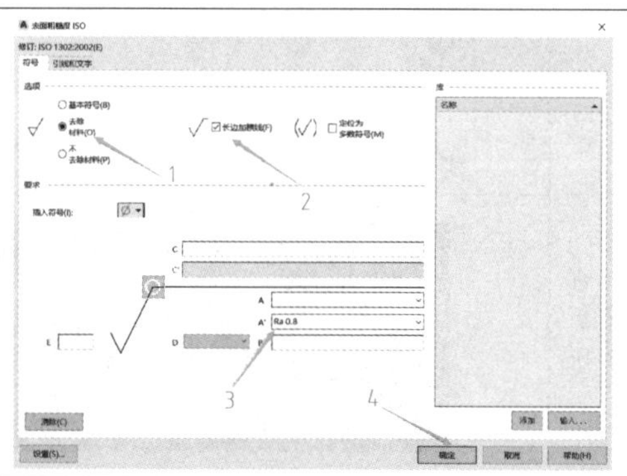	

（续）

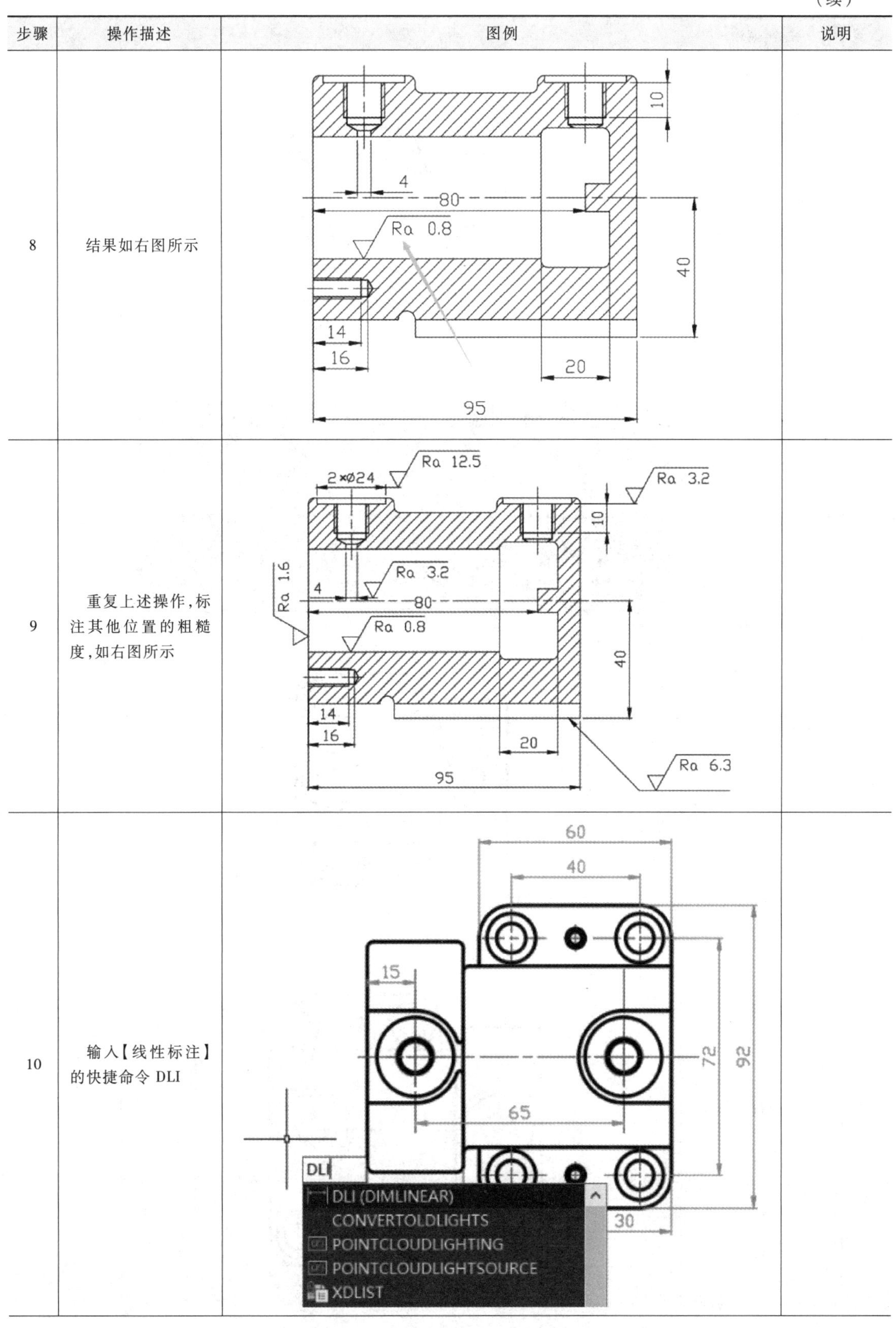

步骤	操作描述	图例	说明
8	结果如右图所示		
9	重复上述操作，标注其他位置的粗糙度，如右图所示		
10	输入【线性标注】的快捷命令 DLI		

（续）

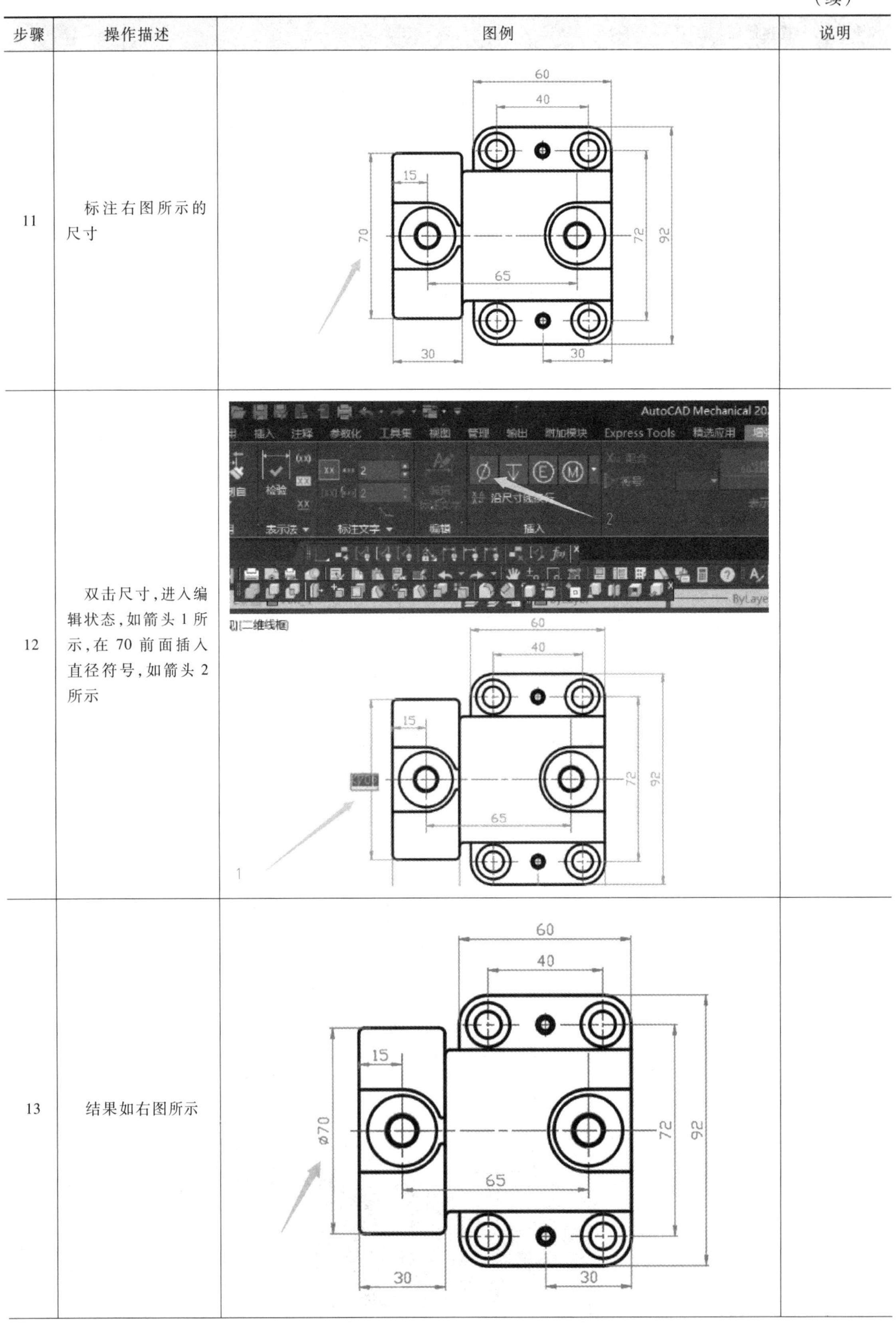

步骤	操作描述	图例	说明
11	标注右图所示的尺寸		
12	双击尺寸，进入编辑状态，如箭头1所示，在70前面插入直径符号，如箭头2所示		
13	结果如右图所示		

（续）

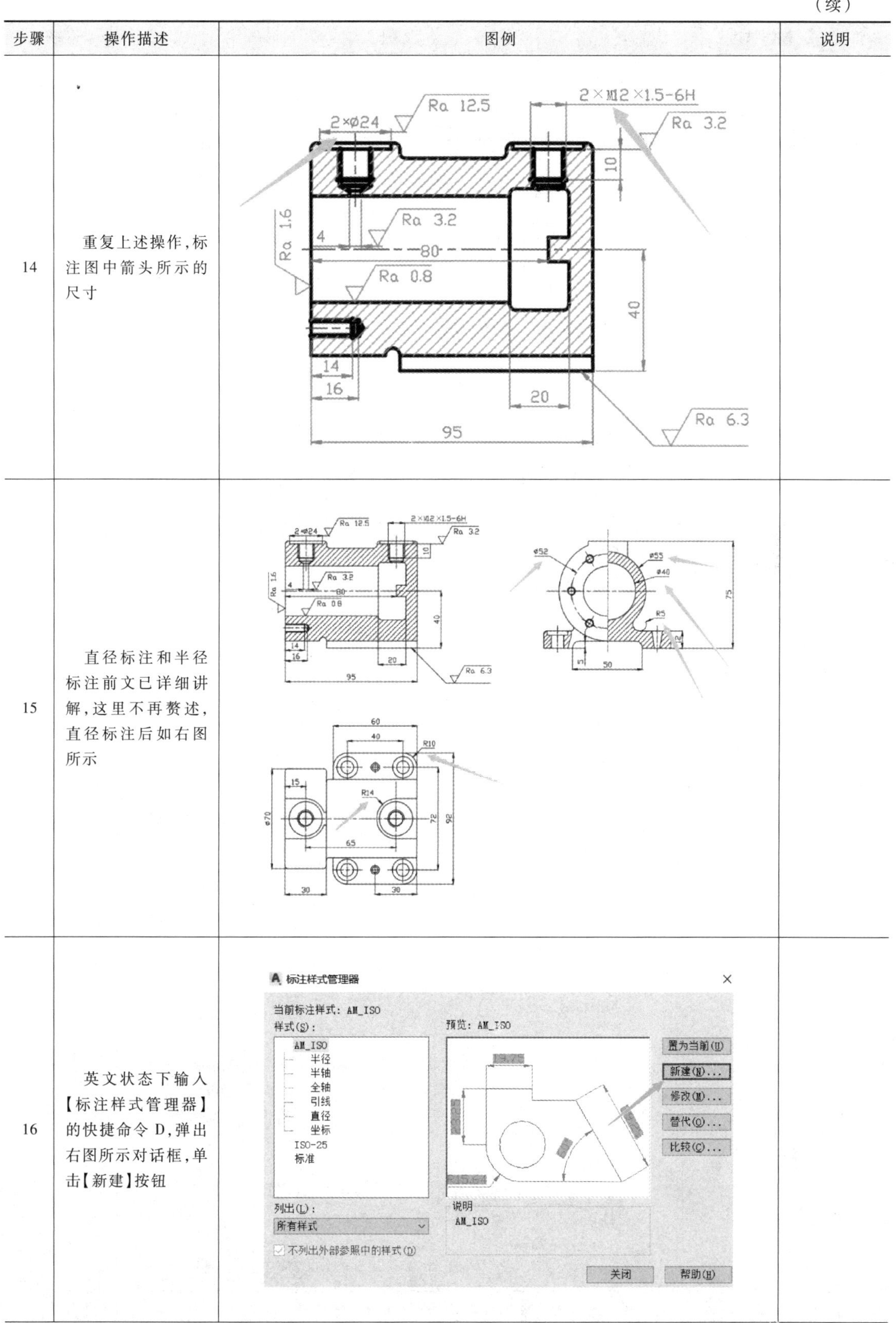

步骤	操作描述	图例	说明
14	重复上述操作，标注图中箭头所示的尺寸		
15	直径标注和半径标注前文已详细讲解，这里不再赘述，直径标注后如右图所示		
16	英文状态下输入【标注样式管理器】的快捷命令 D，弹出右图所示对话框，单击【新建】按钮		

（续）

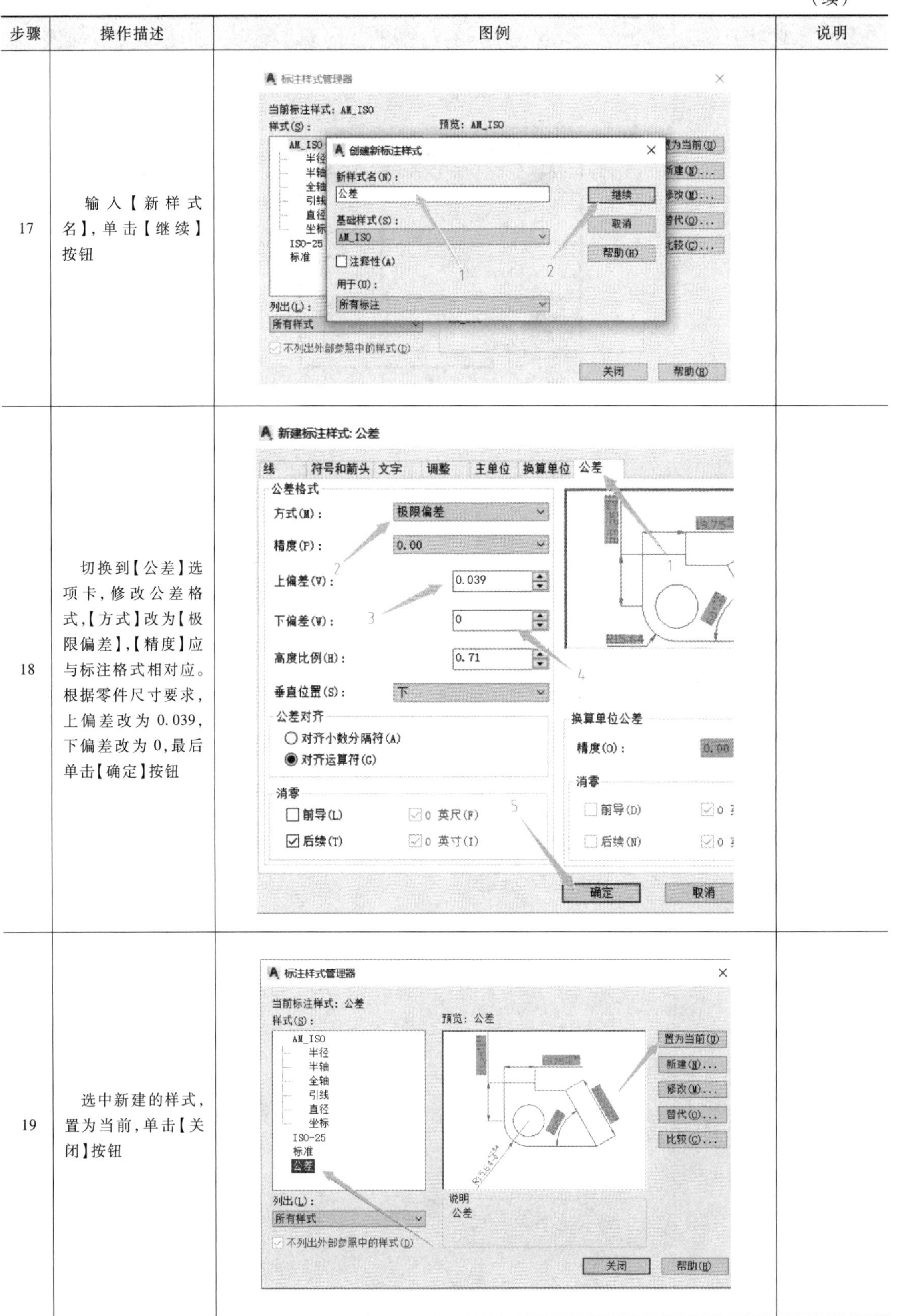

步骤	操作描述	图例	说明
17	输入【新样式名】，单击【继续】按钮		
18	切换到【公差】选项卡，修改公差格式，【方式】改为【极限偏差】，【精度】应与标注格式相对应。根据零件尺寸要求，上偏差改为 0.039，下偏差改为 0，最后单击【确定】按钮		
19	选中新建的样式，置为当前，单击【关闭】按钮		

（续）

步骤	操作描述	图例	说明
20	输入【线性标注】的快捷命令 DLI，标注结果如右图所示	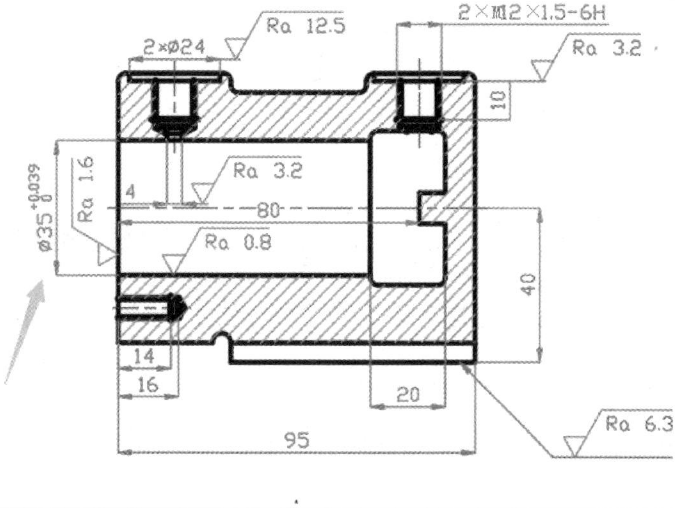	
21	在【注释】选项卡【符号】面板中单击【引线注释】按钮	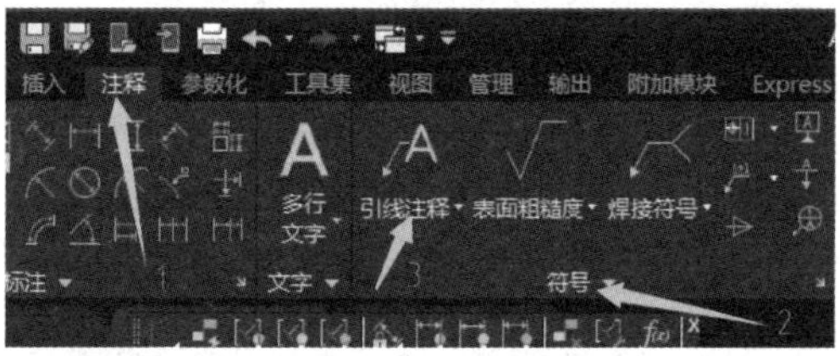	
22	选择装入的对象，如右图所示	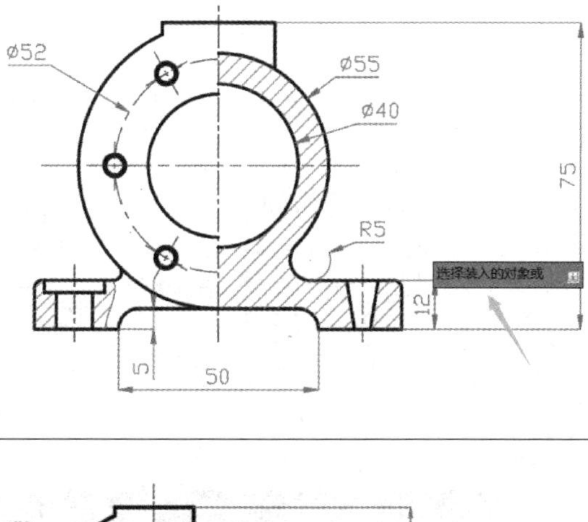	
23	指定起点	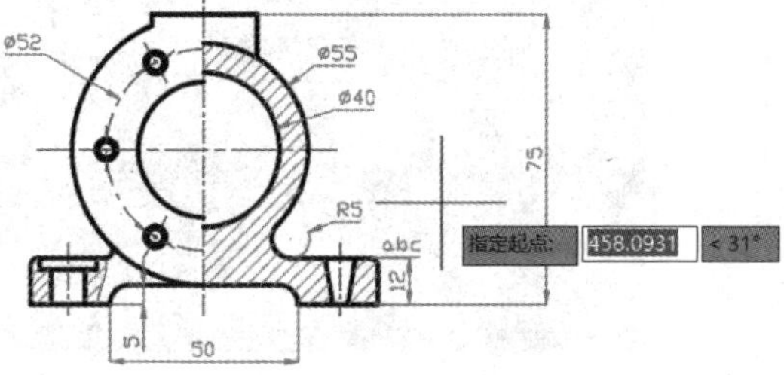	

（续）

步骤	操作描述	图例	说明
24	指定下一点，按空格键确定，输入文字	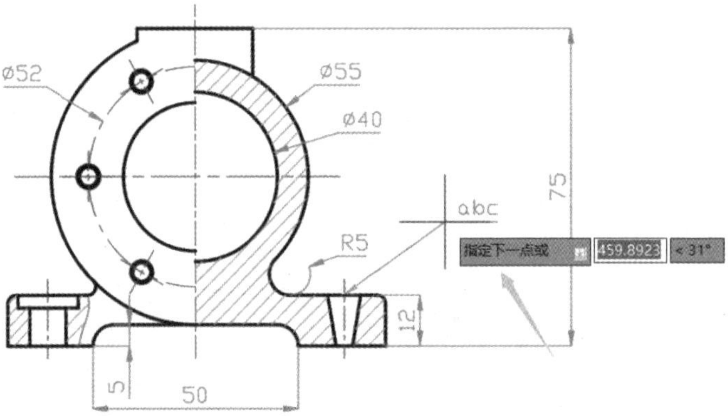	
25	结果如右图所示	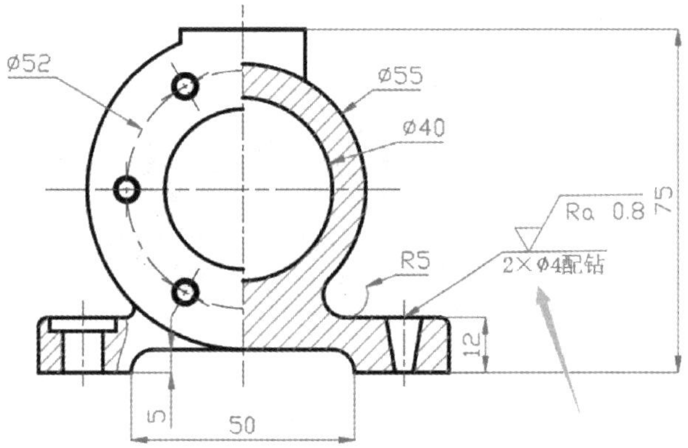	
26	重复上述操作，完成其他部分的引线注释，结果如右图所示	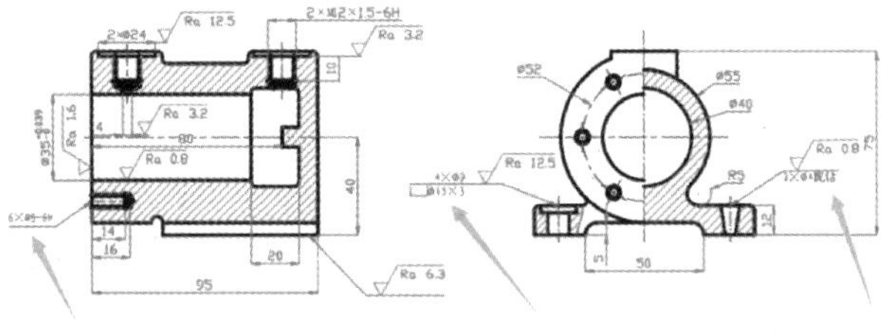	
27	在【注释】选项卡【符号】面板中单击【基准标识符号】按钮	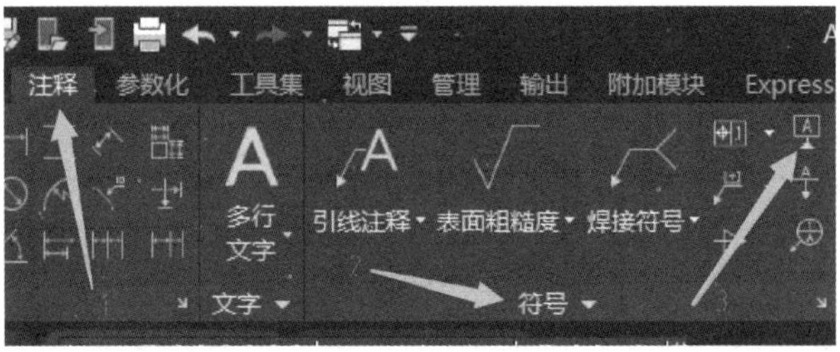	

（续）

步骤	操作描述	图例	说明
28	选择要装入的对象	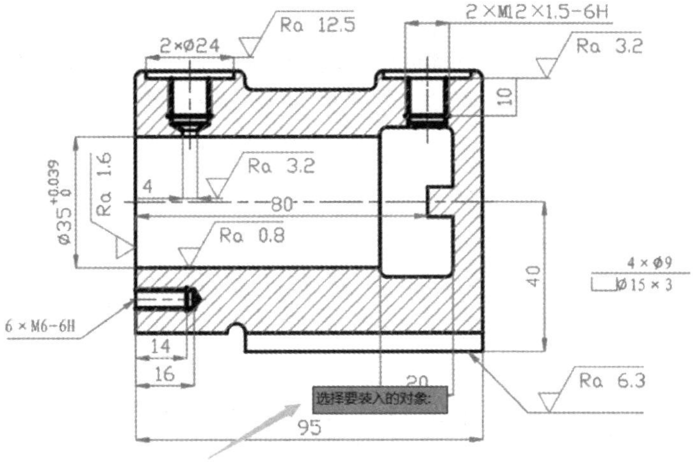	
29	指定起点	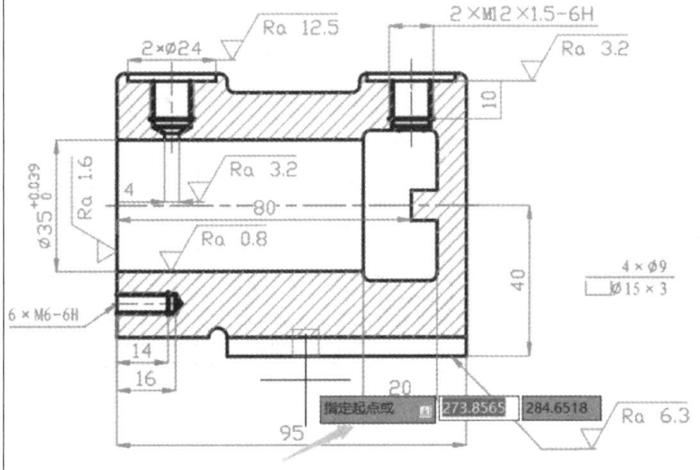	
30	指定下一点	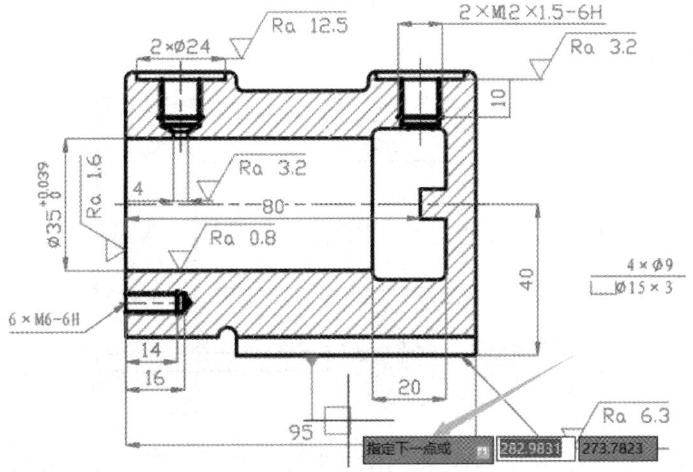	

（续）

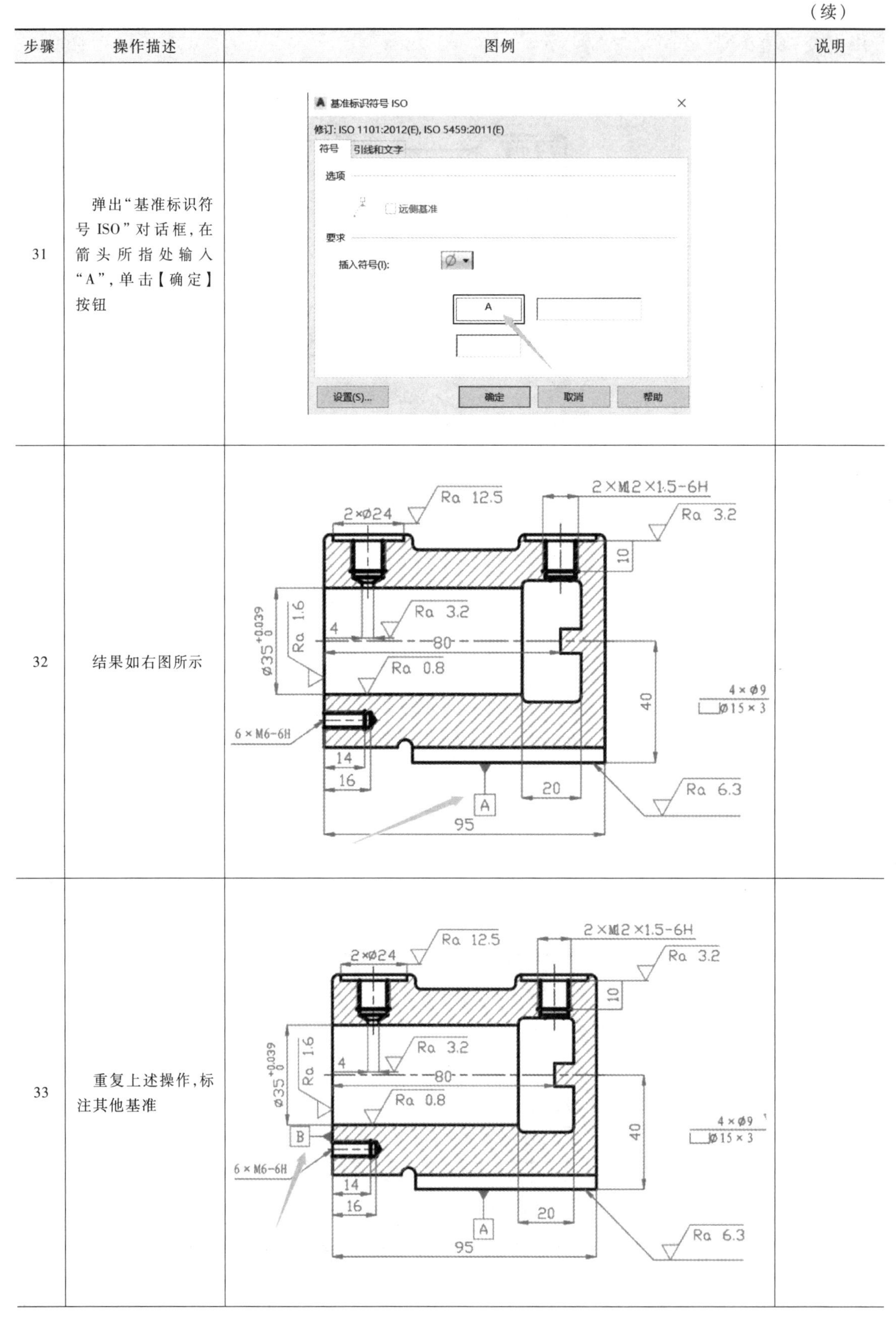

步骤	操作描述	图例	说明
31	弹出“基准标识符号 ISO”对话框，在箭头所指处输入“A”，单击【确定】按钮		
32	结果如右图所示		
33	重复上述操作，标注其他基准		

（续）

步骤	操作描述	图例	说明
34	在【注释】选项卡【符号】面板中单击【形位公差符号】按钮，开始插入几何公差	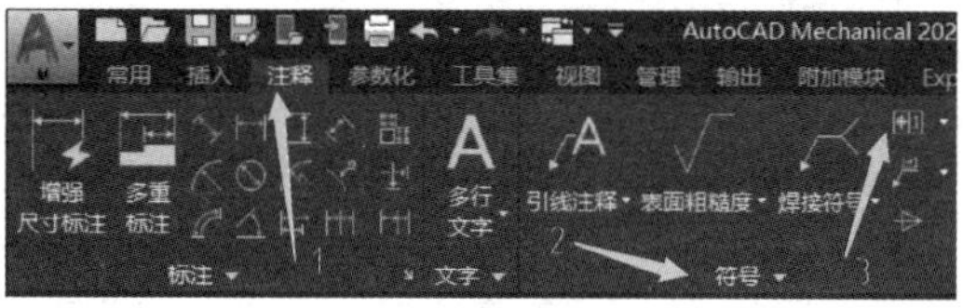	
35	选择装入的对象	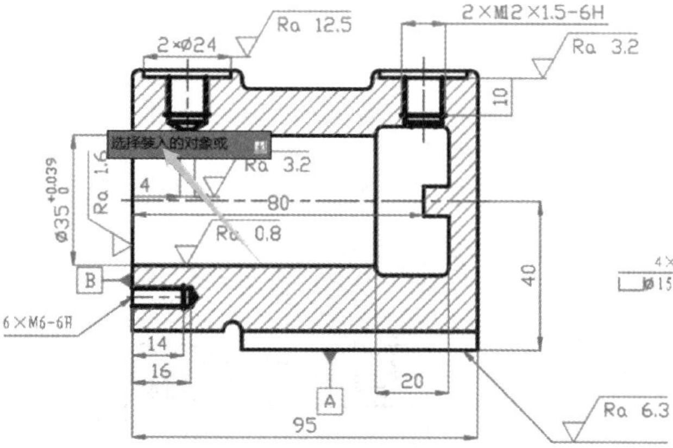	
36	指定起点	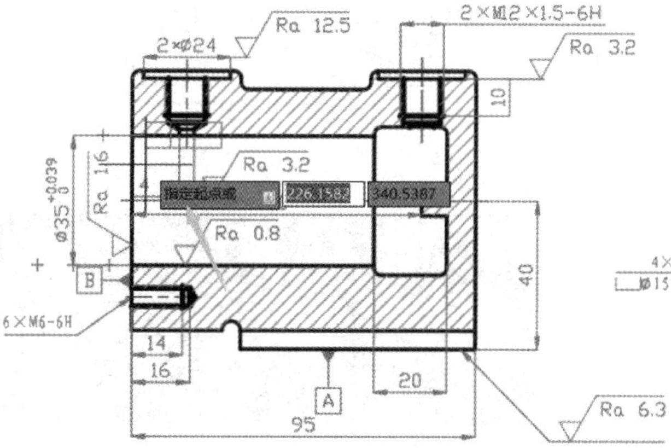	
37	指点下一点，按空格键确定	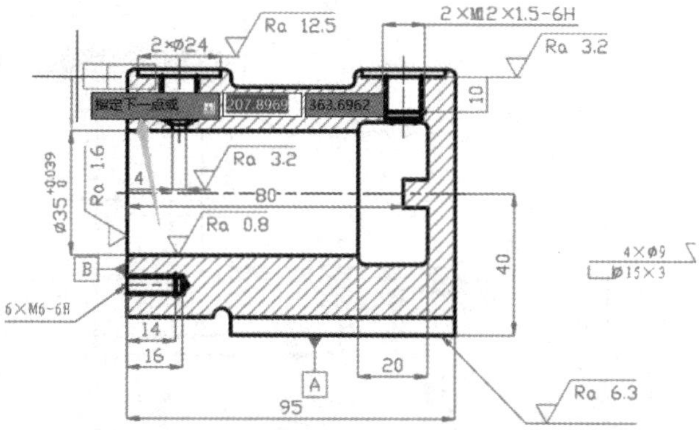	

（续）

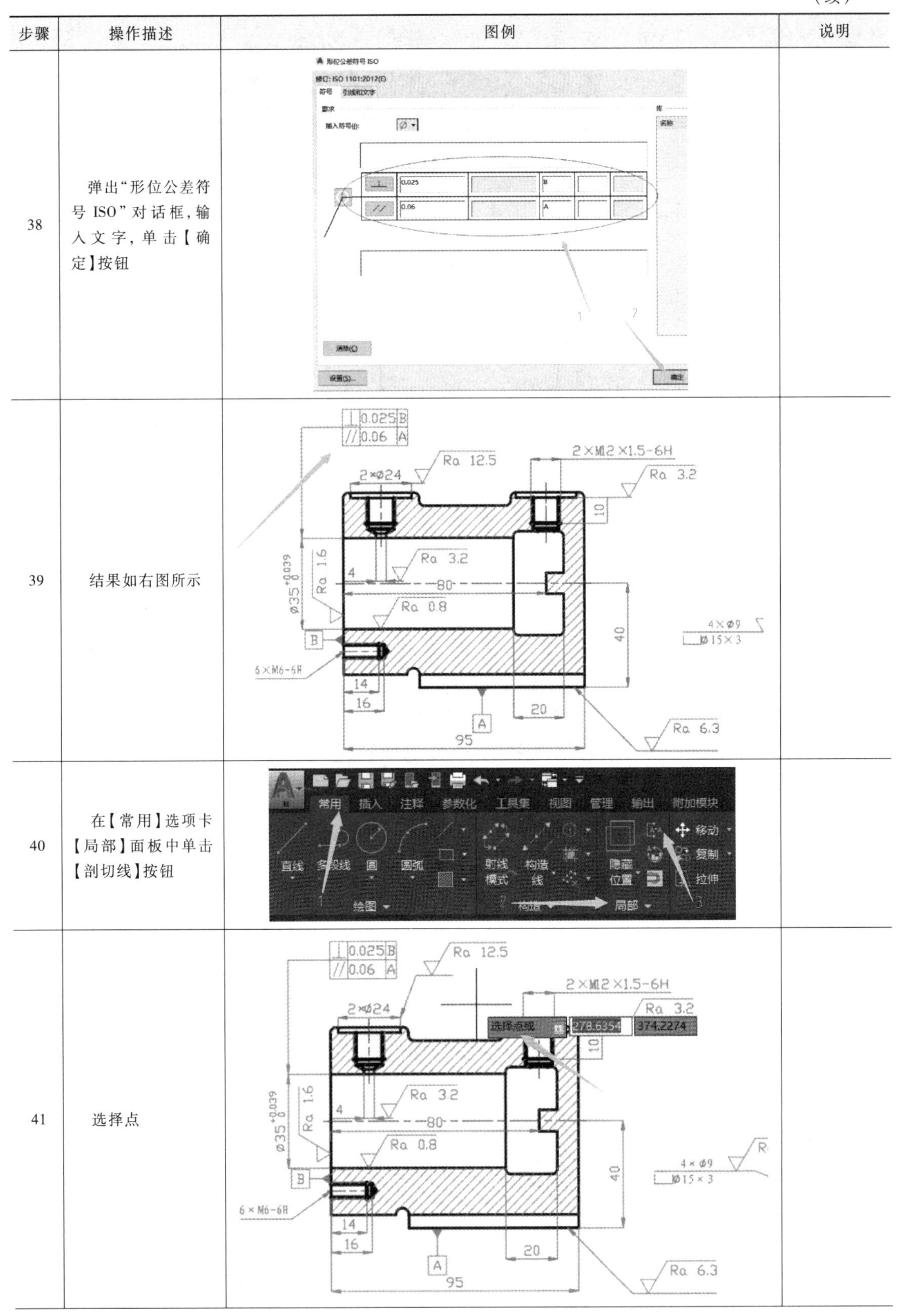

步骤	操作描述	图例	说明
38	弹出“形位公差符号 ISO”对话框，输入文字，单击【确定】按钮		
39	结果如右图所示		
40	在【常用】选项卡【局部】面板中单击【剖切线】按钮		
41	选择点		

（续）

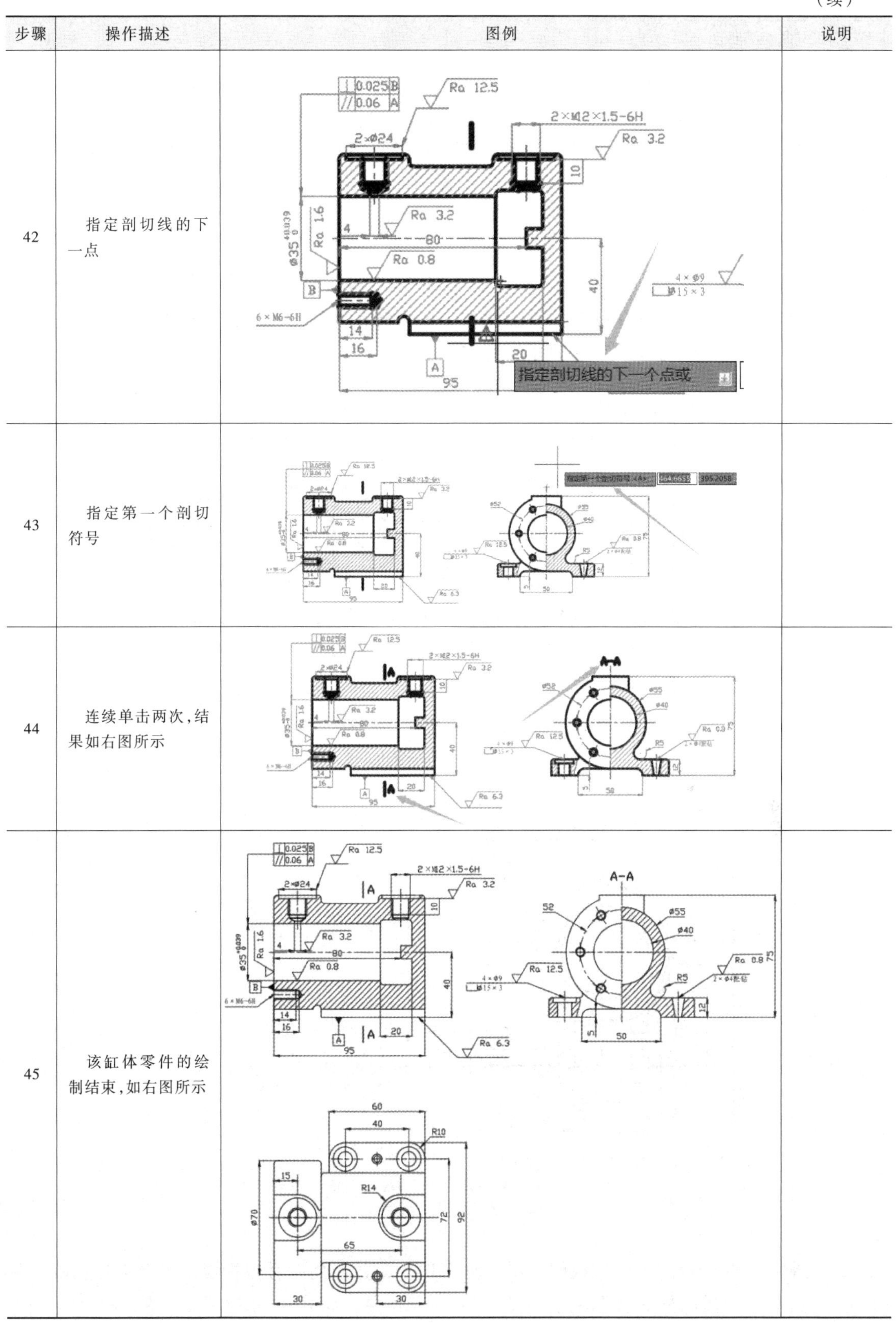

步骤	操作描述	图例	说明
42	指定剖切线的下一点		
43	指定第一个剖切符号		
44	连续单击两次，结果如右图所示		
45	该缸体零件的绘制结束，如右图所示		

4.3.4 任务评价

本例难度适中，要求具备看视图想象结构形状、分析尺寸、看技术要求等能力，在绘制过程中需要综合直线、圆、倒圆角、修剪、局部剖切线、剖切线、填充、阵列、螺纹通孔、螺纹盲孔等命令。此外，本例新增了几何公差的标注、基准符号的绘制、圆锥销孔的绘制等任务。

4.4 强化训练任务

1. 绘制图4-7所示的支撑座三视图，材料为HT150，并套用符合国标要求的A3图框和标题栏，上交打印的纸质图样（标题栏手写签名）。

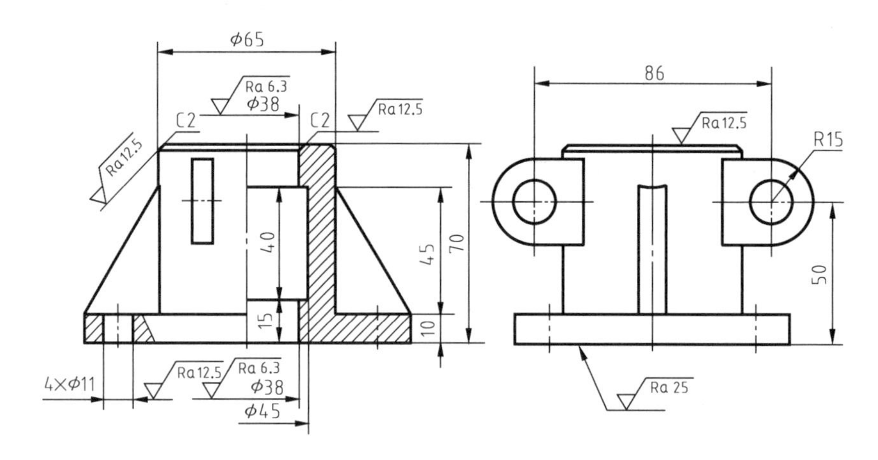

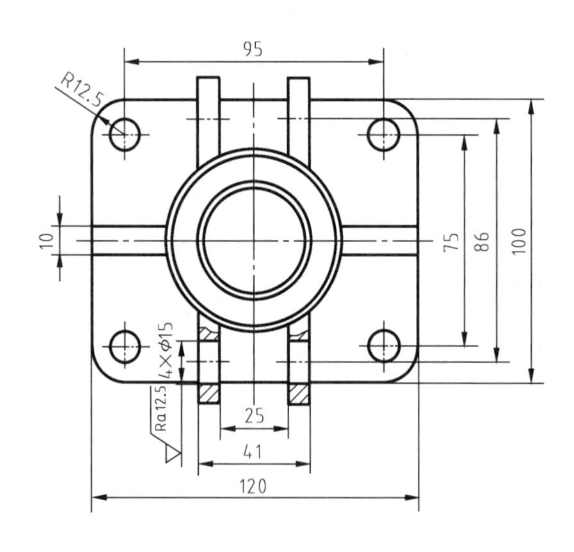

图4-7 支撑座三视图

2. 绘制图4-8所示的盖座三视图，材料为HT150，并套用符合国标要求的A3图框和标题栏，上交打印的纸质图样（标题栏手写签名）。

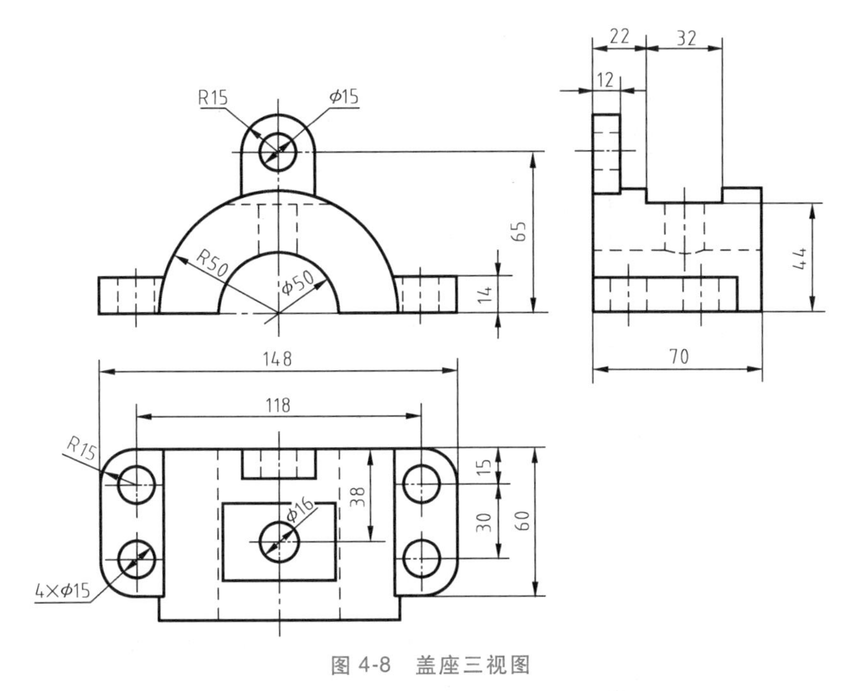

图 4-8　盖座三视图

3. 根据图 4-9 所示的轴承座轴测图绘制其三视图，材料为 HT150，并套用符合国标要求的 A3 图框和标题栏，主视图及绘图比例自定，上交打印的纸质图样（标题栏手写签名）。

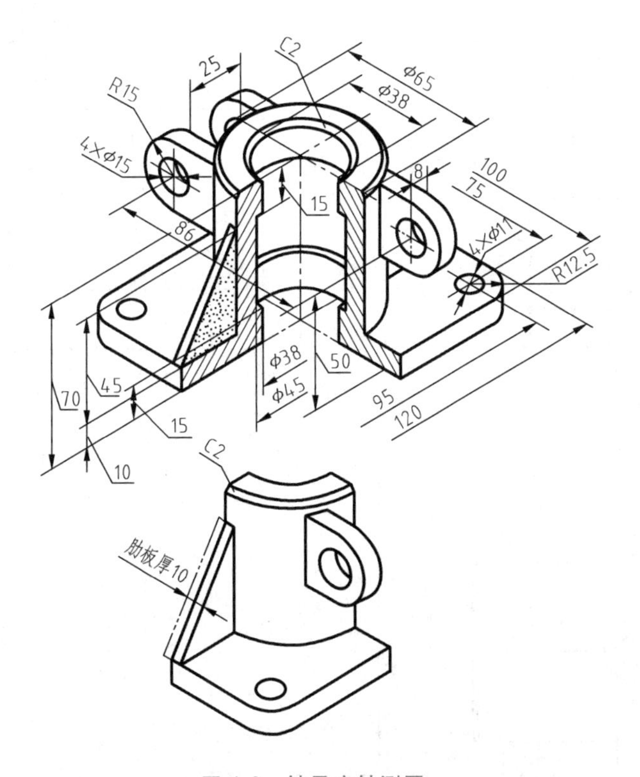

图 4-9　轴承座轴测图

4. 绘制图 4-10 所示的泵盖零件图，材料为 HT150，要求按最新国标标注表面粗糙度符号，并套用符合国标要求的 A4 图框和标题栏，上交打印的纸质图样（标题栏手写签名）。

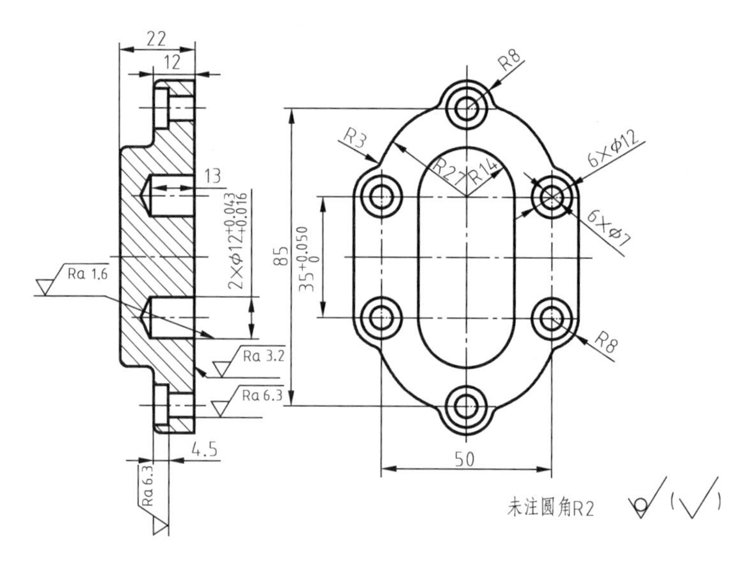

图 4-10 泵盖零件图

5. 绘制图 4-11 所示的支架零件图，材料为 HT150，并套用符合国标要求的 A3 图框和标题栏，上交打印的纸质图样（标题栏手写签名）。

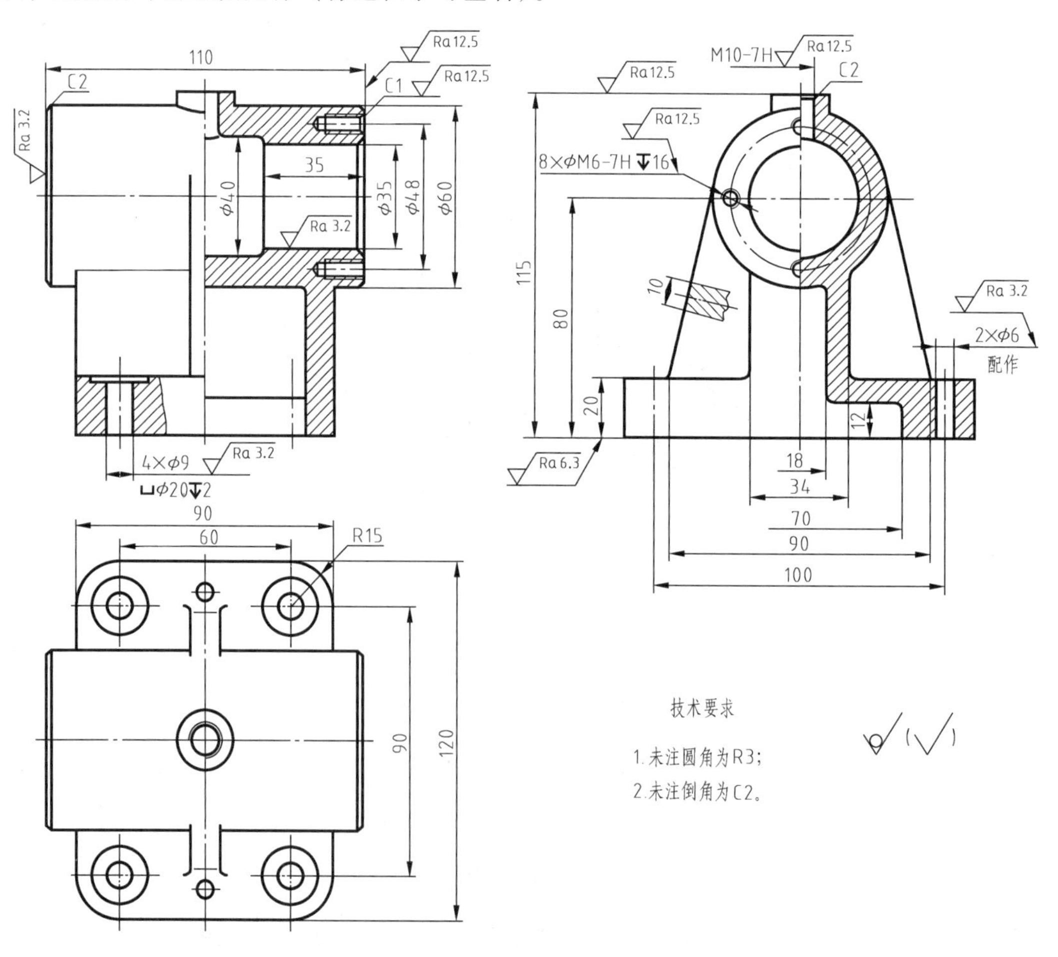

图 4-11 支架零件图

6. 使用 AutoCAD Mechanical 完成图 4-12 所示平面图形的绘制，材料为 HT200，套用符合国标要求的 A3 图框和标题栏，上交打印的纸质图样（标题栏手写签名）。

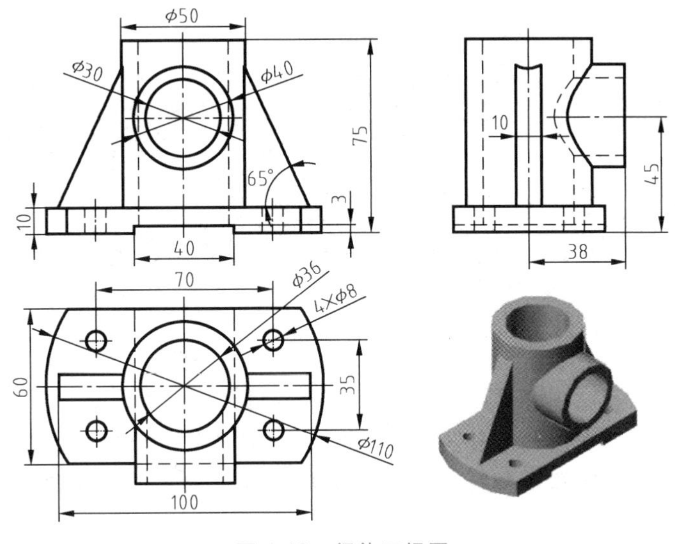

图 4-12　阀体三视图

7. 使用 AutoCAD Mechanical 完成图 4-13 所示平面图形的绘制，套用符合国标要求的 A3 图框和标题栏，上交打印的纸质图样（标题栏改成国标要求的样式并手写签名）。

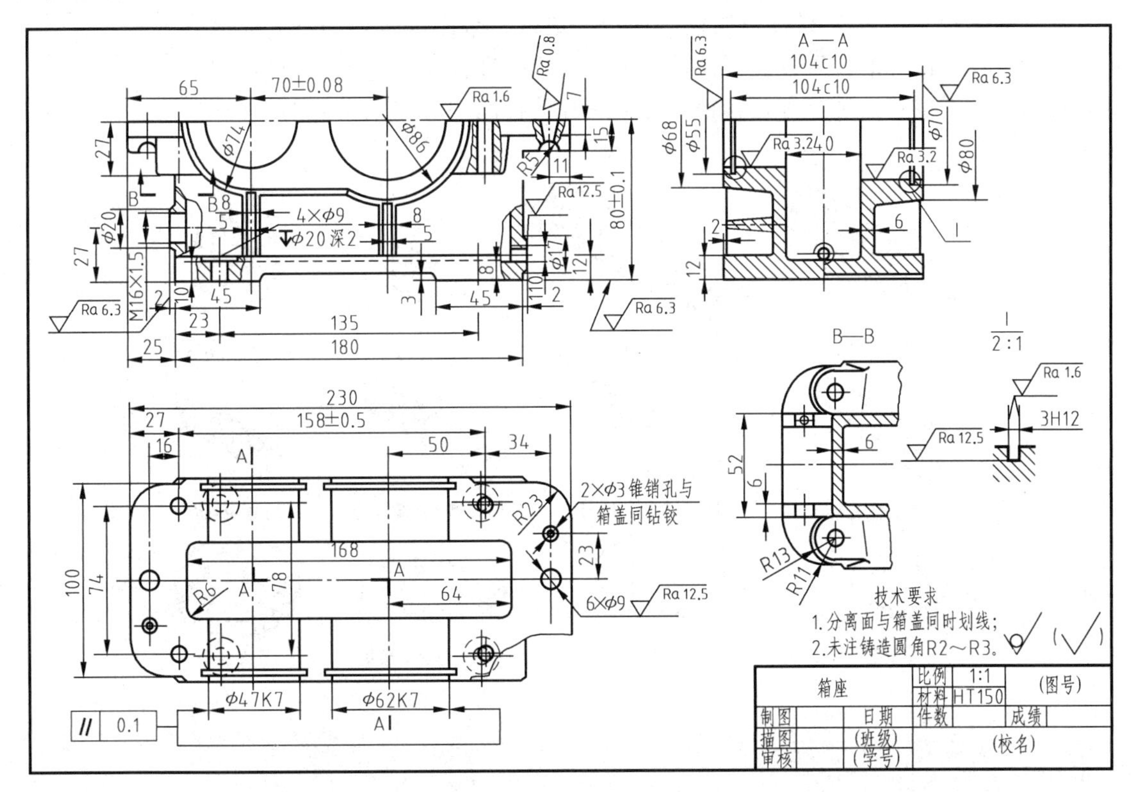

图 4-13　箱座三视图

项目5 标准件及常用件图样绘制与输出

在各种机器和设备上，经常用到螺栓、螺柱、螺钉、螺母、键、销、齿轮、弹簧、滚动轴承等各种不同的零件。这些零件应用范围广，使用量很大，为了提高产品质量和降低成本，国家标准对这类零件的结构、尺寸和技术要求实行全部或部分标准化。实行全部标准化的零件称为标准件，常见的有螺栓、螺柱、螺钉、螺母、键、销等；实行部分标准化的零件，称为常用件，常见的有齿轮、弹簧等。

5.1 螺纹紧固件绘制与输出

螺纹紧固件的绘制与输出

常见的螺纹紧固件有螺栓、螺柱、螺母、螺钉、垫圈等，如图5-1所示，均属于标准件，由标准件厂按国标设计、生产。非标准件厂一般无须画出它们的零件图，只需按规定进行标记，根据标记从有关标准中可查到它们的结构型式和尺寸。

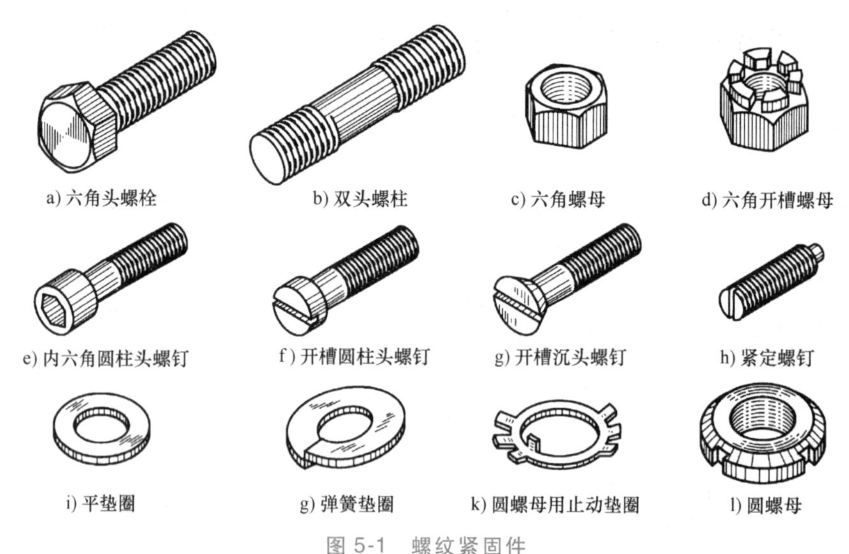

图5-1 螺纹紧固件

5.1.1 任务下达

本任务要求在AutoCAD Mechanical 2020中绘制螺栓GB/T 5782—2000 M16×70，如图5-2所示，标注尺寸，套用符合国标要求的A4图幅和标题栏，文件以“六角头螺栓”为名，以

dwg 和 pdf 格式输出。

5.1.2　任务分析

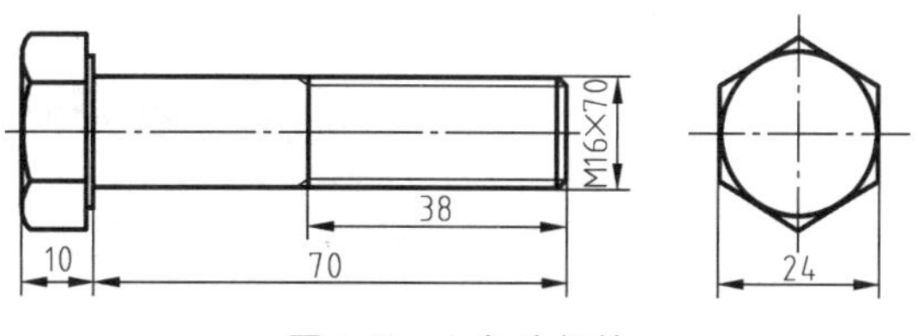

图 5-2　六角头螺栓

螺栓是一种常见的标准件，通常已知螺栓的标准和规格，可以通过查有关手册得到相应的参数，然后进行绘制。而 AutoCAD Mechanical 2020 的工具集中已经提供了大量的标准件供用户选择，用户可以根据给定的标准和规格选择相应的零件进行插入，大大地提高了绘图效率。

图 5-2 所示的六角头螺栓图样主要由主视图、左视图和尺寸标注组成，绘制时可先插入主视图，然后用【增强视图】命令生成左视图，最后进行尺寸标注，其主要绘制流程如图 5-3 所示。

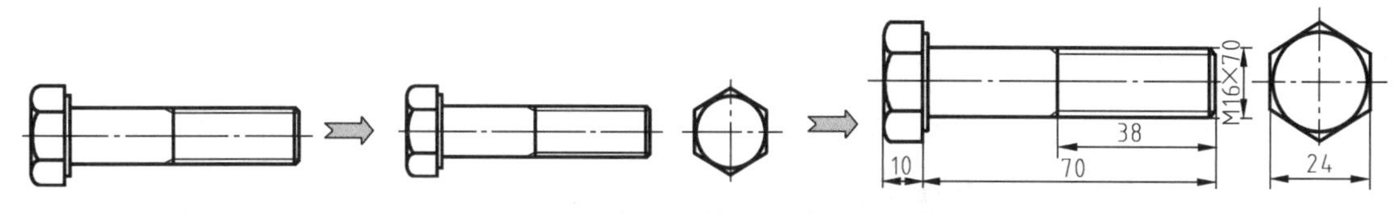

图 5-3　六角头螺栓图样的绘制流程

5.1.3　任务实施

下面详细说明使用 AutoCAD Mechanical 2020 绘制图 5-2 所示六角头螺栓图样的步骤及注意事项。为了帮助读者更好、更快地掌握六角头螺栓图样的绘制与输出，下面分成两部分进行讲解。

1. 六角头螺栓视图的绘制

根据任务下达时的图样要求，绘制六角头螺栓的视图，详见表 5-1。

表 5-1　六角头螺栓视图绘制步骤及注意事项

步骤	操作描述	图例	说明
1	安装与配置 AutoCAD Mechanical 2020 简体中文版	（图略）	按项目 1 的讲解完成 AutoCAD 的安装与配置
2	在 Windows【开始】菜单中启动 AutoCAD Mechanical 2020 后，单击【快速访问工具栏】的【新建】按钮		

（续）

步骤	操作描述	图例	说明
3	系统弹出“选择样板”对话框，按右图所示步骤选择符合国标要求的样板文件 am_gb. dwt 后新建一个绘图文档	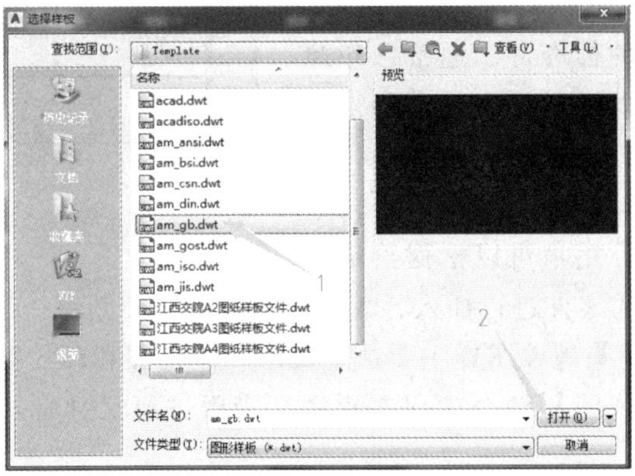	样板文件内含图层、文字样式、标注样式、图框、标题栏等，可以自行制作
4	此时系统会自动生成一个名为 drawing1. dwg 的文件。单击【快速访问工具栏】中的【保存】按钮，在【图形另存为】对话框中，选好文件保存位置，输入新文件名（如“六角头螺栓”），单击【保存】按钮即可完成文件的重命名	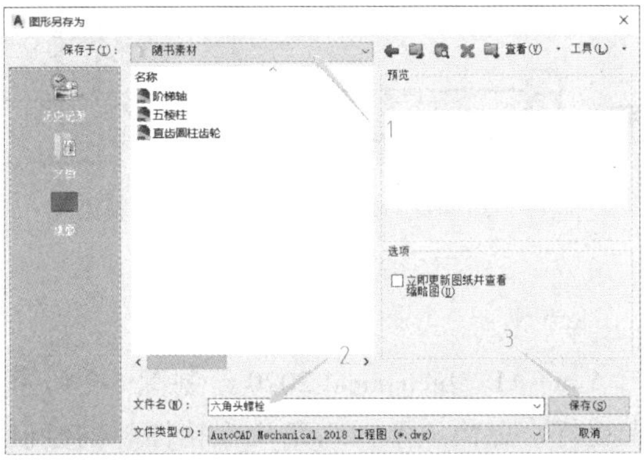	进入绘图环境后的第一件事就是保存文件，在后续绘图过程中也要经常单击【保存】按钮或按<Ctrl+S>组合键保存所绘图形，否则因意外关机时，未保存的图就丢失了
5	单击【工具集】选项卡【紧固件】面板的【螺栓】按钮，弹出“选择螺栓”对话框，按右图步骤完成选择即可启动插入六角头螺栓主视图的命令	 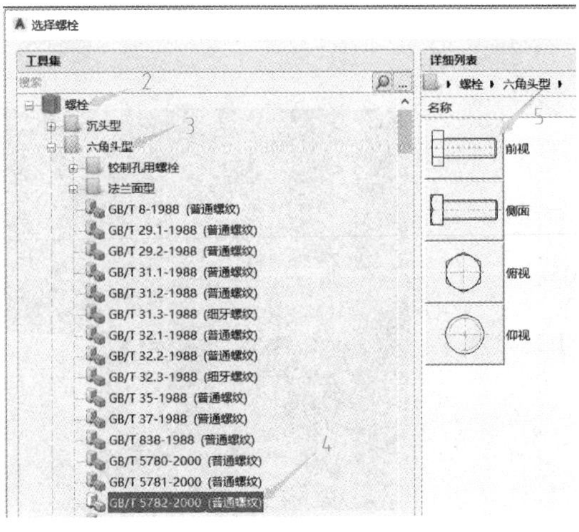	

（续）

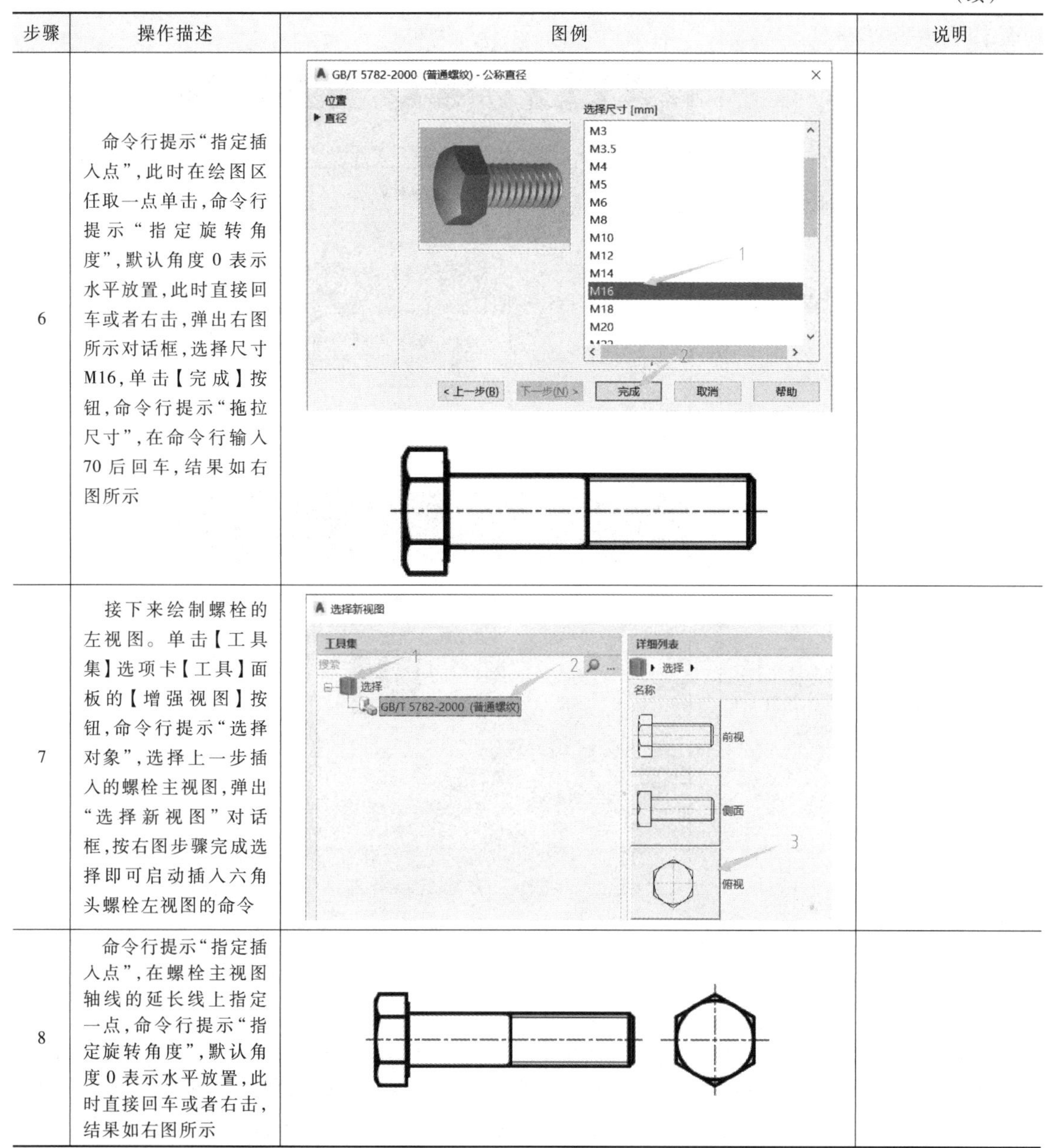

步骤	操作描述	图例	说明
6	命令行提示“指定插入点”，此时在绘图区任取一点单击，命令行提示“指定旋转角度”，默认角度0表示水平放置，此时直接回车或者右击，弹出右图所示对话框，选择尺寸M16，单击【完成】按钮，命令行提示“拖拉尺寸”，在命令行输入70后回车，结果如右图所示		
7	接下来绘制螺栓的左视图。单击【工具集】选项卡【工具】面板的【增强视图】按钮，命令行提示“选择对象”，选择上一步插入的螺栓主视图，弹出“选择新视图”对话框，按右图步骤完成选择即可启动插入六角头螺栓左视图的命令		
8	命令行提示“指定插入点”，在螺栓主视图轴线的延长线上指定一点，命令行提示“指定旋转角度”，默认角度0表示水平放置，此时直接回车或者右击，结果如右图所示		

2. 六角头螺栓的尺寸标注

根据任务下达时的图样要求，对六角头螺栓进行尺寸标注，详见表5-2。

表5-2 六角头螺栓尺寸标注步骤及注意事项

步骤	操作描述	图例	说明
1	按前述关于尺寸标注的讲解，完成六角头螺栓的尺寸标注，结果如右图所示。这里涉及的都是比较简单的线性尺寸标注，就不再赘述。标注尺寸后套用A4图框	M16×70 38 10 70 24	

（续）

步骤	操作描述	图例	说明
2	最后以dwg和pdf两种格式保存图样文件。单击【快速访问工具栏】中的【另存为】按钮即可将图样保存为dwg格式		
3	单击【快速访问工具栏】中的【打印】按钮可输出为pdf格式，具体见右图步骤		

5.1.4 任务评价

本例的绘制利用了 AutoCAD Mechanical【工具集】中预先绘制的标准零件插入视图，用户可根据向导的提示选择零件的类型、视图、尺寸以及插入位置，最终插入想要的零件视图。除此之外，本例还用到了【增强视图】命令快速从工程图中的标准零件生成其他视图，大大地提高了绘图效率。工具集是 AutoCAD Mechanical 区别于 AutoCAD 的一个强大的标准零件工具集库，包含了超过70万个预先绘制的标准零件和特征，可以为机械图样绘制提供极大的便利。虽然本例仅展示了一个标准零件的插入方法，但对于每一个标准零件来说插入过程都很相似，选择要插入的标准零件，再选择要插入的视图，然后指定插入位置，最终标注尺寸即可。

5.2 齿轮绘制与输出

齿轮的绘制与输出 1

齿轮的绘制与输出 2

齿轮是广泛用于机器或部件中的传动零件，它将一根轴的动力及旋转运动传递给另一根轴，用以改变转矩、转速和旋转方向。常见的齿轮传动有圆柱齿轮传动、锥齿轮传动和蜗杆传动，如图 5-4 所示。

a) 圆柱齿轮传动　　b) 锥齿轮传动　　c) 蜗杆传动

图 5-4　齿轮传动常见的类型

5.2.1　任务下达

本任务通过零件工程图的方式下达，要求完成图 5-5 所示直齿圆柱齿轮工程图的绘制，套用符合国标要求的 A4 图框及标题栏，以 dwg 和 pdf 格式输出。齿轮的材料为 HT200，图样的技术要求为：①全部倒角为 C1；②热处理后齿面硬度为 241~286HBW。

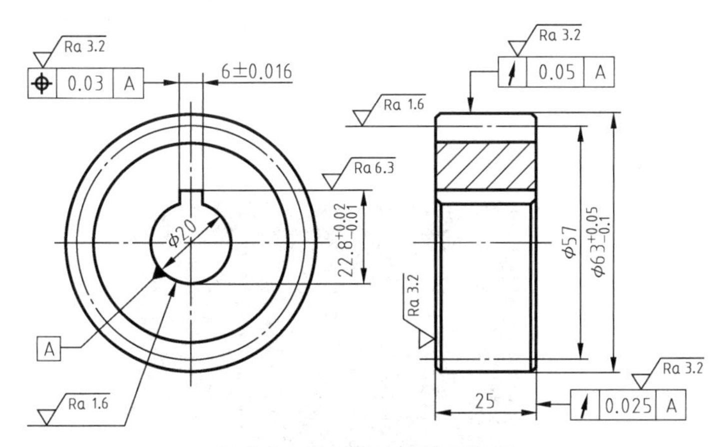

图 5-5　直齿圆柱齿轮工程图

5.2.2　任务分析

本例给出的直齿圆柱齿轮工程图主要由主视图、半剖的左视图、尺寸标注以及技术要求组成。齿轮的主视图主要由几个不同直径的圆组成，在绘制时要注意线型的区分，齿顶圆（线）、分度圆（线）、齿根圆（线）分别用粗实线、细点画线、细实线来绘制，其中齿根圆（线）可省略不画。在剖视图中，轮齿一般按不剖处理，齿根线用粗实线绘制。

在齿轮零件图中，除了包含齿轮的视图、尺寸和技术要求之外，还应该在图样的右上角附上齿轮的啮合特性表，其中包含齿轮的模数、齿数、齿形角、精度等级等基本参数。

绘制图 5-5 所示的齿轮图样时，可以先绘制圆形较多的主视图，然后利用“三等关系”及 AutoCAD 构造线、直线、修剪、填充等命令完成左视图的绘制，再进行尺寸标注和技术要求的注写，最后绘制齿轮啮合特性表并套用相应的图框和标题栏。其主要绘制流程如图 5-6 所示。

5.2.3　任务实施

下面详细说明使用 AutoCAD 绘制图 5-5 所示齿轮图样的步骤及注意事项。为了帮助读者

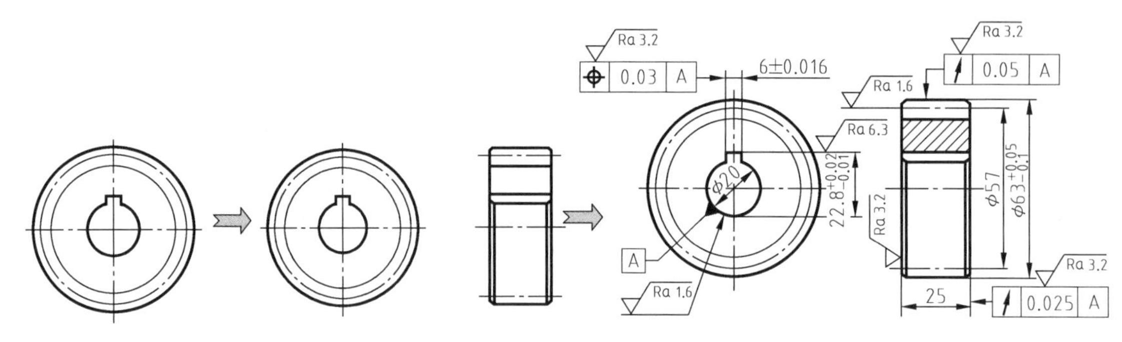

图 5-6　齿轮图样的绘制流程

更好更快地掌握齿轮图样的绘制与输出，下面分成两部分进行讲解。

1. 齿轮的视图绘制

根据任务下达时的图样要求，绘制齿轮的视图，详见表 5-3。

表 5-3　齿轮视图绘制步骤及注意事项

步骤	操作描述	图例	说明
1	安装与配置 AutoCAD Mechanical 2020 简体中文版	（图略）	按项目 1 的讲解完成 AutoCAD 的安装与配置
2	在 Windows【开始】菜单中启动 AutoCAD Mechanical 2020 后，单击【快速访问工具栏】的【新建】按钮		
3	系统弹出“选择样板”对话框，按右图所示步骤选择符合国标要求的样板文件 am_gb. dwt 后新建一个绘图文档		样板文件内含图层、文字样式、标注样式、图框、标题栏等，可以自行制作

（续）

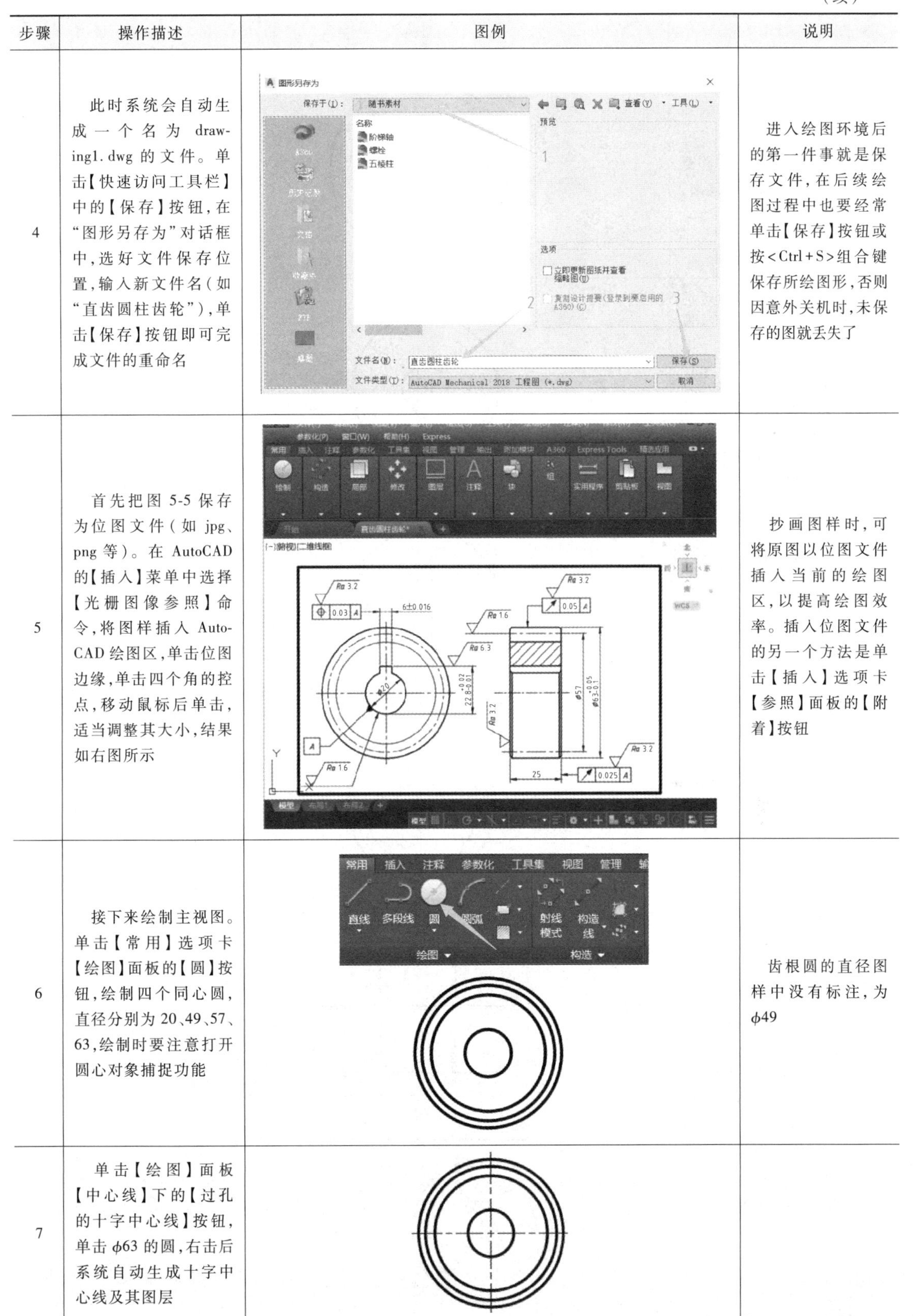

步骤	操作描述	图例	说明
4	此时系统会自动生成一个名为 drawing1.dwg 的文件。单击【快速访问工具栏】中的【保存】按钮，在“图形另存为”对话框中，选好文件保存位置，输入新文件名（如“直齿圆柱齿轮”），单击【保存】按钮即可完成文件的重命名		进入绘图环境后的第一件事就是保存文件，在后续绘图过程中也要经常单击【保存】按钮或按<Ctrl+S>组合键保存所绘图形，否则因意外关机时，未保存的图就丢失了
5	首先把图 5-5 保存为位图文件（如 jpg、png 等）。在 AutoCAD 的【插入】菜单中选择【光栅图像参照】命令，将图样插入 AutoCAD 绘图区，单击位图边缘，单击四个角的控点，移动鼠标后单击，适当调整其大小，结果如右图所示		抄画图样时，可将原图以位图文件插入当前的绘图区，以提高绘图效率。插入位图文件的另一个方法是单击【插入】选项卡【参照】面板的【附着】按钮
6	接下来绘制主视图。单击【常用】选项卡【绘图】面板的【圆】按钮，绘制四个同心圆，直径分别为 20、49、57、63，绘制时要注意打开圆心对象捕捉功能		齿根圆的直径图样中没有标注，为 $\phi49$
7	单击【绘图】面板【中心线】下的【过孔的十字中心线】按钮，单击 $\phi63$ 的圆，右击后系统自动生成十字中心线及其图层		

（续）

步骤	操作描述	图例	说明
8	分别选中分度圆和齿根圆，打开图层列表，将两个圆分别移至AM_7层和细实线层，结果如右图所示	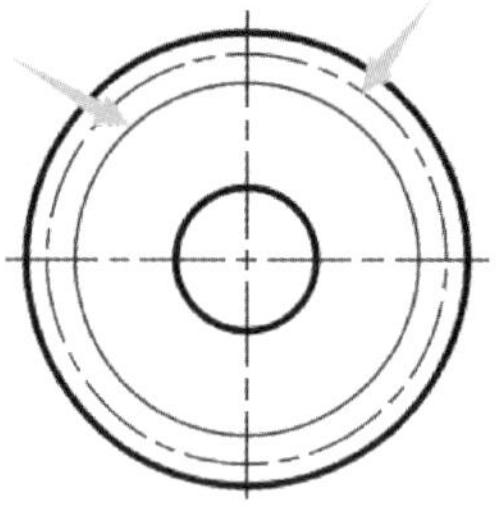	
9	单击【修改】面板的【偏移】按钮，输入偏移距离12.8，将十字中心线的横线向上偏移12.8，再次单击【偏移】按钮，输入偏移距离3，将十字中心线的竖线向左、右各偏移3，结果如右图所示	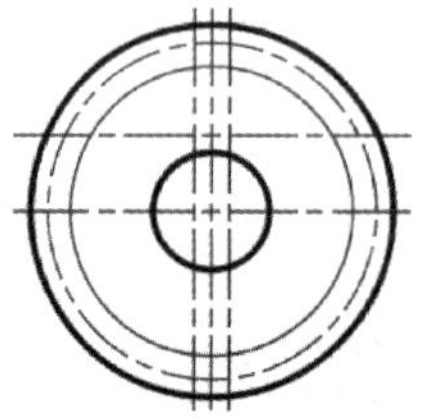	
10	选中刚才偏移的三条中心线，单击图层列表中的AM_0，将其移至粗实线层	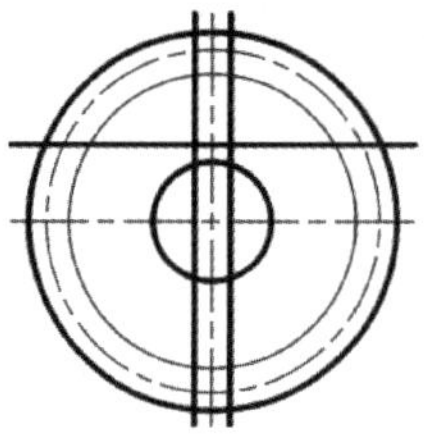	
11	单击【修剪】按钮，直接回车，将上图修剪，完成后如右图所示	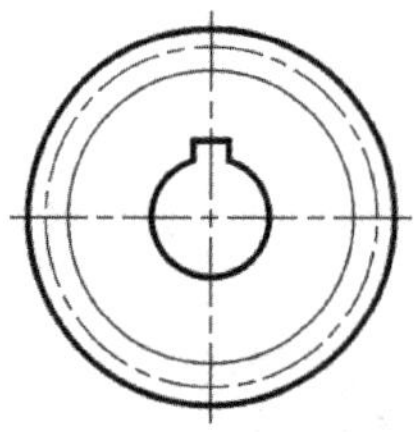	修剪后多余的线可选中后按<Delete>键删除
12	单击【常用】选项卡【构造线】面板的【自动创建构造线】按钮，在弹出的“自动创建构造线”对话框中单击第三行第二个构造线类型，框选主视图后右击，结果如右图所示	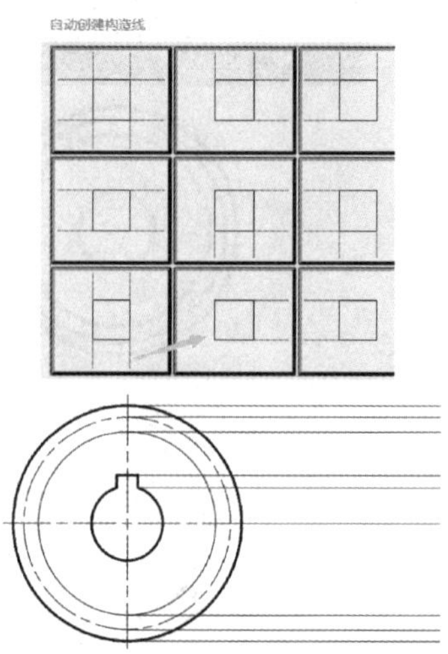 自动创建构造线	

（续）

步骤	操作描述	图例	说明
13	单击【直线】按钮，利用高平齐的关系，配合极轴追踪功能，绘制右图所示图形	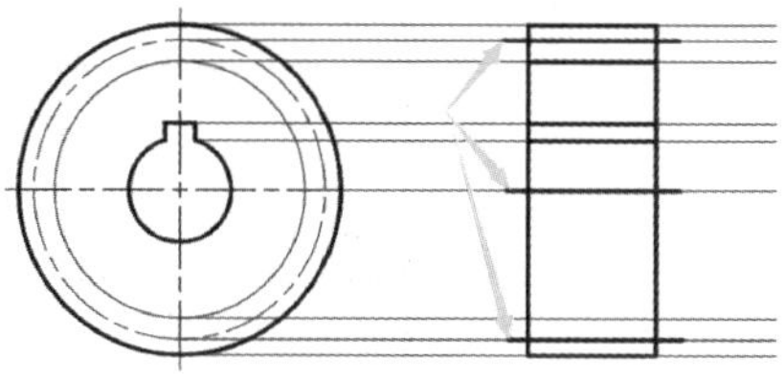	
14	将上一步图形中箭头所指的三条粗实线移至中心线层。选中上述三条粗实线后，打开图层列表，单击 AM_7 层，结果如右图所示	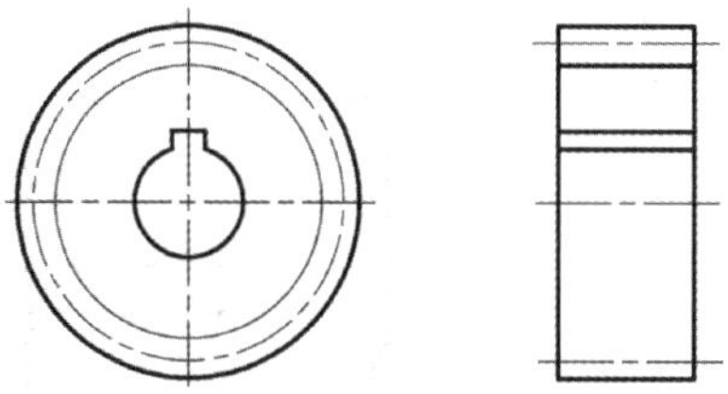	
15	单击【修改】面板的【倒角】按钮，在【倒角选项】中输入【第一个倒角】1，回车，输入【第二个倒角】1，回车；根据提示，选择右图所指的两条边为倒角对象，完成左上角的倒角，重复上述【倒角】命令，依次选择其他三组相邻的边作为倒角对象，完成其余三个倒角，按<Esc>键退出	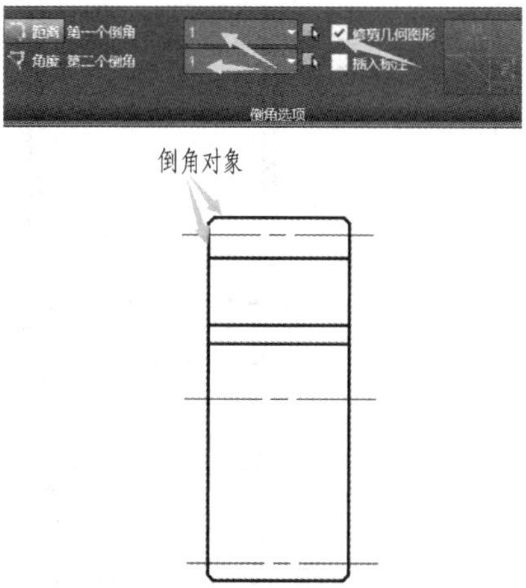 倒角对象	
16	单击【修改】面板的【倒角】按钮，在【倒角选项】中取消【修剪几何图形】的勾选；根据提示，选择右图所指的两组边为倒角对象，完成左、右两侧的倒角，结果如右图所示	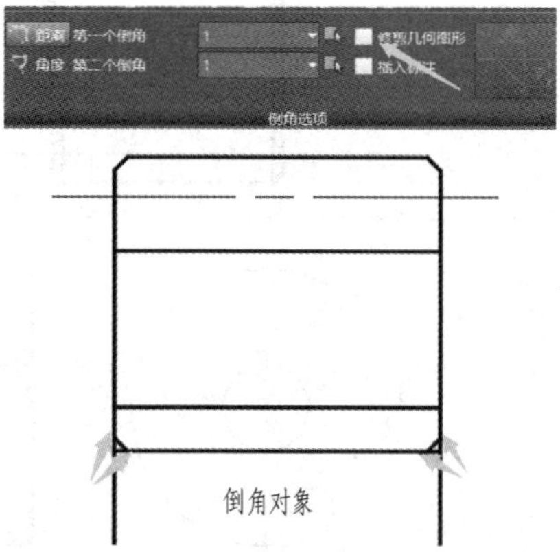 倒角对象	

（续）

步骤	操作描述	图例	说明
17	修剪倒角多余的线段。单击【修改】面板的【修剪】按钮，选中剪切边后回车，单击要修剪掉的对象，按<Esc>键退出，结果如右图所示	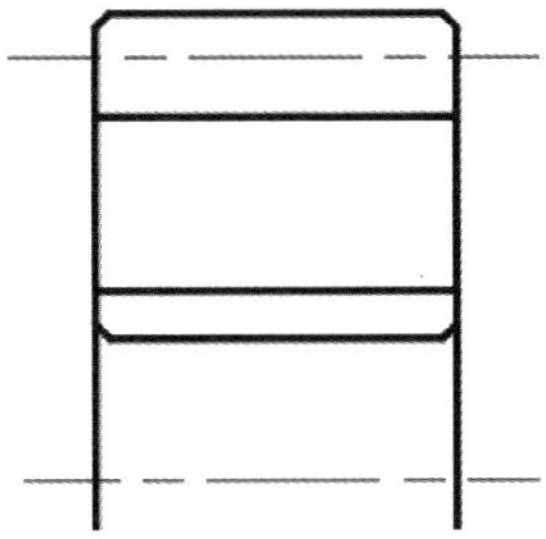	
18	单击【直线】按钮，绘制两条连接倒角的竖线	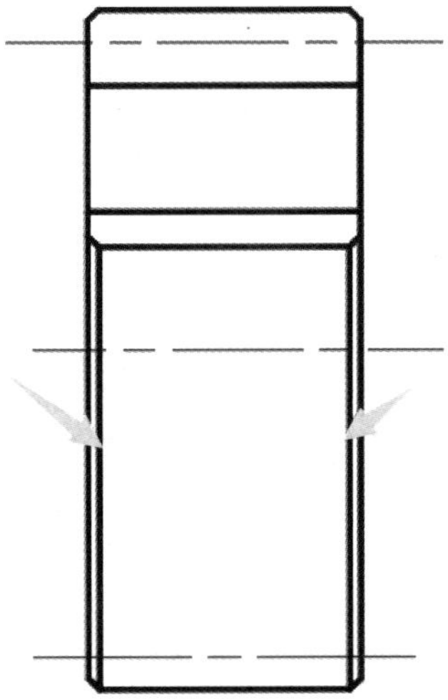	
19	单击【绘图】面板的【填充】按钮，绘制右图所示的剖面线	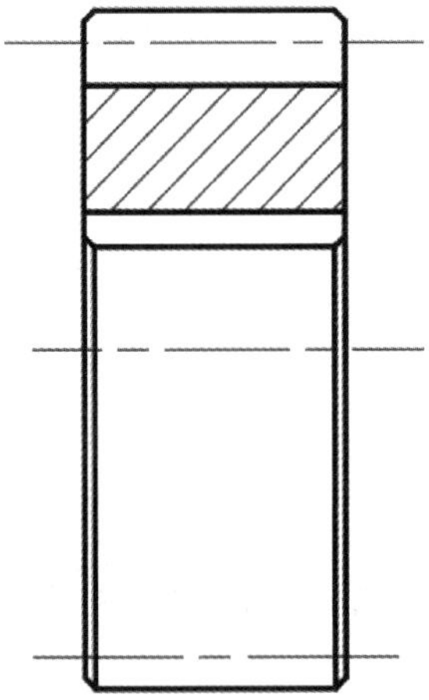	
20	至此，完成了齿轮主视图和半剖左视图的绘制	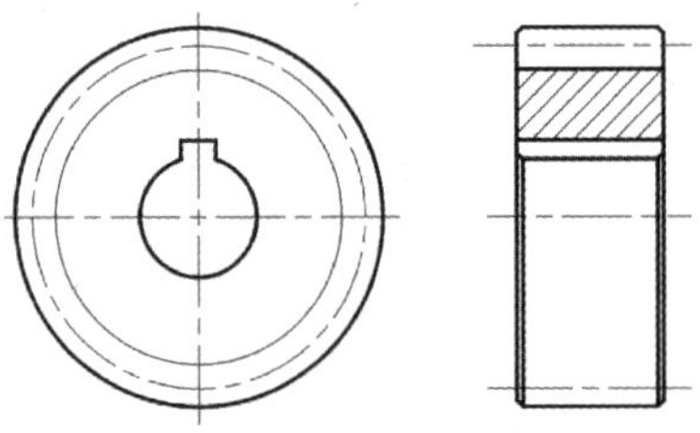	

2. 齿轮的尺寸标注

根据任务下达时的图样要求，对齿轮进行尺寸标注等，详见表5-4。

表5-4 齿轮尺寸标注步骤及注意事项

步骤	操作描述	图例	说明
1	按前述关于尺寸标注的讲解，完成齿轮的尺寸标注，结果如右图所示 使用相关的标注工具标注公称尺寸，并为相关尺寸添加前缀或后缀 （1）直径符号的输入 双击要添加直径符号的尺寸，确保输入光标位于尺寸测量值之前，输入“%%C”控制码以使系统自动切换为直径符号输入 （2）尺寸公差的输入 如果要标±，输入“%%P”；要标上、下极限偏差，则双击要修改的尺寸进入增强功能区，单击【公差】按钮，然后输入偏差值	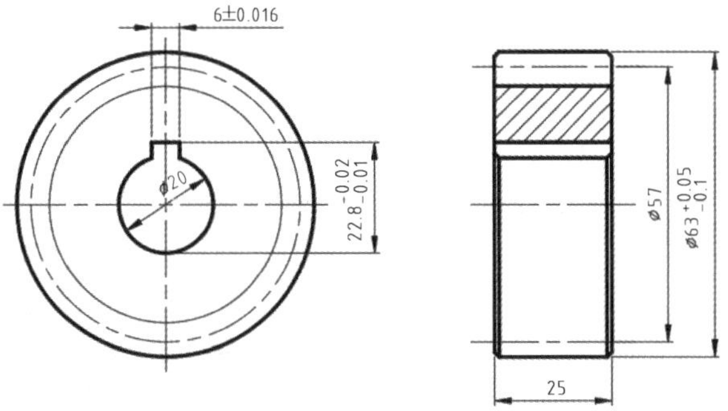 6±0.016 ϕ20 22.8 −0.02 −0.01 ϕ57 ϕ63 +0.05 −0.1 25	
2	完成几何公差和表面粗糙度的标注，如右图所示。 下面以图示圆跳动和Ra3.2的表面粗糙度为例进行讲解 （1）基准符号的标注 单击【注释】选项卡【符号】面板的【基准标识符号】按钮；选择装入的对象，单击轴孔轮廓线，指定起始点，找到合适的位置单击，指定下一点直接回车，弹出“基准标识符号GB”对话框，输入基准字母，确定后退出 （2）几何公差符号标注 以图示圆跳动为例，单击【注释】选项卡【符号】面板的【形位公差符号】按钮，单击插入新符号，选择装入的对象，单击轮廓线，指定起始点，找到合适的位置单击，指定下一点，直接回车，弹出“形位公差符号GB”对话框，按右图所示步骤依次选择圆跳动符号、输入公差值和基准，确定后退出。	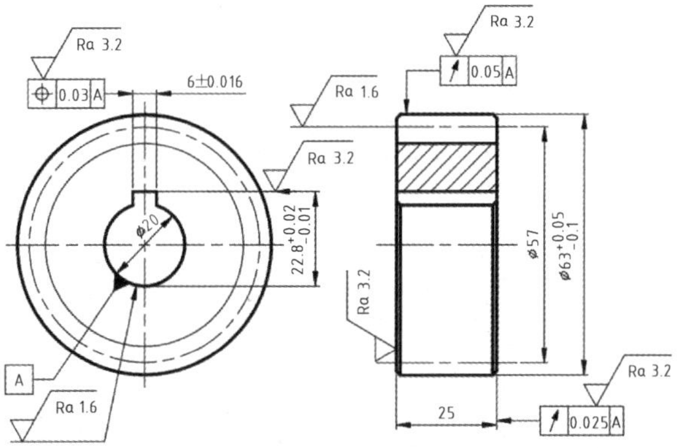 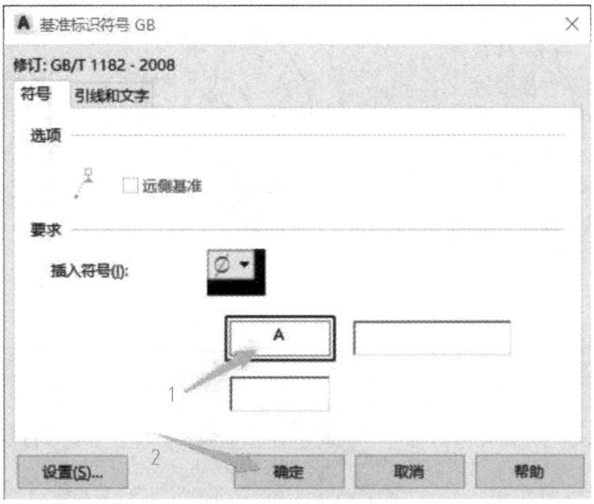 Ra 3.2 0.03 A 6±0.016 Ra 1.6 Ra 3.2 0.05 A Ra 3.2 ϕ20 22.8 +0.02 −0.01 ϕ57 ϕ63 +0.05 −0.1 Ra 3.2 A Ra 1.6 25 Ra 3.2 0.025 A 基准标识符号 GB 修订: GB/T 1182 - 2008 符号 引线和文字 选项 远侧基准 要求 插入符号(I): A 1 2 设置(S)... 确定 取消 帮助	

（续）

步骤	操作描述	图例	说明
2	（3）表面粗糙度的标注 单击【注释】选项卡【符号】面板的【表面粗糙度】按钮，选择装入的对象，单击直线，指定起始点，找到合适的位置单击，指定下一点，直接回车，光标左右移动可以选择粗糙度符号向左还是向右，在左边单击，出现图示“表面粗糙度GB”对话框，按照图示顺序设置参数，然后确定	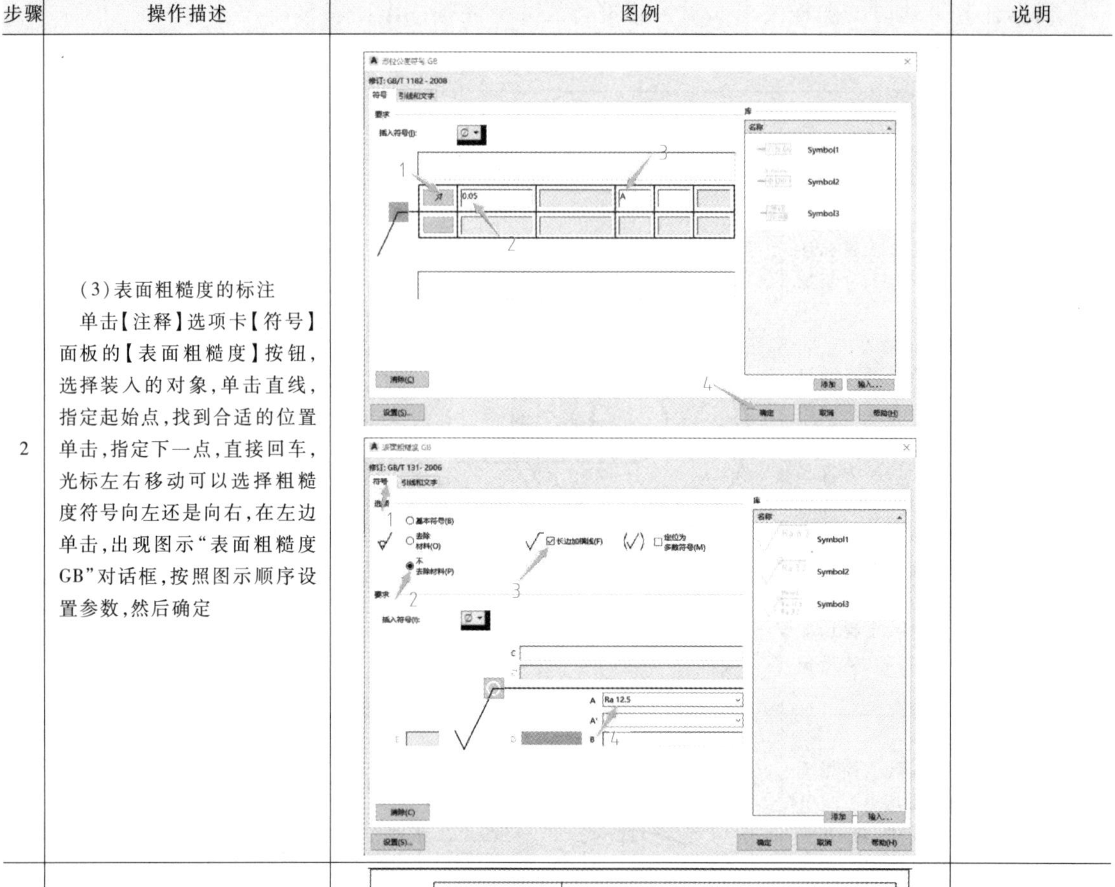	
3	套用符合国标要求的A4图框。按右图步骤，打开随书素材中的样板文件。将A4样板文件中的明细栏、零件序号等本例中不需要的内容删除，全选图框及标题栏，按<Ctrl+C>组合键，切换到齿轮图样文档，按<Ctrl+V>组合键将其粘贴过来，结果如右图所示	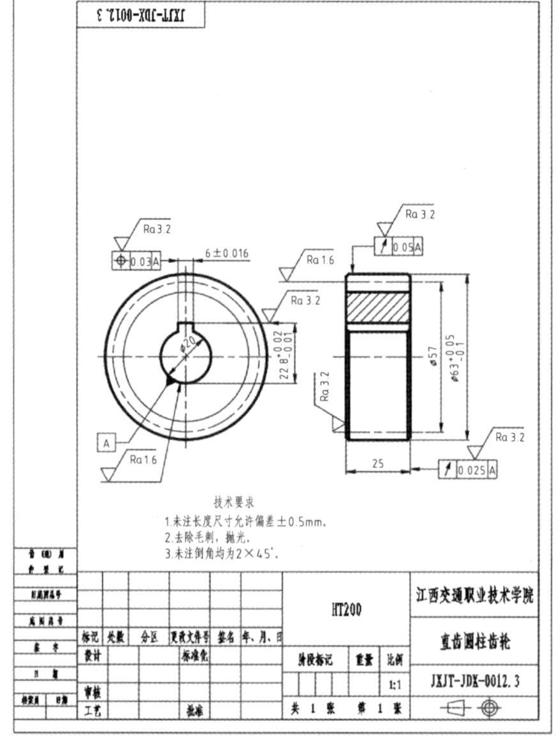	

（续）

步骤	操作描述	图例	说明
4	利用【直线】、【偏移】、【多行文字】命令，在图框右上角绘制右图所示齿轮啮合特性表	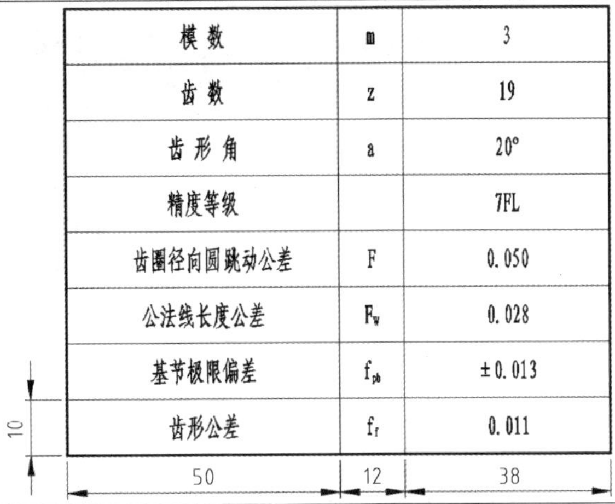 模数 | m | 3 齿数 | z | 19 齿形角 | α | 20° 精度等级 | | 7FL 齿圈径向圆跳动公差 | F | 0.050 公法线长度公差 | F_w | 0.028 基节极限偏差 | f_{pb} | ±0.013 齿形公差 | f_f | 0.011 10 50　12　38	表的轮廓线为粗实线，内部的线为细实线，表格内字号为3.5。该表也可用软件的表格功能绘制
5	单击【注释】面板的【多行文字】按钮，在标题栏上方添加技术要求，至此整张齿轮的零件图已绘制完毕，如右图所示	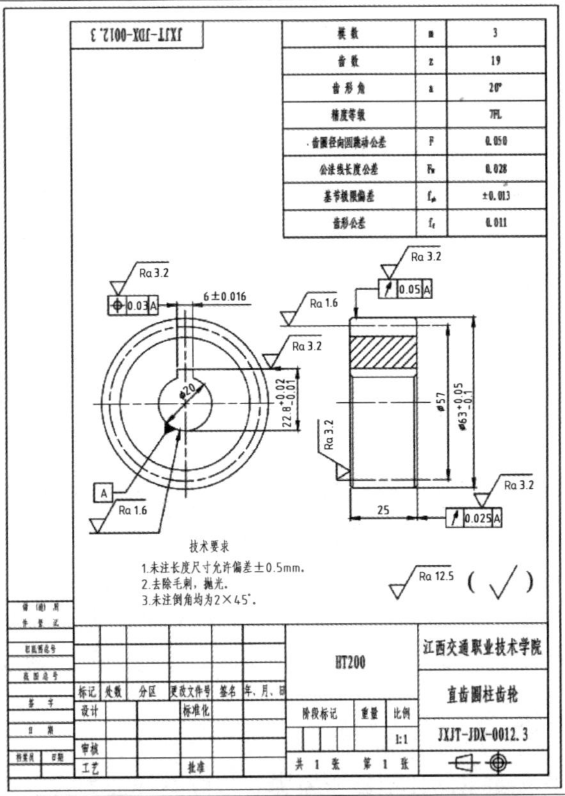 JXJT-JDX-0012.3 技术要求 1.未注长度尺寸允许偏差±0.5mm。 2.去除毛刺，抛光。 3.未注倒角均为2×45°。 HT200 江西交通职业技术学院 直齿圆柱齿轮 JXJT-JDX-0012.3	图样代号可根据企业内部标准进行编写
6	最后以dwg、pdf和jpg三种格式保存图样文件。单击【快速访问工具栏】中的【保存】按钮即可将图样保存为dwg格式；选择【应用程序菜单】下的【另存为】命令可存为dxf格式文件，如右图所示	 保存工程图的副本 工程图 AutoCAD Web & Mobile 工程图样板 工程图标准 其他格式 工程图转换	dwg和dxf格式的图样文件可被绝大多数2D绘图软件打开

（续）

步骤	操作描述	图例	说明
7	单击【快速访问工具栏】中的【打印】按钮可输出为 pdf 格式，具体见右图步骤	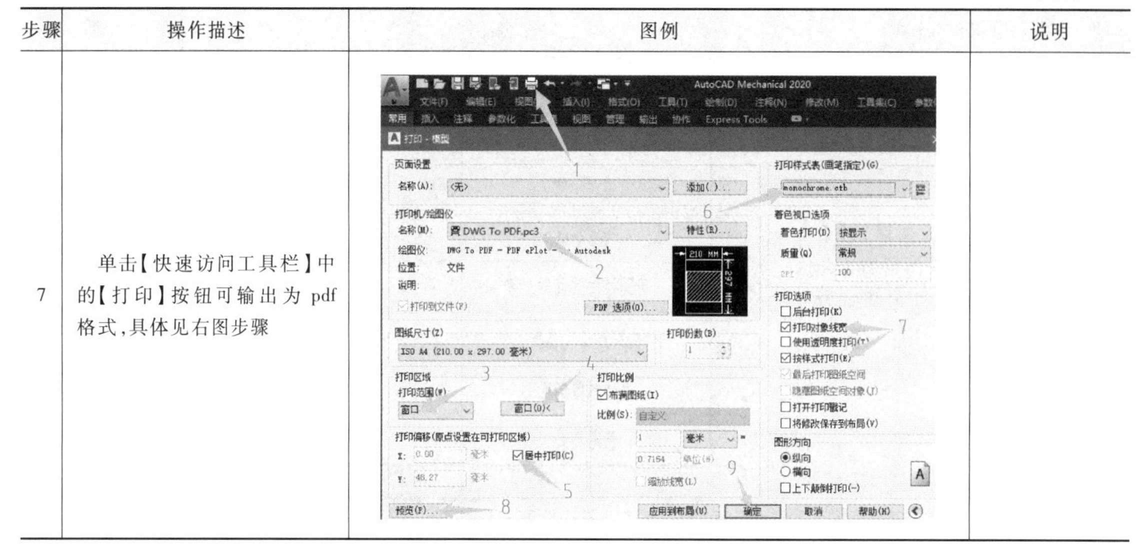	

5.2.4 任务评价

本例中用到的绘图命令主要有直线、圆、中心线、构造线等，编辑修改命令有修剪、倒角、偏移等，标注命令主要用到了增强尺寸标注，技术要求主要有表面粗糙度、几何公差符号等，另外还用到了表格的插入、图层的设置、标注和文字样式的设置等。虽然本例绘制的直齿圆柱齿轮图样较为简单，但用到的绘图命令也不少，通过反复使用常用命令，可以帮助学习者更快掌握 AutoCAD Mechanical 的操作与综合运用。

5.3 弹簧绘制与输出

弹簧的绘制与输出 1

弹簧的绘制与输出 2

弹簧是一种利用材料的弹性和结构特点，使变形与载荷之间保持一定关系的弹性元件，一般用弹簧钢制成。弹簧主要用于控制机件的运动、缓和冲击或振动、贮藏能量、测量力的大小等，广泛用于机器、仪表中。弹簧的种类复杂多样，按受力性质不同，弹簧可分为拉伸弹簧、压缩弹簧、扭转弹簧和弯曲弹簧；按形状不同可分为碟形弹簧、环形弹簧、板簧、螺旋弹簧、涡卷弹簧和扭杆弹簧等。

5.3.1 任务下达

本任务通过直接给出圆柱螺旋压缩弹簧二维图样的方式下达，要求抄画图 5-7 所示的工程图，套用符合国标要求的 A4 图框和标题栏后，以 dwg 和 pdf 两种格式输出。图样中已知弹簧的自由高度 H_0 为 90mm，中径 D 为 36mm，线径 d 为 4mm，材料为 65Mn，图样技术要求为：①旋向为右旋；②有效圈数 $n=10$；③总圈数 $n_1=12$；④热处理后硬度为 45HRC。

5.3.2 任务分析

本例给出的图样是一个圆柱螺旋压缩弹簧的全剖视图，视图主要由圆和一些直线组成，在视图的绘制过程中主要用到直线、圆、中心线、偏移、修剪、填充等命令，完成视图绘制后进行尺寸和技术要求的标注，最后套用符合国标的标题栏和图框。

在 AutoCAD Mechanical 2020 中，工具集提供了四种弹簧由用户选择，分别是压缩弹簧、拉伸弹簧、扭转弹簧和碟形弹簧。本例的压缩弹簧也可以用工具集插入，但是要注意工具集中包含的弹簧图样是非国标的画法，要想达到任务中的效果必须进行一定的修改。其主要绘制流程如图 5-8 所示。

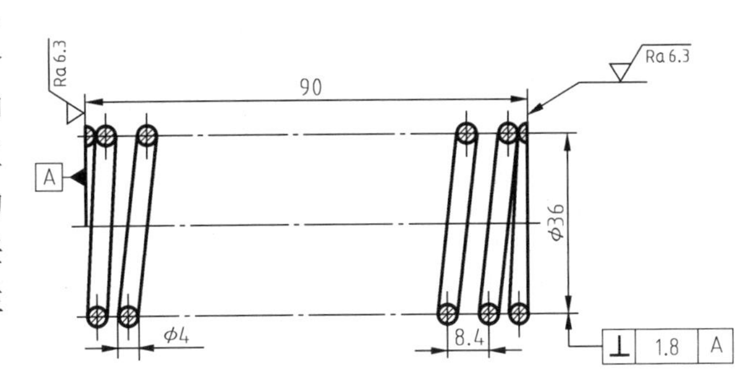

图 5-7 圆柱螺旋压缩弹簧图样

5.3.3 任务实施

下面详细说明使用 AutoCAD 绘制图 5-7 所示圆柱螺旋压缩弹簧图样的步骤及注意事项。为了帮助读者更好、更快地掌握弹簧图样的绘制与输出，下面分成两部分进行讲解。

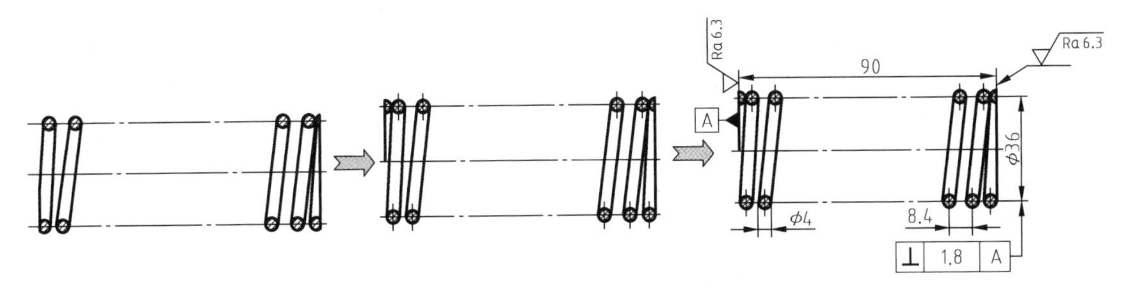

图 5-8 圆柱螺旋压缩弹簧的绘制流程

1. 圆柱螺旋压缩弹簧的插入

使用 AutoCAD Mechanical 2020 中的工具集，可以快速插入圆柱螺旋压缩弹簧的视图，详见表 5-5。

表 5-5 圆柱螺旋压缩弹簧视图插入步骤及注意事项

步骤	操作描述	图例	说明
1	安装与配置 AutoCAD Mechanical 2020 简体中文版	（图略）	按项目 1 的讲解完成 AutoCAD 的安装与配置
2	在 Windows【开始】菜单中启动 AutoCAD Mechanical 2020 后，单击【快速访问工具栏】的【新建】按钮		

（续）

步骤	操作描述	图例	说明
3	系统弹出“选择样板”对话框，按右图所示步骤选择符合国标要求的样板文件 am_gb.dwt 后新建一个绘图文档		样板文件内含图层、文字样式、标注样式、图框、标题栏等，可以自行制作
4	此时系统会自动生成一个名为 drawing1.dwg 的文件。单击【快速访问工具栏】中的【保存】按钮，在“图形另存为”对话框中，选好文件保存位置，输入新文件名（如“圆柱螺旋压缩弹簧”），单击【保存】按钮即可完成文件的重命名		进入绘图环境后的第一件事就是保存文件，在后续绘图过程中也要经常单击【保存】按钮或按<Ctrl+S>组合键保存所绘图形，否则意外关机时，未保存的图就丢失了
5	右击，在弹出的快捷菜单中选择【选项】命令，弹出“选项”对话框，按照右图所示步骤将【标准工具集的默认表示】改为【简化】		标准工具集在工程图中的表示方式有三种：标准、简化和符号。本例中弹簧的视图省略了中间的有效圈数，属于简化画法，因此要将【标准工具集的默认表示】改为【简化】
6	首先把图 5-7 保存为位图文件（如 jpg、png 等）。在 AutoCAD 的【插入】菜单中选择【光栅图像参照】命令，将图样插入 AutoCAD 绘图区，单击位图边缘，单击四个角的控点，移动鼠标后单击，适当调整其大小，结果如右图所示	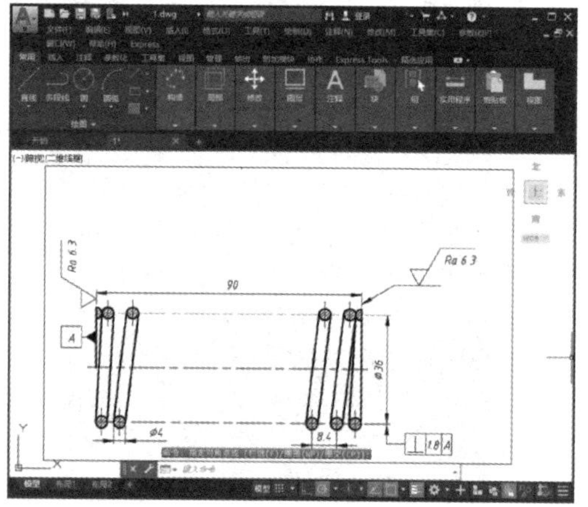	抄画图样时，可将原图以位图文件插入当前的绘图区，以提高绘图效率。插入位图文件的另一个方法是单击【插入】选项卡【参照】面板的【附着】按钮

（续）

步骤	操作描述	图例	说明
7	单击【工具集】选项卡【计算】面板【弹簧】下拉菜单中的【压缩】按钮，弹出“选择压缩弹簧”对话框，按右图步骤完成选择即可启动插入压缩弹簧剖视图的命令	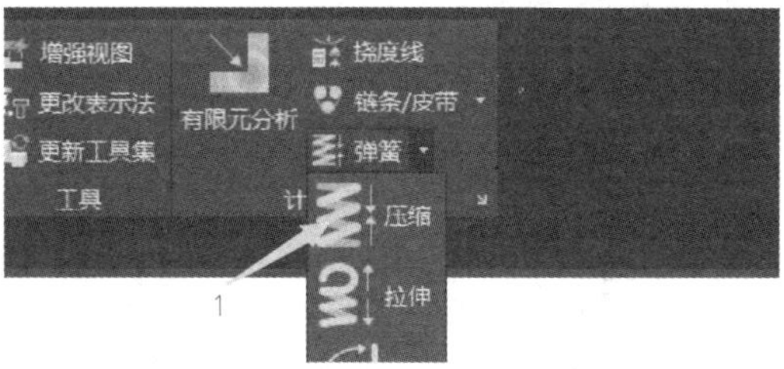 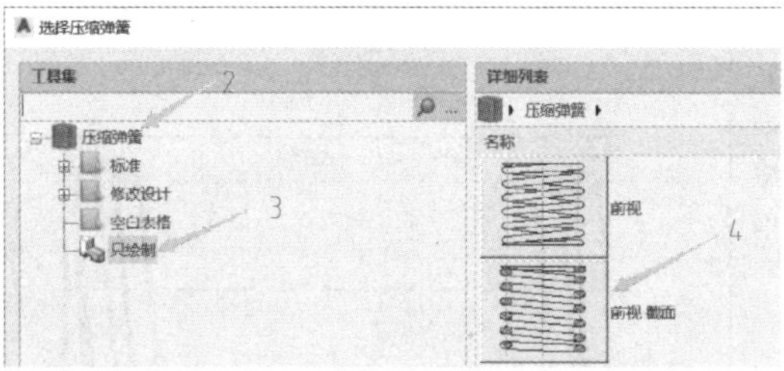	
8	命令行提示“选择插入点”，此时在绘图区任取一点单击，命令行提示“指定方向”，在第一点的水平向右方向取一点单击，此时弹出“压缩弹簧-只绘制（mm）”对话框，按照右图所示步骤依次输入钢丝直径、外径、总弹簧圈数、末端线圈，选择末端类型、螺旋方向后单击【完成】按钮	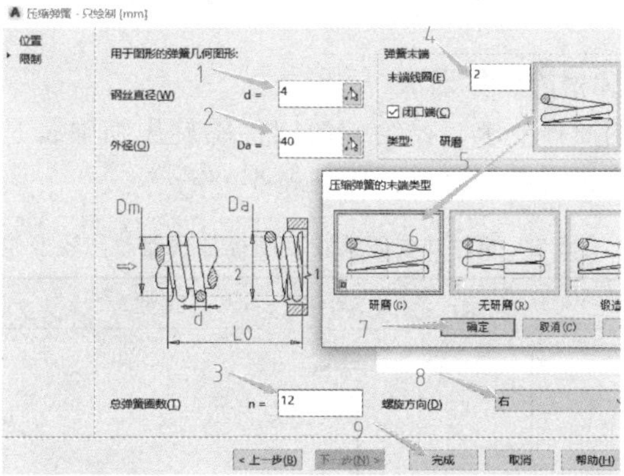	弹簧末端类型有三种：研磨、无研磨和锻造。一般弹簧的末端是磨平和并紧的，本例中选择研磨并勾选闭口端
9	完成上一步操作后，绘图区会在插入点插入一端可自由改变长度的弹簧示意图，命令行提示“主要长度（46.77—360）”，在命令行输入自由高度90，回车，结果如右图所示		
10	接下来进行尺寸标注	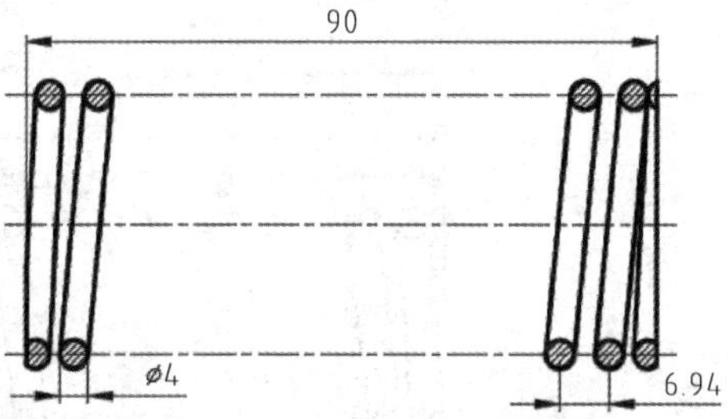	

（续）

步骤	操作描述	图例	说明
11	通过与图 5-7 进行对比可以发现，用工具集插入的弹簧视图在支撑圈的画法和节距上与图样存在一些差异，这是由于工具集中的弹簧都是按照美国、德国、ISO 等国外标准进行绘制的，而图例给出的弹簧是按照我国的标准进行绘制的	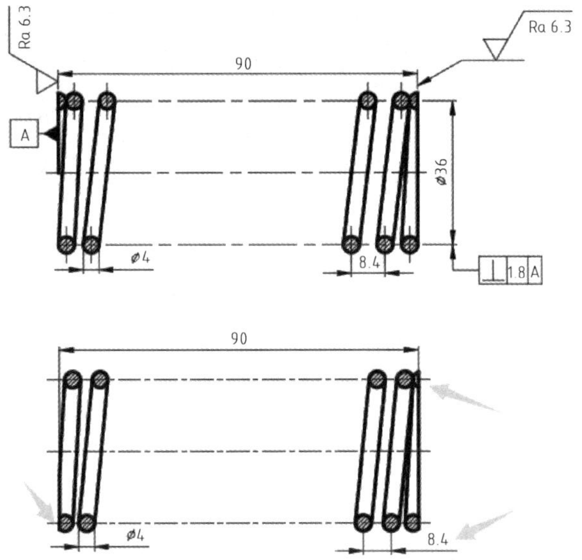	

2. 圆柱螺旋压缩弹簧的国标画法

根据任务下达时的图样要求，要绘制的圆柱螺旋压缩弹簧是国标画法，下面按此对插入的非国标圆柱螺旋压缩弹簧进行修改，详见表 5-6。

表 5-6 圆柱螺旋压缩弹簧国标画法修改步骤及注意事项

步骤	操作描述	图例	说明
1	下面根据右图所示的国标画法，将已插入的弹簧视图进行修改，达到图 5-7 所示的效果	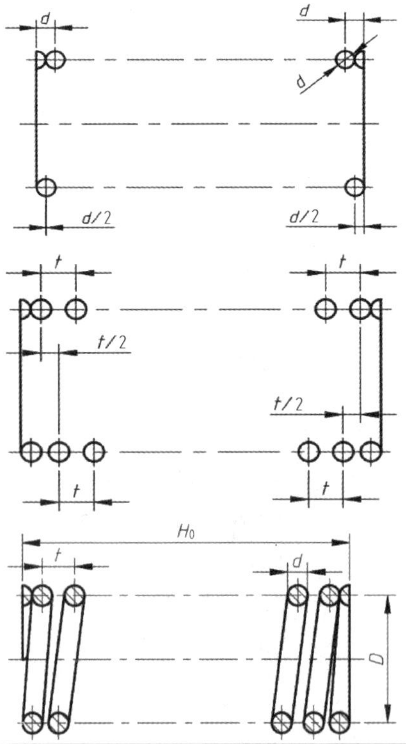	

（续）

步骤	操作描述	图例	说明
2	选中已插入的弹簧视图，单击【常用】选项卡【修改】面板的【分解】按钮，将弹簧视图进行拆分，依次选中所有轮廓线，将其删除，仅保留三条中心线，如右图所示		用工具集插入的弹簧视图是一个整体，如果要单独编辑视图里的线条必须将其分解
3	单击【直线】按钮，在最右端画一条长为36的竖直线，再单击【偏移】按钮，输入偏移距离90，将竖直线向左偏移，最后单击【修剪】按钮，剪去多余的中心线，结果如右图所示		
4	按<F11>键打开对象捕捉追踪模式（默认为打开），单击【圆】按钮，将光标移至右下角端点处，此时系统提示捕捉到了端点，不要单击，水平向左移动，此时会出现一条虚线，输入圆心距离2，回车，输入半径2，回车，绘制右图所示圆；再次单击【圆】按钮，捕捉右上角端点，单击，输入半径2，回车；最后重复一次【圆】命令，捕捉右上角端点，然后水平向左移动，输入距离4，回车，输入半径2，回车；最后单击【绘图】面板下的【中心线】按钮，绘制圆1和圆3的中心线，结果如右图所示	 3 2 1	圆2和圆3的绘制也可用【复制】命令来实现
5	单击【修改】面板的【延伸】按钮，直接回车，选择竖直线作为要延伸的对象，然后按住<Shift>键，选择圆2的右半边作为要修剪的对象，回车，结果如右图所示	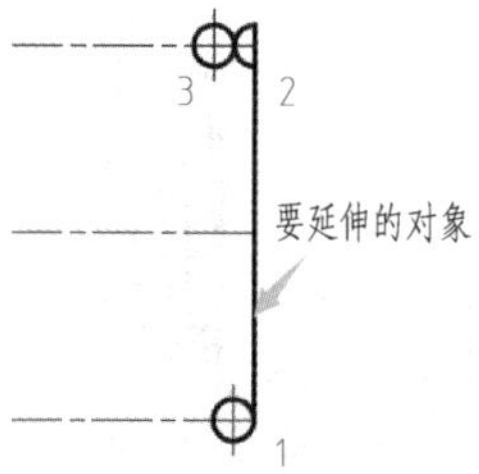 3 2 要延伸的对象 1	【延伸】和【修剪】可以通过<Shift>键来切换
6	单击【修改】面板的【复制】按钮，选中圆3和它的中心线，回车，指定圆3的圆心为基点，水平向左移动光标，输入距离8.4，回车，完成圆4的绘制	4 3 2 1	圆3与圆4之间的距离为节距t，根据$H_0=nt+2d$可算出$t=8.4$

（续）

步骤	操作描述	图例	说明
7	单击【常用】选项卡【构造】面板【构造线】下的【半距离平行】按钮，依次选中圆3和圆4的中心线同一水平线上的两点，生成右图所示的构造线，单击【圆】按钮，在构造线和水平中心线的交点处画半径为2的圆5	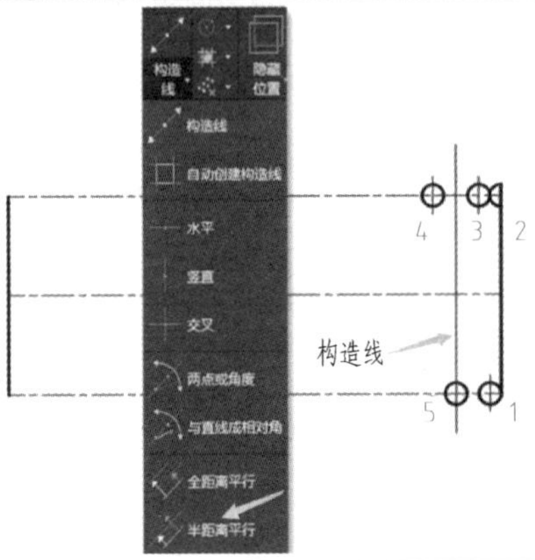 构造线	
8	单击【修改】面板的【复制】按钮，选中圆5和它的中心线，回车，指定圆5的圆心为基点，水平向左移动光标，输入距离8.4，回车，完成圆6的绘制		
9	单击【常用】选项卡【构造】面板【构造线】下的【半距离平行】按钮，依次选中左右竖线同一水平线上的两点，生成右图所示的构造线，单击【修改】面板的【镜像】按钮，选中右图所示的镜像对象，指定构造线上的任意两点作为镜像线上的两点，回车，效果如右图所示	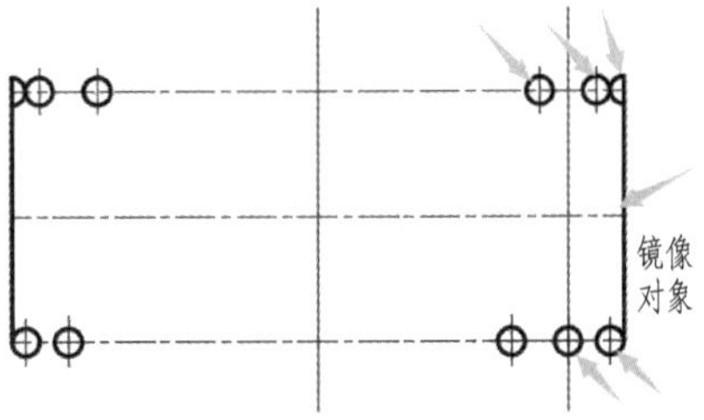 镜像对象	
10	按照右旋方向作出相应圆的公切线，结果如右图所示。画每条切线的方法是一样的，首先单击【直线】按钮，按住<Shift>键的同时右击，从弹出的快捷菜单中选择【切点】命令，然后选择第一个相切的对象，再次按住<Shift>键的同时右击，从弹出的快捷菜单中选择【切点】命令，选择第二个相切对象，完成切线的绘制		在画公切线的时候，注意巧妙利用临时捕捉切点的功能，即按住<Shift>键+快捷菜单
11	然后修剪多余的线段，单击【填充】按钮，将圆截面中填充剖面线，结果如右图所示		

（续）

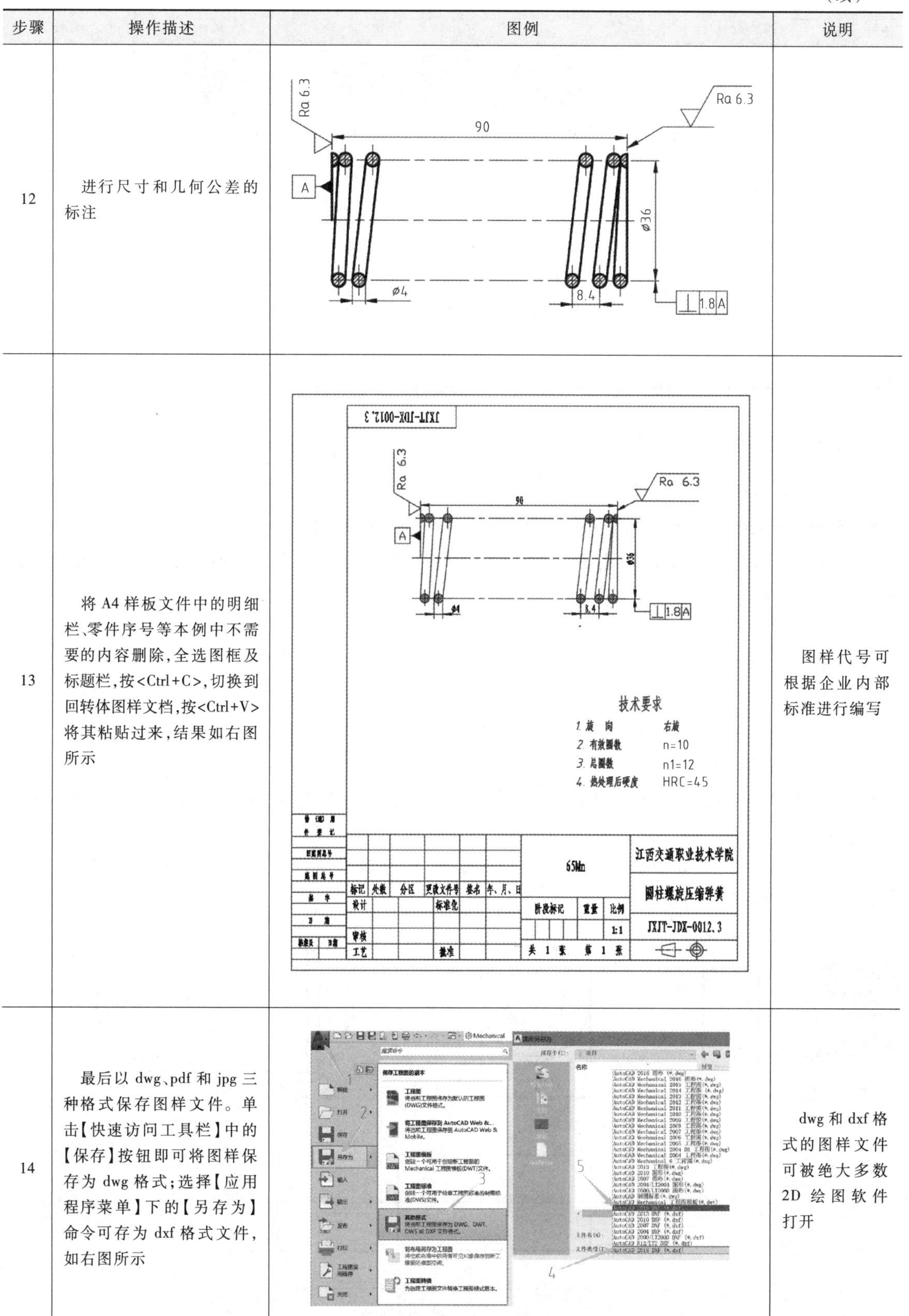

步骤	操作描述	图例	说明
12	进行尺寸和几何公差的标注		
13	将A4样板文件中的明细栏、零件序号等本例中不需要的内容删除，全选图框及标题栏，按<Ctrl+C>，切换到回转体图样文档，按<Ctrl+V>将其粘贴过来，结果如右图所示		图样代号可根据企业内部标准进行编写
14	最后以dwg、pdf和jpg三种格式保存图样文件。单击【快速访问工具栏】中的【保存】按钮即可将图样保存为dwg格式；选择【应用程序菜单】下的【另存为】命令可存为dxf格式文件，如右图所示		dwg和dxf格式的图样文件可被绝大多数2D绘图软件打开

（续）

步骤	操作描述	图例	说明
15	单击【快速访问工具栏】中的【打印】按钮可输出为pdf格式,具体见右图步骤	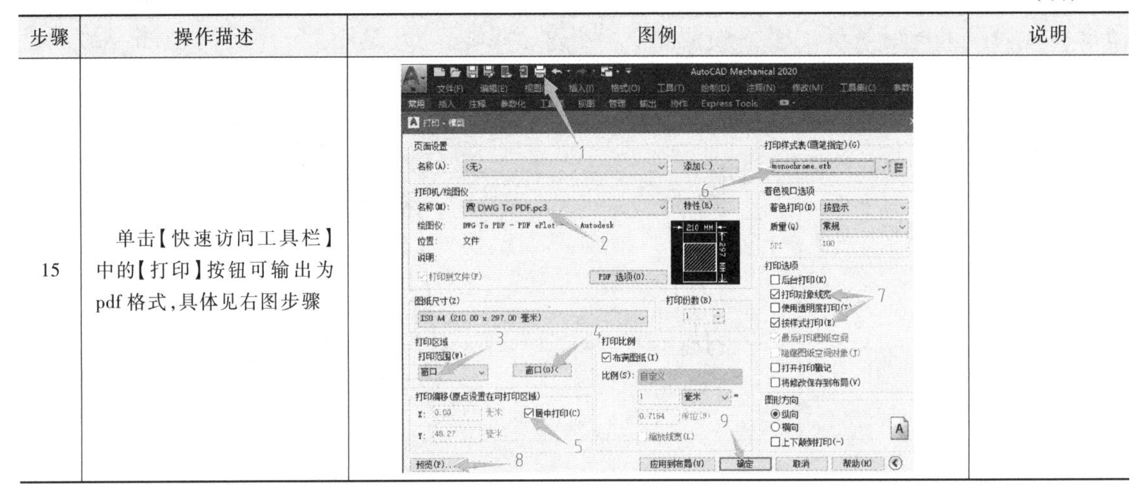	

5.3.4 任务评价

通过本例的学习，可以发现从 AutoCAD Mechanical 自带的工具集中插入的零件视图并不一定符合国标的要求，所以在绘图时一定要认真、仔细、严谨。

本例在修改插入的零件时用到的命令主要有分解、圆、中心线、修剪、延伸、复制、构造线、镜像、填充等。

5.4 强化训练任务

1. 使用 AutoCAD Mechanical 2020 完成图 5-9 所示六角头螺母的绘制，其标记为“螺母 GB/T 6170—2000 M10”。

2. 使用 AutoCAD Mechanical 2020 完成图 5-10 所示垫圈的绘制，其标记为“垫圈 GB/T 97.1 10”。

3. 使用 AutoCAD Mechanical 2020 完成图 5-11 所示双头螺柱的绘制，其标记为“螺柱 GB/T 897—1988 M16”。

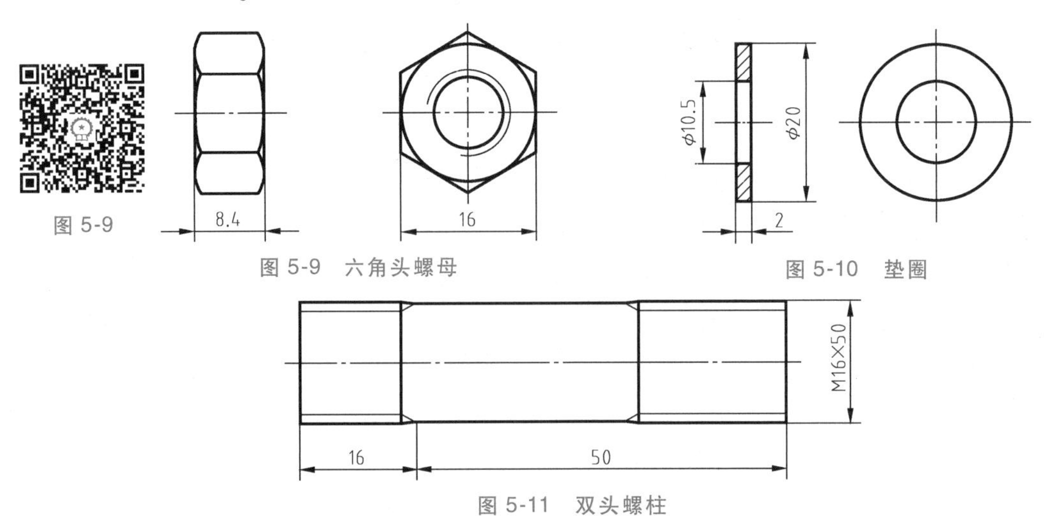

图 5-9 六角头螺母

图 5-10 垫圈

图 5-11 双头螺柱

4. 使用 AutoCAD Mechanical 2020 完成图 5-12 所示螺栓联接的绘制，其中两被联接零件的厚度 $h_1 = 6\text{mm}$、$h_2 = 8\text{mm}$，螺栓的规格为 GB/T 5782—2000 M5×25，垫圈的规格为 GB/T 97.1—2002 5，弹簧垫圈的规格为 GB/T 93 5。

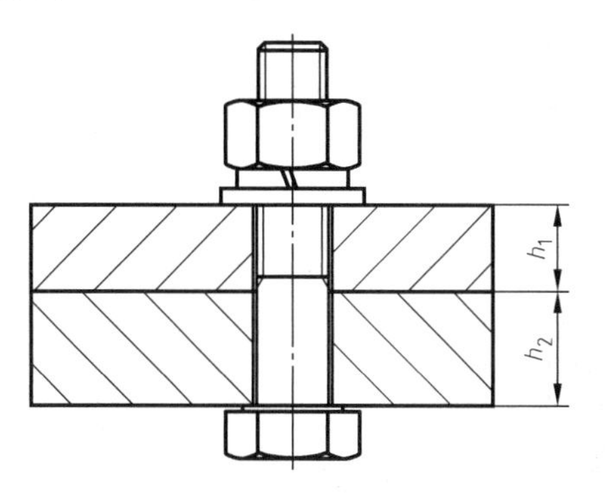

图 5-12

图 5-12　螺栓联接

5. 绘制图 5-13 所示斜齿圆柱齿轮的零件图，材料为 45 钢，并套用符合国标要求的 A3 图框及标题栏，比例自定，上交打印的纸质图样（标题栏手写签名）。

6. 绘制图 5-14 所示带轮的零件图，材料为 HT200，并套用符合国标要求的 A4 图框及标题栏，比例自定，上交打印的纸质图样（标题栏手写签名）。

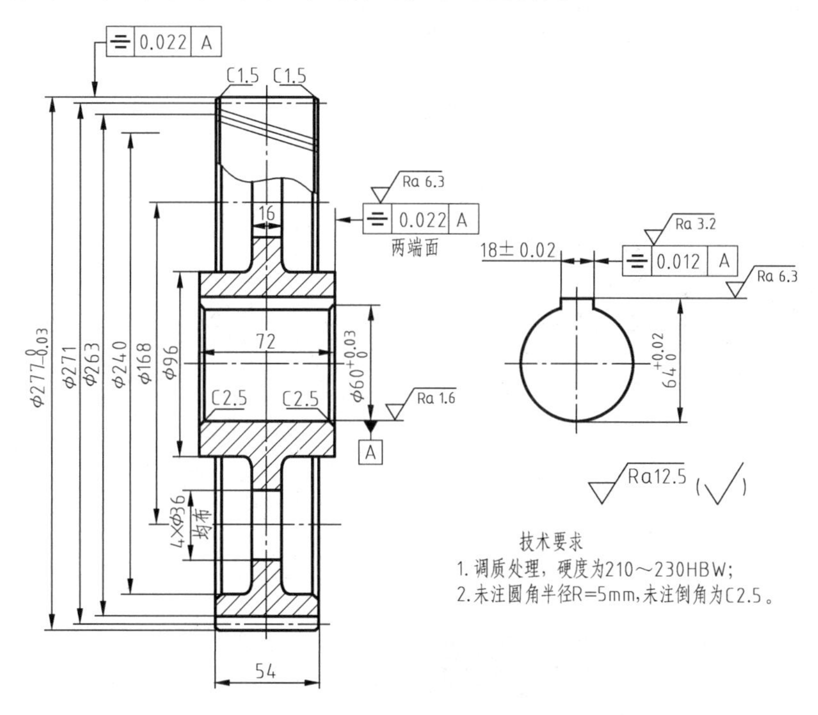

图 5-13　斜齿圆柱齿轮

7. 绘制图 5-15 所示的锥齿轮零件图，材料为 45 钢，并套用符合国标要求的 A4 图框及标题栏，比例自定，上交打印的纸质图样（标题栏手写签名）。

8. 绘制图 5-16 所示弹簧的工程图，套用符合国标要求的 A4 图框和标题栏后，以 dwg 和 pdf 两种格式输出。

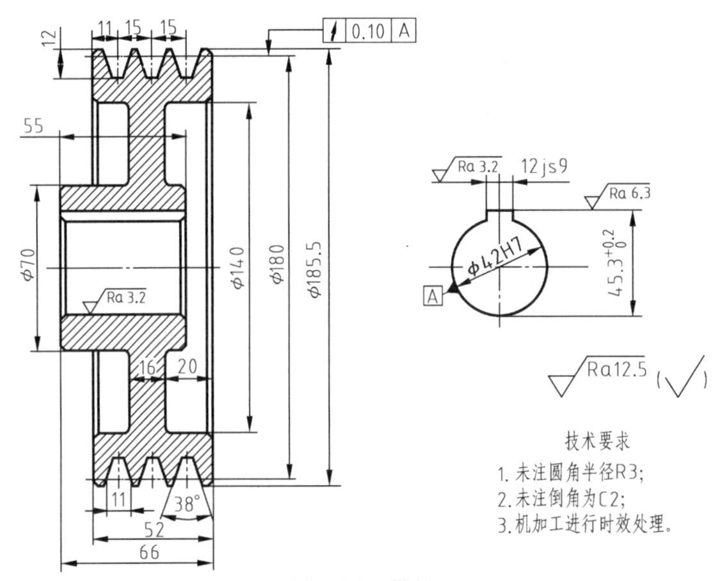

图 5-14 带轮

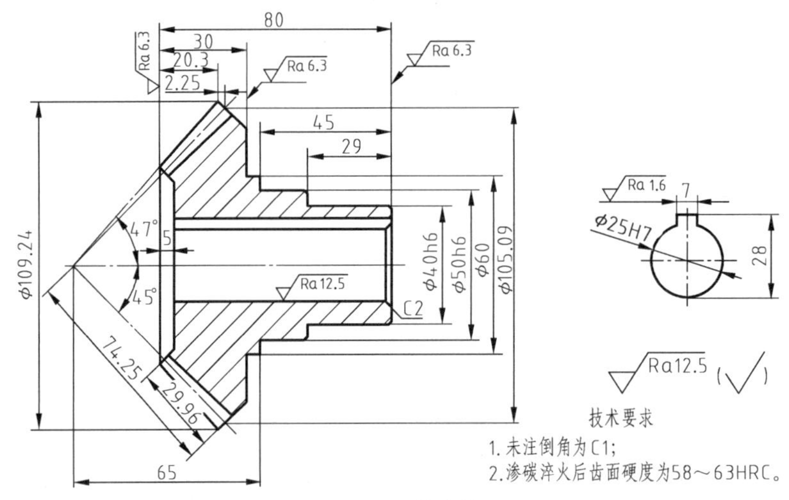

图 5-15 锥齿轮

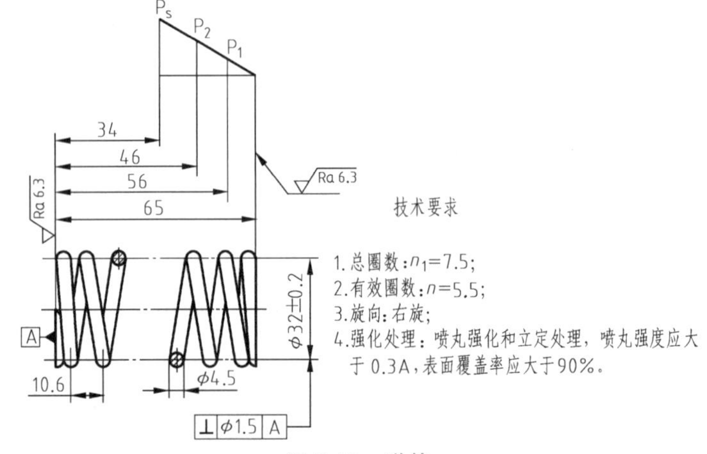

图 5-16 弹簧

项目 6 装配图绘制与输出

装配图是用于表达机器或部件装配关系和工作原理的图样，它是装配体进行装配、检验、安装和维修的技术依据，是生产中的重要技术文件之一。一张完整的装配图包括以下四部分内容：①一组视图；②必要的尺寸；③技术要求；④零部件的序号、明细栏和标题栏。在绘制装配图之前，要确认装配体的用途、性能、结构特点及各组成部分的相互位置和装配关系，分析装配体的工作原理，对其完整形状做到心中有数。在 AutoCAD 中绘制装配图的方法有直接绘制法和拼装绘制法两种。

千斤顶装配图的绘制与输出 1

千斤顶装配图的绘制与输出 2

6.1 千斤顶装配图的绘制与输出

千斤顶是利用螺旋传动来顶举重物的一种起重或顶压工具，常用于汽车修理及机械安装等场所。工作时，重物压于顶垫之上，旋动铰杠，螺旋杆在底座中靠螺纹做上下移动，从而顶起或放下重物。由工作原理可知，千斤顶的装配主要是螺旋杆。为了清楚表达千斤顶各零件的装配关系及螺旋杆、螺套、底座等主要零件的结构形状，主视图应选择图 6-1 所示千斤顶的工作位置。

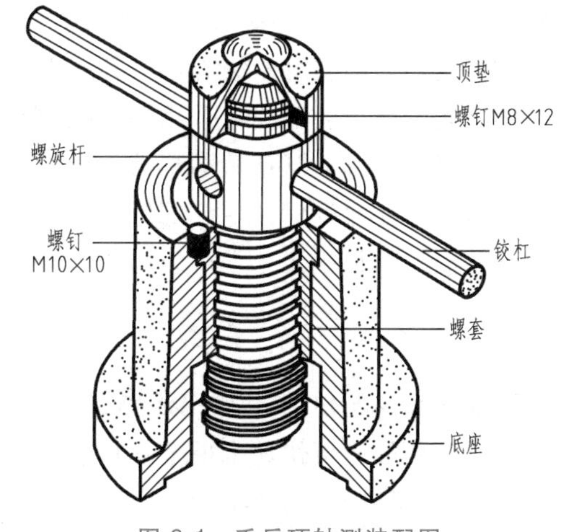

图 6-1　千斤顶轴测装配图

6.1.1　任务下达

本任务通过直接给出千斤顶的装配示意图和零件图样的方式下达，根据图 6-2 所示千斤顶的装配示意图和各个零件图，按 1∶1 比例拼画千斤顶装配图。要求套用符合国标要求的图框，正确绘制图形、标注尺寸、编写零件序号，填写技术要求、标题栏和明细栏，以 dwg、dxf、pdf 三种格式输出。

6.1.2　任务分析

根据图 6-1 所示千斤顶轴测装配图和图 6-2 所示千斤顶装配示意图及各组成零件零件图可知，该装配体由七个零件装配而成（含两个标准件）。千斤顶底座 6 上装有螺套 5，螺套与底

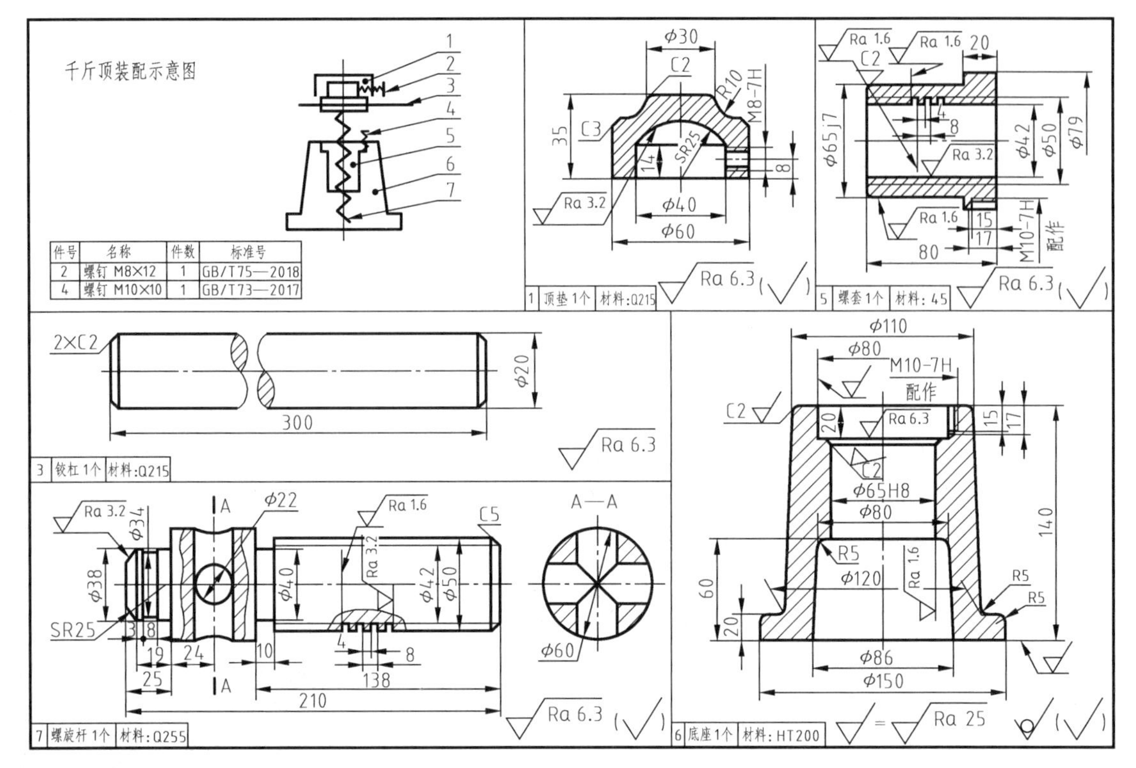

图 6-2 千斤顶装配示意图及各组成零件零件图

座间由螺钉 4 固定。螺旋杆 7 与螺套由矩形螺纹传动，螺旋杆头部穿有铰杠 3，可通过铰杠扳动螺旋杆转动。螺旋杆顶部的球面结构与顶垫 1 的内球面接触起浮动作用，螺旋杆与顶垫间由螺钉 2 限位。千斤顶是一种小型起重工具，工作时扳动铰杠而转动螺旋杆，由于螺旋杆、螺套间螺纹的作用，可使螺旋杆上升或下降，顶垫便升起或降低重物。

绘制此千斤顶装配图可采用拼装绘制法，先绘出装配体中非标准零件的零件图，然后将各零件图以图块或复制粘贴的形式拼装在一起，构成装配图。装配图中视图绘制完成后，还需要用引线标注命令标注零件的序号，用表格创建和填写明细栏。

与前面的项目相比，本例新增了引线标注、明细栏创建等任务。

6.1.3 任务实施

下面详细说明使用 AutoCAD Mechanical 2020 绘制千斤顶装配图样的步骤及注意事项。为了帮助读者更好、更快地掌握千斤顶装配图样的绘制与输出，下面分成两部分进行讲解。

1. 千斤顶装配图视图的绘制

根据任务下达时的图样要求，绘制千斤顶装配图视图，详见表 6-1。

按照上述步骤完成千斤顶装配图视图的绘制，一张完整装配图还应对其进行尺寸的标注、技术要求的标注、零件序号的编写及标题栏、明细栏的填写。

2. 千斤顶装配图尺寸标注、明细栏填写等

装配图中只需标注一些必要的尺寸（如总体尺寸、因装配形成的新尺寸、安装尺寸等），用文字说明千斤顶性能、装配、安装、检验、调整或运转等方面的要求和规则，对装配图中的各零件进行编号，同时编制相应的明细栏，填写标题栏，详见表 6-2。

表 6-1 千斤顶装配图视图的绘制步骤及注意事项

步骤	操作描述	图例	说明
1	启动 AutoCAD Mechanical 2020 后，新建样板图形文件。参照前面项目绘制零件图样的方法，分别绘制除标准件外的 5 个零件的视图	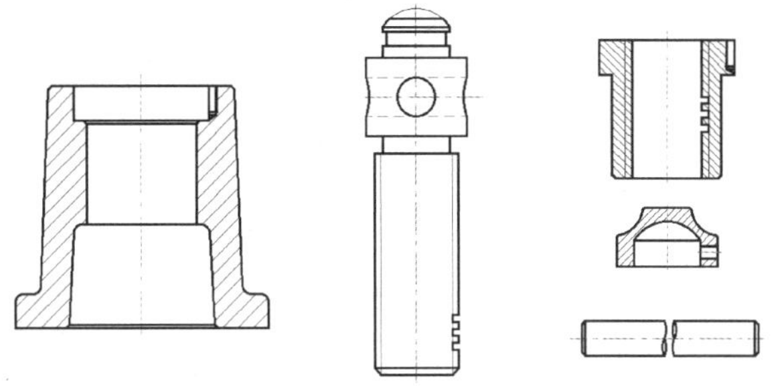	
2	选择螺套视图，执行【移动】命令，捕捉螺套主视图上边线中点为基点，将螺套视图移至底座主视图上边线中点处	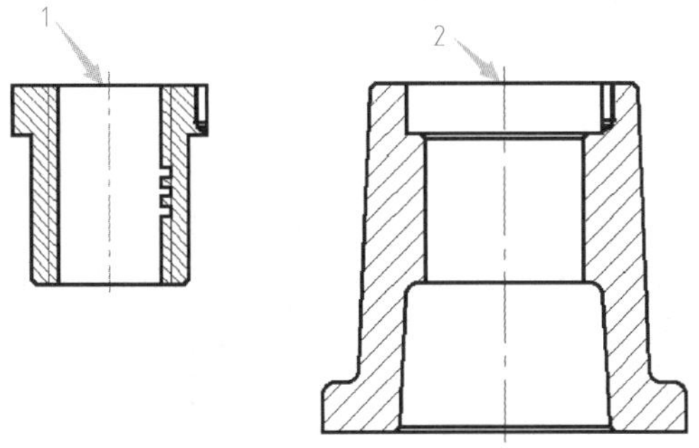 1 2	
3	执行【删除】命令，删除底座视图中被螺套视图遮挡的多余图线，结果如右图所示	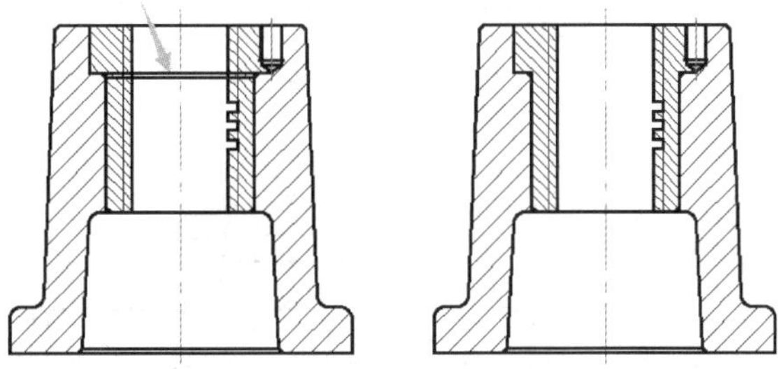	
4	选择螺旋杆视图，执行【移动】命令，捕捉螺旋杆 $\phi60$ 轴段下边线中点为基点，将螺旋杆视图移至底座螺套视图上边线中点处	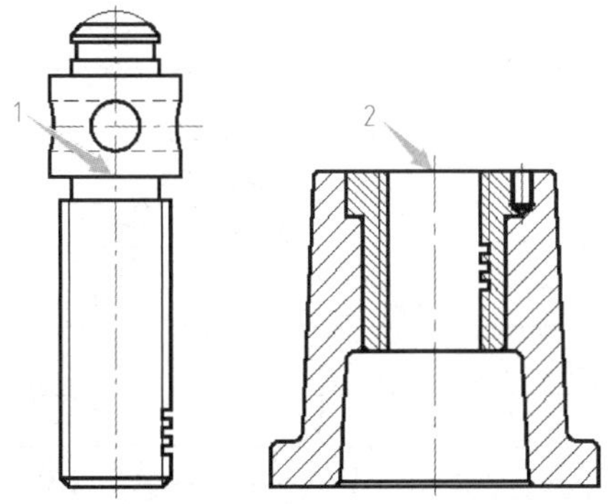 1 2	
5	执行【修剪】【删除】命令，删除多余图线，将内外螺纹旋合部分按照外螺纹绘制。执行【样条曲线拟合】【图案填充】命令，绘制矩形螺纹局部剖视图。结果如右图所示	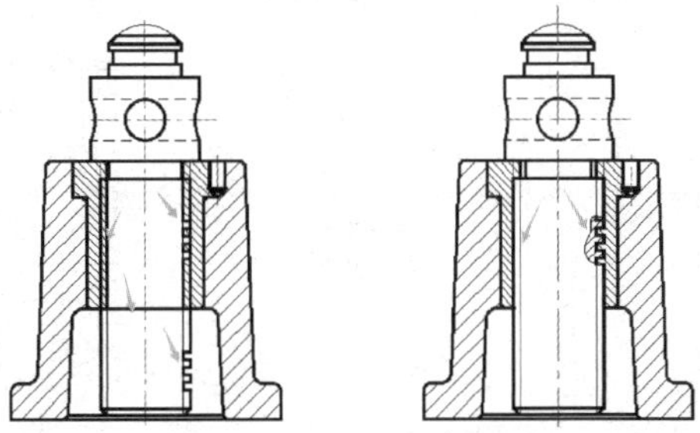	

（续）

步骤	操作描述	图例	说明
6	执行【拉伸】命令，修改铰杠的长度 执行【移动】命令，将铰杠视图移至螺旋杆视图中 ϕ60 轴段的恰当位置 执行【修剪】【删除】命令，删除多余图线。结果如右图所示	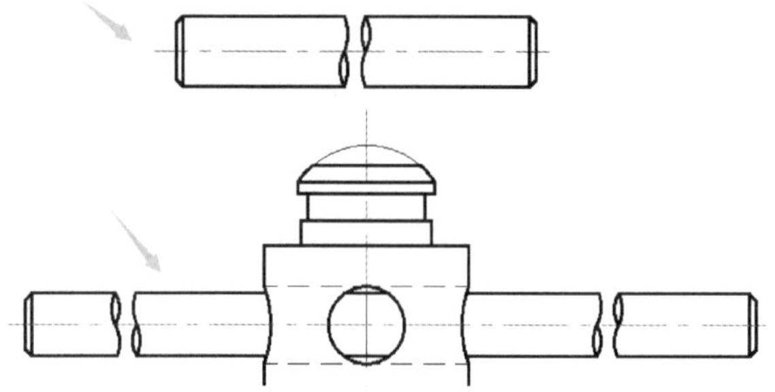	
7	执行【移动】命令，捕捉顶垫内球面象限点，将顶垫视图移到螺旋杆顶部球面象限点处。执行【修剪】【删除】命令，删除多余图线。结果如右图所示	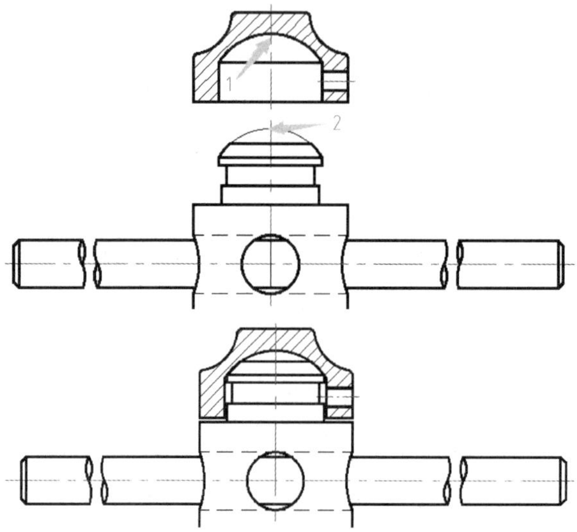 1 2	
8	在工具集中选择 GB/T 75—1985 和 GB/T 73—1985 的紧定螺钉插入到当前图中 执行【移动】命令，将 GB/T 75—1985 的紧定螺钉插入到螺旋杆与顶垫的螺孔处；将 GB/T 73—1985 的紧定螺钉插入到螺套与底座的螺孔处。执行【修剪】【删除】命令，按照螺钉与螺孔的连接结构，删除多余图线。结果如右图所示	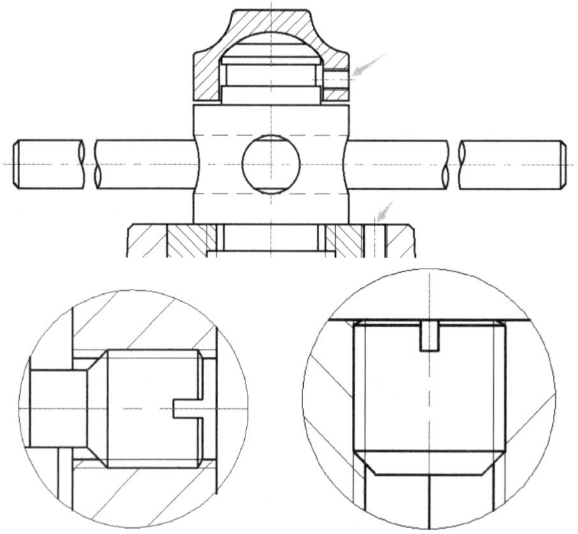	

表 6-2　千斤顶装配图尺寸标注等步骤及注意事项

步骤	操作描述	图例	说明
1	按前述关于尺寸标注的方法，单击【注释】选项卡【标注】面板的【水平标注】和【竖直标注】按钮，完成千斤顶装配图的尺寸标注，结果如右图所示	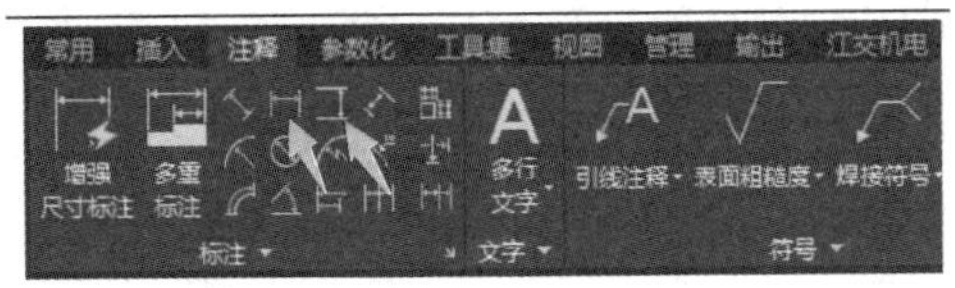 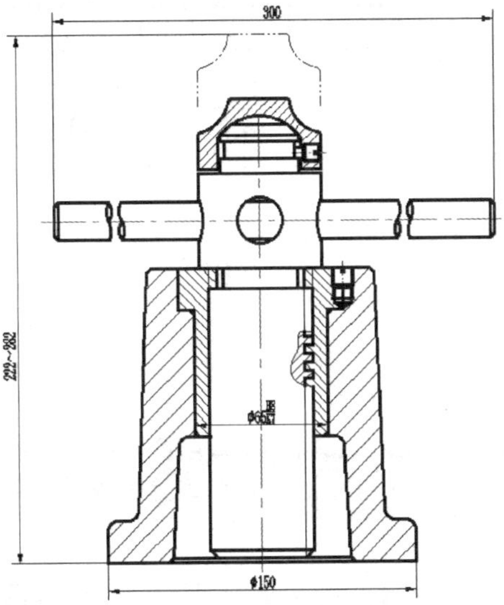	
2	单击【常用】选项卡【注释】面板的【多行文字】按钮，对千斤顶装配图进行技术要求的标注，结果如右图所示	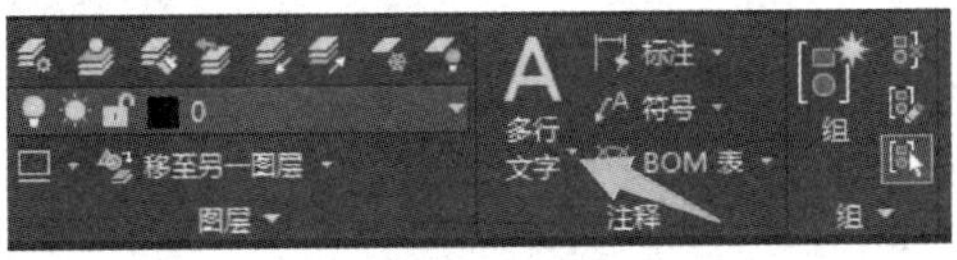 技术要求 1、本产品的顶举高度为60mm. 2、顶举重量为1000kg.	
3	单击【注释】选项卡【符号】面板的【引线注释】按钮，将引线箭头的类型改选为【小点】	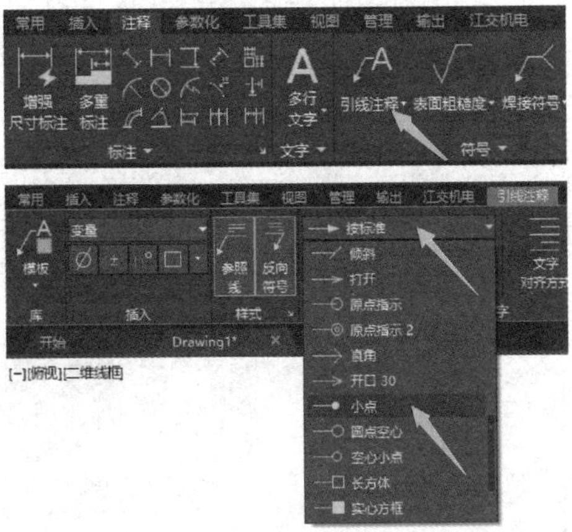	

（续）

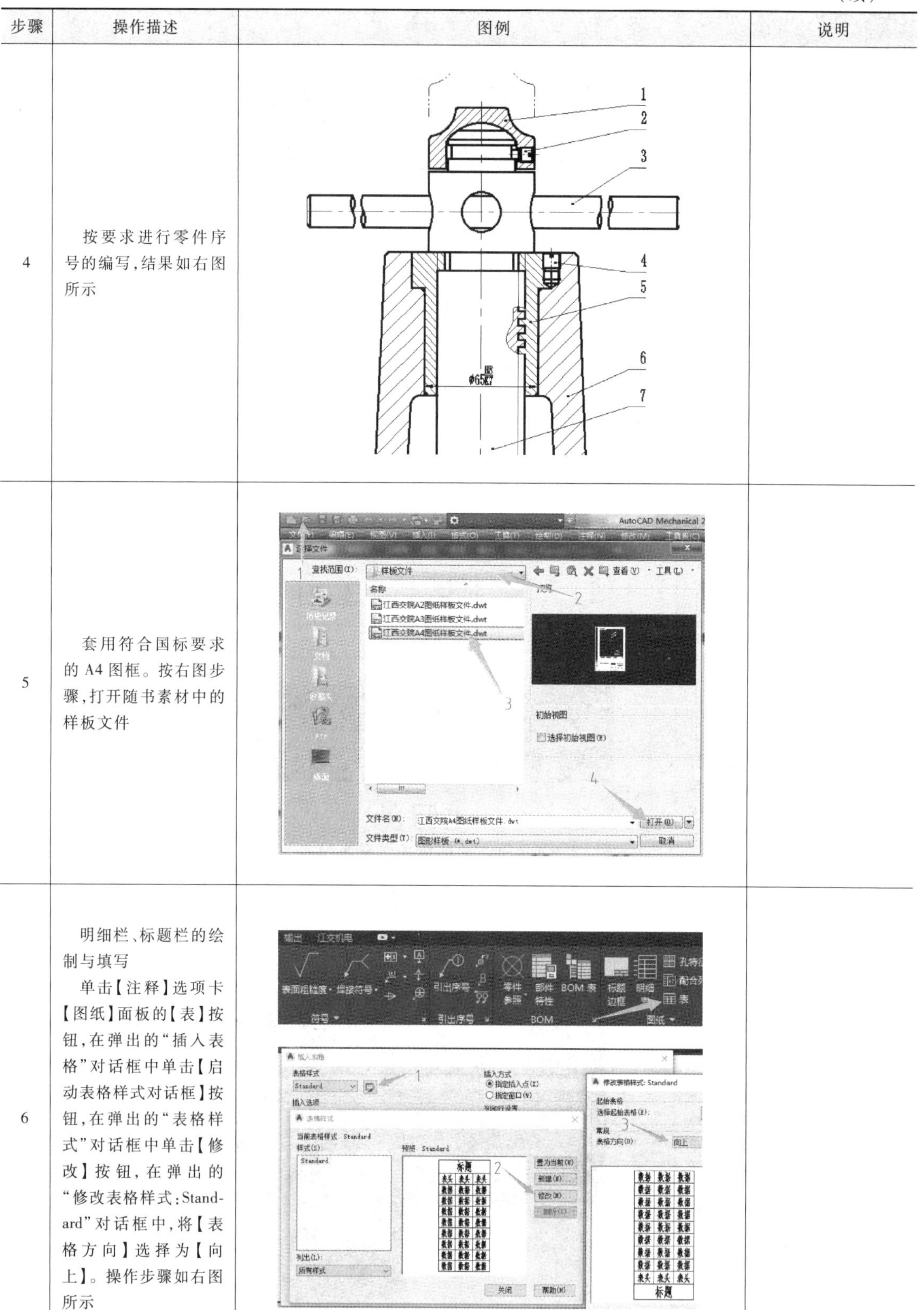

步骤	操作描述	图例	说明
4	按要求进行零件序号的编写，结果如右图所示		
5	套用符合国标要求的A4图框。按右图步骤，打开随书素材中的样板文件		
6	明细栏、标题栏的绘制与填写 单击【注释】选项卡【图纸】面板的【表】按钮，在弹出的“插入表格”对话框中单击【启动表格样式对话框】按钮，在弹出的“表格样式”对话框中单击【修改】按钮，在弹出的“修改表格样式：Standard”对话框中，将【表格方向】选择为【向上】。操作步骤如右图所示		

（续）

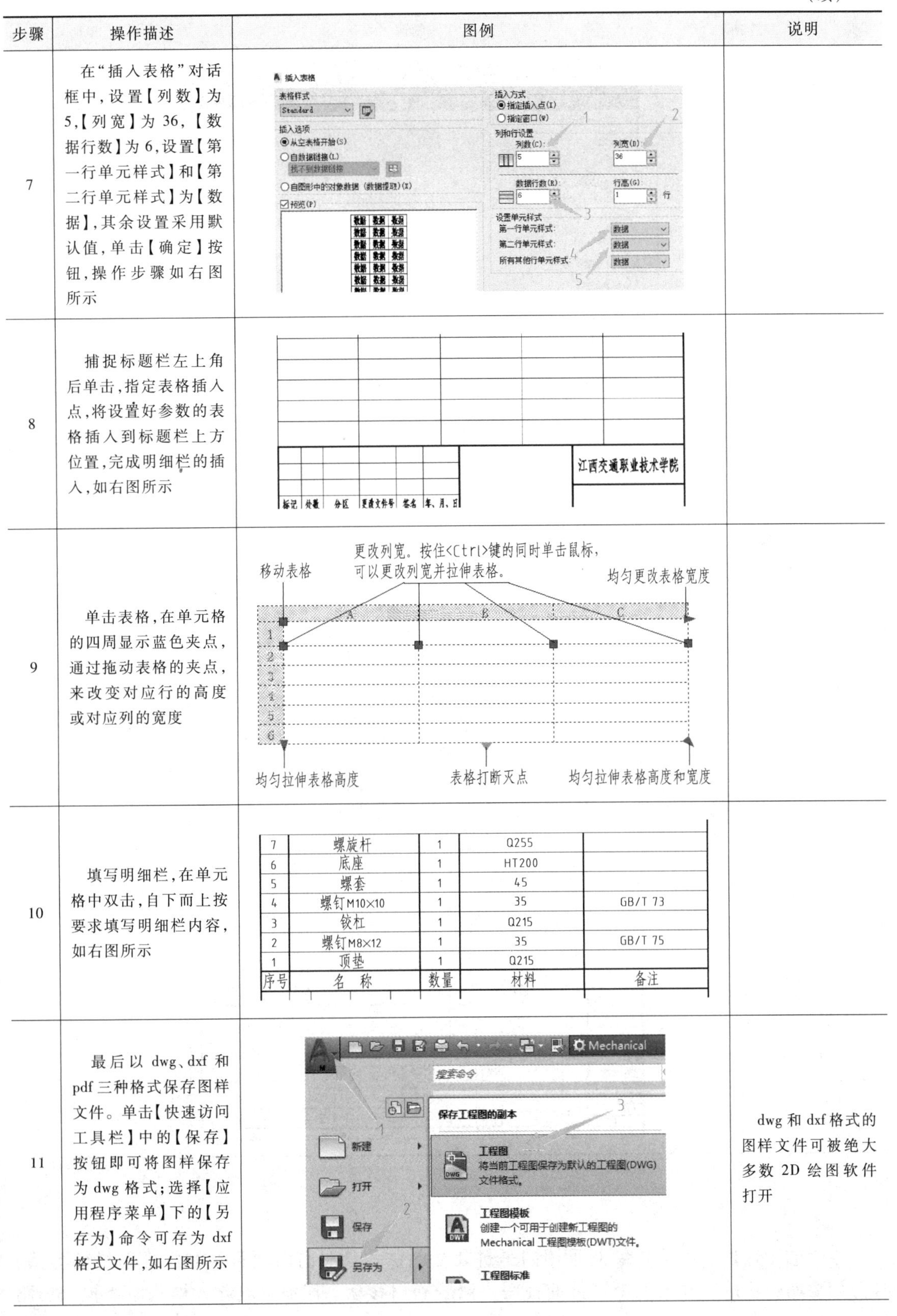

步骤	操作描述	图例	说明
7	在“插入表格”对话框中，设置【列数】为5，【列宽】为36，【数据行数】为6，设置【第一行单元样式】和【第二行单元样式】为【数据】，其余设置采用默认值，单击【确定】按钮，操作步骤如右图所示		
8	捕捉标题栏左上角后单击，指定表格插入点，将设置好参数的表格插入到标题栏上方位置，完成明细栏的插入，如右图所示		
9	单击表格，在单元格的四周显示蓝色夹点，通过拖动表格的夹点，来改变对应行的高度或对应列的宽度		
10	填写明细栏，在单元格中双击，自下而上按要求填写明细栏内容，如右图所示		
11	最后以 dwg、dxf 和 pdf 三种格式保存图样文件。单击【快速访问工具栏】中的【保存】按钮即可将图样保存为 dwg 格式；选择【应用程序菜单】下的【另存为】命令可存为 dxf 格式文件，如右图所示		dwg 和 dxf 格式的图样文件可被绝大多数 2D 绘图软件打开

7	螺旋杆	1	Q255	
6	底座	1	HT200	
5	螺套	1	45	
4	螺钉M10×10	1	35	GB/T 73
3	铰杠	1	Q215	
2	螺钉M8×12	1	35	GB/T 75
1	顶垫	1	Q215	
序号	名　称	数量	材料	备注

（续）

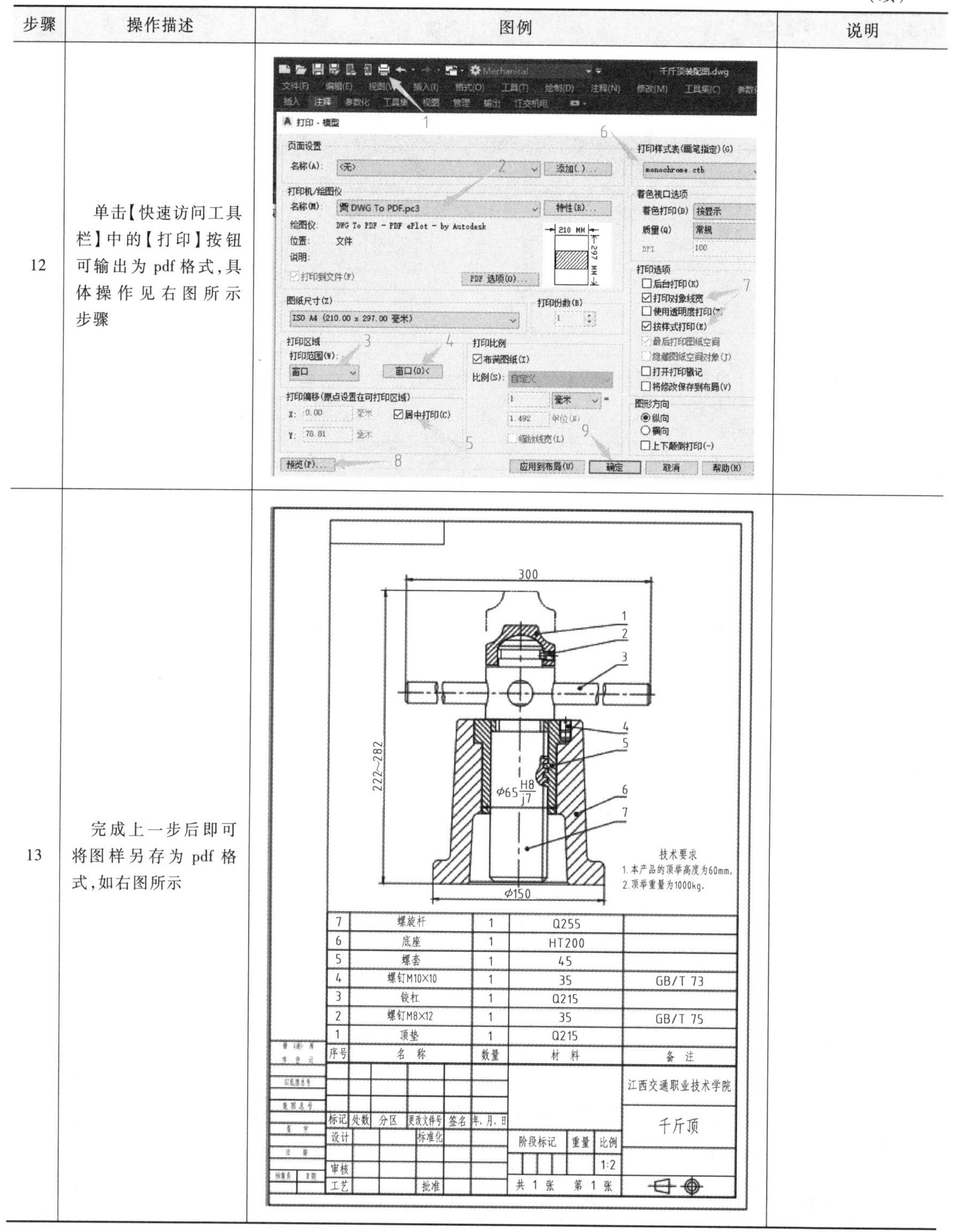

步骤	操作描述	图例	说明
12	单击【快速访问工具栏】中的【打印】按钮可输出为pdf格式，具体操作见右图所示步骤		
13	完成上一步后即可将图样另存为pdf格式，如右图所示		

6.1.4 任务评价

本例的千斤顶装配图样绘制采用的是拼装绘制法。参照前面项目绘制零件图样的方法，先分别绘制除标准件外的5个零件的视图，然后利用移动、修剪、删除、样条曲线拟合、图案填充、拉伸等命令，将千斤顶装配图进行拼画。装配图中两个紧定螺钉是标准件，可通过 AutoCAD Mechanical 工具集中的标准零件直接插入调用。同时用到的新命令有引线注释和表，是用于完成装配图中零件序号的标注和明细栏的创建与填写。

6.2　机用虎钳装配图的绘制与输出

机用虎钳装配图的绘制与输出 1

机用虎钳装配图的绘制与输出 2

机用虎钳是安装在机床工作台上，用于夹持工件进行加工的一种通用工具，如图 6-3 所示，主要由固定钳座、活动钳身、钳口板、螺杆及螺母块等组成。螺母块与活动钳身用螺钉连成整体，螺杆固定在固定钳座上，转动螺杆可带动螺母块做直线运动。因此，当螺杆转动时，活动钳身就会沿固定钳座移动，这样钳口可以闭合或开放，以夹紧或松开工件。

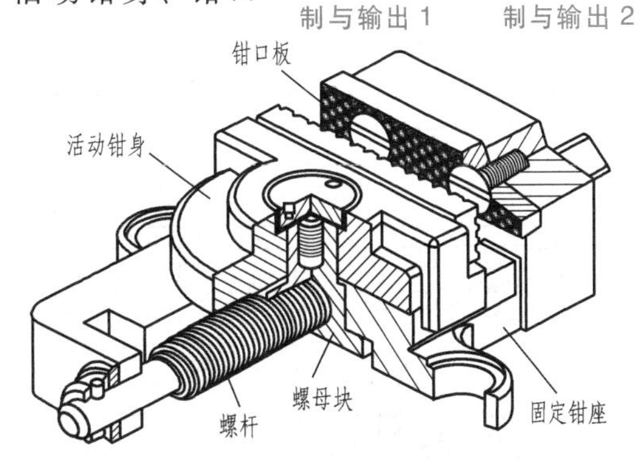

图 6-3　机用虎钳轴测装配图

6.2.1　任务下达

本任务通过直接给出机用虎钳装配示意图和零件图样的方式下达，根据图 6-4 所示的机用虎钳装配示意图和图 6-5 所示的机用虎钳各组成零件零件图，按 1∶1 比例拼画机用虎钳装配图。要求：套用符合国标要求的图框，正确绘制图形，标注尺寸、编写零件序号，填写技术要求、标题栏和明细栏，以 dwg、dxf、pdf 三种格式输出。

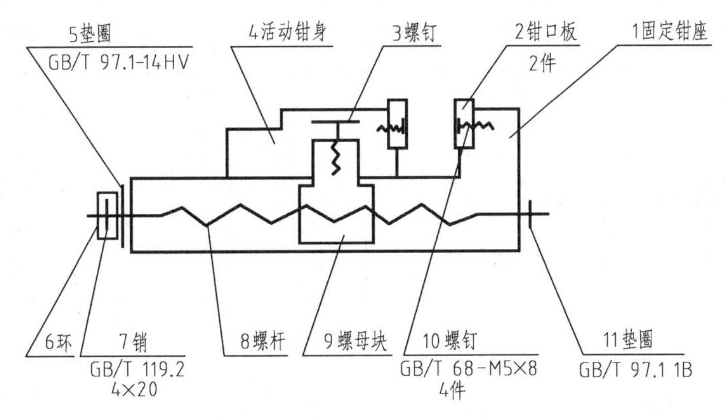

图 6-4　机用虎钳装配示意图

6.2.2　任务分析

分析图 6-4 所示机用虎钳装配示意图，机用虎钳由 11 个零件组成，其中，螺钉、垫圈和圆柱销是标准件，螺母块装入固定钳座 1 的下方空腔工字形槽内，再装入螺杆 8，并用垫圈 11、垫圈 5、定位环 6、圆柱销 7 将螺杆 8 轴向固定，通过螺钉 3 将活动钳身 4 与螺母块 9 连接，最后用螺钉 10 将两块钳口板 2 分别与固定钳座和活动钳身连接。通过旋转螺杆 8 使螺母块 9 带动活动钳身 4 做水平方向的左右移动，从而夹紧工件进行切削加工。

绘制此机用虎钳装配图可采用拼装绘制法，先绘出装配体中非标准零件的零件图，然后将各零件图以图块或复制粘贴的形式拼装在一起，构成装配图。装配图准备采用三个基本视图

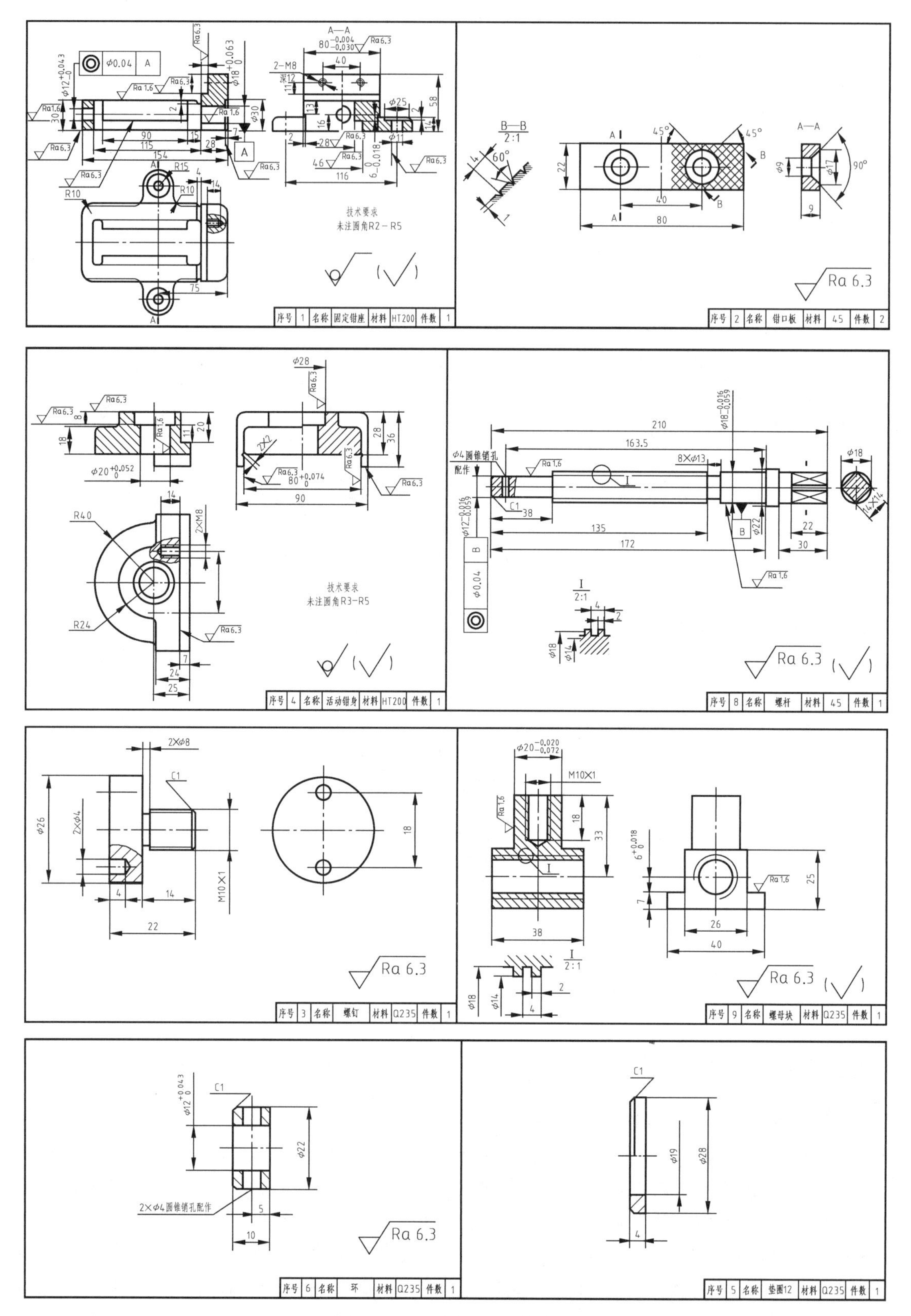

图 6-5 机用虎钳各组成零件零件图

和一个表示单个零件的视图来表达，主视图采用全剖视图，用于反映机用虎钳的工作原理和零件间的装配关系，俯视图用于反映固定钳座的结构形状，并通过局部剖视图表达钳口板与钳座连接的局部结构。左视图采用半剖视图。装配图绘制完成后，还需用到【零件参照】命令、【重编引出序号】命令、【BOM 表】命令和【明细表】命令，用于完成装配图中零件序号的标注和明细栏的创建与填写。

6.2.3 任务实施

下面详细说明使用 AutoCAD Mechanical 2020 绘制机用虎钳装配图样的步骤及注意事项。为了帮助读者更好、更快地掌握机用虎钳装配图样的绘制与输出，下面分成两部分进行讲解。

1. 机用虎钳装配图视图的绘制

根据任务下达时的图样要求，绘制机用虎钳装配图视图，详见表 6-3。

表 6-3 机用虎钳装配图视图绘制步骤及注意事项

步骤	操作描述	图例	说明
1	启动 AutoCAD Mechanical 2020 后,新建样板图形文件。参照前面项目绘制零件图样的方法,分别绘制除标准件外的 8 个零件的视图	(图略)	
2	选择垫圈 11,执行【复制】命令,捕捉垫圈 11 视图左边线中点为基点,将垫圈视图移至固定钳身 1 主视图右边线沉孔中点处	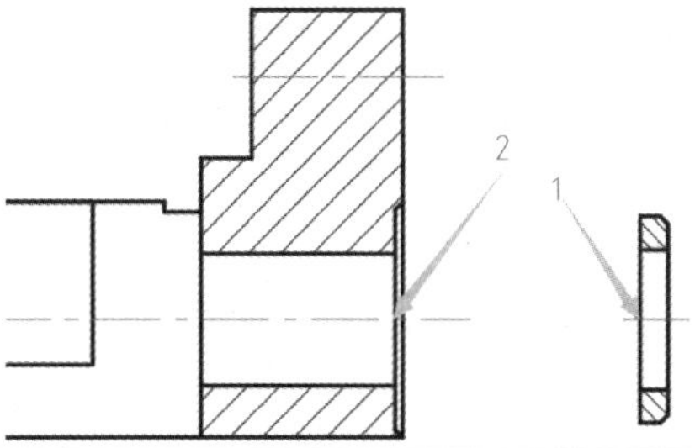 2 1	
3	执行【修剪】命令,删除固定钳身被垫圈遮挡的多余图线,结果如右图所示	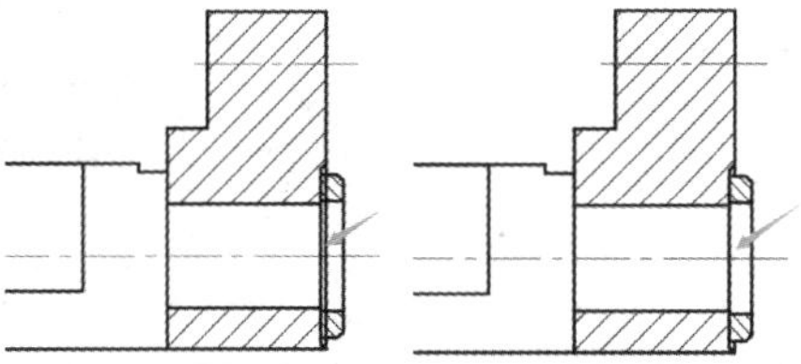	
4	选择螺杆视图,执行【复制】命令,捕捉螺杆 $\phi22$ 轴段左边线中点为基点,将螺杆视图移至主视图固定钳座和垫圈 11 右边线中点处	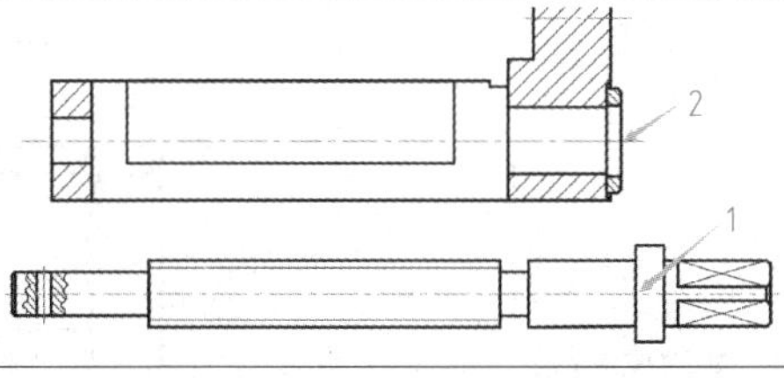 2 1	
5	执行【修剪】命令,删除固定钳身被螺杆遮挡的多余图线,结果如右图所示	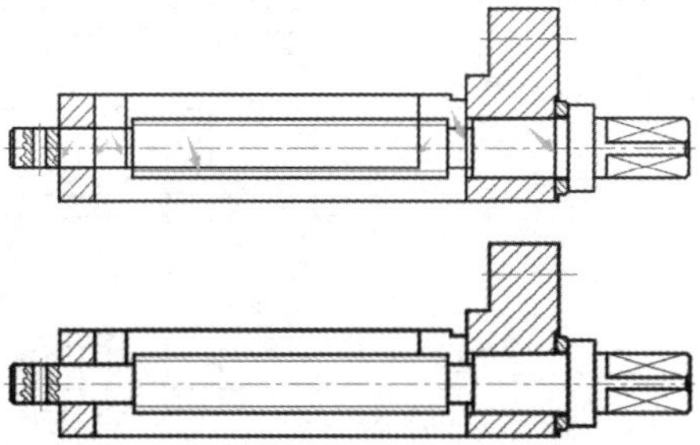	

（续）

步骤	操作描述	图例	说明
6	选择螺母块9的主视图，执行【复制】命令，捕捉螺母块中心线上的中点为基点，将螺母块视图复制到螺杆中心线上合适的点	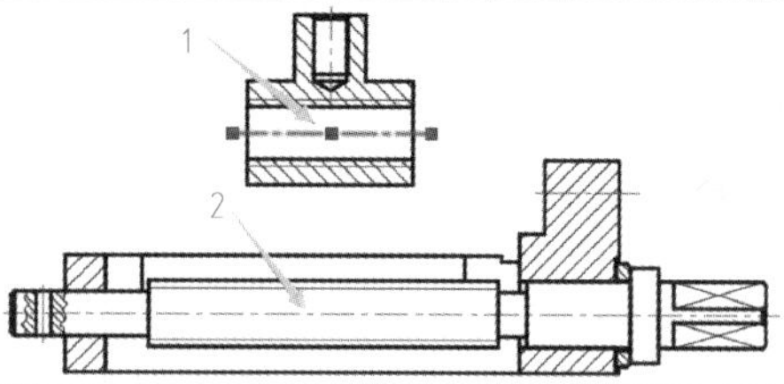 1 2	
7	执行【修剪】命令，删除固定钳座被螺母块遮挡的图线，修剪螺母块与螺杆旋合部分的图线，将其按外螺纹绘制，结果如右图所示	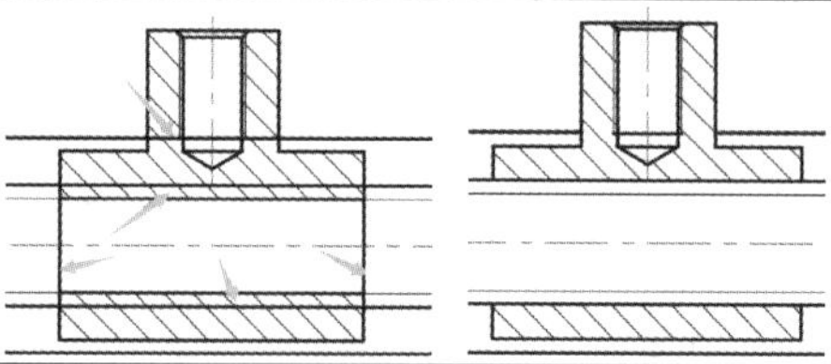	
8	选择活动钳身的主视图，执行【复制】命令，捕捉活动钳身下边线与中心线的交点为基点，将活动钳身视图复制到固定钳座上边线与螺母块垂直中心线交点处	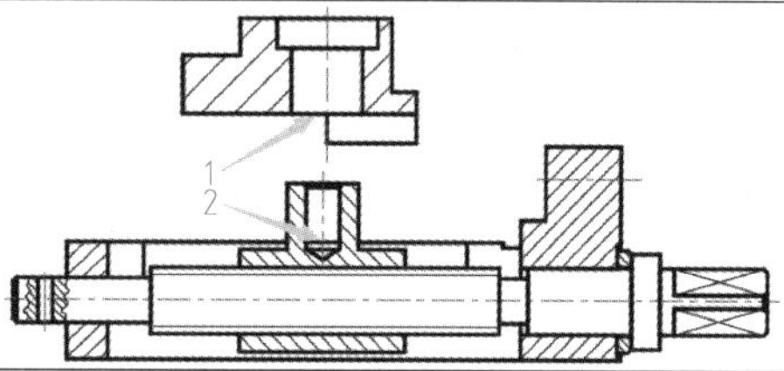 1 2	
9	执行【修剪】命令，删除活动钳身被螺母块遮挡的图线，结果如右图所示	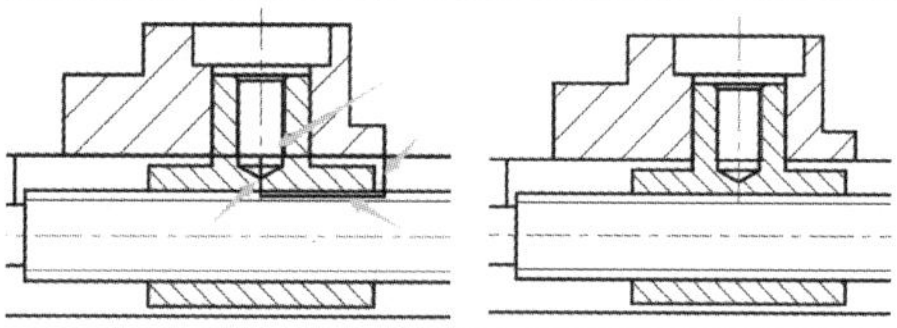	
10	选择螺钉的主视图，执行【复制】命令，捕捉螺钉ϕ26下边线与中心线的交点为基点，将螺钉视图复制到活动钳身沉孔下边线与中心线交点处	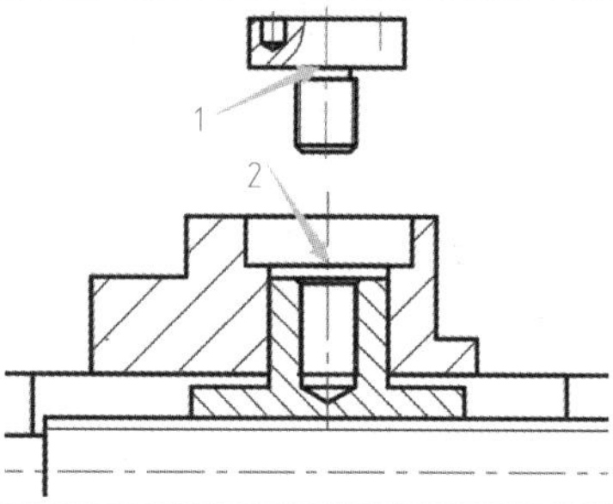 1 2	
11	执行【修剪】命令，删除螺母块内螺纹孔与螺钉重合部分的图线，将其按外螺纹绘制，结果如右图所示	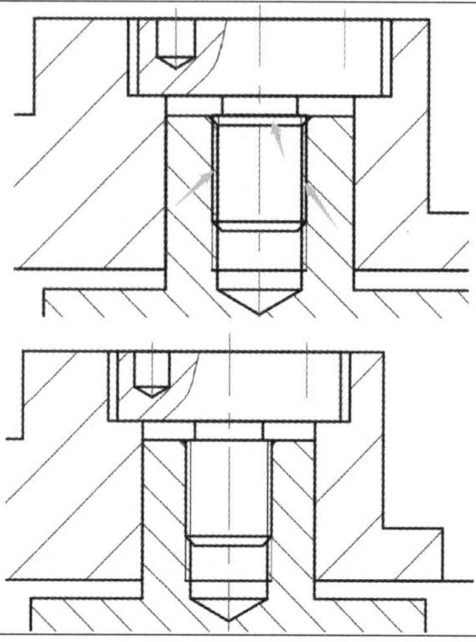	

（续）

步骤	操作描述	图例	说明
12	选择钳口板视图，执行【复制】命令，捕捉钳口板视图左下角点为基点，将其复制到活动钳身右侧转折点处。 再次选择钳口板视图，执行【复制】命令，捕捉钳口板视图右下角点为基点，将其复制到固定钳座右侧转折点处，结果如右图所示	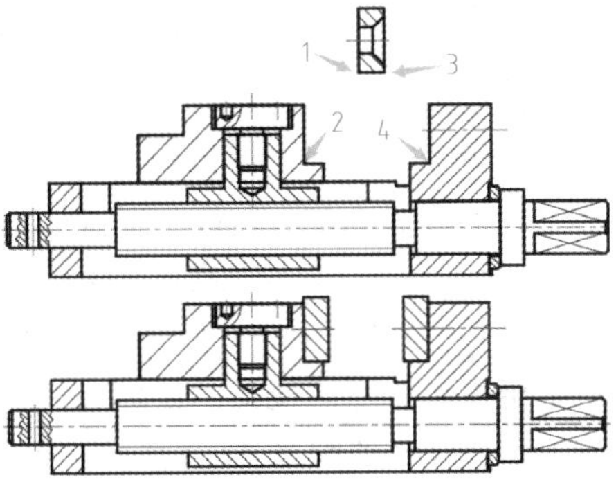	钳口板装配到装配图中后，不需要绘制出钳口板上螺钉孔的投影
13	选择垫圈视图，执行【复制】命令，捕捉垫圈视图左边线中点为基点，将其复制到固定钳座左端面中点处。 选择环视图，执行【复制】命令，捕捉环视图垂直中心线中点为基点，将其复制到螺杆左侧销孔中心线中点处。 选择销视图，执行【复制】命令，捕捉销视图垂直中心线中点为基点，将其复制到螺杆左侧销孔中心线中点处	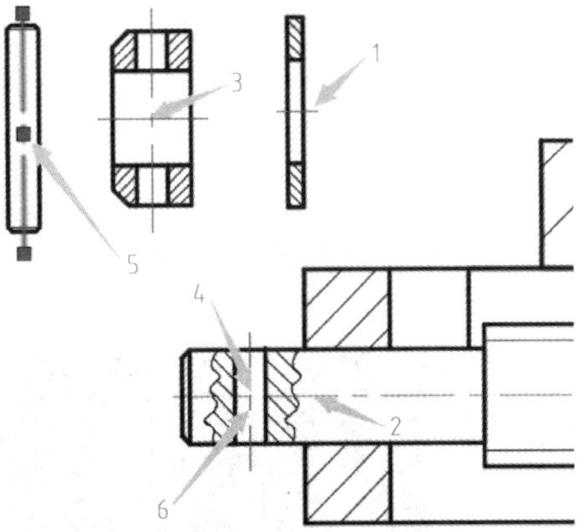	
14	执行【修剪】命令，删除垫圈、环被螺杆遮挡的图线，删除螺杆被销遮挡的图线，结果如右图所示	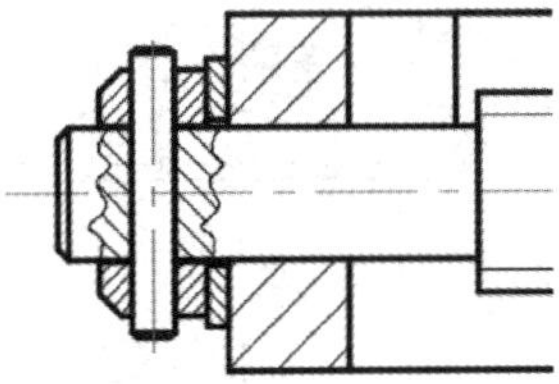	
15	通过以上步骤，完成了机用虎钳装配图的主视图绘制，结果如右图所示	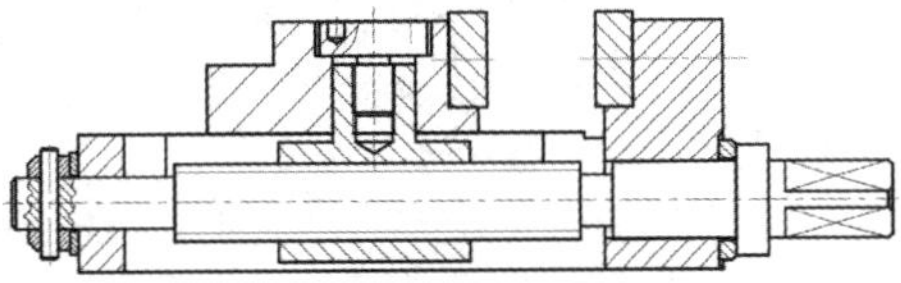	
16	按照机用虎钳各零件的装配关系，用相同的方法完成其俯视图的绘制，结果如右图所示	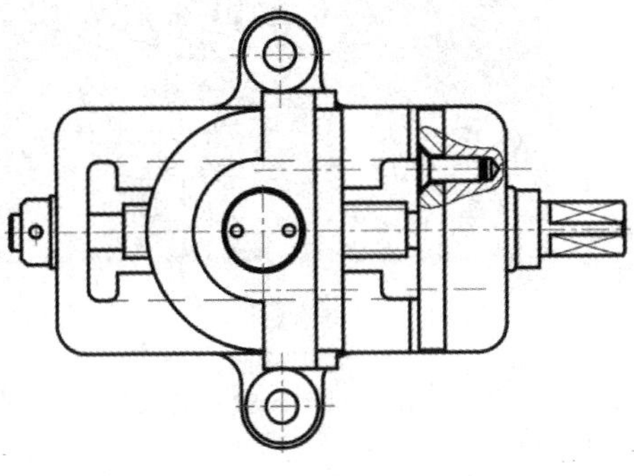	

（续）

步骤	操作描述	图例	说明
17	按照机用虎钳各零件的配合关系，用相同的方法完成其左视图的绘制，结果如右图所示		

按照上述步骤完成机用虎钳装配图视图的绘制，一张完整的装配图还应对其进行尺寸的标注、技术要求的标注、零件序号的编写及标题栏、明细栏的填写。

2. 机用虎钳装配图尺寸标注、明细栏填写等

装配图中的尺寸只需标注一些必要的尺寸，用文字说明机用虎钳性能、装配、安装、检验、调整或运转等方面的要求和规则，对装配图中的各零件进行编号，同时编制相应的明细栏，填写标题栏，详见表 6-4。

表 6-4 机用虎钳装配图尺寸标注步骤及注意事项

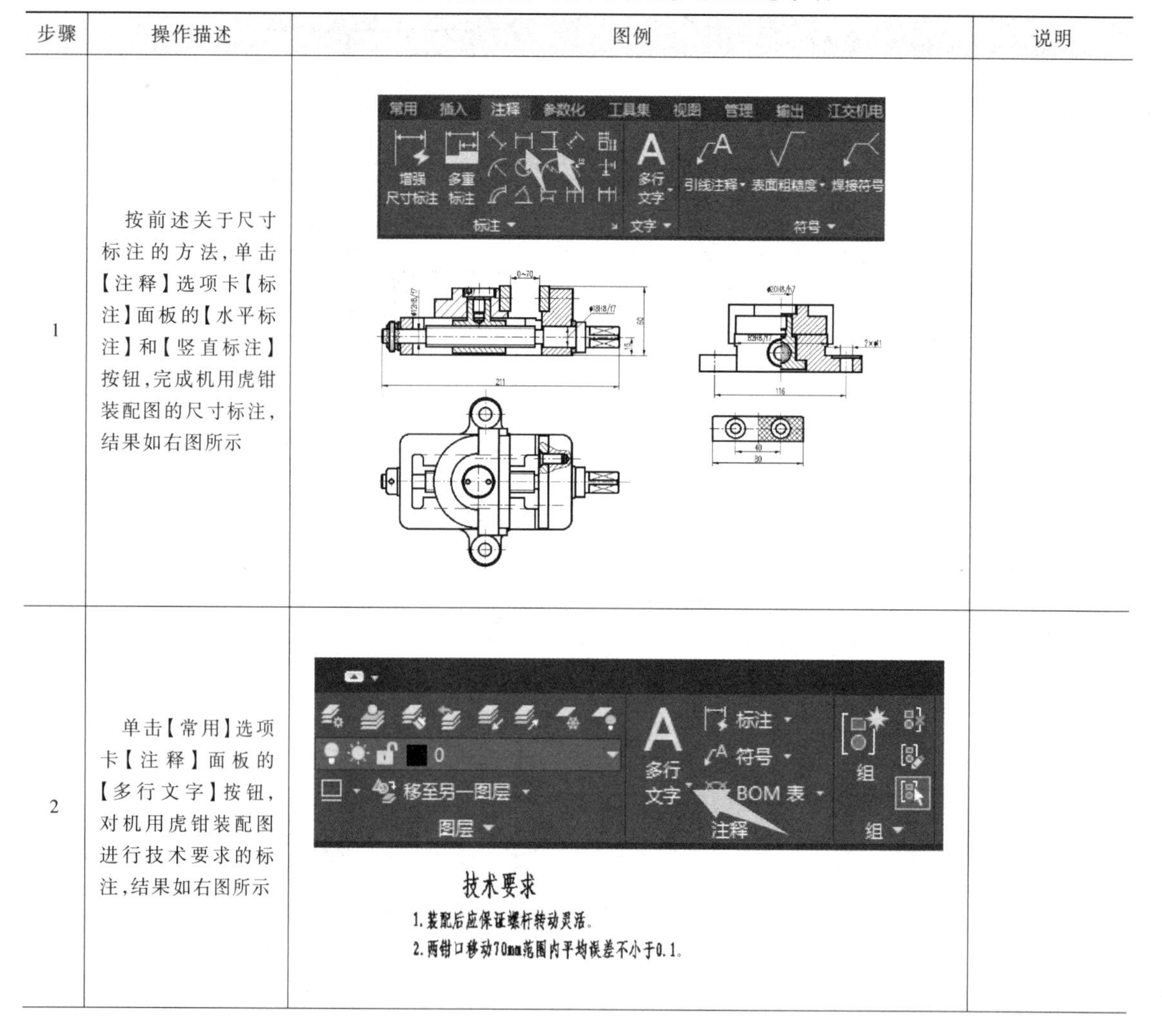

步骤	操作描述	图例	说明
1	按前述关于尺寸标注的方法，单击【注释】选项卡【标注】面板的【水平标注】和【竖直标注】按钮，完成机用虎钳装配图的尺寸标注，结果如右图所示		
2	单击【常用】选项卡【注释】面板的【多行文字】按钮，对机用虎钳装配图进行技术要求的标注，结果如右图所示	技术要求 1.装配后应保证螺杆转动灵活。 2.两钳口移动70mm范围内平均误差不小于0.1。	

（续）

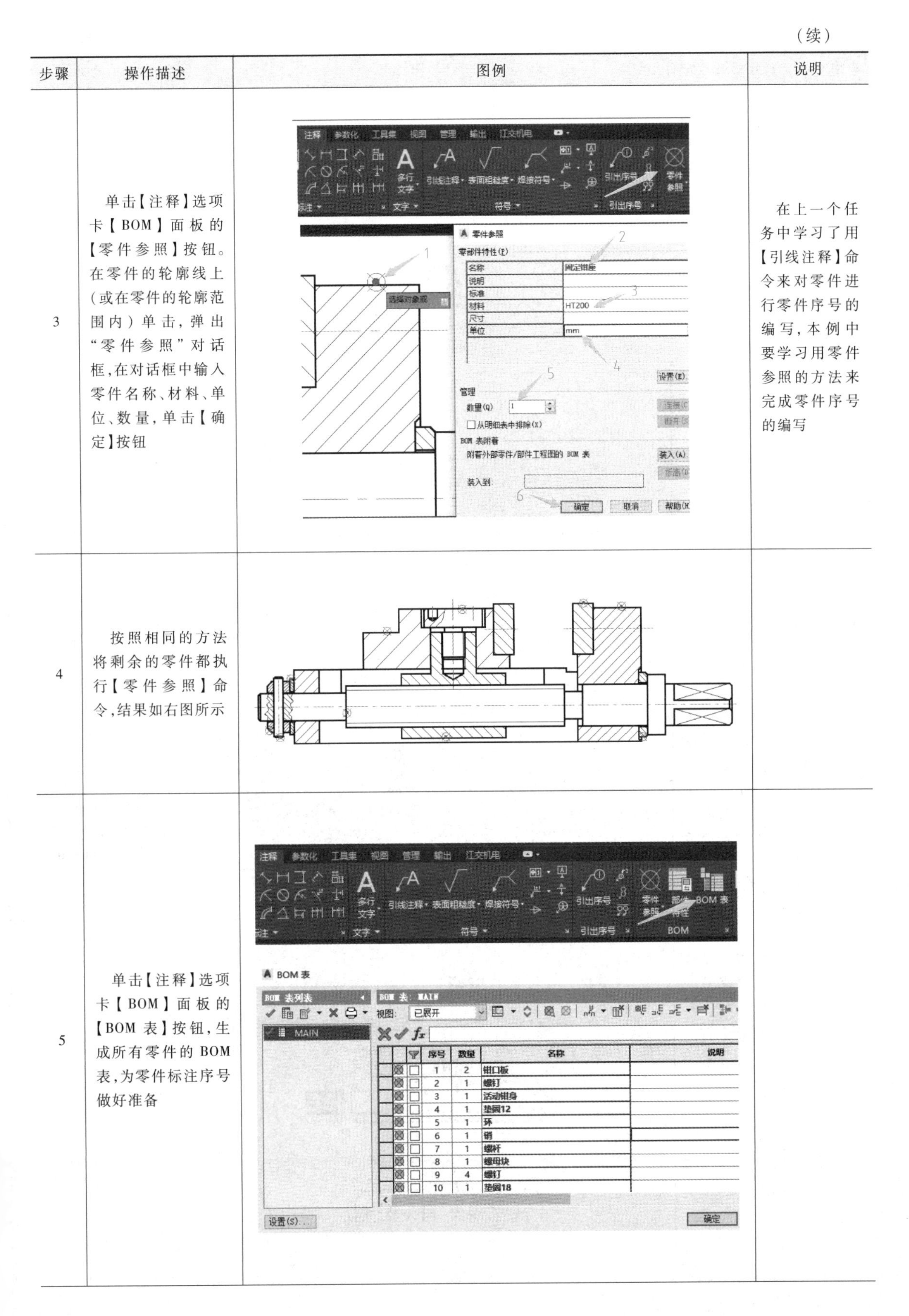

步骤	操作描述	图例	说明
3	单击【注释】选项卡【BOM】面板的【零件参照】按钮。在零件的轮廓线上（或在零件的轮廓范围内）单击，弹出“零件参照”对话框，在对话框中输入零件名称、材料、单位、数量，单击【确定】按钮		在上一个任务中学习了用【引线注释】命令来对零件进行零件序号的编写，本例中要学习用零件参照的方法来完成零件序号的编写
4	按照相同的方法将剩余的零件都执行【零件参照】命令，结果如右图所示		
5	单击【注释】选项卡【BOM】面板的【BOM表】按钮，生成所有零件的BOM表，为零件标注序号做好准备		

（续）

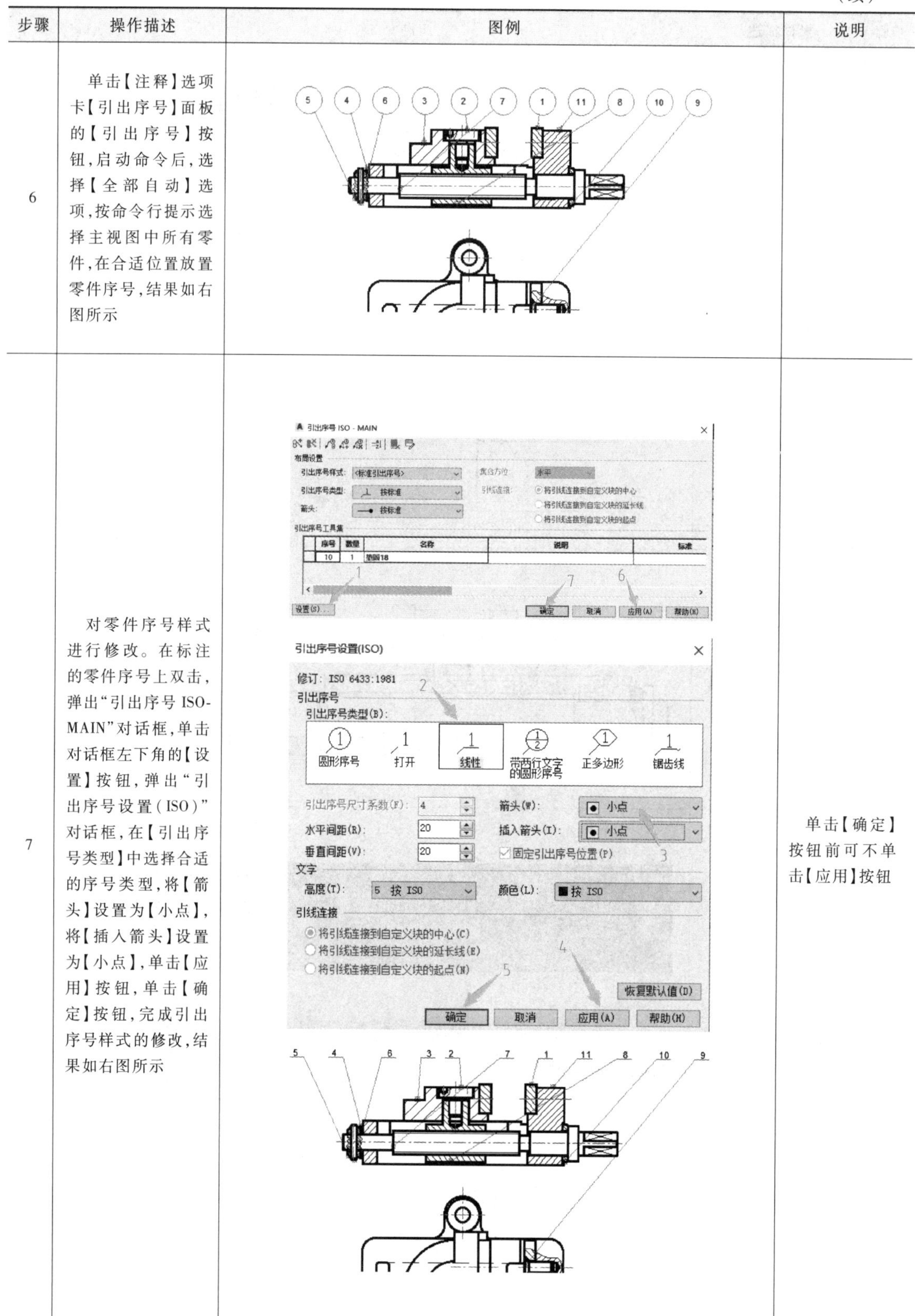

步骤	操作描述	图例	说明
6	单击【注释】选项卡【引出序号】面板的【引出序号】按钮，启动命令后，选择【全部自动】选项，按命令行提示选择主视图中所有零件，在合适位置放置零件序号，结果如右图所示		
7	对零件序号样式进行修改。在标注的零件序号上双击，弹出“引出序号 ISO-MAIN”对话框，单击对话框左下角的【设置】按钮，弹出“引出序号设置（ISO）”对话框，在【引出序号类型】中选择合适的序号类型，将【箭头】设置为【小点】，将【插入箭头】设置为【小点】，单击【应用】按钮，单击【确定】按钮，完成引出序号样式的修改，结果如右图所示		单击【确定】按钮前可不单击【应用】按钮

（续）

步骤	操作描述	图例	说明
8	将零件序号按顺序排列。 单击【注释】选项卡【引出序号】面板的【重编引出序号】按钮，按命令行提示，设置【输入起始表项号】为1，设置【输入增量】为1，按顺序依次选择引出序号，重新调整序号位置，结果如右图所示	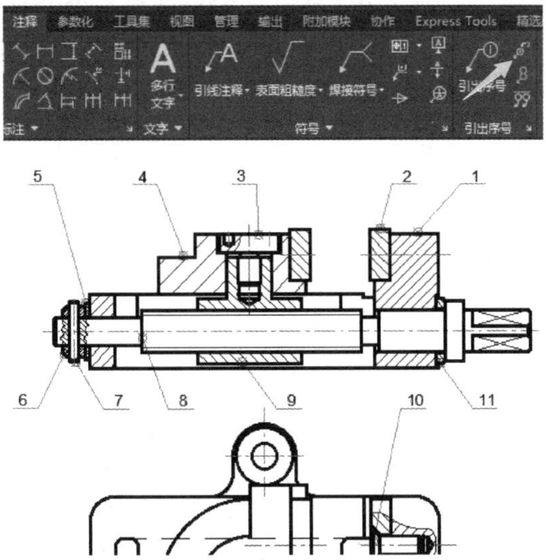	
9	套用符合国标要求的A2图框。按右图所示步骤打开随书素材中的样板文件		
10	将A2样板文件中不需要的内容删除，全选图框及标题栏，按<Ctrl+C>，切换到机用虎钳装配图图样文档，按<Ctrl+V>将其粘贴过来，将机用虎钳装配图图样装入	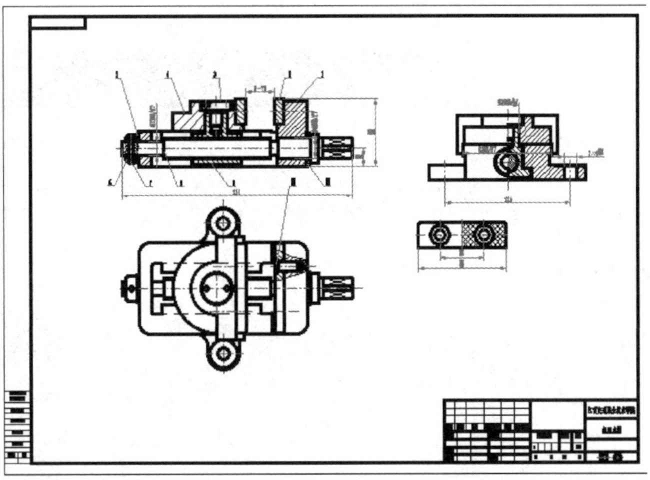	

（续）

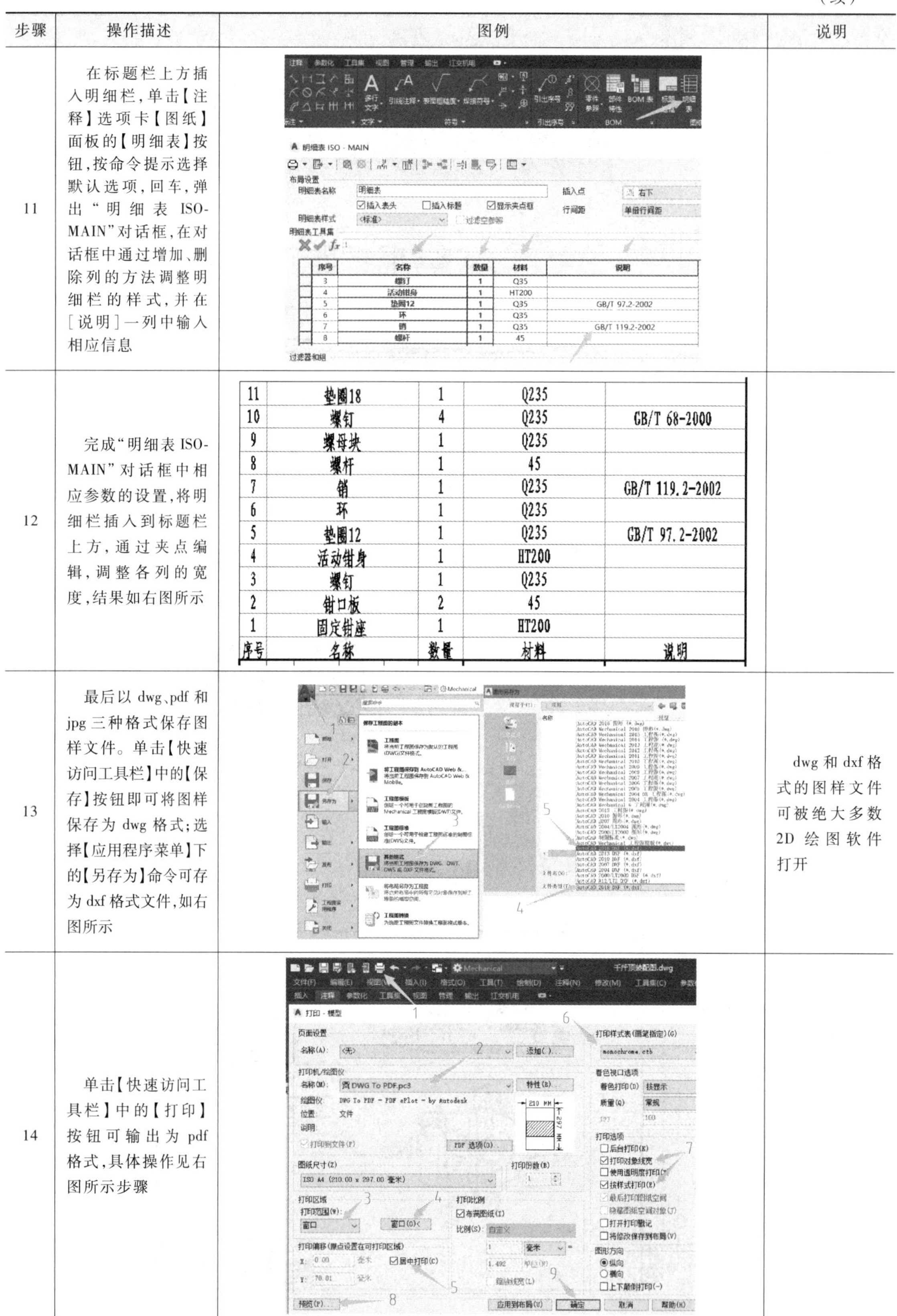

步骤	操作描述	图例	说明
11	在标题栏上方插入明细栏，单击【注释】选项卡【图纸】面板的【明细表】按钮，按命令提示选择默认选项，回车，弹出“明细表 ISO-MAIN”对话框，在对话框中通过增加、删除列的方法调整明细栏的样式，并在[说明]一列中输入相应信息		
12	完成“明细表 ISO-MAIN”对话框中相应参数的设置，将明细栏插入到标题栏上方，通过夹点编辑，调整各列的宽度，结果如右图所示		
13	最后以 dwg、pdf 和 jpg 三种格式保存图样文件。单击【快速访问工具栏】中的【保存】按钮即可将图样保存为 dwg 格式；选择【应用程序菜单】下的【另存为】命令可存为 dxf 格式文件，如右图所示		dwg 和 dxf 格式的图样文件可被绝大多数 2D 绘图软件打开
14	单击【快速访问工具栏】中的【打印】按钮可输出为 pdf 格式，具体操作见右图所示步骤		

11	垫圈18	1	Q235	
10	螺钉	4	Q235	GB/T 68-2000
9	螺母块	1	Q235	
8	螺杆	1	45	
7	销	1	Q235	GB/T 119.2-2002
6	环	1	Q235	
5	垫圈12	1	Q235	GB/T 97.2-2002
4	活动钳身	1	HT200	
3	螺钉	1	Q235	
2	钳口板	2	45	
1	固定钳座	1	HT200	
序号	名称	数量	材料	说明

（续）

步骤	操作描述	图例	说明
15	完成上一步后即可将图样另存为 pdf 格式的矢量图形文件，如右图所示	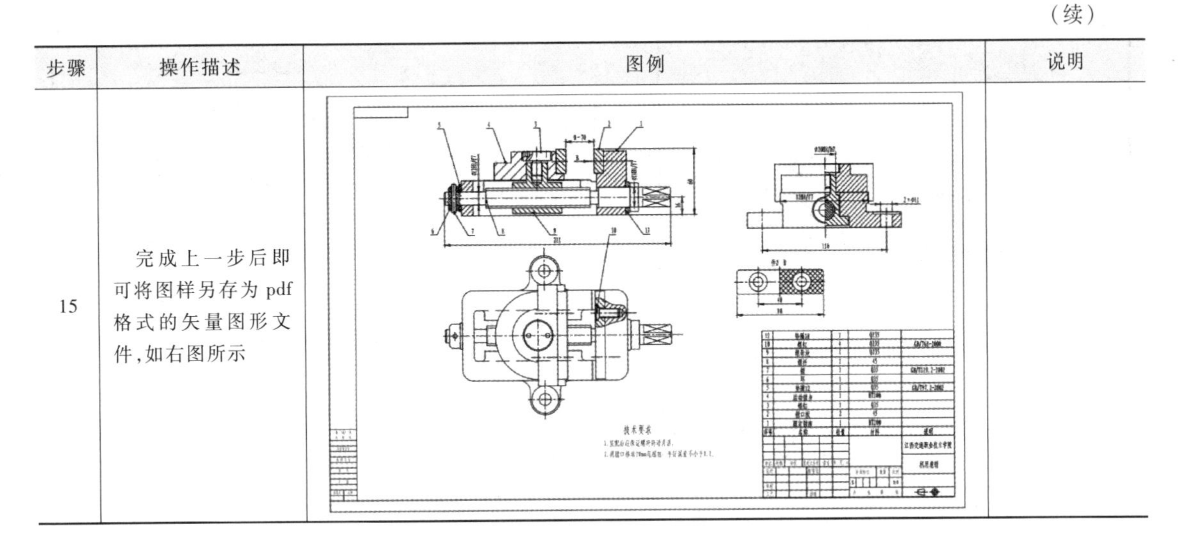	

6.2.4　任务评价

本例的机用虎钳装配图样绘制采用的也是拼装绘制法。参照前面项目绘制零件图样的方法，先分别绘制除标准件外的 8 个零件视图，然后用到【复制】、【修剪】命令，将机用虎钳装配图进行拼画。装配体中的标准件是通过工具集中的标准零件直接插入调用的。同时用到的新命令有【零件参照】命令、【重编引出序号】命令、【BOM 表】命令和【明细表】命令，用于完成装配图中零件序号的标注和明细栏的创建与填写。

6.3　强化训练任务

1. 根据小型螺旋千斤顶装配示意图和各组成零件零件图，如图 6-6 所示，绘制小型螺旋

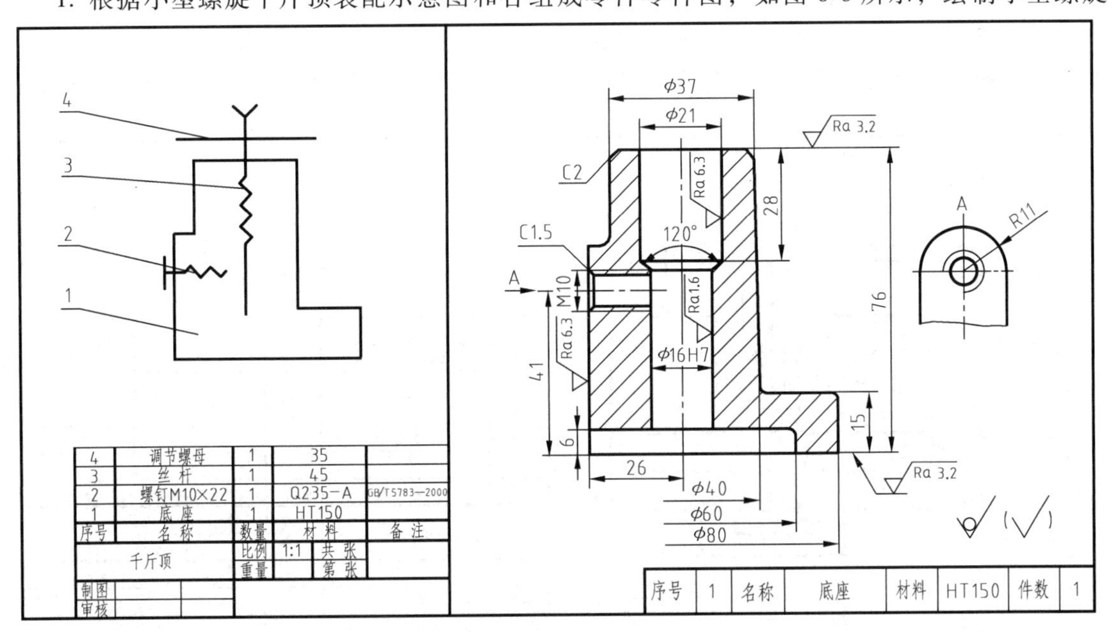

图 6-6　小型螺旋千斤顶装配示意图及各组成零件零件图

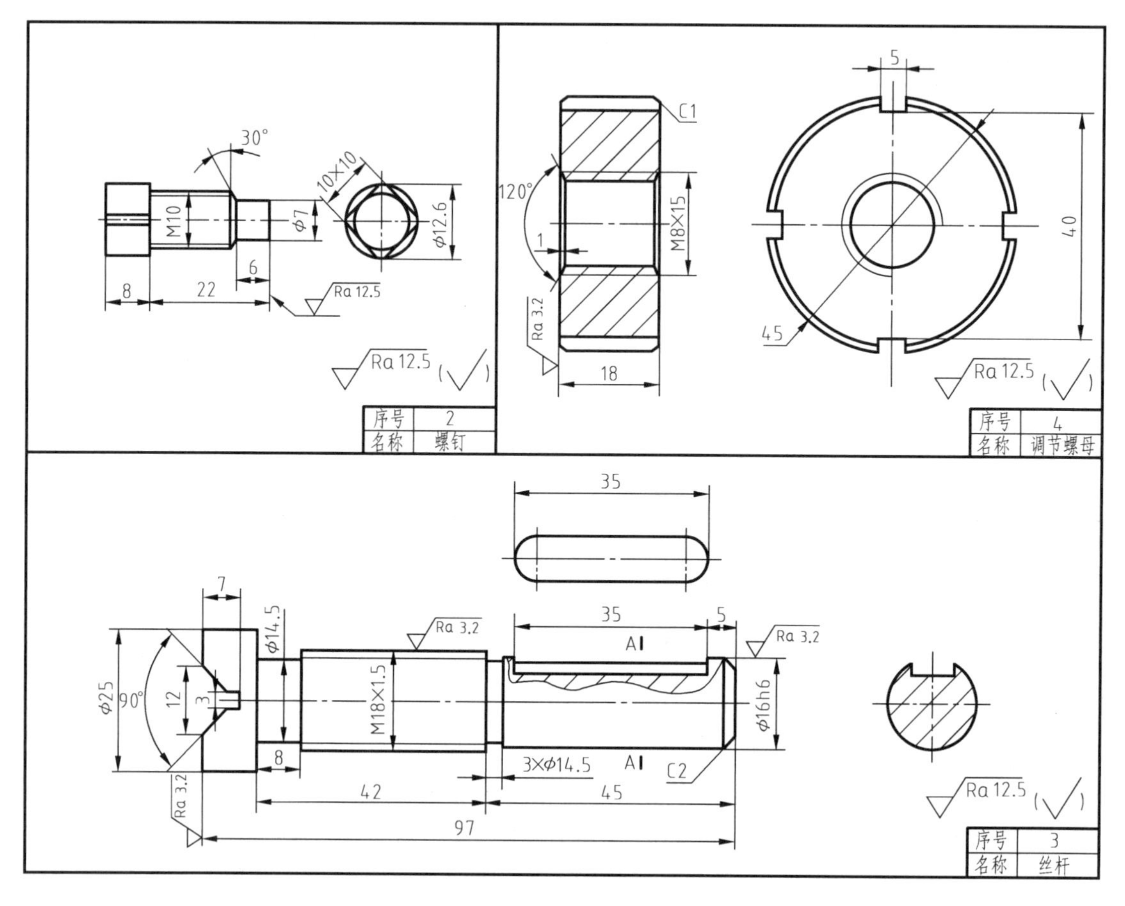

图 6-6　小型螺旋千斤顶装配示意图及各组成零件零件图（续）

千斤顶装配图。它利用调节螺母 4 与丝杆 3 之间的螺纹传动使丝杆上升而顶举重物。当丝杆调整到所需高度后，再将底座 1 上 M10 的螺钉 2 拧入丝杆下方的长圆形槽内固定。

2. 根据旋阀装配示意图和零件图，绘制旋阀装配图。图 6-7 所示为旋阀装配示意图及各

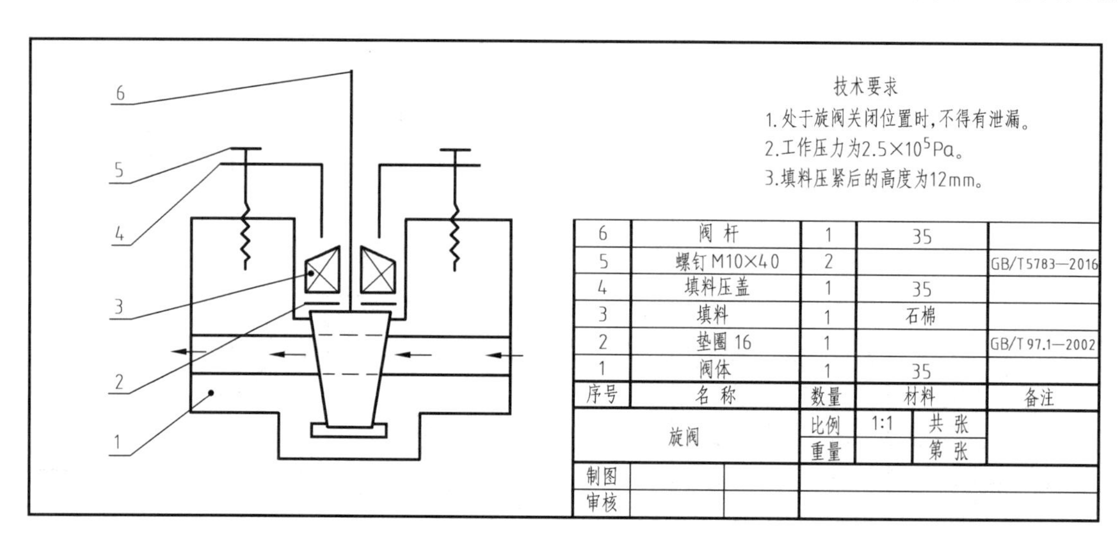

图 6-7　旋阀装配示意图及各组成零件零件图

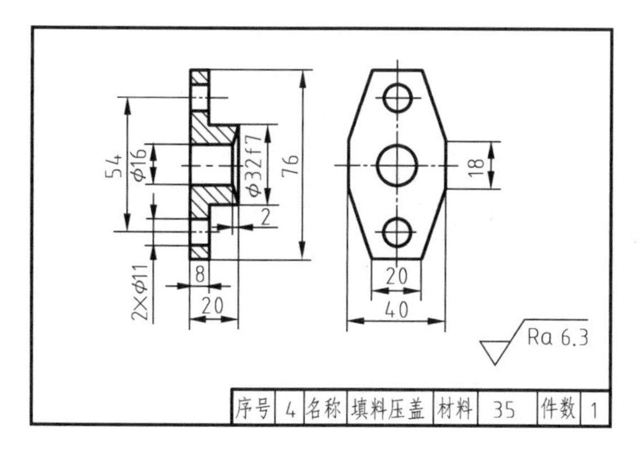

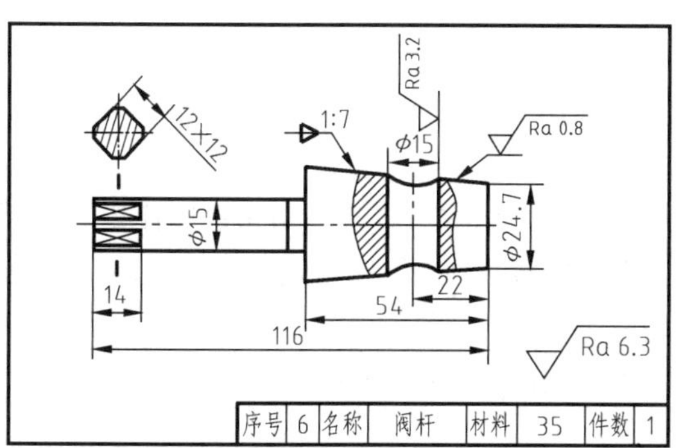

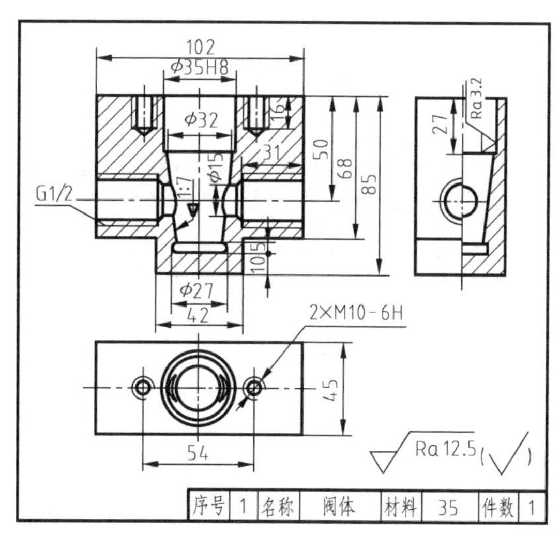

图 6-7 旋阀装配示意图及各组成零件零件图（续）

组成零件零件图，旋阀是液压传动中的一个部件。转动阀杆 6，即可改变液体流量的大小，或关闭切断，或畅通无阻。为了密封，沿阀杆轴线方向装有填料 3，用螺钉 5 把填料压盖和阀体连在一起。

附录

附录 A　AutoCAD Mechanical 常用快捷键

为了提高绘图、编辑和标注等效率，识记一定数量的 AutoCAD Mechanical 快捷键是必要的。下面汇总解释了单键和组合键的使用和具体含义，供读者理解、查阅、记忆和使用。

1．单键的含义

直接按下附图 1 中粗体显示的某个键，即可激活相应的 AutoCAD 命令，具体见附表 1。

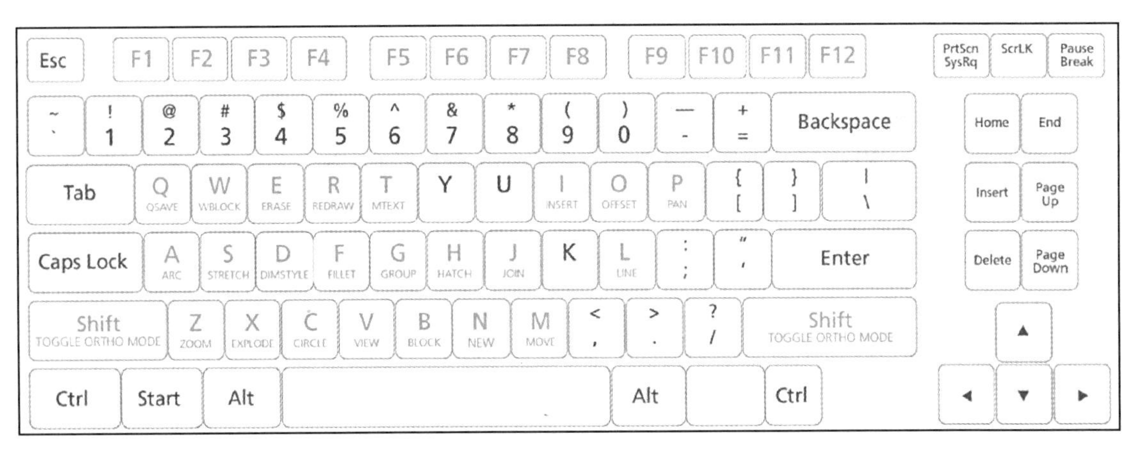

附图 1　按键

附表 1　单键在 AutoCAD Mechanical 中的含义

序号	键盘上的单键	激活命令的含义
1	F1	获取 AutoCAD 自带的帮助文档
2	F2	绘图窗口和文本窗口的切换
3	F3	对象捕捉开关
4	F4	三维对象捕捉开关
5	F5	等轴测平面切换
6	F6	动态 UCS 开关
7	F7	栅格开关
8	F8	正交开关
9	F9	捕捉开关

（续）

序号	键盘上的单键	激活命令的含义
10	F10	极轴开关
11	F11	对象捕捉追踪开关
12	F12	动态输入模式开关
13	A	绘制圆弧
14	B	定义内部块（仅在本文档使用）
15	C	绘制圆
16	D	创建和修改标注样式
17	E	删除对象
18	F	圆角
19	G	创建组（Group）
20	H	打开“图案填充”对话框
21	I	插入内部块
22	J	合并选定的对象
23	K	创建图案填充
24	L	绘制直线
25	M	移动选定对象
26	N	标注引出序号
27	O	按指定距离偏移选定对象
28	P	实时平移视图
29	Q	打开“创建工程视图”对话框
30	R	刷新当前绘图区域
31	S	移动或拉伸选定对象
32	T	创建多行文字对象
33	U	撤销上一步
34	V	打开“视图管理器”对话框
35	W	写外部块（可供其他图样文档使用）
36	X	分解选定对象
37	Y	（AutoCAD Mechanical 未定义此字母）
38	Z	视口缩放（不是缩放对象）
39	Esc	取消当前命令、结束当前命令
40	Enter（回车）	结束当前命令、确认（在不同状态下含义不同）
41	Space（空格）	结束当前命令、输入空格（在不同状态下含义不同）
42	Tab	在不同文本框中切换
43	上下光标	在激活某绘图命令时在多个选项间切换

2. 组合键的含义

键盘上的按键毕竟数量有限，为了定义更多的快捷键，AutoCAD Mechanical 提供了 Ctrl 和数字、字母组成的组合键或多个字母组成的组合键，具体见附表 2、附表 3。

附表 2　AutoCAD Mechanical 中 Ctrl 组合键的含义

序号	组合键	激活命令的含义
1	Ctrl+1	打开对象特性面板
2	Ctrl+2	打开设计中心面板

（续）

序号	组合键	激活命令的含义
3	Ctrl+3	打开工具选项
4	Ctrl+4	打开图纸集管理器
5	Ctrl+5	AutoCAD Mechanical 未定义此快捷键
6	Ctrl+6	打开数据库连接管理器
7	Ctrl+7	打开标记集管理器
8	Ctrl+8	打开快速计算器
9	Ctrl+9	命令行窗口开关
10	Ctrl+0	最大化绘图区域开关
11	Ctrl+N	打开“选择样板”对话框，新建图形（图样）文件
12	Ctrl+O	打开已存在的图形（图样）文件
13	Ctrl+P	打印图纸或输出为 pdf、jpg 等格式文档
14	Ctrl+S	保存当前图形文件
15	Ctrl+Shift+S	将当前图形另存为 dxf 或 dwt 等格式文档
16	Ctrl+C	将选择的对象复制到剪贴板上
17	Ctrl+V	粘贴剪贴板上的内容到当前图形中
18	Ctrl+Shift+C	带基点复制
19	Ctrl+Shift+V	粘贴为块
20	Ctrl+X	剪切所选择的内容到剪贴板上
21	Ctrl+Y	重做
22	Ctrl+Z	取消前一步的操作
23	Ctrl+A	全选
24	Ctrl+Q	退出程序

附表 3　AutoCAD Mechanical 中多字母组合键的含义

序号	命令类别	多字母组合键的含义（不区分大小写）
1	二维绘图命令	XL：构造线　RAY：射线　ML：多线 PL：多段线　POL：多边形　REC：矩形 SPL：样条曲线　EL：椭圆　PO：单点 DIV：定数等分点　ME：定距等分点　DO：圆环 SKETCH：徒手线　SO：二维填充　REG：面域 3P：三维多段线　POL：正多边形　MT：多行文本
2	二维修改命令	CO：复制　MI：镜像　AR：阵列选定对象 RO：旋转　SC：缩放　LEN：直线拉长 TR：修剪　EX：延伸　BR：打断 CHA：倒角　PE：编辑多段线　SPE：编辑样条曲线 ED：编辑注释文字　ST：文字样式　AL：对齐 AA：面积　DED：编辑标注　PAN：平移当前视图
3	标注命令	DAL：对齐标注　DAN：角度标注　DDI：直径标注 DRA：半径标注　DBA：基线标注　QDIM：快速标注 DLI：线性标注　DOR：坐标标注　DCO：连续标注 DJO：折弯标注　DIM：智能标注　TOL：公差标注
4	对象捕捉设置	END：端点　CEN：圆心　MID：中心点 QUA：象限点　PER：垂足　TAN：切点 PAR：平行　NEA：最近点　EXT：延伸 NOD：节点　INT：交点　NON：无捕捉

（续）

序号	命令类别	多字母组合键的含义（不区分大小写）
5	三维建模命令	BOX:长方体　WE:楔体　REG:面域 EXT:拉伸　REV:旋转　LOFT:放样 SU:差集　UNI:并集　IN:交集 SEC:截面　RR:渲染　RMAT:材质 3A:三维阵列　3F:三维面　SL:剖切
6	其他命令	UN:单位设置　COL:颜色设置　LW:线宽设置 LT:线型设置　ADC:设计中心　LIMITS:图形界限 MO:对象特性　ID:点位置　OS/DS:草图设置 MA:特性匹配　AA:面积测量　MEA:测量 DI:测两点距离　HI:消隐　LTS:线型比例因子 SHA:体着色　EXIT:退出 CAD　3DO:三维观察 SET:设置变量　OP:打开选项　PU:清除垃圾 NEW:新建　LA:打开图层特性管理

附录 B　AutoCAD 考证要求

在绘图员职业资格证书、机械工程制图职业技能等级证书以及职业技能比赛中常常用到 AutoCAD 等软件作为二维绘图工具。考证要求各不相同，下面介绍机械工程制图职业技能等级证书要求有关内容。

教育部第四批职业技能等级证书发布了“机械工程制图职业技能等级证书”（培训评价组织是北京卓创至诚技术有限公司），下面介绍从国家开放大学主办的职业技能等级证书信息管理服务平台 https://vslc.ncb.edu.cn 下载的《机械工程制图职业技能等级标准（2021 版）》（北京卓创至诚技术有限公司 2021 年 2 月发布）主要内容。

机械工程制图职业技能等级分为初级、中级、高级，三个级别依次递进，高级别涵盖低级别的职业技能要求。下面以中级为例进行说明。

（1）面向职业岗位（群）

主要面向工业领域的机械制造企业、机械设计企业、汽车制造企业、航天航空企业及其他相关企事业单位和机构，在机械设计、技术管理、生产管理、质量管理及营销服务等岗位，从事机构设计、成图、加工、制造、装配调试、质量检验、设备维修及售后服务等工作。

（2）职业技能要求

主要面向工业领域相关企事业单位，从事机械工程制图相关工作，掌握机械零件的工程图绘制和三维建模方法，能够独立完成零件的三维建模、工程图绘制和二维装配图绘制。能正确识读复杂零件和复杂装配图；能正确使用各类工/量具，测绘典型机械零部件；能熟练使用二维计算机绘图工具，遵循 CAD 制图国家标准，绘制规范的机械工程图样；掌握计算机三维建模工具的使用方法，构建零部件三维模型和三维装配模型；掌握并运用快速成型方法进行实物验证。机械工程制图职业技能等级要求（中级）详见附表 4。

附表4　机械工程制图职业技能等级要求（中级）

工作领域	工作任务	职业技能要求
1. 二维工程图识读与绘制	1.1 绘图环境设置	1.1.1 能正确设置图层、线型等参数
		1.1.2 能正确设置字体、字高等文字样式
		1.1.3 能正确设置尺寸等标注样式
		1.1.4 能正确设置粗糙度、几何公差等符号标注样式
		1.1.5 能正确选择图幅、标题栏样式，并确定图纸比例
	1.2 复杂零件图的识读与绘制	1.2.1 能正确识读复杂零件图的基本视图、剖视图、局部放大图、简化画法等视图，读懂零件的结构特征和加工要素
		1.2.2 依据零件结构特征，能够定位零件图视图基准
		1.2.3 能正确绘制复杂零件的基本视图、剖视图、局部放大图、简化画法等视图
		1.2.4 能正确标注复杂零件的各类尺寸
		1.2.5 能正确标注复杂零件的尺寸精度、表面粗糙度、几何公差等技术要求
		1.2.6 能正确编制热处理等文字性技术要求
	1.3 复杂装配图的识读与绘制	1.3.1 能正确识读复杂装配图的基本视图、剖视图、局部放大图、简化画法等视图，读懂机构的运动关系和结构特征
		1.3.2 能合理布置并绘制复杂装配图的基本视图、剖视图、局部放大图、简化画法等视图
		1.3.3 能正确标注复杂装配图上的各零部件序号并生成零件明细栏
		1.3.4 能正确标注复杂装配图的装配尺寸、外形尺寸、性能尺寸、安装尺寸等内容
		1.3.5 能正确标注机构的装配方法、检测、安装及保养注意事项等技术要求
2. 三维模型零件建模与装配	2.1 高级建模环境设置	2.1.1 能设置三维建模或三维装配的文件类型
		2.1.2 能设置三维建模的工作路径
		2.1.3 能设置命令快捷键
		2.1.4 能设置三维建模环境的默认参数
		2.1.5 按照材质信息，能正确设置零件的单位、材质、密度等基本量纲
	2.2 零件三维建模	2.2.1 能构建由基本体组合而成的简单零件模型
		2.2.2 能绘制零件模型的二维草图，并使用图形编辑命令编辑草图
		2.2.3 能运用基础建模功能，构建零件的三维模型
		2.2.4 能运用基础编辑功能编辑三维模型
		2.2.5 能将三维模型自动生成二维工程图，并能够插入三维模型的轴测图
		2.2.6 能将三维模型转存为数字化加工所需的格式
	2.3 机构三维装配	2.3.1 依据装配体各零件的装配关系，能正确导入零件模型并组装成部件三维装配体
		2.3.2 依据装配体的运动原理，能运用仿真约束功能实现虚拟运动，并进行静态干涉检查
		2.3.3 按照工作任务要求，能自动生成三维装配体的二维装配图，并在二维装配图中插入三维装配体的轴测图
		2.3.4 按照工作任务要求，正确绘制三维装配体的二维爆炸图

（续）

工作领域	工作任务	职业技能要求
3. 机构测绘与绘制	3.1 机构拆卸	3.1.1 能分析机构的用途、性能和工作原理
		3.1.2 掌握机构的装配关系和结构特点
		3.1.3 掌握一种快速成型零件的制造方法
		3.1.4 能正确使用工具完成对机构的拆卸
		3.1.5 能按照 7S 工作规范要求，对零件编号、维护和保存
		3.1.6 能根据机构的装配关系和结构特点设计工装夹具，并采用快速成型方法制造
	3.2 典型零部件测绘与建模	3.2.1 能读懂部件说明书，了解部件结构、工作原理、性能、规格、用途、使用方法、维修保养等信息
		3.2.2 能准确判断部件中各零件的功能及装配关系
		3.2.3 能正确选择拆装工具，正确、有序地拆卸机构的各零件，进行编号登记，并能复原部件
		3.2.4 能通过查阅设计手册，确定各零件间的配合关系、技术要求等要素，绘制部件装配简图
		3.2.5 能正确使用测量工具测量各零件的尺寸，确定零件视图表达方案，绘制零件草图并标注尺寸及 技术要求
		3.2.6 能规范绘制完整的装配图与建模，完成模型验证
	3.3 零件文件编码及管理	3.3.1 能按照国家制图标准对工程图等正确编码
		3.3.2 能将零件图的电子文档等资料存到指定位置
		3.3.3 能按照图纸折叠规范，对图纸折叠成 A4 标准大小
		3.3.4 能按照图纸规范管理要求，对纸质图纸进行装订和存档

参 考 文 献

[1] 郭建伟. AutoCAD Mechanical 机械设计实用教程 [M]. 北京：化学工业出版社，2009.

[2] 刘娜，李波，等. AutoCAD Mechanical 机械设计从入门到精通 [M]. 北京：机械工业出版社，2015.

[3] 何世松，贾颖莲，王敏军. 基于工作过程系统化的高等职业教育课程建设研究与实践 [M]. 武汉：武汉大学出版社，2017.

[4] 林泽鸿. AutoCAD 2018 中文版基础教程 [M]. 北京：清华大学出版社，2017.

[5] 何煜琛. 三维 CAD 习题集 [M]. 北京：清华大学出版社，2012.

[6] 何世松，贾颖莲. 工程机械车载热电制冷器具研发与虚拟仿真 [M]. 南京：东南大学出版社，2018.

[7] 钱俊秋. AutoCAD 2016 中文版案例教程 [M]. 北京：高等教育出版社，2017.

[8] 贾颖莲，何世松. Creo 三维建模与装配：7.0 版 [M]. 北京：机械工业出版社，2022.

[9] 陈卫红. AutoCAD 2020 项目教程 [M]. 北京：机械工业出版社，2020.

[10] 周青. 计算机辅助设计练习 100 例 [M]. 北京：高等教育出版社，2012.

[11] 贾颖莲，何世松. 基于岗位能力培养的高职课程学习载体设计与实践 [J]. 职教论坛，2017 (2)：69-71.

[12] 王伟，宋宪一. CAD 练习题集 [M]. 北京：机械工业出版社，2008.

[13] 何世松，贾颖莲. 新时代背景下高等职业教育的综合改革路径：从产业需求侧反观教育供给侧 [J]. 中国职业技术教育，2020 (4)：83-87.

[14] 罗广思，潘安霞. 使用 SolidWorks 软件的机械产品数字化设计项目教程 [M]. 北京：高等教育出版社，2011.

[15] CAD/CAM/CAE 技术联盟. AutoCAD 2022 中文版从入门到精通：标准版 [M]. 北京：清华大学出版社，2022.